普通高等教育土木与交通类"十三五"规划教材

土力学基本原理及应用

刘洋 编著

 中国水利水电出版社

www.waterpub.com.cn

·北京·

内 容 提 要

本书主要讲述土的基本力学性质及工程应用，全书分为上下两篇，上篇主要讲述土的基本物理力学性质，涉及土的形成和三相组成、基本物理性质、微细观组构及测量以及土中的应力、变形、强度和简单的应力-应变关系，并讲述了现代土力学中关于临界状态的基本概念。下篇主要讲述了土的基本力学性质在工程中的应用，涉及地基的沉降变形与计算、土工构筑物上的土压力计算、地基承载力及计算理论，以及地基与土坡稳定性分析等。

本书显著特点就是在讲述土的基本性质方面，不仅描述了土唯象的宏观力学特点，而且着眼于这些力学特点背后的微细观结构特征与机理分析。本书可作为高等学校土木工程各专业及相近专业土力学课程教材或者参考书，也可供土木工程研究生和工程技术人员参考。

图书在版编目（ＣＩＰ）数据

土力学基本原理及应用 / 刘洋编著. -- 北京 : 中国水利水电出版社，2016.8
普通高等教育土木与交通类"十三五"规划教材
ISBN 978-7-5170-4725-4

Ⅰ. ①土… Ⅱ. ①刘… Ⅲ. ①土力学－高等学校－教材 Ⅳ. ①TU43

中国版本图书馆CIP数据核字(2016)第220317号

书　　名	普通高等教育土木与交通类"十三五"规划教材 **土力学基本原理及应用** TULIXUE JIBEN YUANLI JI YINGYONG	
作　　者	刘洋　编著	
出版发行	中国水利水电出版社 （北京市海淀区玉渊潭南路 1 号 D 座　100038） 网址：www.waterpub.com.cn E-mail：sales@waterpub.com.cn 电话：(010) 68367658（营销中心）	
经　　售	北京科水图书销售中心（零售） 电话：(010) 88383994、63202643、68545874 全国各地新华书店和相关出版物销售网点	
排　　版	中国水利水电出版社微机排版中心	
印　　刷	北京纪元彩艺印刷有限公司	
规　　格	184mm×260mm　16 开本　26.5 印张　611 千字	
版　　次	2016 年 8 月第 1 版　2016 年 8 月第 1 次印刷	
印　　数	0001—3000 册	
定　　价	**58.00 元**	

前言

QIANYAN

土是一种矿物颗粒集合体，它是地质作用的产物，其突出的特征是土材料的碎散性、三相性与各向异性。土力学是研究土的基本性质，并将其研究应用到与工程建设有关的土的变形、强度和稳定性等问题，因此土力学也是一门理论性和实践性都很强的学科。

本书主要讲述土的基本力学性质及工程应用，全书分为上下两篇，上篇主要讲述土的基本物理力学性质，涉及土的形成和三相组成、基本物理性质、微细观组构及测量以及土中的应力、变形、强度和简单的应力-应变关系，并讲述了现代土力学中关于临界状态的基本概念。下篇主要讲述了土的基本力学性质在工程中的应用，涉及地基的沉降变形与计算、土工构筑物上的土压力计算、地基承载力及计算理论，以及地基与土坡稳定性分析等。

全书内容涵盖了经典土力学的全部知识以及现代土力学的一些知识要点。与一般土力学教材相比，本书的显著特点就是在讲述土的基本性质方面，不仅描述了土唯象的宏观力学特点，而且着眼于这些力学特点背后的微细观结构特征与机理分析，既秉承了经典土力学中基于连续介质力学的理论分析方法，也阐述了不连续介质力学方法在土力学研究中的应用，同时探讨了土的微细观结构与基本力学性质之间的内在联系。

本书可作为高等学校土木工程各专业及相近专业土力学课程教材或者参考书，也可供土木工程研究生和工程技术人员参考。

本书的编写和出版得到了北京科技大学"十二五"规划教材建设的资助，在此表示感谢。感谢研究生李爽、魏华超、王忠杰和于鹏强等在排版、绘图和习题编写等方面的辛苦工作。

由于编著者水平有限，以及客观条件和时间精力等方面的限制，书中缺点和错误在所难免，希望广大读者不吝赐教。

刘洋

2016 年 8 月

目录

MULU

下篇　土力学原理的工程应用

上篇
土的基本物理
力学性质

0.1 什么是土

土是地球上最丰富的资源。土的成因多，用途多。什么是土？土是指地球表面各类岩体风化后经搬运、沉积等地质作用，在极为漫长的历史过程中形成的岩石碎屑和土颗粒组成的松散颗粒集合体。岩石成分和风化类型的不同，直接导致土体成分的差异，搬运和沉积过程中的自然条件和各种随机因素的作用，致使土体具有不同的结构和构造。从母岩到形成土，经历了很长的地质年代，期间的风化、搬运和沉积作用是交错进行的，并且每一过程都会对土的性质产生影响。土体是由一定的材料组成，具有一定的结构，赋存于一定地质环境中的地质体，作为一种松散介质，土体具有不同于一般理想刚体和连续固体的特性-碎散性、多相性和各向异性。土中土颗粒间的胶结强度远小于颗粒本身的强度，有的甚至没有联结，颗粒间具有孔隙，孔隙中通常有水或空气。土一般为三相系，即由土颗粒、水和空气所组成。当土体处于饱水状态或干燥状态时，则为二相系，即仅有土颗粒和水或土颗粒和空气。土的成因将在第1章中详细介绍。

工程上的土可分为一般土和特殊土。一般土广泛分布于地表各处，根据其有机质含量的不同又可分为无机土和有机土两类。根据其组成颗粒含量的不同，又可分为碎石类土、砂类土、粉质土和黏性土四大类。根据其颗粒间胶结程度又可分为黏性土和无黏性土。特殊土常见的有遇水发生沉陷的湿陷性土（如湿陷性黄土）、湿胀干缩的膨胀土以及冻土等。

0.2 什么是土力学

土力学是工程力学的一个分支，是利用力学的基本原理研究土的物理性质和土中的应力分布、变形和强度、渗流、稳定性以及其随时间的变化规律的学科。

土力学的三个核心理论包括渗透理论、变形理论和强度理论，图0.1所示为由于土的渗流、变形和强度问题所引起的工程事故。渗透理论研究水在土中的流动规律、水流动时对土中应力和土体稳定性的影响等，揭示水在土中渗流速度与水力坡度的关系。土的变形理论研究土的形变特性、反映土变形的指标及测试方法以及变形过程的计算等，揭示土中应力与孔隙比变化的关系，这对预测建筑物的沉降具有重要意义。而土的强度理论研究土的抗剪强度规律、抗剪强度指标的测试和强度准则等，揭示土中应力与土强度的关系，这对验算建筑物的地基稳定性等问题有重要意义，也是计算作用在挡土墙上的土压力时所必须知道的关系。

(a)美国 Teton 坝——渗流破坏　　(b)意大利比萨斜塔——变形破坏　　(c)某住宅楼倾倒——强度破坏

图 0.1　工程中由于渗流、变形和强度问题引起的事故

因此，土力学是运用力学知识和土工测试技术，研究土的生成、组成、密度或软硬状态等物理性质以及土的应力、变形、强度和稳定性等静力、动力性状和规律的一门学科。它以力学和工程地质学的知识为基础，研究与工程建筑有关的土的渗流、变形和强度问题，为土木工程建设服务。

0.3　土力学性质的基本特点

土力学将土作为物理-力学系统，根据土的应力-应变-强度关系提出力学计算模型，用数学力学方法求解土在各种条件下的应力分布、变形等，但由于土形成的复杂性，土的力学性质比其他材料复杂得多，其影响因素也更多，这在根本上决定了土的基本物理力学特性。由于土体在形成过程中的沉积作用，土的力学性质具有明显的各向异性强度特征，不同地域土的性质往往不一，同一场地不同深度土的特质不一，同一点不同方向土的性质也可能存在很大差异。

土最主要特点是碎散性、三相性和各向异性，这是其在变形、强度等力学性质与连续固体介质不同的根本内在原因。除此之外，土的性质容易受外界湿度、温度、地下水和荷载等条件变化的影响。一般情况下，土既服从连续介质力学的一般规律，又具有其特殊的应力-应变关系和特殊的强度、变形规律。

在实际工作中，必须通过勘察和测试手段获取有关土的物理力学性质指标，才能进行设计和计算。因此，土力学是一门理论性与实践性很强的课程。

0.4　土力学的发展历史

土力学是一门既古老又年轻的学科，人类自古以来就广泛利用土作为建筑地基和建筑材料。它的发展总是与社会历史阶段的生产和科技水平相适应。千百年前人类就利用土来防治洪水，并在桥梁、堤坝、运河以及大型建筑如宫殿、庙宇等建造方面积累了丰富的经验，然而由于社会生产力和技术条件限制，使人类在很长的时间内对土力学的认识还停留在经验的认知阶段，未能形成系统的土力学和工程建设理论。18 世纪中叶以后，随着科技进步和大量建筑物的兴建，促使人们对土进行深入研究，并将经验上升到理论解释。土力学的发展大致可以划分成以下三个历史时期：

（1）萌芽期（1773—1923 年）：土力学的发展当以库伦（Coulomb）首开先河，

他在 1773 年发表了论文《极大极小准则在若干静力学问题中的应用》，为今后的土体破坏理论奠定了基础。但是，在此后的漫长的 150 年中，研究工作只是少数学者在探索着进行，而且只限于研究土体的破坏问题。这期间英国人朗肯（Rankine）关于土压力的理论、瑞典工程师彼得森（Petterson）对土坡稳定性的分析、达西（Darcy）对土中水渗流的研究以及布辛纳斯克（Boussinesq）对集中力作用下半无限空间中应力的计算等是具有代表性的工作。

（2）古典土力学时期（1923—1963 年）：到了 20 世纪初，随着高层建筑的大量涌现，沉降问题开始变得突出。1923 年，太沙基（Terzaghi）发表了著名的论文《粘土中动水应力的消散计算》，提出了土体一维固结理论，接着又提出了著名的有效应力原理，出版了第一本土力学教材，这标志着土力学作为一门独立的学科的建立。此后，随着弹性力学的研究成果被大量应用于土力学研究，关于变形问题的研究也越来越多，但土体的破坏问题始终是当时土力学研究的主流。

这一时期在土体破坏理论研究方面的主要成就有：①费伦纽斯（Fellenius）、泰勒（Taylor）和毕肖普（Bishop）等关于滑弧稳定分析方法的建立与完善；②太沙基关于极限土压力的研究和载力公式的提出；③Соколовский 散粒体静力学的建立；④谢尔德（Shield）和沈珠江等关于土体破坏的运动方程和极限平衡理论的建立。而在变形理论方面则有：①地基沉降计算方法的建立与完善；②明德林（Mindlin）公式的提出及其在桩基沉降计算中的应用；③弹性地基梁板的计算；④砂井固结理论；⑤比奥（Biot）固结理论的提出和完善。

古典土力学可以归结为一个原理——有效应力原理和两个理论——以弹性介质和弹性多孔介质为出发点的变形理论和以刚塑性模型为出发点的破坏理论（极限平衡理论）。前一理论随着 1956 年 Biot 动力方程的建立而划上一个完满的句号；后一理论则于 20 世纪 60 年代初完成了基本的理论框架。但是，真实的土体决不是理想弹性体，也不是理想刚塑性体。一方面，随着认识的深化，人们已越来越不满足于理想弹性介质和理想刚塑性介质这样简单化的描述；另一方面，现代电子计算技术的发展为采用复杂的模型提供了手段，从而为现代土力学的建立创造了客观条件，而剑桥大学罗斯科（Roscoe）等人的工作则直接导致现代土力学的诞生。

（3）现代土力学（1963 年至今）：1963 年，剑桥大学罗斯科（Roscoe）教授发表了著名的剑桥模型，提出第一个可以全面考虑土的压硬性和剪胀性的数学模型，因而可以看作现代土力学的开端。经过 50 多年的努力，现代土力学在以下几方面取得重要进展：① 土的非线性模型和弹塑性模型的深入研究和应用；② 非饱和土固结理论的研究；③ 砂土液化理论的研究；④ 剪切带理论及渐进破坏问题的研究；⑤ 土的微细观力学研究与数值模拟等。当然，在这一段时间内，古典土力学框架内尚未解决的一些问题继续有人在研究，并取得许多进展，例如土与结构共同作用、土体极限分析中的不均匀和非线性问题，而土工数值分析更是这一段时间内才发展起来的。另外土工测试技术等方面也取得很大进展，特别是原位测试技术和离心模型试验技术的发展。现代土力学的研究，呈现以下几个特点：

1）对土的力学特性有了新认识。例如土力学性质的应力路径依赖性、强剪缩性（表现泊松比小于 0）和反向剪缩（剪应力减小时发生体缩）等，而一些研究多年的力学特性，如黄土湿陷、砂土液化、黏土断裂等现象，也有了更深入的认识。

许多问题不但经典土力学理论无法解释，现有的非线性和弹塑性本构理论也无能为力，因此不少学者正在探索新的思路，包括从微细观结构上进行研究等。

2）室内土工试验技术逐渐提高。考虑复杂荷载条件的真三轴试验、动态空心圆柱扭剪试验、振动台试验、土工离心模型试验等测试技术的发展，不仅使实验土力学变成土力学的一个完整的分支，并进一步促进了土力学的发展。

3）原位测试技术逐渐完善。尽管取土技术在不断改进，但是室内土样试验的结果常常不能反映现场的实际情况，原位测试技术正成为土力学的一个重要组成部分。

4）土工数值方法逐渐成熟。随着电子计算技术的发展，对于非常复杂的数学方程和工程条件，都可以通过数值分析求解和模拟，土工数值分析正成为当前热门的研究方向之一。

5）土力学的工程应用更加成熟。一方面用现代先进技术进行原位观测，另一方面用现代计算技术进行反馈分析，通过这一途径改进当前或今后的工程设计。同时，土力学的实际应用也离不开工程师的经验，在现代计算技术的基础上建立联系理论与经验的专家系统，这些都是现代土力学的重要特点。

值得提出的是，我国学者在土力学的发展过程中也做了应有的贡献。中国对土力学的研究始于1945年黄文熙在中央水利实验处创立第一个土工试验室，但是，大规模的研究则是在中华人民共和国成立以后随着一批国外留学人员回国和50年代初大批青年学者参加工作以后才开始的。60多年来，各方面都取得了长足的进展，提出许多重要成果，为土力学的发展和完善作出了积极的贡献。例如，刘祖典等对黄土湿陷特性的研究，魏汝龙对软黏土强度变形特性的研究和汪闻韶对砂土动力特性的研究等；在理论和计算方面，有黄文熙对地基应力和沉降计算方法方面的改进，陈宗基的流变模型，钱家欢应用李氏比拟法求解黏弹性多孔介质的固结问题，谢定义关于砂土液化理论的研究，沈珠江关于有效应力动力分析方法的研究，以及同济大学关于土与结构共同作用的研究和浙江大学关于动力波传播的研究等。近几年来，一批基础扎实、思想活跃的青年学者投身于土力学的研究，作出了不少新的贡献。

0.5　土的宏观力学与微细观结构的内在联系

土的物理力学性质复杂，主要取决于内因和外因两个方面，表现为土体的微细观物质基础与宏观力学效应二者的辩证关系。在经典土力学中人们通常用宏观连续介质力学方法来建立土体的变形和强度模型，这种从室内试验—唯象分析—建立数学、力学模型的方法，已有百年的历史，并且建立了很多经典的模型。这些模型在工程实践中起到了很大的作用，但采用这种方法建立的模型其计算结果往往与现场监测结果存在较大误差，有时甚至会给工程建设造成一些困难和损失。随着现代土力学的发展，越来越多的学者意识到，对土力学性质的研究不仅要研究其宏观力学性质，更要分析土的微细观结构与其与宏观力学响应之间的联系。

一般宏观行为研究将土体视为连续的均质体，忽略土体的结构性，而微细观结构研究将土体视为非均质和非连续体，强调土体微细观结构的显著作用。当然，这两方面的研究不能人为地割裂开来，微细观结构的研究微解释土体的宏观力学响应提供机理，而基于微观机理分析的宏观力学模拟与分析，可以更好地解决实际的土工问题。

0.6 本书讲述的土力学基本内容

本书分上、下两篇，对土力学内容进行了详细阐述，上篇阐述了土力学的基本原理，让读者对土的基本物理力学性质有一个全面的了解，与一般的土力学教材不同，上篇花了较大篇幅讲述土的微细观组构特征及其与宏观力学性质之间的关系，在讲解土的基本物理力学性质时，不仅阐述了其宏观力学特点，更着眼于这些力学特点背后的微细观结构特征与机理分析，既秉承了经典土力学中基于连续介质力学的理论分析方法，也阐述了不连续介质力学方法在土力学研究中的应用，同时探讨了土的微细观结构与基本力学性质之间的内在联系。其主要内容包括土的形成、土的三相组成及物理性质、土的微细观组构及测量、土的传导与渗透特性、有效应力原理、土的变形、土的强度、土的临界状态、土的动力特性等。上篇部分内容较深、理论性也较强，其中一些现代土力学的内容可供学有余力和今后从事研究工作的学生参考。

下篇为土力学基本原理的工程应用，主要是将上篇所讲的土的基本物理力学性质应用于工程实际，主要是古典土力学的基本内容，包括土的工程分类与压实、地基中的应力计算、土的渗透变形与控制、地基固结与沉降计算、土工构筑物上的土压力、地基承载力、土坡稳定性分析等。

0.7 如何学好土力学

由于土及其力学性质的复杂性，土力学的涉及面很广、理论公式多、概念抽象、系统性差、计算量大、实践性强，对许多问题需要做近似处理解决工程问题。因此，在学习土力学时一般需要掌握以下方法：

（1）结合课程特点，牢固而准确的掌握土的三相性、碎散性等基本概念，抓住土的渗流、变形、强度稳定性这一重要主线。

（2）注意土力学所引用的其他学科理论，如一般连续力学基本原理本身的基本假定和适用范围。分析土力学在应用这些理论解决土的力学问题时又新增了什么假定，以及这些新的假定与实际问题相符合的程度如何，从而能够应用这些基本概念和原理搞清楚土力学中的原理、定理和方法的来龙去脉，弄清楚研究问题的思路。

（3）注意在土力学中土所具有的区别于其他材料的特性，应该了解土力学是通过什么方法发现以及用什么物理概念或公式去描述土区别于其他材料特性的。

（4）注意结合利用土性知识和土力学理论解决实际土工问题。学习中即便是做练习题，也应该注意习题中约定的条件在实际工程中会具体怎样表现，改变这些条件可能导致哪些工程后果。

（5）在学习土力学过程中，要有善于转变对问题求解的思维方式。在土力学中，许多问题的解答都有必要的简化假定，因而必然带来一定的误差；对同一问题的求解，往往会因为假定不同，因而方法不同、结果不同。用习惯于高等数学求唯一解的思维方式往往不适于解决土的工程力学问题，要逐渐接受和掌握多种方法求解一个问题、对多种解答做综合评判的思维方式。

（6）重视土工试验方法。土力学计算和基础设计中所需的各种参数，必须通过室内及原位土工试验，掌握每种测试技术与现场的模拟相似性。

（7）土力学问题除试验部分外，多是根据土的基本力学性质、应用数学及力学计算，得出最后使用结果。学习这一部分时应避免陷于单纯的理论推导，而忽略了推导中引用的条件和假设，只有这样才能正确的将理论应用于工程实际。

（8）加强案例学习，提高运用理论知识解决实际问题的能力。

第 1 章

土的形成

1.1 概述

自然界中，基岩和覆盖土构成了地壳表层的岩石圈。基岩是处于覆盖土下各类原位岩石的总称，按成因可分为岩浆岩、变质岩和沉积岩三类；覆盖土是地球表面岩石在长期风化作用后破碎，并由各种搬运和堆积作用形成的疏松的、联结力很弱的矿物颗粒堆积体。

地壳表层岩石在大气中经物理风化、化学风化和生物风化等长期的风化作用后发生破碎，形成了形状不同、大小不一的矿物颗粒。受流水、风、冰川等动力搬运作用，并受到自然界各种堆积作用而形成了松散的堆积体，堆积体间充满了孔隙，孔隙内赋存着液体和气体。这种由各种大小不同的矿物颗粒、液体和气体按各种比例组合成的集合体就是土。堆积形成的土，在很长的地质年代中会发生复杂的物理化学变化，逐渐密实化、硬化、岩化，最终又形成沉积岩或变质岩。通常将这种长期的风化、侵蚀、搬运、堆积成土再成岩的地质过程称为沉积过程。因此，自然界中的岩石不断风化、破碎、堆积形成土，而土受沉积作用又不断地密实化、岩质化，转变为岩石。这是自然界中一个永不休止的循环过程。

工程上所接触的土大多数都是在第四纪地质年代内所形成的。第四纪地质年代包括更新世（258.8 万年前至 1.17 万年前）和全新世（1.17 万年前至今）。因形成年代和环境不同，自然界中土的工程性质很不相同。作为土木工程材料，有的可以用作混凝土的骨料，有的则可以用来烧成砖瓦，还有的可以作为建筑或道路基础填料，有的甚至没有任何的工程应用价值；作为建筑物地基，有的可在其上建设高楼，有的则只可能盖平房，有的甚至不能修建任何类型的建筑物。土工程特性的差异性源于其内部结构和成分的差异。从根本上来说，结构和成分的差异则是取决于土的成因类型及特点。

本章主要介绍土的形成和演变，主要内容包括地壳运动和地质循环、岩石的风化作用、侵蚀作用、搬运作用和沉积作用及不同条件下形成的土。学习本章有助于理解不同类型土的物理力学性质差异形成的根本原因。

1.2 地壳运动和地质循环

1.2.1 地壳运动

地壳是人类赖以生存和活动的场所，一切建筑物都建在地壳上，它是人类生存和工程建筑的物质环境和基础。根据地球构造理论，地壳是指地球地表至莫霍界面之间一个主要由岩浆岩、变质岩和沉积岩构成的薄壳，是岩石圈的组成部分。地壳的下面是地幔，上地幔大部分由橄榄石（一种密度比普通岩石大很多的岩石）构成。地壳和地幔之间的分界线被称为莫氏不连续面。地壳的质量只占全地球质量的0.2%，其按结构可分为大陆地壳和海洋地壳两种。大陆地壳有硅酸铝层（花岗岩质）和硅酸镁层（玄武岩质）双层结构，而海洋地壳只有硅酸镁层（玄武岩质）单层结构，大陆地壳覆盖地球表面的29%，厚度在30～40km，平均厚度约为33km；海洋地壳平均厚度只有10km。在深度为2km范围内，75%的岩石是沉积岩和变质岩，剩余25%为岩浆岩；在深度2～15km范围内，约95%为岩浆岩，5%为沉积岩和变质岩。土体可能从地面延伸到几百米的深度。

地壳运动是指地壳或岩石圈的隆起和凹陷，包括海洋、陆地轮廓的变化，山脉、海沟的形成，以及褶皱、断层等各种地质构造的形成和发展。地壳运动产生各种地质构造，所以地壳运动又称为构造运动。

地壳运动按其运动方向可分为水平运动和升降运动。地壳水平运动是指地壳或岩石圈块体沿水平方向的移动，如相邻块体分离、相向相聚和剪切、错开，它使岩层产生褶皱、断裂，形成裂谷、盆地和褶皱山系。地壳升降运动是指地壳运动垂直于地表，即沿地球半径方向运动，表现为大面积的上升运动和下降运动，形成大型隆起和凹陷，产生海退和海侵现象。一般来说，升降运动比水平运动更为缓慢。在同一地区不同时期内，上升运动和下降运动常交替进行。"沧海桑田"即是古人对地壳升降运动的直观表述。

1.2.2 地质循环

研究表明，从35亿～36亿年前原始地壳形成至今，在漫长的地质历史岁月中，岩石圈及其下的软流层间存在着大规模的物质循环，又称为地质循环。在地质循环的过程中，组成地壳的矿物和岩石会相互转化。推动地质循环的能量主要来源于地球内部放射性物质的衰变。

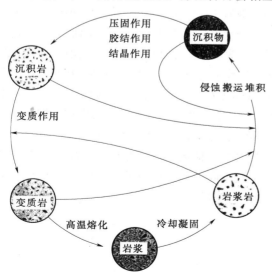

图 1.1 地质循环示意图

地质循环基本过程如图1.1所示，地质循环的物质主要是地壳的岩石，包括岩浆岩、沉积岩和变质岩。出露于地表的岩浆岩、沉积岩和变质岩在风力、流水、冰川等各种地表营力的作用下，经表层地质作用（风化、侵蚀、搬运、沉积及成岩作用）可以重新形成沉积岩，岩浆岩和沉积岩经变质作用也可形成变质岩。地壳表层形成的岩浆岩、沉积岩和变质岩经构造运动的作用可卷入或埋藏到地下深处，当受到高温作用熔融时，可再生成岩浆，岩浆喷出又可形成岩浆岩。地壳深处的岩浆岩、沉积岩和变质岩经构造运动的抬升及表层地质作用的风化与侵蚀，又可以出露于地表，进入形成沉积岩的新阶段。如此的循环过程即为地质循环。在地质循环过程中，风化、侵蚀、搬运、沉积的过程是同时存在、永不停歇的。

1.2.3　岩石与矿物稳定性

矿物是指在地质作用下天然形成的结晶状纯净物（单质或化合物）。绝对的纯净物是不存在的，所以这里的纯净物是指化学成分相对单一的物质。矿物是组成岩石的基础，组成岩石的矿物称为造岩矿物，如石英、长石、方解石等都是常见的造岩矿物。但矿物和岩石不同，矿物可以用化学式表示，而岩石是由许多矿物、矿物集合体及非矿物所组成的，没有特定的化学式。因此，矿物是自然形成的单质或化合物，化学成分组成变化不大，有结晶结构；而岩石是一种或多种矿物的聚合体，化学成分不定，通常无结晶结构。目前发现的矿物有 3000 多种，主要的造岩矿物有 30 多种。

广义的矿物稳定性，指的是一定热动力条件下形成的矿物在热动力条件变化的一定范围内能保持稳定的性质。一般的矿物稳定性，指的是矿物的抗风化性能，亦即造岩矿物在风化带中的稳定性。抗风化性能的差异性反映的是各种造岩矿物在风化过程中风化速度及风化程度的差异性。影响矿物稳定性的因素包括内部因素和外部因素两方面，内部因素是矿物的物理、化学性质（如化学成分、晶体结构、硬度及解理等），外部因素是矿物所处的风化条件（主要是气候条件）。造岩矿物中，铁镁质矿物稳定性差，长英质矿物稳定性强。

岩石的风化稳定性主要指其抗风化性能，主要取决于其所含造岩矿物的稳定性。成分均一岩石的风化稳定性较为均匀，而含有多种造岩矿物的岩石的风化稳定性则有不均匀性，易在矿物稳定性弱的区域形成裂隙或孔洞。

1.3　风化作用

风化作用是指在地表和近地表，由于气温、大气、水溶液及生物等各种自然因素的影响和外力的作用，地壳或岩石圈的表层矿物和岩石在原地产生裂隙，逐渐发生分解、破碎及矿物成分的变化，产生各种大小、组分和形状的颗粒而丧失完整性的过程。

风化作用在地表极为常见，几乎无时不有、无处不在。出露的地表之所以会发生风化，主要是因为地表以下的物理、化学环境与地表是截然不同的。岩石风化后产物的性质与原生岩石的性质有很大的区别。一般而言，风化作用主要包括物理风化、化学风化和生物风化三类。这三类风化作用一般是同时进行且相互影响而发展的过程。

1.3.1　物理风化

物理风化指的是地表岩石在各种物理作用力的影响下，在原地发生机械破碎，由大石块分裂为小石块或更小颗粒的过程。物理风化不会改变岩石的化学成分，也不产生新矿物。发生物理风化的原因主要有以下几个方面。

1. 地质构造力及卸荷作用

地壳的岩体承受着非常大的构造力，可使岩体断裂成大小不等的岩块。岩体在破碎带中会承受巨大的应力作用而破碎为小石块甚至是土粒。

此外，当岩体受到的有效围压降低时，岩体会发育一系列卸荷裂隙及节理裂隙。例如，在岩石地基、隧洞开挖的过程中，由于开挖破坏了原有的应力状态，尤其从地下深处变到地表条件时，由于上覆静压力减小而产生张应力，形成一系列与地表平行的宏、微观内部破裂面。围压的降低可能是由地表隆起、侵蚀或流体压力变化引起的。

2. 温差作用

岩石受温度变化影响而产生机械破碎的原理可以从以下两方面理解。

（1）岩石是热的不良导体，在阳光、气温的影响下，由于温差作用，表层与内部的缩胀不能协调，会使岩石产生由表层向内层的层层剥落现象，此种现象即为温差剥离作用。一些岩浆岩或中厚层的岩石，温差剥离作用往往沿着裂隙从几个方向进行，造成球状或椭圆状的剥离，称为球形风化，如花岗岩和细砂岩等。在一些沙漠地区，岩石昼夜曝晒和冷冻的反复作用对其影响很大，风化作用十分强烈。

（2）岩石是由不同矿物组成的，不同的矿物受热膨胀的性质不同。当岩石受温度变化影响发生膨胀或收缩时，各种矿物的膨胀或收缩量不同，使矿物之间产生裂纹，长期反复作用，完整岩石将会破裂为各种矿物的碎屑及颗粒。

3. 冰劈（冰胀）作用

在寒冷地区和高山地区，气温的日变化和年变化一般都较突出，渗入岩石裂隙中的水不断地冻融交替，冰冻时体积膨胀，产生很大的膨胀力作用，扩大岩体的裂隙，造成更深、更密的裂隙网，长期作用下，使岩石发生破碎。

4. 结晶胀裂作用

在气候干旱和半干旱地区，岩石中含有的潮解性盐类（如石膏质岩石），在夜间会因吸入大气中的水分而潮解，变成溶液渗入岩石内部，并在渗入过程中将所遇到的盐类溶解。白天在烈日照晒下，水分蒸发，盐类从溶液中结晶出来，体积发生膨胀，产生很大的膨胀压力。如此反复作用，岩石的裂隙不断扩大并使其发生破裂和破碎，称为结晶胀裂作用。

5. 碰撞作用

风、水流、波浪的冲击及挟带物对岩体表面的撞击等碰撞作用都可以使岩体表面发生破裂和侵蚀。

物理风化后岩石由大变小，这种量变不断积累，使巨大的岩体变成了碎散的颗粒。

物理风化作用的主要贡献是松动岩体，减小颗粒尺寸，同时增加化学风化作用和生物风化作用的有效表面积。

1.3.2　化学风化

母岩表面和碎散颗粒处于一定的自然环境中，其矿物成分在氧、二氧化碳和水等因素的作用下常常发生化学分解作用，产生新的物质。这些物质有的被水溶解，随水流失，有的则属于不溶解物质残留在原地。这种改变原有化学成分的地质作用称为化学风化作用。化学风化作用不仅能使岩石发生破碎，更重要的是能使岩石的化学成分发生变化，形成新的矿物。原矿物化学成分发生变化后形成的新矿物也称为次生矿物。化学风化作用主要包括水化作用、氧化作用、水解作用和溶解作用等。

1. 水化作用

水化作用是指土中的某些矿物与水接触后发生化学反应，水被吸收到矿物的晶体结构中，形成含结晶水新矿物的过程。水化作用改变了原来矿物的化学成分，同时也改变了原来岩石的结构，可使岩石因体积膨胀而发生破坏，加速风化的过程。例如，土中的硬石膏（$CaSO_4$）水化为含水石膏（$CaSO_4 \cdot 2H_2O$），其化学反应式为

$$CaSO_4 + 2H_2O \longrightarrow CaSO_4 \cdot 2H_2O$$

2. 氧化作用

氧化作用是地球表面最为活跃的化学风化作用形式之一，主要是指大气和水中的游离氧和土中的某些矿物作用形成新矿物的过程。这种作用对氧化亚铁、硫化物、碳酸盐类矿物表现得比较突出。例如，黄铁矿（FeS_2）与水、氧气作用形成硫酸亚铁（$FeSO_4$）和硫酸（H_2SO_4）；硫酸亚铁（$FeSO_4$）与水、氧气作用形成硫酸铁 $[Fe_2(SO_4)_3]$ 和褐铁矿 $[Fe(OH)_3]$，其化学反应式为

$$2FeS_2 + 7O_2 + 2H_2O \longrightarrow 2FeSO_4 + 2H_2SO_4$$
$$12FeSO_4 + 3O_2 + 6H_2O \longrightarrow 4Fe_2(SO_4)_3 + 4Fe(OH)_3$$

3. 水解作用

水解作用是指某些矿物与水接触后发生化学反应，形成带有 OH^- 的新矿物或化合物。具体表现为矿物溶于水后，其自身离解出的离子与水部分离解出的 OH^- 或 H^+ 之间发生置换反应，形成带有 OH^- 的新矿物。在此类新成分形成的过程中会发生膨胀，使岩石发生破裂。新生矿物的强度往往低于原来的无水矿物，对抵抗风化非常不利。例如，正长石（$KAlSi_3O_8$）经过水解作用后，形成高岭石 $[Al_4(Si_4O_{10})(OH)_8]$，其化学反应式为

$$4KAlSi_3O_8 + 6H_2O \longrightarrow 4KOH + Al_4(Si_4O_{10})(OH)_8 + 8SiO_2$$

4. 溶解作用

溶解作用是化学风化另一种非常常见的形式，主要是指岩石中的某些矿物成分被水溶解，以溶液的形式流失。当水中含有一定量的二氧化碳（CO_2）或其他成分时，或当温度或压力增大时，水的溶解能力会得到加强。溶解作用使得岩石的孔隙率增加，裂隙增大、增多，使岩石遭受破坏。例如，石灰岩中的方解石（$CaCO_3$）遇含二氧化碳（CO_2）的水时生成重碳酸钙 $[Ca(HCO_3)_2]$，溶解于水中而流失，使石灰岩中形成溶蚀裂隙和空洞，其化学反应式为

$$CaCO_3 + H_2O + CO_2 \longrightarrow Ca(HCO_3)_2$$

此外，化学风化作用还包括碳酸化作用等。化学风化可形成非常细微的颗粒，最主要的是黏土颗粒（小于 $0.005mm$）及大量可溶性盐类。化学风化形成的细微颗粒，其比表面积很大，吸附水分子的能力较强。

1.3.3 生物风化

生物风化作用是指各种动植物和人类活动对岩石的破坏作用。生物在地表的风化作用非常广泛，它对岩石的破坏主要有生物的物理风化作用和生物的化学风化作用两种。生物的物理风化主要是指生物产生的机械力使岩石发生破碎。例如，植物的根系在岩石的裂隙中生长、长大及长粗的过程中，使岩石产生楔裂或崩裂。人类的爆破活动或洞穴动物的活动也属于生物的物理风化作用。生物的化学风化主要是指生物新陈代谢中析出的有机酸、生物遗体腐烂分解成的腐殖质及微生物作用对岩石产生的腐蚀、溶解和破坏作用。

图 1.2 所示的是附着在土颗粒表面的微生物。其中，图 1.2（a）所示为黏土矿物表面附着的细菌膜形成的细菌微团体，图 1.2（b）上图所示为附着在石英砂颗粒表面的细菌，图 1.2（b）下图所示为附着在土粒表面的生物薄膜。

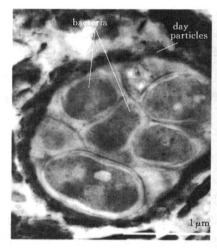

（a）细菌微团体　　　　　　（b）土颗粒表面的微生物薄膜

图 1.2　土颗粒表面的微生物附着物（文献 [54]）

上述几种常见的风化作用往往是同时存在、互相促进、相互影响的。但是在不同地区，自然条件不同，不同类型的风化作用又有主次之分。例如，在我国西北干旱大陆性地区，水分较为缺乏，而气温变化剧烈，以物理风化为主；在东南沿海地区，雨量充沛，潮湿炎热，则以化学风化为主。由于影响风化的各种自然因素在地表是最为活跃的，且随着地表向下深度增加而迅速减弱。因此，风化作用由地表向下也是逐渐减弱的，达到一定深度后，风化作用基本消失。

1.4 风化产物

1.4.1 风化产物分类

风化产物指的是岩石受风化作用所形成的物质。由于风化作用的方式不同，所形成的风化产物也不完全相同。如物理风化作用的产物主要是粗细不等、棱角明显、没有层次的岩石和矿物碎屑，其成分与未风化的母岩一致。化学风化的产物，一类是包含铁、锰、铝、硅等元素且难溶或难以迁移的矿物，它们残留在原地，形成残积物；另一类是易溶物，其易形成真溶液或胶体溶液随水流失，它们的化学成分与母岩有着显著的差异。生物风化作用的产物主要为富含腐殖质、矿物质、水和空气的松散土壤。风化作用的残留矿物、次生矿物及可溶性物质统称为风化产物。总体来说，风化产物主要包括以下 3 类。

1. 碎屑物质

碎屑物质主要包括岩石碎屑和矿物碎屑。在矿物碎屑中最常见的是化学性质稳定的石英碎屑；在干旱气候条件下长石碎屑也非常常见。此外，碎屑成分中也包括白云母、石榴子石等。碎屑物质主要是岩石物理风化的产物，有时也可能是化学风化未完全分解的产物。

2. 溶解物质

溶解物质主要包括化学风化和生物化学风化的产物。这些物质包括碳酸盐、氯化物、氢氧化物、硫酸盐等易溶性物质，它们往往以真溶液的形式随水迁移流失。此外，还包括从岩石分解出来的 SiO_2、Al_2O_3、Fe_2O_3 等物质，在一定条件下它们可以胶体溶液的形式流失。这些物质可在一定条件下沉积下来，是构成沉积岩中化学岩的主要成分。

3. 难溶物质

上述 SiO_2、Al_2O_3、Fe_2O_3 等物质除在特定条件下发生一部分流失外，大部分相对富集起来，形成高岭土、铝土、赤铁矿、褐铁矿等不溶的次生矿物，它们是构成沉积岩中黏土质岩石及其他岩类的主要成分。

1.4.2　黏土矿物

黏土矿物（clay minerals）是次生矿物中含量最多的矿物，颗粒都非常细小，是组成黏土质岩石和黏土的主要矿物成分。黏土矿物是一种主要含镁、铝的复合铝-硅酸盐晶体，其由硅片和铝片构成的晶胞交互成层组叠而成，呈片状。按照硅片和铝片组叠方式的不同，可将黏土矿物分成高岭石、伊利石和蒙脱石 3 种类型。黏土矿物具体的晶体构造与相关性质将会在第 2 章进行详细介绍。

1.5　侵蚀、搬运与沉积

风化形成的碎屑物在各种动力的搬运下，被运到远近不同的地方，如地表低凹的湖盆和海盆地等发生沉积，形成松散的颗粒堆积物。沉积后的碎屑物处于一个新的物理化学环境中，经过一系列的变化，最后又会形成较为密实、坚硬的沉积岩，这种形成岩石的变化改造过程即为成岩作用。在此过程中，外营力可能会携带风化碎屑产物对地表产生冲刷、磨蚀和溶蚀等侵蚀作用，导致地貌特征的变化。

对于土的形成和演化来说，风化、侵蚀、搬运与沉积是最基本的过程，是同时发生、永不停歇的循环过程，风化作用在前两节进行了详细介绍，本节简要介绍侵蚀作用、搬运作用与沉积作用。

1.5.1　侵蚀作用

侵蚀作用指的是风力、水流、海浪、冰川等外营力在运动状态下改变地面岩石及其风化物的过程,是地表冲刷、磨蚀和溶蚀等作用的总称。侵蚀作用可分为机械侵蚀作用和化学侵蚀作用两种。机械侵蚀作用包括风的侵蚀作用、流水的侵蚀作用、海洋的侵蚀作用及冰川的侵蚀作用等,可形成典型的风蚀地貌、海蚀地貌和冰川地貌等。例如,干旱的沙漠区经常可见一些奇形怪状的岩石,有的像大石蘑菇,有的像擎天立柱,它们就是风携带岩石碎屑磨蚀岩石的结果,常称为风蚀地貌。化学侵蚀作用是指岩石中的可溶性盐类溶解导致的地貌变化,如我国的桂林山水、路南石林等岩溶地貌。

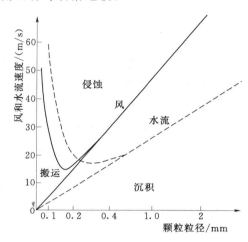

图 1.3　风力和水流进行侵蚀、搬运、沉积时的速度与颗粒粒径的关系

风化作用与侵蚀作用的区别是,风化作用是破坏后改变物体的形状,而侵蚀作用是转移物体从而改变地貌。同时,风化作用产生的风化碎屑,为外营力提供了侵蚀地面的条件,如果风、水流、冰川内有碎屑状的风化产物,即使非常细小,也能大大加强侵蚀作用,改变地表地貌。

产生侵蚀、搬运、沉积作用的水流和风力(两种最典型的外营力)的速度与颗粒粒径的关系如图 1.3 所示。

1.5.2　搬运作用

搬运作用是指地表和近地表的岩屑和溶解质等风化产物被外营力搬往他处的过程,是自然界塑造地球表面的重要作用之一。外营力包括水流、波浪、潮汐流和海流、冰川、地下水、风和生物作用等。在搬运过程中,风力搬运风化产物的分选性最好,冰川搬运风化产物的分选性最差。搬运方式主要有推移(滑动和滚动)、跃移、悬移和溶移等,不同营力有不同的搬运方式。

1. 风力搬运

风将风化产生的地表松散碎屑物质吹扬起来,搬运到他处的过程,称为风的搬运作用。风力搬运的能力极强,且具有很好的分选能力。搬运能力一般与风力的大小成正比,与碎屑物的粒度大小成反比。风力搬运具有推移、跃移、悬移 3 种方式。由于风力的强弱、被搬运物质的大小和密度不同,风的搬运方式也不同。

当风速较小或颗粒较大时,颗粒沿着地面滑动或滚动,称为推移。当风速较小时,颗粒时行时止,每次只能移动几毫米。随着风速增大,不仅颗粒移动距离增大,移动的颗粒也增多。推移的搬运方式占风力搬运总量的 20% 左右。

颗粒在风力作用下以跳跃的方式前移,称为跃移。跃移是风力搬运中最主要的方式,其搬运量约为总搬运量的 70%～80%。

较细且较轻的颗粒在风的吹扬下,悬浮于气流中发生移动的方式称为悬移。颗粒越细，搬运距离越远。当风速达到 5m/s 时，就能使粒径小于 0.2mm 的颗粒悬移，而粒度小于 0.05mm 的细粒则可长期随风飘扬至很远的地方。

2. 水流搬运

水流携带着风化产物向他处移动的过程，称为水流搬运。水流搬运具有推移、跃移、悬移和溶移 4 种方式。搬运能力与搬运方式取决于水流流量、水流速度、颗粒大小以及流域的地质条件。流速大的水流能挟带砂砾等较粗的物质，这些物质在河床底部以被推移或跃移的方式前进。粉砂、黏土以及溶解质在水流中则分别以悬移和溶移的方式搬运。水流搬运悬移泥沙的能力称为水流挟沙能力。水流搬运的分选性也较强。

3. 海浪搬运

海浪搬运只在近岸浅水带内发生，具有推移、跃移、悬移和溶移 4 种搬运方式。当外海传来的波浪进入水深小于 $\frac{\lambda}{2}$（λ 为波长）的浅水区时，波浪发生变形，不同部分的水质点运动产生差异。在海底附近，水质点由原来做圆周或曲线运动变为仅做往复直线运动，并且向岸运动的速度快，向海运动的速度慢。这种速度上的差异，使得波浪扰动海底所挟带的碎屑物质发生移动，其中粗粒物质多以推移和跃移方式向岸搬运，细粒物质多以悬移方式向海搬运，最后在水深小于临界水深的地方，波浪发生破碎，所挟带来的物质堆积下来。由于波浪的瞬时速度快，能量一般较高，搬运物多为较粗的砂砾。潮流和其他各种海流与波浪不一样，在较长时间内做定向运动，流速也较慢，故搬运的物质多为较细的粉砂和淤泥，呈悬浮状态运移。潮流作用使较细的淤泥质颗粒向岸运动，而粗粒向海运动。

4. 冰川搬运

由于冰川的侵蚀和运动所产生的大量松散岩屑和其他风化产物会进入冰川系统，随着冰川一起运动，这种过程称为冰川搬运。可将被冰川搬运的岩屑称为冰碛物，冰川搬移一般包括推移、跃移和悬移 3 种方式。随着冰川的缓慢移动，大至万吨巨石，小至土块砂粒，均可或被冻结在一起进行悬移，或在冰底受到推移。冰川泥石流可使一些风化物产生跃移。

5. 地下水搬运

地下水主要以化学溶移的方式搬运着大量盐类和胶体溶液物质。其搬运物质成分与地下水流经地区的岩体性质和遭受风化的情况有关。地下水溶移能力受温度和压力的影响，当水温较低、压力较大时，其溶移能力较大，故可搬运的质量增加；当水温较低、压力较小时，其溶移能力较小，搬运的质量较少，甚至会发生沉淀。

6. 生物搬运

生物对风化堆积层的扰动也起着搬运的作用，生物携带某些风化产物并移动的过程即为生物搬运作用。

1.5.3　沉积作用

沉积作用是指被搬运的物质到达适宜的场所后，由于条件及环境改变而发生沉淀、堆积的过程。广义上的沉积指造岩物质进行堆积，形成岩石的作用，狭义上的沉积指自然营力搬运的风化产物的机械沉淀作用。在沉积学中，常采用比较狭义的概念，把沉积作用定义为沉积物质在地表环境中以成层的方式进行堆积的过程，包括（成岩作用开始以前）自风化、搬运至堆积的全过程。沉积的环境取决于所在区域的物理条件、化学条件及生物条件，沉积作用按沉积环境（图1.4）可分为大陆沉积、大陆海洋混合沉积和海洋沉积三类；按沉积作用方式又可分为机械沉积、化学沉积和生物沉积三类。

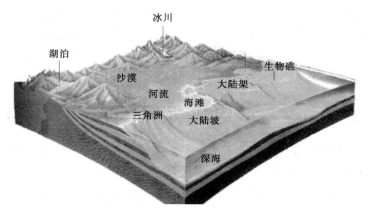

图 1.4　沉积环境示意图

1. 风的沉积作用

风在搬运过程中，因风速减小或遇到各种障碍物，搬运物质便沉积下来形成风积物，这个过程称为风的沉积作用。风的沉积作用发生在大气介质中，是纯机械的沉积作用。风力搬运的高空悬浮物遇到冷湿气团时，可作为水滴的凝聚核心随雨滴降落到地面。风的沉积作用具有明显的分带性，干旱地区主要是风成砂沉积，在风源外围的半干旱地区则主要形成风成黄土沉积。

（1）风成砂沉积。

在干旱地区，风运物遇到障碍物时，砂粒打在障碍物的迎风面上，因能量消耗而沉积下来。如果障碍物是灌木、草丛，部分砂粒便会沉落于灌木或草丛中，最后把障碍物埋没，形成沙堆。沙堆的出现改变了近地面气流的动力结构，在沙堆的背风面，产生涡流，使风力减弱，发生沉积。涡流还可以将沙堆两侧的砂粒卷进背风区沉积。随着沉积作用的进行，背风坡逐渐变陡，最后形成沙丘。风将迎风坡上的砂粒带走，并在背风坡堆积下来，沙丘内部也随之形成顺风向的斜层理。在沙源稀少的地区，如沙漠的边缘，风沙流在开阔平坦的地面上，所形成的月状沙丘称为新月形沙丘。沙丘和沙堆可以孤立存在，也可以连接起来形成沙垄。风成砂沉积物分选性良好。砂粒大多为石英，也含有长石、暗色物质、碳酸盐等不稳定矿物质，颗粒磨圆度较高。

（2）风成黄土沉积。

风吹蚀地面时，大量粉砂和黏土离开地面，在紊流上举力的作用下，悬浮于空中，被风带出沙漠区。随着风力的减弱逐渐沉降下来，形成风成黄土沉积。

风成黄土是一种浅黄色或褐黄色的土，颗粒成分以粉土粒级为主（含量大于50%），物质粒径均一，无层理，疏松，富含碳酸钙，有时含硫酸盐或氯化物盐类，是具有肉眼可见孔隙的第四纪陆相沉积物，它起源于第四纪冰川冲刷。该沉积物可广泛沉积，覆盖原有地貌。它在密苏里和莱茵流域的厚度达到 30m；在塔吉克斯坦的厚度超过 180m，在中国北方，厚度可逾 300m。风成黄土在各地的矿物组成基本一致，不受分布影响。风成黄土沉积基本不受地形影响，山顶、山坡、沟谷中都可发生沉积，降落面积广大。黄土可能是陆地上最丰富的第四纪沉积物。由于黄土颗粒较细，多为悬移搬运，其磨圆度较差。

2. 水流的沉积作用

地面流水的沉积作用以机械沉积为主。由于地面流水的运动与循环过程一般都很快，其中溶运物在搬运过程中一般不具备沉积条件，因此其化学沉积作用较弱。地面水流的沉积作用按水流形式可分为河流的沉积作用、洪流的沉积作用和片流的沉积作用 3 种。

（1）河流的沉积作用。

河流的沉积作用在上游至下游间普遍存在，沉积的原因总体来说有 3 个方面：一是流速减小；二是流量减小；三是进入河流的风化产物过多。前两个方面原因本质上是河流活力降低导致的沉积，第三个方面原因本质上是搬运物超出河流的搬运能力而导致的沉积。可以因此分析，河流发生沉积作用的主要场所有 3 种：一是河流汇入其他相对静止的水体处，如河流入海、入湖及支流入主流处；二是河床纵剖面坡度由陡变缓处，一般河流中、下游的地势较平坦，沉积作用较为明显；三是河流的凸岸，由单向环流侵蚀凸岸产生的碎屑在凸岸处沉积。河流沉积作用形成的沉积物称为冲积物。

河流沉积按照沉积位置的不同可划分为滞留砾石沉积、边滩和河漫滩沉积、心滩沉积、天然堤和决口扇沉积、牛轭湖沉积、山口沉积、河口沉积等。

（2）洪流的沉积作用。

在干旱和半干旱地区，洪流是主要的地质营力，不但具有强大的侵蚀能力，而且具有较强的搬运能力。当洪流携带大量碎屑物质抵达冲沟口时，水流突然分散，碎屑物质便沉积下来。由洪流形成的沉积物称为洪积物。洪积物在冲沟口所形成的扇状堆积体称为洪积扇。大型的洪积扇中，洪积物具有明显的分带现象。在洪积扇顶部，堆积有粗大的砾石，这是由于水动力在此地带突然降低所导致的。在洪积扇边缘，地形较缓，水动力更弱，沉积物主要为砂、黏土，并具有层理。在扇顶与扇缘之间，沉积物既有砾石又有砂及黏土。洪积物这种分带现象是粗略的，各带之间没有明显的界线。

（3）片流的沉积作用。

片流是一种面状水流，水动力较弱。当片流携带山坡的风化产物，到达坡坳、坡麓时，水动力几乎消失，所携带的碎屑物质便堆积下来，形成坡积物。坡积物一般为细碎屑物，如亚砂土、亚黏土等。片流又可看作是由无数股很细小的水流组成的，它局部水动力较大，因此在坡积物中会经常见到小的砾石透镜体。坡积物分布广，但厚度较小。当山坡岩石风化强烈、碎屑物质丰富又无植被覆盖时，坡积物就很发育。

3. 海洋的沉积作用

海洋是巨大的汇水盆地，是最终的沉积场所。海洋沉积物主要来源于河流、冰川和风等自然营力，每年有数百亿吨的物质被搬运到海洋沉积下来。另外，海洋侵蚀作用的产物、火山物质、宇宙物质等也是海洋沉积物的重要组成部分。

海洋的沉积作用可按区域划分为滨海、浅海、半深海和深海几个分区的沉积作用。

（1）滨海的沉积作用。

滨海是海陆交互地带，其范围是最低的低潮线与最高的高潮线之间的海岸地带。当潮汐、波浪和沿岸流的搬运动力变小时，滨海区就产生机械沉积。滨海区由于潮汐、波浪的作用还可带来较多的生物碎屑，形成一定的生物沉积。

（2）浅海的沉积作用。

浅海是海岸以外较平坦的浅水海域，其水深处于低潮线至水深 200m 之间。许多地区的大陆架水深在 200m 以内，地势开阔平坦，因此浅海大致与大陆架相当。浅海距大陆较近，各种生物活动很多，是海洋中的最主要沉积区。

浅海中 90% 以上的碎屑物来源于大陆。当不同粒级碎屑进入浅海时，海水的运动使颗粒下沉速度减慢，一些较细的颗粒处于悬浮状态，海流将这些悬浮物搬运到离岸较远的地区，较粗的颗粒则在近岸地区发生沉积。因此，从近岸到远岸，依次排列着砾石、粗砂、细砂、粉砂和黏土等。

浅海也是化学沉积的有利地区，形成了众多的化学沉积物，其中许多是重要的矿产，主要的化学沉积有碳酸盐沉积，硅质沉积，铝、铁、锰、海绿石沉积及磷质沉积。同时，浅海带内生活着大量底栖生物，当它们死亡后，生物的壳体与灰泥混杂沉积，可形成介壳石灰岩。生物壳体或骨骼的碎片与其他沉积物混杂也可形成生物碎屑岩。

（3）半深海及深海的沉积作用。

半深海是从浅海向广阔深海的过渡地带，水深一般位于 200~2000m，在海底地形上相当于大陆坡的位置，通常地形坡度较陡。深海是水深大于 2000m 的广大海域，其海底地形主要包括大陆基、大洋盆地及海沟等。

半深海及深海离大陆较远，一般来说，粗粒物质很难到达这里，只有浊流、冰川、风以及火山作用，能产生较粗的物质沉积。浊流所挟带的大量物质，在进入大陆坡脚和深海盆地时，因搬运能力剧减发生堆积，所形成的沉积物称为浊积物。由浊积物构成的扇状地形称为深海扇。扇体的沉积厚度较大，随着向深海平原前进厚度逐渐减小。浊积物主要由黏土和砂组成，还有砾石、岩块、生物碎屑等，具有分选性和层理。粒径小于 0.005mm 的悬浮物质可以进入半深海和深海区。这些物质虽属陆源的悬浮物质，但它们几乎都具有胶体性质，可长期悬浮于水中，只有在极安静的水动力条件下才能沉入海底。由于海洋中的波浪和洋流，极安静的环境几乎不存在，如果没有胶体物质的凝聚作用，它们基本不会发生沉积。

半深海区的化学沉积物大多是一些胶状软泥，主要颜色有蓝色、绿色和红色。而深海区作为海洋的主体，可以发生化学沉积作用形成锰结核、多金属软泥等。

半深海及深海的生物沉积物主要是一些生物软泥，尤其是深海区分布较广，它是深海沉积的重要部分。大量的浮游生物死亡后堆积，与泥质沉积物混在一起形成生物组分超过 50% 的软泥。根据生物软泥的成分和生物碎屑的种类，可将其分为以碳酸钙为主的钙质软泥和以硅质为主的硅质软泥。前者包括抱球虫软泥和翼足类软泥，后者包括硅藻软泥和放射虫软泥。

4. 湖泊的沉积作用

湖泊是陆地上的集水洼地，可分为淡水湖和咸水湖两类，其沉积作用占主导地位。淡水湖多在潮湿气候区发育，不同季节水位有变化，一般为泄水湖；咸水湖在干旱气候区发育，一般为不泄水湖。淡水湖以机械沉积为主，咸水湖则以化学沉积为主。

（1）湖泊的机械沉积作用。

湖泊的机械沉积物主要来源于河流，其次为湖岸岩石的破碎产物。碎屑物质从浅水区进入深水区，由于动力逐渐减小，逐步发生沉积。从湖滨到湖心，沉积物粒度由粗变细，呈同心环带状分布。湖泊与海洋相似，粗碎屑物也可以堆积成湖滩、沙坝和沙嘴。细小的黏土级物质被湖流搬运到湖心，极缓慢地沉积到湖底，形成深色的、含有机质的湖泥。湖底较平静，沉积物不受波浪扰动，因此发育水平层理。一般来说，山区湖泊碎屑沉积物的粒度偏粗，平原区湖泊的沉积物粒度较细。

（2）湖泊的化学沉积作用。

湖泊化学沉积作用受气候条件的控制极为明显，不同气候区的化学沉积物差别很大。潮湿气候区降水充沛，湖泊多为泄水湖。溶解度大的组分如 K、Na、Mg、Ca 等的卤化物、硫酸盐很少发生沉淀，河流及地下水带入的 Fe、Mn、Al 等的胶体物质或盐类物质易受水质变化的影响，成为潮湿气候区湖泊化学沉积的主要组成部分。这些物质沉积后，常形成湖相的铁、锰、铝矿床，其中最常见的是铁矿床，矿物成分以褐铁矿、菱铁矿及黄铁矿为主。湖水中的钙质可以 $CaCO_3$ 的形式沉淀出来，并与湖底淤泥混在一起，形成钙质泥，成岩后形成泥灰岩，有时钙质沉淀较少，则形成钙质结核。

干旱气候区湖水很少外泄，主要由蒸发作用消耗。蒸发作用使湖水的含盐度逐渐增加，变成咸水湖甚至盐湖。在湖水逐渐咸化的过程中，溶解度小者首先沉淀，沉淀的顺序大致为碳酸盐、硫酸盐、氯化物，据此将盐湖沉积划分为 4 个阶段。当湖泊全被固体盐类充满，全年都不存在天然卤水，盐层常被碎屑物覆盖成为埋藏的盐矿床，盐湖的发展结束。上述盐湖发展过程是个理想的过程，只有在气候长期不变，湖水化学成分多的情况下才能达到。另外，盐湖除化学沉积外还有机械沉积，因此盐层常与砂泥层交互出现。

5. 冰川的沉积作用

冰川搬运的风化产物处于冰川系统中，并随着冰川发生移动。当气温逐渐升高，冰川逐渐消融，冰运物也就随之堆积。因此，冰川消融是冰川堆积的主要原因。此外，冰川前进时若底部碎屑物过多或受基岩的阻挡，也会发生中途停积。由此可见，冰川的沉积是纯机械沉积。由冰川形成的沉积物统称为冰碛物。

当气候条件稳定时，冰川的前端（冰前）会在某个地点保持稳定状态，此处冰川的消融量等于供给量，整个冰川虽在流动，但冰前的位置不变。因此，冰川会将冰运物不断输送到冰前堆积，形成弧形的垅岗，称为终碛堤或终碛垅。其外侧较陡，内侧较缓，不同类型及规模的冰川所形成的终碛堤的规模差异很大。

当气候变冷、气温降低、冰川扩展时，即处于冰进时期时，冰川供给量大于消融量，终碛堤被推进，可形成宽缓的终碛堤。在大陆冰川终碛堤的内侧，冰川流动时，因碎屑物过多并受基岩阻挡，冰运物堆积，形成一系列长轴平行于流向的丘状地形，称为鼓丘。当气候转暖、气温上升、冰川萎缩时，即处于冰退时期时，冰运物不再运往固定的地点堆积，而是随着冰前的后退广泛堆积在冰床上，这部分冰碛称为底碛。山谷冰川退缩时，可在冰川两侧堆积形成侧碛堤。复式冰川退缩时，可在两冰川侧面的复合部位堆积形成中碛堤。

6. 地下水的沉积作用

地下水的沉积作用以化学沉积作用为主，一般只在地下河、地下湖才发育一定数量的碎屑沉积，另外还可形成一些洞穴崩塌碎屑堆积。在渗流过程中，由于水温及压力等条件改变，地下水溶运的各种物质便可发生沉积。有利于化学沉积的场所主要是洞穴和泉口。

（1）洞穴的沉积作用。

当溶有重碳酸钙的地下水渗入溶洞时，压力突然降低，水中溶解的二氧化碳逸出，形成碳酸钙沉淀。地下水在洞顶渗出，天长日久便可在洞顶形成悬挂的锥状沉积物，称为石钟乳。地下水滴至洞底形成向上增长的笋状沉积物，称为石笋。当石钟乳和石笋连接在一起时称为石柱。它们统称为钟乳石，其沉积物多呈同心柱状或同心圆状结构。若地下水沿洞壁渗出，可形成帷幕状的沉积物，称为石幔。

（2）泉口的沉积作用。

当泉水流出地表时，因压力降低、温度升高，地下水中的矿物质发生沉淀，沉淀在泉口的疏松多孔物质称为泉华。泉华的成分以碳酸钙为主时，称为钙华或石灰华；以二氧化硅为主时，称为硅华。由于泉华物质成分、沉淀数量及泉口地形的差异，泉华可堆积形成锥状、台阶状或扇状地貌。

7. 沼泽的沉积作用

沼泽是地表充分湿润或有浅层积水的地带，一般喜湿性植被发育，其沉积作用以生物沉积作用为主。死亡后的植物经过生物沉积作用形成以泥炭质为主的物质。

1.6 不同成因条件下的土

母岩风化后形成尺寸较小的岩屑或矿物颗粒，经水流、风或冰川等动力搬运作用，在一定的环境条件下沉积下来，形成土层。由于搬运力周期性变化，在某地点沉积的土层上可能会沉积其他性质不同的土层，也可使原来沉积的土层被重新搬运到新的地点沉积。不同时期的沉积物经过自重压密及可能存在的生物作用形成分布在地球表面的沉积土。根据土形成后的堆积位置可将土分成以下两大类：一类是残积土（residual soil）；另一类是搬运土（traveled soil）。

1.6.1 残积土

残积土是指母岩表层经风化作用破碎成为岩屑或细小颗粒后，未经搬运，残留在原地的堆积物。它的基本特征是颗粒表面粗糙、多棱角、无分选、无层理。残积土的厚度和风化程度主要取决于气候条件和暴露时间，同时也受风化作用、搬运作用强弱及岩体构造作用的影响。它的分布主要受地形的影响，在地表径流速度小、风化产物易于保留的地方，残积物就比较厚。在不同的气候条件下，不同的原岩将产生不同矿物成分、不同物理力学性质的残积土。

1. 6. 2　搬运土

搬运土指的是岩石风化后形成的矿物颗粒在水流、风和冰川等动力搬运作用下离开母岩所在的区域后沉积下来的堆积物。搬运土的特点是颗粒在动力搬运过程中，经过滚动和摩擦作用而变得非常圆滑。在沉积过程中，颗粒会受到水流等自然力的分选作用，粗颗粒下沉快，细颗粒下沉慢，最终会形成不同粒径的土层。搬运和沉积过程对土的性质影响很大，根据搬运的动力不同，搬运土可分为坡积土、风积土、冲积土、洪积土、海洋沉积土、湖泊沼泽沉积土和冰积土等。

1. 坡积土

岩石风化后的产物受到雨水、融雪水的冲刷或重力作用，经短途搬运，在缓山坡地带或在山脚下堆积下来形成堆积物，即为坡积土。在季节性降雨明显，植被又不发育的半干旱地区，坡积土发育范围较为广泛。坡积土在形成过程中会形成一定的分选层理，自山坡的上部到下部，颗粒由粗到细，厚度由薄变厚。坡积土作为地基时，沉降往往不均匀。

2. 风积土

风积土是风化碎屑物受风力作用由风力强的地方搬运到风力弱的地方后沉积下来形成的堆积物。

风积土一般分为两类：一类是砂粒大小的土层，风力只能吹动砂粒在地面滚动，如沙漠中的各种砂丘在风力的推动下随时改变形状和位置；另一类是黄土，干旱地带粉质的土粒很细小，土粒之间连接力很弱，容易被风力带动吹向天空，经过长距离搬运后再沉积下来，就形成了广泛分布的黄土。风积黄土具有肉眼可见的孔隙，颗粒组成以粉粒为主，并含有少量黏粒和盐类胶结物，其特点是孔隙大、密度低。黄土分布于干旱地区，干燥时土粒间有盐类结晶而产生的胶结作用，其强度较大，尽管较为疏松，仍能承受较大的建筑物荷载。但黄土遇水后，胶结盐溶解，胶结作用降低或丧失，因而强度大多削弱并且会产生较大的变形。

3. 冲积土

冲积土是指在降水形成的地表径流作用下，冲刷、带动或搬运土粒，经过一段搬运距离后在较平缓的地带沉积下来的土层。被搬运的物质来源于山区、平原或江河河床冲蚀及两岸剥蚀的产物。冲积土的分布范围很广，主要包括山区冲积土、河谷冲积土、山前平原冲积土、平原河谷冲积土和三角洲冲积土等。这类土经过长距离的搬运，颗粒具有较好的分选性和磨圆度，常具有层理。冲积形成的粗粒碎石土、砂土是良好的天然地基，但如果作为水工建筑物的地基，应注意其透水性好而引起坝下渗漏问题；而冲积形成的黏土一般压缩性较高，需要处理后才能作为地基使用。

4. 洪积土

洪积土是残积土和坡积土受洪水冲刷、搬运，在山沟出口处或山前平原沉积下来的堆积物。山洪流出沟谷后，由于流速骤减，被搬运的粗碎屑物质首先大量堆积下来，离山渐远，洪积物的颗粒随之变细，其分布范围也逐渐扩大。洪积土在近山处窄而陡，而在离山较远处宽而缓，形如锥体，故又称为洪积扇。搬运距离近的沉积物颗粒较粗，力学性质较好；搬运距离远的沉积物颗粒较细，力学性质较差。

5. 海洋沉积土

海洋沉积物可分为机械沉积物、化学沉积物和生物沉积物 3 种类型。整个海洋底部都有沉积物，但以大陆架上的沉积物数量大、种类多。一般可按不同海水深度的海洋沉积环境将海洋沉积物分为滨海带（高潮线与低潮线之间的水域）沉积物、浅海带（低潮线为−200m 的深水域）沉积物、半深海带（水深 200～2500m 的水域）沉积物和深海带（水深大于 2500m 的水域）沉积物。4 个区域的海相沉积物性质各不相同。

（1）滨海带沉积物。

其主要分布在海滩、潮滩地带，由不同粒度的卵石、圆砾、砂和生物骨骼、壳体碎屑等组成，具有基本水平或缓倾的层理构造，其承载力较高，但透水性较大。

（2）浅海带沉积物。

浅海带占海洋面积的 25％，但这一海域内的沉积物却占海洋全部沉积物的 90％。其主要由细粒砂土、黏性土、淤泥和生物化学沉积物组成，有层理构造，较滨海沉积物更疏松，含水量高、压缩性大、强度低。碎屑沉积物主要是砂质级的，且粒径由水浅到水深逐渐变小；生物沉积物主要是生物遗体形成的砂和泥，主要的成分为碳酸钙质；化学沉积物主要是来自陆地的 Fe、Mn、Al、Si 的氧化物和氢氧化物的胶体，与海水电解质相遇时絮凝成沉积物。

（3）半深海带沉积物。

通常以陆源泥为主，可能含有少量化学沉积物和生物沉积物。在浊流和海底地滑发育区，还可能含有来自浅海的粗碎屑物，局部地段可见冰川碎屑和火山碎屑。大陆坡上分布最广的沉积物是有机质软泥，成分均一。

（4）深海带沉积物。

通常以浮游生物遗体为主，极少有来自于陆地的物质。此海域内的沉积速率缓慢。深海区生物源沉积物通常为各种生物有机质软泥，成分均一。

海洋沉积物在海底表层沉积的砂砾层非常不稳定，随着波浪不断移动变化。应慎重选取其作为海洋平台等构筑物的地基。

6. 湖泊沼泽沉积土

湖泊沼泽沉积土是在极为缓慢水流或静水条件下沉积形成的堆积物。湖泊沼泽沉积物除了含有细颗粒外，常含有由生物化学作用所形成的有机物，往往为具有特殊性质的淤泥或淤泥质土，其工程性质一般都很差。就有机质的含量而言，充分腐化、有机质含量大于土固体质量 60％的土称为泥炭土（peat soil）；未完全腐化还保留有植物残余物的、有机质含量占土固体质量 10％～60％的土称为泥炭质土（peaty soil）；有机质的含量占土固体质量 5％～10％的土称为有机质土（organic soil）；有机质含量低于 5％的称为无机质土（inorganic soil）。

7. 冰积土

冰积土是由冰川或冰水携带搬运所形成的沉积物。其中，几乎未经流水搬运直接留存于冰层中的土称为冰碛土。由冰川融化水流搬运、堆积在冰层外围的冲积土称为冰水冲积土，具有与河流冲积土类似的性质。冰积土的特点是不分层，颗粒粒径范围很大，小至黏粒和粉粒，大至漂石，土质较不均匀。

1.6.3　不同成因的土颗粒的微细观特征

不同成因的土，即使属于同一种土类，土颗粒的微细观结构与表面特征也有差异。例如，砂土颗粒在搬运过程中，由于受到不同的机械力作用，其尺寸和形状会发生很大的变化，风的磨蚀作用比水要高几百倍。同时，颗粒大小不同，颗粒尺寸

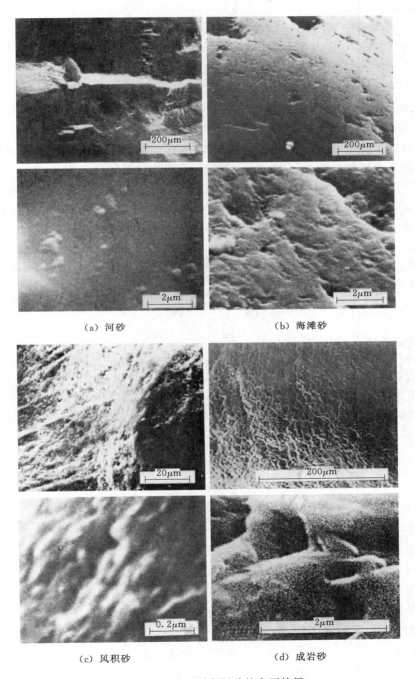

（a）河砂　　　　　　　　　　　　（b）海滩砂

（c）风积砂　　　　　　　　　　　（d）成岩砂

图 1.5　4 种不同来源砂的表面特征

和形状受到的影响也不同。在一般情况下，磨蚀作用会改变砾石颗粒的形状和大小，但只会改变砂土等小颗粒的形状。水的搬运作用会使砂粒变得圆润和光滑，而在风的作用下颗粒会受到磨损。土颗粒的形状和表面特征会影响颗粒之间的接触与摩擦机制及剪切时的体积变化等，进而会对土的力学特性产生影响。

常见的基本矿物，如辉石、角闪石、长石等，在搬运过程中会发生迅速的化学分解。内部结构稳定的矿物（如石英等）在机械力作用下会发生磨损，但速度非常缓慢。在沉积过程中，石英砂颗粒磨损不超过 2%，石英砂颗粒表面的纹理即能反映此特性。图 1.5 所示为不同成因砂土颗粒的微细观照片。由图示可知，海滩砂颗粒有较少的坑洼，且相对较为光滑；风积砂和成岩砂的颗粒表面则较为粗糙；河砂颗粒表面大多数区域非常光滑，局部区域却非常粗糙。

又如含碳酸钙沉积物沉积形成碳酸钙砂，其由方解石构成，起源于深海里的生物贝壳，颗粒形状和颗粒表面特征十分明显，如图 1.6（a）所示。一些黏土，由于其特殊的沉积环境而含有大量的微生物化石，如图 1.6（b）所示的硅藻黏土。微生物化石主要包括硅藻（在淡水或海洋环境中的真核细胞硅质骨架）、放射虫（在海洋环境中发现，主要由二氧化硅组成）和海洋真核生物分泌的碳酸钙外壳。微生物化石的存在对土的力学性质会产生很大的影响，主要体现在使土表现出一些特殊的性质特征，如高孔隙率、高液限、超高的压缩性和较大的内摩擦角等。

（a）碳酸钙砂　　　　　　　　　　　　　（b）硅藻黏土

图 1.6　生物化学沉积物

1.7　土层剖面

根据土的矿物成分和化学组成可将土沉积形成的土层剖面分为图 1.7 所示的三大类。图 1.7（a）所示为铁铝质土层，其主要成分是铝、铁的氧化物及硅酸盐构成的石英和黏土矿物，广泛分布于潮湿多雨的区域，在美国东部、加拿大和欧洲等地非常常见。图 1.7（b）所示为钙质土层，其主要成分是碳酸盐，土层中的水分主要在土层表面区域发生蒸发，此类型土层广泛形成于干旱区域。图 1.7（c）所示为铁矾质土层，其主要成分是铝和铁的氧化物、富含铁的黏土矿物及氢氧化铝，主要形成于潮湿的热带区域。

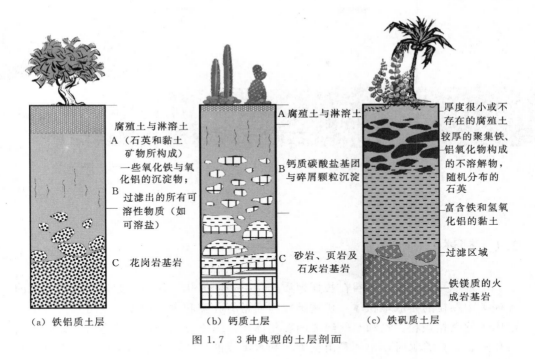

图 1.7 3 种典型的土层剖面

1.8 本章小结

本章主要介绍了土的生成和演变。根据本章的学习可知，岩石和土是构成地壳的最基本物质，二者在风化、侵蚀、搬运、沉积等地质作用下发生永不停歇的相互转化，二者之间的转化也是地质循环的重要环节。

土作为松散的风化产物堆积物，与岩石的物理力学性质有很大区别。土在工程中广泛出现和应用，不同成因的土其分布、颗粒形状及大小、矿物种类、表面特征、松散程度等有很大差异，导致其物理力学性质的巨大差异。因此了解土的成因、演变及分布对研究其基本物理力学性质有非常重要的意义。

思 考 题

1.1　什么是土？它是如何形成的？有哪些典型的特征？

1.2　地质循环的典型循环流程是什么？地质循环中各种地质作用的主要作用是什么？

1.3　什么是岩石的风化稳定性？它与哪些因素有关？

1.4　土在形成过程中一般要经历哪些风化作用？各种风化作用的机理有何不同？风化产物的物理特征及力学性质有哪些差异？

1.5　风化作用与侵蚀作用的区别是什么？

1.6　自然界中的营力对于土的形成有哪几种搬运作用与沉积作用？其各自的机理及特征是什么？

1.7　简述 3 种土层剖面各自的特征。

第 2 章

土的三相组成及物理性质

2.1 概述

土是地壳表层各类岩石在长期地质作用下，经风化、侵蚀、搬运、沉积形成的各种矿物颗粒的松散堆积体。矿物颗粒间通常有孔隙和水。因此，土可定义为由一定比例的固相颗粒、水和空气组成的多相体系。当土体处于饱和状态时，即土体内的孔隙完全充满水时，土体是由土颗粒和水组成的二相体系；当土体处于完全干燥状态时，即土体内完全不含水时，土体是由土颗粒和空气组成的二相体系。土固相的主要组成部分是岩石风化产生的矿物颗粒，有时还含有部分有机质（腐烂的动物和植物残骸），这部分构成土的骨架结构，简称为土骨架。土的三相性质及三相组成的比例关系会对土的物理力学性质产生很大的影响。土内固相颗粒的粒度、级配和矿物成分不同，土的性质也会有很大的差异。因此，只有先研究清楚土体中固相、液相和气相的性质及相互作用机制，才能有效地分析与评价土的物理力学性质。

本章主要介绍土的三相组成及物理性质。首先从土的三相性出发，分别介绍土中固体颗粒、流体和气体的物质组成与相关性质，并分析土中三相的相互作用机制，作为研究与评价土物理力学性质的基础。在介绍完这些内容后，列举并推导评价土物理性质和描述土物理状态的指标。

2.2 土的三相组成

前面已经介绍过，土是由固体颗粒、孔隙流体和气体组成的三相体系。其中，固体颗粒是土的最基本组成部分，一般由矿物质和有机质组成。土中的水和气体存在于固体颗粒间的孔隙中。当孔隙内完全由水填充或完全不含水时，土转变为固体颗粒与水或固体颗粒与气体的二相体系。

土中的固相、液相和气相都会对土体的物理力学性质产生重要的影响。当三相物质的组成或比例发生变化时，土的物理力学性质也会产生很大的差异。同时，土中的固体颗粒形成了土骨架，其颗粒粒度、级配及矿物成分会决定土表现出的物理力学行为，颗粒的大小、形状及排列方式也能反映土的结构特性。因此，土的物理力学行为及工程特性研究应从土的三相组成及结构构造入手。

2.3　土的固体颗粒

土的固体颗粒对土的物理力学性质起着决定性作用。固体颗粒的大小、形状与矿物成分，颗粒的相互搭配情况，颗粒与水的相互作用机制及气体在孔隙中的相对含量是决定土的物理力学性质的主要因素。根据前述可知，土主要由原生矿物、次生矿物、水溶盐和有机质等矿物成分构成，次生矿物中黏土矿物含量最多。一般而言，矿物成分不同，颗粒粗细和形状也不同。原生矿物一般都是粗颗粒，形状多为粒状；而次生矿物大多为较细的颗粒，形状多为针状或片状。研究颗粒粒径的大小及不同粒径颗粒所占的比例，对于土的工程性质评价和工程分类有重要的意义。

2.3.1　土的矿物成分

组成土粒的矿物称为成土矿物，其成分取决于成土母岩的矿物成分及其所发生的风化作用。土中的无机矿物是岩石风化后的主要产物，也是成土矿物的主要组成部分，按照其与母岩的关系可分为原生矿物（primary mineral）和次生矿物（secondary mineral）。此外，还可能有有机质的存在。

1. 原生矿物

原生矿物是母岩经物理风化形成的与母岩矿物成分相同的产物，其化学成分保持不变，仅大小和形状发生变化。原生矿物的化学性质较稳定，具有较强的抗水性和抗风化稳定性。原生矿物形成的土颗粒一般较粗，多呈棱角状、浑圆状、块状或板状，吸附水的能力较弱，性质较稳定，塑性较低，是粗粒土的主要矿物成分。常见的原生矿物主要有石英、长石、云母类矿物，其次为角闪石、磁铁矿等。原生矿物对土物理力学性质的影响程度要比其他几种矿物小很多，它们对物理力学性质的影响主要表现在颗粒形状、坚硬程度和抗风化稳定性等方面。

2. 次生矿物

次生矿物是原生矿物和造岩矿物在氧化、水解、水化和溶解等化学风化作用下形成的新矿物。次生矿物构成的土颗粒较细，多呈片状或针状，其性质较不稳定，有很强的吸附水能力。次生矿物含量较大的土通常具有较弱的透水性，且具有一定的塑性，含水量的变化会引起物理力学性质的明显变化。常见的次生矿物主要有黏土矿物、含水倍半氧化物及次生二氧化硅。

在次生矿物中，黏土矿物是数量最多的矿物。黏土矿物按其晶层结构的不同可分为高岭石（kaolinite）、伊利石（illite）和蒙脱石（montmorillonite）三类。黏土矿物主要是各种硅酸盐类矿物分解形成的含水铝硅酸盐，即使其在土中的含量不大，也会对土的物理力学性质产生重大的影响。

3. 水溶盐

水溶盐属于可溶性的次生矿物，主要包括各种矿物化学性质活泼的 K、Na、Ca、Mg、Cl、S 等元素，在以阳离子及酸根粒子的形式溶于水并向外迁移的过程中，因蒸发等浓缩作用形成的可溶性卤化物、硫酸盐及碳酸盐等矿物。它们一般经结晶沉淀，充填于土粒间的孔隙中，形成不稳定的胶结物，将土颗粒胶结起来。在气候干旱地区，水溶盐也可能构成土的固相颗粒，但仍主要以土粒间胶结物的形式出现。

根据土体中的水溶盐在水中溶解度的大小，可将其分为易溶盐、中溶盐及难溶盐三类。土中盐类的溶解和结晶会对土的工程性质产生重要的影响，硫酸盐类对金属和混凝土还有一定的腐蚀作用。因此，工程中对易溶盐和中溶盐的含量有一定的限制。例如，土坝的填土要求二者的总含量不超过 8%；铁路路堤填土要求二者的总含量不超过 5%，其中硫酸盐的含量不超过 2%。由于土中水溶盐的存在，孔隙水的离子浓度和成分会受到影响，土的物理力学性质也会受到一定的影响。

4. 有机质

有机质是土层中动植物残骸分解形成的产物。有机质的化学成分可分为碳水化合物、蛋白质、脂肪、碳氢化合物及碳五类。土中的有机质主要包括两类：一类是完全分解形成的腐殖质；另一类是分解不完全的植物残骸形成的泥炭。腐殖质的颗粒极细，粒径小于 $0.1\mu m$，呈凝胶状，具有极强的吸附性。可将有机质含量小于 5% 的土称为无机土。

土中有机质的存在会对土的工程性质产生显著影响。一般规律是，随着有机质含量的增加，土的分散性加大（分散性指的是土在水中能够大部分或全部自行分散成原级颗粒土的性质），天然含水率增高（有机土的含水率可达 200% 以上），干密度减小，胀缩性增加（有机土的胀缩性可大于 75%），压缩性增大，强度减小，承载力降低。因此，有机质的存在对工程极为不利。

2.3.2　土的颗粒大小

自然界中的土是各种地质作用形成的天然产物，是由无数个粒径不同的土颗粒组成的。天然状态下，土颗粒尺寸相差悬殊，有粒径大于 200mm 的漂石，还有粒径小于 0.005mm 的黏粒。土粒的大小、不同大小土粒含量的比例是影响土物理力学性质的重要因素。

1. 土粒的粒组

（1）土粒粒组的划分。

土粒的大小程度称为粒度，颗粒的大小通常以粒径表示。实际试验条件下得到的粒径并不是颗粒的真实直径，在筛分试验条件下，得到的是与筛孔直径等效的名义粒径，在密度计法试验条件下，得到的是与实际土粒有着相同沉降速度的理想球体直径等效的名义粒径。由于土是由众多不同粒径的颗粒组成的，单一粒径的土体基本不存在。为了方便研究，工程中常把性质和粒径大小接近一致的土粒划分为一组，称为粒组，即一定粒度范围内的土粒。不同粒组之间的分界粒径称为界限粒径。各个粒组分别有一个可反映主要特征的名称，对应的性质也有一定差异。随着粒径变化，粒组对应的特性也发生变化，具体变化情况如下。

粒径：从大到小。

可塑性：从弱到强。

黏性：从无到有。

透水性：从高到低。

毛细水：从无到有。

表 2.1 所示为《土的分类标准》（GB/T 50145—2007）中对土粒粒组的划分。

图 2.1 所示的是黏粒、粉粒和砂粒的大小对比。

表 2.1　　　　　　　　　土粒粒组划分及不同粒组的性质

粒组统称	粒组划分		粒径（d）范围/mm	主　要　特　征
巨粒组	漂石（块石）		$d>200$	透水性大，无黏性，无毛细水，不易压缩
	卵石（碎石）		$200 \geqslant d > 60$	透水性大，无黏性，无毛细水，不易压缩
粗粒组	砾粒	粗砾	$60 \geqslant d > 20$	透水性大，无黏性，不能保持水分，毛细水上升高度很小，压缩性较小
		中砾	$20 \geqslant d > 5$	
		细砾	$5 \geqslant d > 2$	
	砂粒	粗砂	$2 \geqslant d > 0.5$	易透水，无黏性，毛细水上升高度不大，饱和松细砂在振动荷载作用下会产生液化，一般压缩性较小，随颗粒减小，压缩性增大
		中砂	$0.5 \geqslant d > 0.25$	
		细砂	$0.25 \geqslant d > 0.075$	
细粒组	粉粒		$0.075 \geqslant d > 0.005$	透水性小，湿时有微黏性，毛细管上升高度较大，有冻胀现象，饱和并很松时在振动荷载作用下会发生液化
	黏粒		$d \leqslant 0.005$	透水性差，湿时有黏性和可塑性，遇水膨胀，失水收缩，性质受含水量的影响较大，毛细水上升高度大

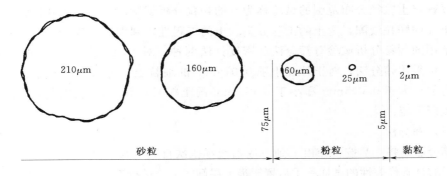

图 2.1　砂粒、粉粒与黏粒图示

（2）土粒粒组与矿物成分的关系。

随着岩石风化程度及风化产物搬运距离的不断增加，风化形成的矿物颗粒逐渐变小变细，矿物成分也相应发生变化。研究发现，颗粒的矿物成分与粒度之间存在明显的内在联系，较粗的颗粒大多是由原生矿物构成的，而较细的颗粒一般由次生矿物构成。因此，土粒组与矿物成分之间存在一定的内在联系，见表 2.2。

2. 土的颗粒级配及颗粒级配试验

为了研究土颗粒的组成情况，不仅要了解土颗粒的粗细，还要了解土各个粒组的含量，这是因为土中各粒组的含量也会对土的性质产生重要的影响。土中某粒组的含量定义为一定质量的干土中，该粒组的土粒质量占干土总质量的百分数。土中各粒组的相对含量称为土的级配（gradation）。土的级配好坏会直接影响土的工程性质。众多学者也一直在探索土级配与土工程性质之间的相互关系。级配良好的土在压实时能达到较高的密实度和较低的孔隙率，压实后的透水性小，强度高，压缩性低；反之，级配不良的土，压实后的密实度低，透水性强，强度低。

表 2.2　　　　　　　　　　　　　土颗粒尺寸与矿物成分之间的内在关系

土粒组名称 粒径/mm	漂石、卵石、砾石、块石碎石、角砾	砂粒组	粉粒组	黏粒组		
				粗	中	细
最常见的矿物	>2	2~0.05	0.05~0.005	0.005~0.001	0.001~0.0001	<0.0001
原生矿物　母岩碎屑（多矿物结构）						
原生矿物　单矿物颗粒　石英						
原生矿物　单矿物颗粒　长石						
原生矿物　单矿物颗粒　云母						
次生矿物　次生二氧化硅（SiO_2）						
次生矿物　黏土矿物　高岭石						
次生矿物　黏土矿物　水云母						
次生矿物　黏土矿物　蒙脱石						
次生矿物　倍半氧化物（Al_2O_3、Fe_2O_3）						
次生矿物　难溶盐（$CaCO_3$、$MgCO_3$）						
腐殖质						

　　自然界中的土一般都是由不同粒径范围的粒组组成的。测定土中各个粒组含量，以确定土粒径分布范围的试验称为土的颗粒分析试验。通过颗粒分析试验可以得到土样的颗粒级配，为土的工程分类、土的工程性质判别提供依据。

　　常用的颗粒分析试验有筛分法和密度计法两种。对于粒径大于 0.075mm 的粗粒土，可采用筛分法；对于粒径小于 0.075mm 的细粒土，可采用密度计法。当土内兼有粒径大于 0.075mm 和小于 0.075mm 的土粒时，宜配合应用两种方法进行颗粒级配测定。

　　（1）筛分法。

　　筛分法是将一套按孔径由上到下逐渐减小依次排列的筛子叠放在一起，将风干或烘干的具有代表性的试样称重后置于最上层筛子上，进行充分振动后，依次称量出留在各个筛子上土粒质量的方法。留在某筛上和该筛以上各级筛中的土粒粒径大于该筛孔的孔径。按式（2.1）即可求得小于某土粒粒径的土粒含量百分数 X，即

$$X = \frac{m_i}{m} \times 100\% \qquad (2.1)$$

式中　　m_i，m——小于某粒径的土粒质量及试样总干重，g。

　　（2）密度计法。

　　斯托克斯（Stokes）认为球状细颗粒在水中的下沉速度与颗粒直径的平方成正比，密度计法即是基于不同大小的土粒在水中沉降速度不同的原理确定土粒级配的方法。试验过程中，首先将定量的土样与水在量筒中混合，搅拌使得各种粒径的土粒在悬液中均匀分布，此时悬液的浓度在不同深度处是相等的。但静止后，较粗的颗粒下沉较快，较细的颗粒下沉较慢，造成不同深度处的悬液浓度随着时间不断变化。密度计法需测定悬液表面下一定深度 L_i 处在不同时刻 t_i 的悬液浓度。具体的试验原理、操作步骤和计算方法在这里就不过多介绍了，具体可参考土工试验规程或相关试验指导书。

　　对于兼有粒径大于 0.075mm 和小于 0.075mm 土粒的混合土，可以先采用筛分法测定粒径在 0.075mm 以上的颗粒级配，再进一步根据密度计法测定筛分后全部通过 0.075mm 筛孔的颗粒级配。由此可以确定混合土样中各粒组的相对含量，即混合土的全部级配。

3. 土的颗粒级配曲线

（1）颗粒级配曲线的形式。

　　颗粒分析试验结果的表示方法主要有列表法、三角坐标法和级配曲线法 3 种。列表法就是列出表格直接表示各粒组含量的方法，此方法较繁琐，且不能直观反映土的颗粒级配。三角坐标法只可以表达 3 种粒组的含量，使用有很大的限制。相对于这两种方法，级配曲线法是最常采用的颗粒级配表示方法。

　　颗粒级配曲线法又称累积曲线法，是一种较为全面通用的图解法。颗粒级配曲线以小于某粒径的土粒含量作为纵坐标，以土粒粒径为横坐标，可以直观地表示土的颗粒级配情况。根据颗粒级配曲线可以简单有效地获得土粒颗粒级配或粒度成分的信息，有助于土的工程性质评价和土体的级配优劣对比。由于混合土中土粒粒径的分布范围往往很大，可达成千倍甚至上万倍，同时细颗粒的含量对土工程性质的影响往往很大，不容忽略，有必要详细描述细粒的含量。因此，颗粒级配曲线的横坐标常采用粒径的对数形式，即 $\lg d$。颗粒级配曲线纵坐标表示的是小于某粒径的土颗粒质量占土样总质量的百分数，这个百分数是一个累积百分数，是所有小于该粒径的粒组质量的百分数之和。图 2.2 所示为半对数坐标系下的颗粒级配曲线。

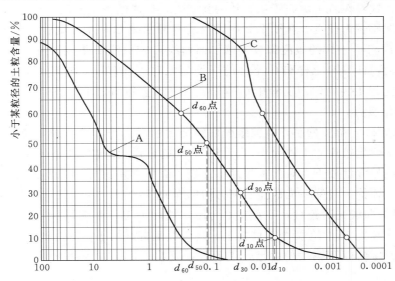

图 2.2　土的颗粒级配曲线（A、B 和 C 代表三类土样）

（2）颗粒级配曲线的应用。

　　土的颗粒级配曲线在工程中有非常广泛的应用。根据颗粒级配曲线的连续性特征和走势陡缓可以有效判断土的颗粒粗细、颗粒分布的均匀程度及颗粒级配的优劣，可为土的工程性质评价和不同土的工程性质对比提供依据。

　　在分析颗粒级配曲线时，需要得到 d_{10}、d_{30}、d_{50}、d_{60} 这几个典型粒径。这几个典型粒径的物理意义如下。

有效粒径 d_{10}：小于该粒径的土粒含量占土样总量的 10%，可见图 2.2 所示的 B 曲线。

连续粒径 d_{30}：小于该粒径的土粒含量占土样总量的 30%，可见图 2.2 所示的 B 曲线。

平均粒径 d_{50}：小于该粒径的土粒含量占土样总量的 50%，可见图 2.2 所示的 B 曲线，平均粒径大则颗粒整体较粗，平均粒径小则颗粒整体较细。

限定粒径 d_{60}：小于该粒径的土粒含量占土样总量的 60%，可见图 2.2 所示的 B 曲线。

根据有效粒径 d_{10}、连续粒径 d_{30} 和限定粒径 d_{60} 可以简单地确定两个可体现颗粒级配情况的定量指标，即不均匀系数·C_u 和曲率系数 C_c。两个指标的计算公式为

$$C_u = \frac{d_{60}}{d_{10}} \tag{2.2}$$

$$C_c = \frac{d_{30}^2}{d_{60} \times d_{10}} \tag{2.3}$$

不均匀系数 C_u 可反映土中不同粒组的分布情况，即土的均匀性情况。C_u 越大，土粒度的分布范围越大，土颗粒的分布越不均匀。若土颗粒的级配连续，那么不均匀系数越大，有效粒径 d_{10} 和限定粒径 d_{60} 之间的间距就越大，表明土中含有粗细不同的粒组，所含颗粒的粒径相差就越悬殊，土越不均匀。根据颗粒级配曲线可以发现，C_u 越大，级配曲线就越平缓；反之就越陡峭。若级配曲线连续且不均匀系数较大，细颗粒就可填充于粗颗粒的孔隙内，形成的密实度就较高，物理力学性质和工程性质较为优良。在图 2.2 中，曲线 B 和曲线 C 都不存在较明显的平台段，说明 B 土样和 C 土样的级配都较连续。而曲线 C 较曲线 B 更陡，可直观判断 C 土样较为均匀，计算 B 土样和 C 土样的不均匀系数可知 $(C_u)_B > (C_u)_C$，也可验证 C 土样较 B 土样更为均匀。工程中认为，$C_u < 5$ 的土是均匀土，级配不良；而 $C_u > 10$ 的土级配良好。

曲率系数 C_c 描述的是土颗粒级配曲线曲率情况。当 $C_c > 3$ 时，说明颗粒级配曲线的曲率变化较快，土较为均匀；当 $C_c < 3$ 时，说明颗粒级配曲线较为平缓，平缓段内粒组的含量较少。对于工程性质优良、级配良好的土，要求 $1 < C_c < 3$。

工程中评价土级配和工程性质优劣的标准如下：

1）级配曲线光滑连续，不存在平台段，坡度平缓，粗细颗粒连续，能够同时满足 $C_u > 5$ 和 $1 < C_c < 3$ 两个条件的土，属于级配良好的土，可得到较高的密实度，具有较小的压缩性和较大的强度，工程性质优良。图 2.2 中的 B 曲线对应的即为级配良好土。

2）级配曲线光滑连续，不存在平台段，但曲率较大，曲线较陡，粗细颗粒连续但较均匀；或级配曲线虽然平缓但存在平台段，粗细颗粒虽不均匀，但粒径不连续。属于这两种情况的土，且不能够同时满足 $C_u > 5$ 和 $1 < C_c < 3$ 两个条件，属于级配不良土，工程中的密实度较低，工程性质不良。图 2.2 中的 C 曲线和 A 曲线对应的即为级配不良土。

土的级配优劣还直接受颗粒形状的影响，造成土工程性质的差异。例如，含角粒的土体比含圆粒的土体更为松散，级配相对较差。同时，角粒在压缩、夯实和变

形的过程中更倾向发生明显的破碎。
有关粗颗粒形状的内容将在下一节进
行详细介绍。图 2.3 所示为粉土和砂
土混合土的孔隙比与粉粒含量的关
系，当粉土含量较少时，粉粒会进入
较大砂粒间的孔隙中，随着粉粒含量
的增大，混合土的孔隙比逐渐降低。
但当粉土含量达到特定值时，砂粒间
的孔隙完全被粉粒填充，继续增大粉
土含量时，砂粒就会在粉粒基质中相
互隔离，导致混合土孔隙比的增大。

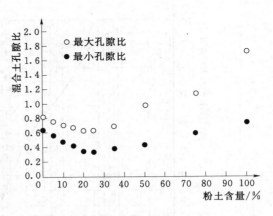

图 2.3　砂土—粉土混合土最大、最小孔隙比
与粉土含量的关系

【例 2.1】　某烘干土样质量为
200g，其颗粒分析结果如表 2.3 所
列。试绘制颗粒级配曲线，确定不均匀系数，并评价土的工程性质。

表 2.3　　　　　　　　　　　　　　颗 粒 分 析 结 果

粒径/mm	10~5	5~2	2~1	1~0.5	0.5~0.25	0.25~0.1	0.1~0.05	0.05~0.01	0.01~0.005	<0.005
粒组含量/%	10	16	18	24	22	38	20	25	7	20

解　土样的颗粒级配分析结果如表 2.4 所列。

表 2.4　　　　　　　　　　　　　　颗 粒 分 析 结 果

粒径/mm	10	5	2	1	0.5	0.25	0.1	0.05	0.01	0.005
小于某粒径土占总土质量的百分比/%	100	95	87	78	66	55	36	26	13.5	10

颗粒级配曲线如图 2.4 所示。

由曲线可得：$d_{60}=0.33$，$d_{50}=0.2$，$d_{30}=0.063$，$d_{10}=0.005$。

不均匀系数：$C_u=\dfrac{d_{60}}{d_{10}}=\dfrac{0.33}{0.005}=66>5$

曲率系数：$C_c=\dfrac{d_{30}^2}{d_{60}\times d_{10}}=\dfrac{0.063^2}{0.33\times0.005}=2.41$，$C_c$ 在 1~3 之间，故该土级配
良好。

2.4　粗粒土颗粒

粗粒土主要包括砂土和砾土两大类，粗颗粒的形状、排列及分布，颗粒与颗粒
接触的方向分布（组构特征将在第 3 章进行介绍）是影响粗粒土物理力学性质的最
基本因素。本节主要介绍粗粒土颗粒的形状、刚度和强度。

2.4.1　颗粒形状

颗粒形状是影响土力学行为的重要内在因素。颗粒的形状特征与研究的尺度有

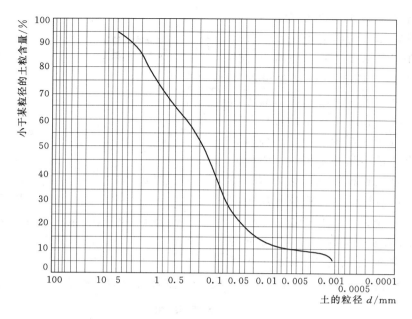

图 2.4　颗粒级配曲线

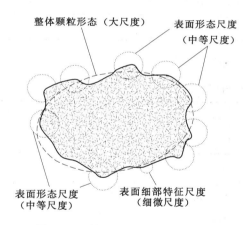

图 2.5　颗粒形状特征的研究尺度

关，图 2.5 所示为颗粒形状特征的研究尺度。其中，大尺度层面，颗粒整体形状可描述为球状、块状、板状、椭圆、棒状等；细微尺度层面，可用表面平整度、凹凸的程度等局部粗糙特征描述颗粒的表面质地。

除了云母外，土中的非黏土矿物颗粒基本都是大体积颗粒，一些颗粒虽然不是等轴的，但也至少是长条状而非片状的。图 2.6 所示为 0 号 Monterey 砂土（试样内 277 个颗粒，$d_{50} = 0.43\text{mm}$，$C_u < 1.4$）长宽比的分布直方图，此类砂土是分选较好的海滩砂，主要由石英和长石组成。该类砂土的平均长宽比为 1.39，长宽比的分布可在一定程度上反映砂土和粉土的形状特征，较为典型。

图像对比方法是进行颗粒形状分析的基本手段之一，图 2.7 即是较为典型的粗粒形状对比。图中球度定义为与颗粒等体积的球体直径与颗粒外切球的直径比值，圆度定义为颗粒表面凹凸处曲率半径的平均值与颗粒内切球的半径比值。球度和圆度描述的是颗粒不同类型和尺度的形态特征。其中，球度主要取决于颗粒伸长率，而圆度主要取决于颗粒表面凹凸体的形态。此外，还有可描述颗粒形态的其他定量化指标。

近年来，计算机技术的发展促进了基于图像分析方法的颗粒形状定量化分析研究。有部分学者提出了用傅里叶级数形式表示的颗粒形状特征参量，此外，还有诸多学者提出了其他形式的特征参量表达式，在这里就不详细列举了。

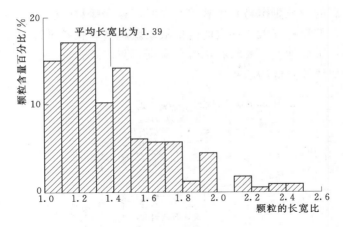

图 2.6　0 号 Monterey 砂土的颗粒形状特征（文献［54］）

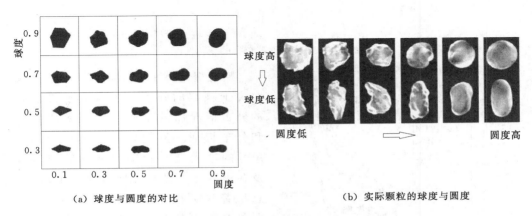

（a）球度与圆度的对比　　　　　（b）实际颗粒的球度与圆度

图 2.7　颗粒形状特征（文献［54］）

2.4.2　颗粒刚度

土体在较小应变状态下的变形来源于粒间接触的弹性变形。接触力学理论认为，颗粒的弹性性质控制着粒间接触的变形性质，变形又会影响颗粒聚集体的刚度。单粒的刚度控制粒间接触的刚度，至少比颗粒聚集体的刚度大一个数量级。

2.4.3　颗粒强度

颗粒的破碎会对粗粒土的力学特性产生重要的影响。在较高的应力状态下，土的压缩很大程度上来源于颗粒破碎。在恒定应力状态下，颗粒破碎逐渐发展，促进土的蠕变。土体中颗粒破碎的总量取决于单粒的刚度、强度以及土颗粒聚集体的传力机制。

本节讨论的颗粒强度是指粒间接触压碎或颗粒拉裂的强度。对于尺寸确定的某种特定材料来说，颗粒强度的统计结果存在波动性。当粗粒土样受到较大的应力作用时，颗粒强度的随机变化会导致颗粒尺寸分布的变化。一般而言，颗粒张拉强度值小于土样本身的屈服强度。颗粒的强度会受到颗粒形状的影响，圆度较低的颗粒相对于圆度较高的颗粒更容易发生破碎。同时，独立颗粒的破碎可能性与其尺寸有关。这是因为颗粒粒径越大，存在的内部缺陷就越多，抗拉强度就越低。如图 2.8 所示，在双对数坐标轴上，鲕状石灰岩、含碳石灰岩及石英砂的单颗粒强度随着粒径的增加呈近似线性降低的趋势。

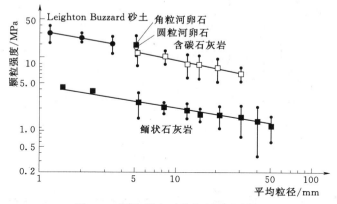

图 2.8　颗粒强度随粒径的变化情况

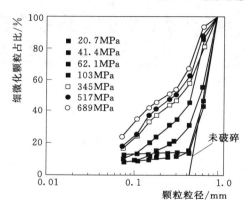

图 2.9　Ottawa 砂土受压时粒径分布演变

颗粒聚集体中颗粒破碎的总量不仅取决于颗粒的强度，还取决于接触力的分布情况以及不同尺寸颗粒的排列和分布特征。虽然可认为，由于颗粒尺寸的增大会导致颗粒缺陷的增多以及在土单元中受到法向接触力的增大，意味着较大的颗粒更容易发生破碎。但需要注意的是，如果大颗粒与周边颗粒的接触很多，且受到的荷载通过接触分散了，那么颗粒发生破碎的概率就会小于接触数较少时的情况。试验结果表明，施加压力增大会导致颗粒的破碎，间接使细粒的含量增大。图 2.9 所示为 Ottawa 砂土一维固结试验的颗粒尺寸分布变化，可体现颗粒破碎过程中细粒含量的演变。因此，颗粒的配位数（平均接触数）控制着与粒径相关的颗粒强度，较大的颗粒由于其与小颗粒的接触很多，配位数也较大；而较小的颗粒配位数则较小。故粗粒土聚集体中，大颗粒会受到周围小颗粒的保护或限制，而小颗粒则更可能发生破碎或运动。

2.5　细粒土颗粒（黏土矿物颗粒）

黏土矿物是土体矿物成分次生矿物中数量最多的一种，是影响黏性土物理力学性质的重要因素。本节进行进一步讨论。

2.5.1　黏土矿物的晶体结构

黏土矿物的种类繁多，常以复合铝-硅酸盐晶体的形式存在。铝-硅酸盐晶体呈片状，其最小单元是由硅片和铝片构成的晶胞。

硅片的基本单元是硅-氧四面体，由一个居中的硅离子和 4 个在角点的氧离子构成，如图 2.10（a）所示。6 个硅-氧四面体组成一个硅-氧四面体层，即硅片，硅片底面的氧离子被相邻两个硅离子共有，如图 2.10（b）所示。硅片常简化为一个梯形符号，如图 2.10（c）所示。

铝片的基本单元是铝-氢氧八面体，由一个居中的铝离子和 6 个氢氧根离子构成，如图 2.11（a）所示。4 个铝-氢氧八面体组成一个铝-氢氧八面体层，即铝片，如图 2.11（b）所示。铝片常简化为一个矩形符号，如图 2.11（c）所示。

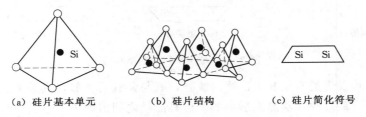

（a）硅片基本单元　　　（b）硅片结构　　　（c）硅片简化符号

图 2.10　硅片的基本单元及结构

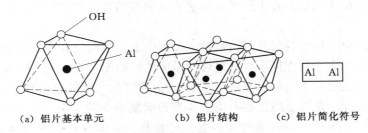

（a）铝片基本单元　　　　（b）铝片结构　　　（c）铝片简化符号

图 2.11　铝片的基本单元及结构

各类黏土矿物的结构都是由硅片和铝片两种基本结构按不同的组合形式构成的。相同结构的不同黏土矿物，其内部硅-氧四面体中心的硅离子或铝-氢氧八面体中心的铝离子被铁、锰等性质相近的离子置换了。置换后矿物的结构形式不发生变化而物理化学性质发生了变化，形成了新的矿物，此类现象称为同相置换或同相代替。

2.5.2　黏土矿物的分类及特征

黏土矿物根据硅片和铝片组叠形式的不同，可以分为高岭石、伊利石和蒙脱石 3 种类型。

高岭石是由两层结构的晶胞构成的，晶胞由一层铝片和一层硅片通过氢氧根离子和氧离子相互连接形成，具体的晶体结构如图 2.12（a）所示。氢氧根离子和氧离子之间的连接为氢键连接，连接力很强，晶格不能自由活动，水分子不能轻易进入晶胞间，是一种亲水性较弱，遇水较为稳定的黏土矿物。由于晶层之间的连接力较强，能组叠很多的晶层，典型的高岭石晶体由 70～100 层晶胞组成，属于三斜及单斜晶系。所以由高岭石矿物形成的黏粒较为粗大，甚至可形成粉粒。典型高岭石黏粒的粒径为 0.3～3μm，厚度为 0.03～0.3μm。与其他类型的黏土矿物相比，高岭石的典型特征是颗粒较粗、遇水较稳定、不易吸水膨胀及失水收缩、亲水性差。

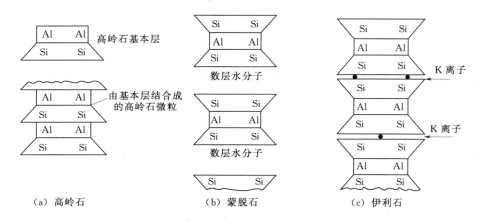

图 2.12　黏土矿物的晶格构造

　　伊利石是云母类水化黏土矿物的统称，其与蒙脱石类似，也是由上下两层硅片夹着中间一层铝片的 3 层晶胞形成的，但其晶层之间由钾离子连接，具体的晶体结构如图 2.12（c）所示。其粒间的钾离子连接弱于高岭石，大于蒙脱石。典型的伊利石矿物晶体由十几层到几十层晶胞组成。伊利石的性质和特征介于高岭石和蒙脱石之间。

　　蒙脱石是由 3 层结构的晶胞构成的，晶胞由上、下两层硅片夹着中间一层铝片通过氧离子和氧离子的连接形成，具体的晶体结构如图 2.12（b）所示。氧离子和氧离子之间的连接作用很弱，水很容易进入晶层之间。由蒙脱石构成的单个黏土片一般仅由几层到十几层晶胞组叠而成。典型的蒙脱石黏粒的粒径为 $0.1\sim1\mu m$，厚度为 $0.001\sim0.01\mu m$。与其他类型的黏土矿物相比，蒙脱石的典型特征是颗粒较细小、遇水不稳定、易发生吸水膨胀及失水收缩、亲水性好。

　　3 种矿物的主要性质及特征列于表 2.5 中。

表 2.5　　　　　　　　　　　　高岭石、伊利石和蒙脱石的主要特征

特征指标	矿物		
	高岭石	伊利石	蒙脱石
长和宽/μm	0.3～3.0	0.1～2.0	0.1～1.0
厚/μm	0.03～0.3	0.01～0.2	0.001～0.01
比表面积/(m^2/g)	10～20	80～100	800
流限	30～110	60～120	100～900
塑限	25～40	35～60	50～100
胀缩性	小	中	大
渗透性	大（$<10^{-5}$ cm/s）	中	小（$<10^{-10}$ cm/s）
强度	大	中	小
压缩性	小	中	大
活动性	小	中	大

　　土中的黏土矿物除了高岭石、伊利石和蒙脱石这三类主要成分外，还含有少量的绿泥石和水铝英石等。各类黏土矿物的含量及比例会对土的工程性质产生重要的

影响。

黏土片由晶层结合形成，晶层内部以原子键结合。晶层之间的连接随黏土矿物成分的变化而变化。高岭石晶层间以氢键和范德华键连接；伊利石晶层间以不水化的钾离子键和范德华键连接；蒙脱石和蛭石层间主要以水化阳离子形成的静电-离子键和分子键相连接。混合矿物层间的连接形式更为复杂，具体要根据晶层的成分确定。

实际条件下，土中很少存在单一的黏土片，而是广泛存在由若干黏土片堆叠在一起形成的"黏土畴"，简称为"畴"（domain）。"畴"的厚度因黏土矿物成分的变化而异。第四纪沉积物中存在大量的混层矿物，大多数"黏土畴"并非是由同一种矿物成分构成的。天然状态下，一般的黏粒都是以"畴"的形式存在的。"畴"由各种大小不同的黏土片堆叠而成，外形呈扁长形，中间厚，边缘薄。"黏土畴"内黏土片之间主要以分子键、氢键和静电-离子键相结合。

2.5.3　黏土矿物表面的带电性

黏土颗粒带电的性质最早由莫斯科大学的列依斯于 1809 年发现。他将黏土块放置于一个玻璃器皿内，将两个无底的玻璃筒插入黏土块中。向筒中注入相同深度的清水，并将阴阳两极分别放入两个筒内的清水中，然后将直流电源和电极连接。通电后可发现，放阳极的筒中水位下降，水逐渐变浑浊；而放阴极的筒中水位逐渐上升，如图 2.13 所示。这说明，黏土颗粒本身带有一定的负电荷，在电场作用下向阳极移动，这种现象称为电泳；而极性水分子与水中的阳离子（K^+、Na^+）形成水化离子，在电场作用下这类水化离子向阴极移动，这种现象称为电渗。电泳和电渗是同时发生的，统称为电动现象。

研究发现，黏土矿物颗粒一般为扁平状或片状，颗粒表面与水作用后，表面会带有不平衡电荷，一般为负电荷。扁平状颗粒虽然整体带不平衡的负电荷，但在颗粒的断裂边缘，可带有局部正电荷，如图 2.14 所示。

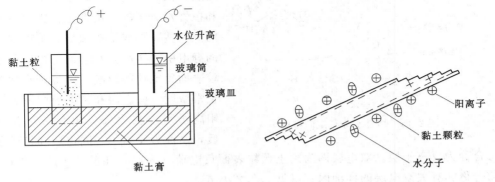

图 2.13　黏土电渗、电泳现象　　　　图 2.14　黏土颗粒表面的带电性

造成黏土颗粒带有这种不平衡负电荷的原因主要有以下几个方面。

（1）边缘破键造成电荷不平衡。

理想晶体内部的电荷是平衡的，但在颗粒的外边缘产生断裂后，晶体格架的连续性受到破坏，造成电荷的不平衡。这些破坏键一般使黏土颗粒表面带有负电荷。

颗粒越细，破键越多。故比表面积越大，颗粒表面能越大。

（2）选择性吸附作用。

选择性吸附作用指溶于水中的微小黏土矿物颗粒把水介质中一些与自身结晶架构相同或类似的离子选择性地吸附到自己表面的现象。

（3）表面分子离解作用。

表面分子离解作用指黏土矿物颗粒与水作用后离解成更细小的颗粒，再选择性地将矿物结晶构架相同或相似的离子吸附到其表面而带电。

（4）同晶置换。

同晶置换指矿物晶格中高价的阳离子被低价的离子置换，常为硅片中的 Si^{4+} 被 Al^{3+} 置换，铝片中的 Al^{3+} 被 Mg^{2+} 置换，导致矿物颗粒产生过剩的负电荷。这种负电荷的数量取决于晶格中同晶置换量的多少，不受介质 pH 值的影响。这种现象在蒙脱石中最为常见，故其表面负电性最强。

2.5.4　双电层概念

由于黏土颗粒表面带不平衡的负电荷，颗粒四周会形成一个电场。在电场的作用下，水中的阳离子（如 Na^+、Ca^{2+}、Al^{3+} 等）受吸附作用位于颗粒附近。水分子是一种极性分子（两个氢原子与中间的氧原子为非对称分布，偏向两个氢原子一端显示正电荷，偏向氧原子一端显示负电荷），在电场中也会发生定向排列，形成的排列形式如图 2.15 所示。

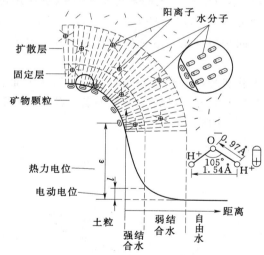

图 2.15　结合水分子定向排列

土粒周围水溶液中的阳离子，一方面受到土粒所形成电场的静电引力作用，另一方面又受到布朗运动的扩散力作用。在土粒表面处，静电引力最强，水化离子和极性水分子被牢固地吸引在颗粒表面形成固定层。在固定层外围，静电引力较小，水化离子和极性水分子的活动性比在固定层中的大一些，形成了扩散层。扩散层外的静电引力很小，水溶液不再受到土粒表面负电荷的影响，阳离子也达到正常浓度。固定层和扩散层中所含的阳离子与土粒表面负电荷的电位相反，又称为反离子。固定层和扩散层可合称为反离子层。双电层即为黏土颗粒表面负电荷（内层）和反离子层（外层）的合称。有关双电层的详细内容可见 2.7.2 小节。

2.5.5　黏土矿物的颗粒尺寸与形状

构成黏土的黏土矿物成分不同，黏土颗粒的形状和尺寸也不相同。除了多水高岭石为管状外，大多数黏土矿物颗粒都是片状的。其中，高岭石类黏土颗粒相对较大、较厚，且硬度较大；蒙脱石类黏土颗粒多细小、瘦且薄；伊利石类黏土颗粒介于高岭石和蒙脱石之间，通常呈阶梯状，边缘较薄。硅镁土颗粒由于其双二氧化硅链状结构而表现出条状的特征。

2.6　土中的流体和气体

2.6.1　土中的水

自然条件下的土一般都含有一定量的水分，土中的水按其形态可分为液态、固态和气态。土中的水实际上是一种成分复杂的电解质溶液。充填于土孔隙中的水对土的物理力学性质有着显著的影响，主要影响因素为水的类型和含量。土中水的分类如图 2.16 所示。

1. 矿物中的结合水

土颗粒的矿物内部含有一定量的结合水，又称"矿物内部结合水"或"矿物成分水"。矿物中的结合水是矿物的组成部分，以不同的形式

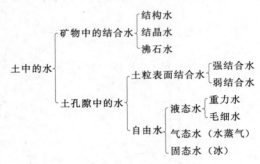

图 2.16　土中水的分类

存在于矿物内部。按水分子与结晶格架结合的牢固程度，可将矿物中的结合水分为结构水、结晶水和沸石水三类。

（1）结构水。

结构水是以氢氧根离子或氢离子的形式存在于矿物结晶格架中的固定位置上的水分。严格来说，在常规条件下，这种形式的结合水并不是水分子，其与其他离子一样，固定于矿物结晶格架上，很难从结晶格架上析出。但在 450～500℃高温条件下，这些离子能从结晶格架中析出，形成水，原有的结晶格架也被破坏，转变为另一种新的矿物。

（2）结晶水。

结晶水是以水分子形式存在于矿物结晶格架中的固定位置上的水分。此类矿物结合水在结晶格架上的牢固程度较弱，加热不到 400℃即能析出。结晶水与结构水一样，一旦结晶水析出，原来的结晶格架就被破坏，变成另一种新的矿物。

（3）沸石水。

沸石水以水分子的形式存在于矿物晶胞之间，其含量并不影响晶胞的结晶格架，析出时也不会导致矿物种类的变化。它与矿物结合微弱，加热 80～120℃水分子即可析出。前面所介绍的蒙脱石晶胞间存在的水即为沸石水。吸附沸石水可以引起结晶格架的膨胀，从而导致矿物分离成细小的碎片。

上述 3 种类型的水都是土粒矿物的组成部分，一般只通过矿物成分影响土体的物理力学性质。当结合水和结构水从原来矿物中析出后，原来的矿物转变为新矿物，也会导致土性的变化。

2. 土孔隙中的水

（1）土粒表面结合水。

如前面黏土矿物部分有关双电层的介绍可知，水分子是一种极性分子（两个氢原子与中间的氧原子为非对称分布，偏向两个氢原子一端显示正电荷，偏向氧原子一端显示负电荷，（图2.17)，当其与土粒表面接触时，会受到土粒表面的静电引力作用，被吸附于土粒周围。土粒周围形成一层水膜，称为土粒表面结合水，简称为结合水。结合水的形式受其与土粒距离的影响，如图2.18所示。

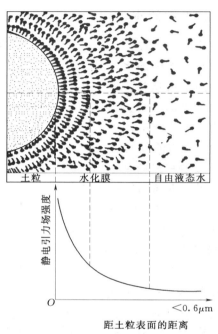

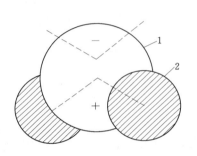

图2.17　水分子的极性
1—氧原子；2—氢原子

图2.18　土粒表面结合水分布

土粒表面的结合水是由以下几个方面因素的综合作用的结果。

1）负电性土粒对极性水分子的吸引作用。土颗粒表面带有不平衡的负电荷，会形成电场。当土粒与水接触时，靠近土粒表面的水分子在土粒表面静电引力的作用下，失去了自由活动的能力，整齐、紧密地排列起来。逐渐远离土粒表面，静电引力场的强度逐渐降低，水分子自由活动的能力逐渐增加，排列逐渐变得疏松、不整齐，定向排列程度逐渐减小。当距土粒表面的距离很大时，静电引力几乎不起作用，水分子可保持全部的活动能力。可将受静电引力作用全部或部分失去活动能力的水分子称为结合水，结合水在土粒表面形成的结合水层称为"水化膜"。在结合水层外可保持完全自由活动能力的水分子，称自由液态水或非结合水。

2）渗透吸附作用及范德华力作用。如前所述，黏粒表面一般带有不平衡的负电荷，在其表面吸附有阳离子，表面附近离子浓度较高。介质中的水分子为使浓度达到平衡，有向颗粒表面扩散的趋势，这种作用即为范德华力作用。

3）氢键的连接作用。土粒矿物表面通常由氧和氢氧层组成，可产生氢键连接，氧面吸引水分子的阳极，而氢氧面吸引水分子的阴极，易形成结合水层。

4）交换阳离子的水化作用。黏粒表面的负电荷可吸引介质中的阳离子。水分子受阳离子的水化作用，也受到吸引。

结合水越靠近土粒表面，受到的吸引力越大，排列越整齐、紧密，活动性越低。随着与颗粒表面距离的增大，吸引力逐渐降低，结合水分子活动性逐渐增大。因此，可将土粒表面的结合水分成强结合水和弱结合水两类。

1) 强结合水。强结合水也称吸着水，是牢固地被土粒表面吸附的一层极薄的结合水层。强结合水水分子基本完全失去自由活动的能力，并且排列紧密、整齐。强结合水密度大于普通液态水的密度，且越靠近土粒表面密度越大。其力学性质类似固体，具有极大的黏滞性、弹性、抗剪强度，有抵抗外力的能力，不能传递静水压力，不能导电，也没有溶解能力。可将强结合水作为固体分析。

2) 弱结合水。弱结合水是指距土粒表面稍远，在强结合水范围外和土粒电场范围内的水，它是水膜的主要组成部分。弱结合水类似于一种黏滞水膜，力学上具有黏滞性、弹性和抗剪强度。弱结合水可发生变形，但不会因为重力作用而流动。弱结合水的存在是黏性土具有可塑性的重要原因。弱结合水密度虽小于强结合水，但仍大于普通液态水。弱结合水层的厚度变化较大，会对细粒土的物理力学性质产生影响，其厚度变化通常取决于土粒粒径、形状和矿物成分，也取决于水溶液中的离子成分、浓度及水溶液的 pH 值。

（2）自由水。

自由水是存在于土粒表面电场影响范围以外，可在重力作用下自由移动的水，它的性质和正常水一样，能传递静水压力，可流动，有溶解盐的能力。自由水按形态和所受作用力的不同，又可分为毛细水、重力水和固态水三类。

1) 毛细水。若把土内相互贯通的弯曲孔隙看作许多形状不一、大小不同、彼此连通的毛细管，在水与空气交界面处存在的表面张力的作用下，存在于地下水位以上透水层中的水会沿着这些毛细管被吸引上来，形成一定高度的毛细水带，这一高度称为毛细上升高度。根据物理学原理可知，毛细管直径越小，毛细水的上升高度越高。因此，土中的毛细上升高度与土粒级配相关，黏性土中毛细水的上升高度大于砂类土。

毛细水按其与地下水面是否连接可分为毛细悬挂水（与地下水不相连）与毛细上升水（与地下水相连）两种。

2) 重力水。重力水是存在于地下水位以下透水层中的地下水，它是在重力或水头压力作用下流动的自由水，可对土粒产生浮力作用。重力水的渗流特征是地下工程排水和防水工程的主要控制因素之一，对土的应力状态有重要的影响。

3) 固态水。在常压条件下，当温度低于 0°C 时，孔隙中的自由水会冻结，呈固态，常以冰夹层、冰透镜体、细小的冰晶体等形式存在于土中。固态水在水中可起到胶结作用，提升土的强度。但由于液态自由水转化为固态水时，体积将发生膨胀，土体孔隙增大，解冻后土体会变得更为松散，强度也会低于结冰前的强度。

2.6.2　土中的气体

在土固体颗粒之间的孔隙中，除了被水填充的部分外，其余都是气体。土中的气体主要是空气，有时也可能存在二氧化碳、沼气及硫化氢等。与大气的成分相比，土中气体的二氧化碳含量更高，几乎为空气中二氧化碳含量的 6～7 倍，而氧气的含量相对较少。随着土层深度的增大，与大气发生交换变得越来越困难，这种差异愈加明显。

土中的气体按其所处的状态和结构特点可以分为以下 4 种类型:

(1) 与大气连通的自由气体。

(2) 被水或颗粒封闭的, 与大气隔绝的气体或气泡。

(3) 吸附于颗粒表面的气体。

(4) 溶解于水中的气体。

通常认为与大气连通的自由气体对土的物理力学性质影响不大。密闭气体或气泡的体积与压力有关, 其存在会对土的变形产生影响, 还会阻塞土的渗流通畅情况, 使土的渗透性降低。土孔隙中气体压力的不同, 也会对土体的强度产生影响。

对于淤泥和泥炭等有机质土, 由于微生物的分解作用, 土中可积蓄硫化氢和甲烷等可燃气体, 使土层在自重作用下长期得不到压实, 从而形成高压缩性土层。

2.7 土–水–化学相互作用

土中的水实际上并不是纯水, 而是由各种以离子或化合物形式存在于水中的电解质形成的电解质系统 (常称为溶液), 溶于水中的各种电解质会与水、黏土颗粒产生相互作用, 构成了土–水–化学系统。此系统各部分之间的相互作用会对黏性土的性质产生显著的影响。对于黏性土来说, 矿物组成主要为次生矿物中的黏土矿物。由于黏土矿物的种类不同, 其晶格构造也不同。因此, 黏土颗粒与孔隙水和孔隙水中介质的相互作用机制取决于黏土矿物的成分。同时, 土孔隙水的绝对含量、水的结构及介质的物理成分和化学成分都是影响黏粒与水和电解质相互作用的重要因素。黏土颗粒与水和电解质的相互作用也与黏土颗粒表面的可接触面积有关, 工程常用比表面积来描述颗粒可与电解质系统接触的能力。虽然目前土–水–化学系统的相互作用机制还没有被彻底研究清楚, 但对其典型的特征已有一定的了解。

因此, 黏性土颗粒较细小, 比表面积大, 表面能大, 且矿物成分多为黏土矿物, 与土孔隙中的溶液发生相互作用后, 会发生一系列的物理化学现象, 如黏粒表面的双电层、离子交换、黏粒的沉聚和稳定、黏性的触变和陈化等。这种由土–水–化学系统相互作用引发的物理化学现象会对黏性土的工程性质产生重要且显著的影响, 值得重点研究。

由于无黏性土颗粒 (砂粒、砾石) 的尺寸很大, 比表面积小, 表面能小, 且矿物成分多为原生矿物, 颗粒与土孔隙中电解质系统的相互作用对土的物理力学性质很小, 本节不讨论粗颗粒与孔隙水和孔隙水中物质的相互作用。

2.7.1 黏粒的比表面积及胶体特征

1. 黏粒的比表面积

由土矿物成分与土粒组之间的关系可知, 黏土颗粒较细小, 矿物成分大多为次生矿物, 多呈片状和针状。为了描述黏土颗粒与孔隙电解质系统接触的能力, 引入了比表面积指标。比表面积定义为单位质量土颗粒所拥有的表面积, 用 A_s 表示为

$$A_s = \frac{\sum A}{m} \tag{2.4}$$

式中　$\sum A$——所有土颗粒的表面积之和；

　　　　m——土颗粒的总质量。

黏粒较细小，且多呈扁平状，比表面积值较大。一般来说，颗粒越细小，越扁平，比表面积就越大。例如，对于颗粒直径为 0.1mm 的圆球，其比表面积值接近 $0.03m^2/g$，而同体积高岭石的比表面积为 $10\sim20m^2/g$，伊利石为 $80\sim100m^2/g$，蒙脱石则可达到 $800m^2/g$。

土粒比表面积大小直接取决于颗粒的粒径、形状，间接取决于颗粒的矿物成分。比表面积可以直接反映黏粒与电解质系统相互作用的强烈程度，是描述黏性土特征的重要指标。

2. 黏粒的胶体性质

土中黏粒组都较细小，接近于胶体颗粒的大小，表现出一系列胶体的特性，如黏粒的吸附能力。在黏粒物质内部，每个粒子都被周围的粒子包围，各个方向的吸引力是平衡的，但在表面层上粒子向内的吸引力没有平衡，使黏粒物质表面具有自由引力场。在这种力场的作用下，黏粒周围的其他物质就被吸引到黏粒表面，这种现象即为吸附作用。可认为黏粒吸附周围物质的能力源于黏粒表层粒子和固体内部粒子所处情况的不同。黏粒的表面由于具有不平衡电荷或游离价的原子或离子，形成了不对称静电引力场，可将外界极性分子和离子吸附到表面，这种吸附能力称为表面能。一般而言，比表面积越大，表面能就越大，吸附能力就越强。黏粒表面的离子也可与溶于水中的离子发生交换作用，引起土的物理力学性质的变化。

2.7.2　黏土的双电层

如前所述，黏土矿物颗粒表面可因吸附离子而带电，这部分被吸附的离子紧密、牢固地贴近黏土颗粒表面，可称为决定电位离子。带电的黏粒与孔隙水溶液发生接触和作用时，在静电引力的作用下，溶液中带相反电荷的离子被吸引到颗粒周围，称为反离子，反离子形成了反离子层，反离子层中的离子实际上是水化离子。同时，溶液中的极性水分子由于静电引力作用也会发生定向排列。黏粒周围的水化膜主要包含作为主体的极性水分子和起主导作用的离子。针对起主导作用的离子，可将此层称为反离子层；针对占主要成分的极性水分子，可将此层称为结合水层。

溶液中的反离子主要受到两种力的作用：一是黏粒表面的吸引力作用，使其向黏粒表面运动；二是离子本身的扩散作用，使其具有离开黏粒表面，向溶液中扩散的趋势。在这两种力的综合作用下，反离子的浓度随着与黏粒表面距离的增大而减小，最后与自由水浓度相同。由黏粒表面到自由水区域，将被黏粒表面紧密吸附的反离子形成的带电层称为固定层，固定层可随颗粒的运动而运动。在固定层外围，电位随着与黏粒表面距离的增大而降低，反离子受到的静电引力小于固定层中的反离子，同时受到扩散作用的影响，形成了扩散层。扩散层的厚度即为固定层外边缘到扩散层末端的距离。黏粒表面的固定层和扩散层如图 2.19 所示。黏性土颗粒的双电层结构即为黏土颗粒表面负电荷层（内层）和反离子层（外层）的合称。可将黏粒与表面吸附层的决定电位离子层统称为胶核，胶核与固定层合称为胶粒，胶粒与扩散层组合成胶团。胶团的电化学性质呈中性。

黏土矿物颗粒表面的带电情况如图 2.20 所示，带负电荷的晶层平面并不是黏

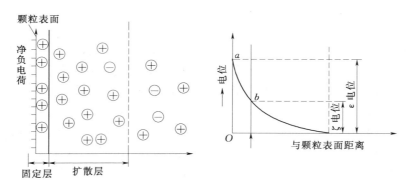

图 2.19　固定层和扩散层示意图

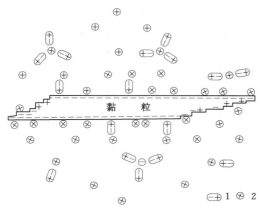

图 2.20　矿物表面的带电情况

1—极性分子；2—正电阳离子

土矿物的唯一表面，还有断裂的边缘表面，断裂的边缘表面带有正电荷，可形成带正电荷的双电层。这一点需要注意。

双电层中扩散层的厚度对黏土的工程性质有显著的影响。扩散层厚度大，土的塑性高，颗粒之间相对距离也较大，土的膨胀性和收缩性大，压缩性大，强度较低。扩散层的厚度首先取决于内层热力电位，热力电位与土粒的矿物成分、分散度或比表面积等因素有关。当内层热力电位一定时，扩散层的厚度则随孔隙水溶液中水化离子性质、浓度和离子交换能力等因素的变化而变化。变化机制如下：

（1）阳离子的原子价高，扩散层厚度变小。

（2）阳离子的浓度大，扩散层的厚度变小。

（3）阳离子直径大，扩散层的厚度变大。

（4）阳离子交换能力越大，形成的扩散层厚度越小。阳离子的交换能力取决于离子价位和半径，一般高价离子交换能力大于低价离子；同价离子中，半径小的交换能力小于半径大的。

在实际工程中，可通过改变孔隙水溶液化学成分的方法改变扩散层的厚度，以改良黏性土的工程性质。

2.7.3　黏土的触变和陈化

在聚结后产生的饱和松黏土受到振动、搅拌、电流和超声波等外力作用影响时，土体的结构会发生破坏，产生类似于液化的现象，变成溶胶或悬液。当这些外力作用停止后，黏土又重新聚结，恢复结构，可将这种一触即变的现象称为黏土的"触变"。产生触变时要求黏土的扩散层较厚，孔隙体积较大，具体条件为：土中粒径小于 0.01mm 的颗粒含量较大；土颗粒的形状为片状或长条状；矿物成分为亲水性矿物；孔隙水溶液原子价低、浓度低、离子交换能力小；结构一般为网状结构。

具有触变性的土经过一定时间后失去液化的能力，即失去原有触变性，这种现象称为"陈化"。黏土的陈化现象还包括：①黏粒从无定形流动状态转变为结晶状态；②黏土从高分散性转变为低分散性，即由细粒变为粗粒，亲水性降低；③黏土脱水体积变小，密实度增大。

2.8　土的物理性质及状态

由前述可知，在土的三相组成中，固体颗粒的性质会直接影响土的工程性质。同时，土的三相组成各部分的质量或体积之间的比例关系也是影响土工程性质的重要因素。例如，细粒土含水多时较软而含水少时较硬；粗粒土松散时强度低而密实时强度高。通常将表示土中三相组成体积含量比例或质量含量比例称为土的三相比例指标，又称土的物理性质指标。土的物理性质指标可以直接反映土的三相组成，可以间接反映土的物理力学性质，是非常重要的指标。

对于同种类型的土来说，若物理性质指标不同，即三相组成不同，对应的物理状态也会有差异。对于粗粒土来说，土的物理状态通常指土的密实度；对于细粒土来说，土的物理状态指标一般包括土的塑性、稠度、活动度、灵敏度和触变性；对于特殊土，还要考虑其胀缩性、湿陷性和冻胀性。

2.8.1　三相草图

天然状态下，土体的三相分布具有一定的分散性和随机性。为了清楚地研究与表示土中的三相组成，人为地将土体实际分散的三相物质抽象集合在一起，用理想化的三相草图来表示土的三相构成。三相草图的形式如图 2.21 所示，三相草图左边的信息代表三相各部分的质量，右边的信息代表三相各部分的体积。

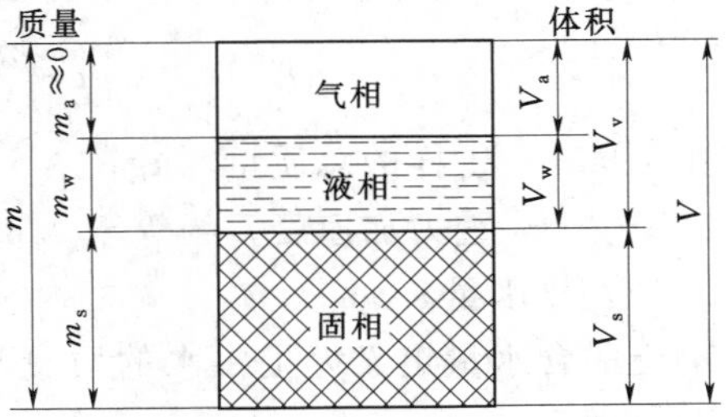

图 2.21　土的三相草图

图 2.21 中各个参量的意义如下。

m_s——土中固体颗粒的质量。

m_w——土中水的质量。

m_a——土中空气的质量，通常忽略空气的质量，即 $m_a = 0$。

m——土的总质量，$m = m_s + m_w$。

V_s、V_w、V_a——土粒、土中水、土中气体的体积。

V_v——土中孔隙的体积，$V_v = V_w + V_a$。

V——土的总体积，$V = V_s + V_w + V_a$。

由土的三相草图可知，对于土中三相各部分的体积和质量这些参量，独立的参量只有 V_s、V_w、V_a、m_s 和 m_w 这 5 个。由于水的密度或重度是已知的，所以已知了土的质量或体积，即可推导得到另一个。因此，上面列出的 5 个参量中真正独立的只有 4 个。在研究中，通常只考虑三相质量或体积的比例，而对总质量或总体积不是特别关注，通常取总体积或总质量一定的土样进行分析，因此，又有一个参量变得不是独立的。因此可知，对于体积或质量一定的土样，测定了 3 个独立参量，就可以根据三相草图计算得到三相各部分的体积和质量。

2.8.2 土的物理性质及指标

土的物理性质指标共有 9 个，可以分为两类：一类是必须通过试验测定的指标，称为实测物理性质指标，又称土的基本物理性质指标或直接指标，包括土的密度 ρ（或重度 γ）、含水量 ω 和土粒相对密度 G_s；另一类是可根据直接指标换算得到的指标，称为换算的物理性质指标，又称间接指标，包括孔隙比 e、孔隙率 n、饱和度 S_r、干密度 ρ_d（或干重度 γ_d）、饱和密度 ρ_{sat}（或饱和重度 γ_{sat}）及有效密度 ρ'（或浮重度 γ'）。

1. 3 个实测物理性质指标

（1）土的重度 γ。

土单位体积的重量称为土的重度（unit weight），单位为 kN/m^3，即

$$\gamma = \frac{W}{V} \tag{2.5}$$

式中　W——土的重量，kN；

　　　V——土的体积，m^3。

工程中，γ 也可称为天然重度或湿重度。天然状态下，土重度的变化范围很大，一般黏性土的重度为 $\gamma \approx 16 \sim 22 kN/m^3$；一般砂土的重度 $\gamma \approx 16 \sim 20 kN/m^3$；腐殖土的重度 $\gamma \approx 15 \sim 17 kN/m^3$。土的重度一般采用"环刀法"测定。

单位体积土的质量称为土的密度（density）ρ，土的密度等于土的重度除以重力加速度 g，单位为 kg/m^3、g/cm^3 或 kg/cm^3。密度可表示为

$$\rho = \frac{m}{V} = \frac{W}{gV} = \frac{\gamma}{g} \tag{2.6}$$

式中　m——土样的总质量，kg；

　　　g——重力加速度，约等于 $9.8 m/s^2$，在土力学中可取 $g = 10 m/s^2$。

（2）含水量 ω。

土的含水量定义为土中水的质量与土固体颗粒质量的比值（water content of soil），即

$$\omega = \frac{m_w}{m_s} \times 100\% \tag{2.7}$$

土的含水量反映了土的干湿程度。含水量越大，土中水含量越多，土就越软。土的含水量变化幅度很大，受土的种类、埋藏条件及所处地理环境的影响。一般而言，干燥砂土的含水量接近于零，而饱和砂土的含水量可达 40%；硬质黏土的含水量可小于 30%，饱和状态软黏土的含水量可达 60% 以上。泥炭土的含水量可达 300% 以上。

测定土含水量的常用方法为烘干法。具体方法是：先称量小块原状土样的湿土质量，然后置于烘箱内维持 $105 \sim 110℃$ 烘至恒重，再称量干土质量，湿、干土质量的差值与干土质量的比值即为土的含水量。

（3）土粒相对密度 G_s。

土粒相对密度（specific gravity of soil）定义为土固体颗粒的质量与同体积 4℃ 纯水的质量之比，即

$$G_s = \frac{m_s}{V_s \rho_{w1}} = \frac{\rho_s}{\rho_{w1}} \tag{2.8}$$

式中　ρ_s——土粒密度，即土粒质量 m_s 和土粒体积 V_s 之间的比值，g/cm^3；

　　　ρ_{w1}——纯水在 4℃ 时的密度，一般取值为 $1g/cm^3$。

土粒相对密度是一个无量纲的参数，常用比重瓶法测定，试验测定的值代表整个试样内所有土粒相对密度的平均值。还可定义土粒重度为 $\gamma_s = \rho_s g$，其数值大小取决于土粒的矿物成分，不同土的 G_s 变化幅度不大，取值变化范围如表 2.6 所示。当土中存在有机质或泥炭时，其比重将会明显地降低。

表 2.6　　　　　　　　　常见土、有机质和泥炭的相对密度

土的名称	砂土	粉土	黏性土		有机质	泥炭
			粉质黏土	黏土		
土粒相对密度 G_s	2.65～2.69	2.70～2.71	2.72～2.73	2.74～2.76	2.4～2.5	1.5～1.8

2.6 个换算的物理性质指标

（1）描述土重度和密度的指标。

1）干密度 ρ_d 和干重度 γ_d。土的干密度定义为土中单位体积内固体颗粒的质量，计算方式为

$$\rho_d = \frac{m_s}{V} \tag{2.9}$$

土的干重度（dry unit weight）定义为土中单位体积内固体颗粒的重量，计算方式为

$$\gamma_d = \frac{W_s}{V} = \rho_d g \tag{2.10}$$

天然状态下，土的干重度和干密度的变化范围分别为 $13～20kN/m^3$ 和 $13～20g/cm^3$。

2）饱和密度 ρ_{sat} 和饱和重度 γ_{sat}。对于岩土工程来说，有时还需要了解土中孔隙完全充满水时土单位体积的质量或重量，二者分别可以定义为土的饱和密度和饱和重度。饱和密度的计算公式为

$$\rho_{sat} = \frac{m_s + V_v \rho_w}{V} \tag{2.11}$$

饱和重度的计算公式为

$$\gamma_{sat} = \rho_{sat} g \tag{2.12}$$

天然状态下，土的饱和重度和饱和密度的变化范围分别为 $18～23kN/m^3$ 和 $18～23g/cm^3$。

3）有效密度 ρ' 和浮重度 γ'。位于地下水位面以下的土会受到浮力的作用，此时土中固体颗粒的质量减去排开水的质量（即减去浮力）与土总体积的比值，称为有效密度，表示为

$$\rho' = \frac{m_{sat} - V_s \rho_w}{V} = \frac{m_{sat} + V_v \rho_w - V \rho_w}{V} = \rho_{sat} - \rho_w \tag{2.13}$$

与有效密度对应的是浮重度或有效重度，即土中固体颗粒重量减去受到水作用的浮力，可得

$$\gamma' = \rho' g \tag{2.14}$$

由有效重度和有效密度的定义可知

$$\rho' = \rho_{sat} - \rho_w \tag{2.15}$$

$$\gamma' = \gamma_{sat} - \gamma_w \tag{2.16}$$

天然状态下，土的浮重度和有效密度变化范围分别为 $8 \sim 13 \text{kN/m}^3$ 和 $8 \sim 13 \text{kN/m}^3$。各种密度和重度在数值上有如下关系：

$$\gamma_{sat} \geqslant \gamma \geqslant \gamma_d \geqslant \gamma' \tag{2.17}$$

$$\rho_{sat} \geqslant \rho \geqslant \rho_d \geqslant \rho' \tag{2.18}$$

（2）描述土孔隙体积的指标。

1）孔隙比 e。孔隙比（void ratio）定义为土中孔隙体积与土固体颗粒体积之间的比值，即

$$e = \frac{V_v}{V_s} \tag{2.19}$$

孔隙比用小数表示，可以用来评价天然土层的密实程度。一般而言，$e < 0.6$ 的土是密实的低压缩性土；$e > 1.0$ 的土是松散的高压缩性土。

2）孔隙率 n。孔隙率（porosity）定义为土中孔隙体积与土总体积之间的比值，即

$$n = \frac{V_v}{V} \tag{2.20}$$

根据式（2.19）和式（2.20）可以推导得到孔隙比与孔隙率间存在以下的关系，即

$$e = \frac{V_v}{V_s} = \frac{V_v}{V - V_v} = \frac{\dfrac{V_v}{V}}{1 - \dfrac{V_v}{V}} = \frac{n}{1 - n} \tag{2.21}$$

也可推导得到孔隙率与孔隙比之间的关系为

$$n = \frac{e}{1 + e} \tag{2.22}$$

（3）饱和度 S_r。

饱和度（degree of saturation）定义为土中水的体积占孔隙体积的比值，是描述土孔隙中充水程度的指标即

$$S_r = \frac{V_w}{V_v} \times 100\% \tag{2.23}$$

土的饱和度可以反映土中孔隙被水充满的程度，$S_r = 0$ 的土为完全干燥的土；$S_r = 100\%$ 的土为完全饱和的土。根据饱和度，可将砂土的湿度分为以下 3 种状态。

1）$0 < S_r \leqslant 50\%$ 稍湿的。

2）$50\% < S_r \leqslant 80\%$ 很湿的。

3）$80\% < S_r \leqslant 100\%$ 饱和的。

3. 常用指标间的换算

指标换算指的是上述各种指标通过关系式进行换算的过程。如前所述，可以通

过试验确定土的重度 γ、含水量 ω 和比重 G_s 这 3 个基本物理性质指标。已知这 3 个指标后，可以利用三相草图求解 6 个换算指标，即用土的重度 γ、含水量 ω 和相对密度 G_s 表示孔隙比 e、孔隙率 n、饱和度 S_r、干重度 γ_d、饱和重度 γ_{sat} 及浮重度 γ'。

根据三相草图求解的基本思路为：首先用 γ、ω 和 G_s 这 3 个指标表示三相草图上全部的体积和质量，再根据其余 6 个指标的定义进行代入和简化得到用 γ、ω 和 G_s 的表达式。

由于土样的组成及性质与研究时所取的土样体积无关，所以可以假定土样中固相的体积 $V_s = 1.0$，认为水的密度或重度是已知量。

（1）用土的基本物理性质指标表示三相草图上的体积和质量。

由 $G_s = \dfrac{m_s}{V_s \rho_{w1}}$，$V_s = 1.0$ 可得

$$m_s = G_s \rho_{w1} = \frac{G_s \gamma_w}{g} \tag{2.24}$$

由 $\omega = \dfrac{m_w}{m_s} \times 100\%$ 可得

$$m_w = \omega m_s = \omega G_s \frac{\gamma_w}{g} \tag{2.25}$$

因为 $m_a \approx 0$，可得

$$m = m_w + m_s = \frac{(G_s \gamma_w + \omega G_s \gamma_w)}{g} = \frac{(1+\omega)}{g} G_s \gamma_w \tag{2.26}$$

式（2.24）至式（2.26）即为 3 个基本物理性质指标表示的三相草图左侧的质量。由 $\gamma = \dfrac{mg}{V}$，$m = \dfrac{(1+\omega)}{g} G_s \gamma_w$ 可以推导得到

$$V = \frac{mg}{\gamma} = \frac{(1+\omega)}{\gamma} G_s \gamma_w \tag{2.27}$$

同理可得

$$V_w = \frac{m_w g}{\gamma_w} = \frac{\omega G_s \gamma_w}{\gamma_w} = \omega G_s \tag{2.28}$$

因此，有

$$V_a = V - V_s - V_w = \frac{(1+\omega)}{\gamma} G_s \gamma_w - 1 - \omega G_s \tag{2.29}$$

$$V_v = V_a + V_w = \frac{(1+\omega)}{\gamma} G_s \gamma_w - 1 \tag{2.30}$$

式（2.27）至式（2.30）即为 3 个基本物理性质指标表示的三相草图右侧的体积。

（2）根据 3 个基本物理性质指标表示的三相质量和体积求解其他 6 个换算指标。

$$e = \frac{V_v}{V_s} = \frac{\dfrac{(1+\omega)}{\gamma} G_s \gamma_w - 1}{1} = \frac{(1+\omega)}{\gamma} G_s \gamma_w - 1 \tag{2.31}$$

$$n = \frac{V_v}{V} = \frac{\dfrac{(1+\omega)}{\gamma} G_s \gamma_w - 1}{\dfrac{(1+\omega)}{\gamma} G_s \gamma_w} = 1 - \frac{1}{\dfrac{(1+\omega)}{\gamma} G_s \gamma_w} = 1 - \frac{\gamma}{(1+\omega) G_s \gamma_w} \tag{2.32}$$

$$S_r = \frac{V_w}{V_v} = \frac{\omega G_s}{\dfrac{(1+\omega)}{\gamma} G_s \gamma_w - 1} = \frac{\omega G_s \gamma}{(1+\omega) G_s \gamma_w - \gamma} \qquad (2.33)$$

$$\gamma_{sat} = \frac{V_v \gamma_w + m_s g}{V} = \gamma_w - \frac{\gamma}{(1+\omega) G_s} + \frac{\gamma}{1+\omega} \qquad (2.34)$$

$$\gamma_d = \frac{m_s g}{V} = \frac{G_s \gamma_w}{\dfrac{(1+\omega) G_s \gamma_w}{\gamma}} = \frac{\gamma}{1+\omega} \qquad (2.35)$$

$$\gamma' = \gamma_{sat} - \gamma_w = \gamma_w - \frac{\gamma}{(1+\omega) G_s} + \frac{\gamma}{1+\omega} - \gamma_w = \frac{\gamma}{1+\omega} - \frac{\gamma}{(1+\omega) G_s} \qquad (2.36)$$

（3）几种常用指标间的换算。

可以发现，实际上土的 9 个常用的物理性质指标中只有 3 个是独立的。如果任意的 3 个指标已知，都可以基于三相草图推导得到另外 6 个。这是因为土的各种物理性质指标间存在一定的内在联系，它们从不同的方面反映了土的物理性质。

1）三相湿土的推导。若假设土样固相总体积 $V_s = 1.0$，三相湿土三相草图如图 2.22 所示，根据重度和干重度的定义可得

$$\gamma = \frac{mg}{V} = \frac{(m_s + m_w) g}{V} = \frac{G_s \gamma_w + \omega G_s \gamma_w}{1+e} = \frac{(1+\omega) G_s \gamma_w}{1+e} \qquad (2.37)$$

$$\gamma_d = \frac{m_s g}{V} = \frac{G_s \gamma_w}{1+e} \qquad (2.38)$$

$$e = \frac{G_s \gamma_w}{\gamma_d} - 1 \qquad (2.39)$$

$$S_r = \frac{V_w}{V_v} = \frac{\omega G_s}{e} \quad 或 \quad S_r e = \omega G_s \qquad (2.40)$$

若假设土样总体积 $V = 1.0$，则三相湿土三相草图变为图 2.23，根据重度和干重度的定义可得

$$\gamma = \frac{mg}{V} = \frac{(m_s + m_w) g}{V} = G_s \gamma_w (1 - n)(1 + \omega) \qquad (2.41)$$

$$\gamma_d = \frac{m_s g}{V} = G_s \gamma_w (1 - n) \qquad (2.42)$$

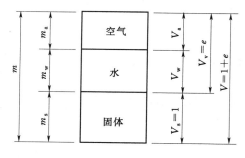

图 2.22　$V_s = 1.0$ 时的三相草图

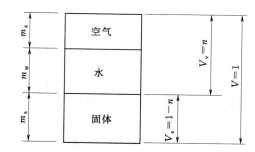

图 2.23　$V = 1.0$ 时的三相草图

2）二相饱和土的推导。对于完全饱和的土样，孔隙内完全充满水，即 $V_a = 0$。对于饱和土来说，饱和度 $S_r = 100\%$。若假设 $V_s = 1.0$，则单位体积的土重即为饱和重度，则饱和重度与其他指标的关系式为

$$\gamma_{sat} = \frac{mg}{V} = \frac{(m_s + m_w)g}{V} = \frac{G_s \gamma_w + e\gamma_w}{1+e} = \frac{(G_s+e)\gamma_w}{1+e} \qquad (2.43)$$

由于饱和度 $S_r = 100\%$，则可得

$$e = \omega G_s \qquad (2.44)$$

若假设 $V = 1.0$，则饱和重度与其他指标的关系为

$$\gamma_{sat} = \frac{mg}{V} = \frac{(m_s + m_w)g}{V} = \frac{(1-n)G_s\gamma_w + n\gamma_w}{1+e} = [(1-n)G_s + n]\gamma_w \qquad (2.45)$$

二相饱和土的含水量为

$$\omega = \frac{m_w}{m_s} = \frac{n\gamma_w}{(1-n)\gamma_w G_s} = \frac{n}{(1-n)G_s} \qquad (2.46)$$

按照上述的分析推导思路即可得到不同指标间的换算关系式。常用的物理性质指标的换算关系式列于表 2.7 中。

表 2.7　　　　　　　　　　　　　常用的物理性质指标换算公式

名称	符号	换算公式	名称	符号	换算公式
重度	γ	$\gamma = \dfrac{(1+\omega)G_s\gamma_w}{1+e}$	含水量	ω	$\omega = \left(\dfrac{\gamma}{\gamma_d} - 1\right) \times 100\%$
密度	ρ	$\rho = \rho_d(1+\omega)$			
干重度	γ_d	$\gamma_d = \dfrac{\gamma}{1+\omega}$	孔隙比	e	$e = \dfrac{n}{1-n}$
干密度	ρ_d	$\rho_d = \dfrac{\rho}{1+\omega}$			$e = \dfrac{\omega G_s}{S_r}$
饱和重度	γ_{sat}	$\gamma_{sat} = \dfrac{G_s+e}{1+e}\gamma_w$	孔隙率	n	$n = \dfrac{e}{1+e}$
饱和密度	ρ_{sat}	$\rho_{sat} = \dfrac{G_s+e}{1+e}\rho_w$			
有效重度	γ'	$\gamma' = \gamma_{sat} - \gamma_w$	饱和度	S_r	$S_r = \dfrac{\omega G_s}{e}$
有效密度	ρ'	$\rho' = \rho_{sat} - \rho_w$			

【例 2.2】　一原状土样的试验结果为：天然重度 $\gamma = 16.37\text{kN/m}^3$；含水量 $\omega = 12.9\%$；土粒相对密度 $G_s = 2.67$。求其余 6 个物理性质指标。

解　（1）绘制三相计算草图，如图 2.24 所示。

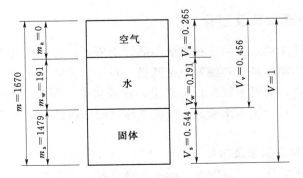

图 2.24　土的三相草图

（2）令 $V=1\text{m}^3$，由公式 $\gamma=\dfrac{mg}{V}=16.37$ （kN/m^3），故 $m=1670\text{kg}$。

（3）由 $\omega=\dfrac{m_\text{w}}{m_\text{s}}=12.9\%$ 得 $m_\text{w}=0.129m_\text{s}$，又知 $m_\text{w}+m_\text{s}=m=1670$ （kg），故

$m_\text{s}=\dfrac{1670}{1.129}=1479$ （kg），$m_\text{w}=m-m_\text{s}=1670-1479=191$(kg)。

（4）$V_\text{w}=\dfrac{m_\text{w}g}{\gamma_\text{w}}=\dfrac{1.87}{9.8}=0.191$ （m^3）。

（5）已知 $G_\text{s}=2.67$，又 $m_\text{s}=1479\text{kg}$，由公式 $G_\text{s}=\dfrac{m_\text{s}}{V_\text{s}\rho_\text{w1}}=2.67$ （$\rho_\text{w1}=1\text{g/}$

cm^3），所以 $V_\text{s}=\dfrac{1479\times10^3}{1\times2.67}=0.554\times10^6$ （cm^3）$=0.554$ （m^3）。

（6）孔隙体积 $V_\text{v}=V-V_\text{s}=1-0.554=0.446$ （m^3）。

（7）空气体积 $V_\text{a}=V_\text{v}-V_\text{w}=0.446-0.191=0.255$ （m^3）。

至此，三相草图中的质量和体积已全部求解。

（8）根据未知指标的定义求解未知指标。

孔隙比 $e=\dfrac{V_\text{v}}{V_\text{s}}=\dfrac{0.446}{0.554}=0.805$

孔隙率 $n=\dfrac{V_\text{v}}{V}=\dfrac{0.446}{1}=44.6\%$

饱和度 $S_\text{r}=\dfrac{V_\text{w}}{V_\text{v}}=\dfrac{0.191}{0.446}=42.8\%$

干重度 $\gamma_\text{d}=\dfrac{m_\text{s}g}{V}=\dfrac{1479}{1}=14.79$ （kN/m^3）

饱和重度 $\gamma_\text{sat}=\dfrac{(m_\text{s}+m_\text{w})g+V_\text{a}\gamma_\text{w}}{V}=\dfrac{14.79+1.91+0.255\times9.8}{1}=19.2$ （kN/m^3）

浮重度 $\gamma'=\gamma_\text{sat}-\gamma_\text{w}=19.2-9.8=9.4$ （kN/m^3）

由计算结果可得：$\gamma_\text{sat}>\gamma>\gamma_\text{d}>\gamma'$。

这种关系代表了三相土样 4 个重度参数之间的相对大小。对于饱和土样，有 $\gamma=\gamma_\text{sat}$；对于干土样，有 $\gamma=\gamma_\text{d}$。所以，一般情况下，$\gamma_\text{sat}\geqslant\gamma\geqslant\gamma_\text{d}\geqslant\gamma'$。

2.8.3　土的物理状态及指标

对于特定土体来说，土的三相组成不同，土所处的物理状态就不同。土按土颗粒的粗细可以分为粗颗粒土和细颗粒土两类。对于粗颗粒土来说，物理状态主要是指粗粒土的密实度；而对于细颗粒土来说，物理状态主要关注其可塑性、活动性、灵敏性和触变性。对于特殊土来说，还应关注土的胀缩性、湿陷性和冻胀性等特殊性质。

1. 粗粒土的物理状态及指标

粗粒土即为无黏性土，如砂土、砾石、卵石等。无黏性土一般可分为砂（类）土和碎石（类）土两大类。粗粒土中黏粒含量一般很少，不具有可塑性，均为单粒结构。对于粗粒土来说，最受关注的性质就是其固体颗粒排列的紧密程度，常采用

密实度来表示。密实度越大，土颗粒的排列越紧密，粗粒土就越稳定，对应的强度较高，可作为良好的天然地基；密实度越小，土颗粒的排列越疏松，结构就越不稳定，工程性质较差，作为地基时多为不良地基。所以，密实度是描述无黏性土物理状态的重要指标。

孔隙比可以一定程度地反映无黏性土的密实程度。由于土的密实程度还与土颗粒的形状、大小和级配有关，孔隙比在某些情况下具有一定的局限性。例如，若两种孔隙比相同的土体级配不同，对应的密实程度很可能不同。因此，不能仅仅通过孔隙比判断无黏性土的密实程度。

本小节分别介绍砂（类）土和碎石（类）土的密实度评价方法。

（1）砂（类）土密实度的评价方法。

1）砂土的相对密度。常采用相对密度来描述砂土在天然状态下的密实程度，计算式为

$$D_r = \frac{e_{max} - e}{e_{max} - e_{min}} \tag{2.47}$$

式中　e_{max}——土在最松散状态下的孔隙比，也称最大孔隙比，常用松砂器法测定；

　　　e_{min}——土在最密实状态下的孔隙比，也称最小孔隙比，常用振击法测定；

　　　e——土在天然状态下的孔隙比。

根据式（2.47）可知，当 $e = e_{min}$ 时，土处于最密实的状态，此时 $D_r = 1$；当 $e = e_{max}$ 时，土处于最松散的状态，此时 $D_r = 0$。因此，相对密度可以反映砂土的密实程度。理论上，D_r 的取值范围为 [0，1]。正常沉积形成的土的相对密度一般介于 0.2～0.3，很难将砂土压缩以达到相对密度大于 0.85 的物理状态。

在工程中，可根据相对密度判断砂土的密实状态，判断标准如表 2.8 所示。

由土的干重度与孔隙比的关系式，可以推导得到用最大干重度和最小干重度表示的相对密度，即

表 2.8　　　　　　基于相对密度指标的砂土密实状态判断标准

相对密度 D_r	砂土的物理状态	相对密度 D_r	砂土的物理状态
$0 < D_r \leqslant \frac{1}{3}$	稍松	$D_r > \frac{2}{3}$	密实
$\frac{1}{3} < D_r \leqslant \frac{2}{3}$	中密		

$$D_r = \frac{\dfrac{1}{\gamma_{dmin}} - \dfrac{1}{\gamma_d}}{\dfrac{1}{\gamma_{dmin}} - \dfrac{1}{\gamma_{dmax}}} = \frac{\gamma_d - \gamma_{dmin}}{\gamma_{dmax} - \gamma_{dmin}} \cdot \frac{\gamma_{dmax}}{\gamma_d} \tag{2.48}$$

式中　γ_{dmin}——土在最松散状态下的干重度，与最大孔隙比 e_{max} 对应的状态一致；

　　　γ_{dmax}——土在最松散状态下的干重度，与最小孔隙比 e_{min} 对应的状态一致；

　　　γ_d——土在天然状态下的干重度，与孔隙比 e 对应的状态一致。

同理，也可得到采用干密度表示的相对密度表达式，即

$$D_r = \frac{\rho_d - \rho_{dmin}}{\rho_{dmax} - \rho_{dmin}} \cdot \frac{\rho_{dmax}}{\rho_d} \qquad (2.49)$$

式中 ρ_{dmin}——土在最松散状态下的干密度，与最大孔隙比 e_{max} 对应的状态一致；

       ρ_{dmax}——土在最松散状态下的干密度，与最小孔隙比 e_{min} 对应的状态一致；

       ρ_d——土在天然状态下的干重度，与孔隙比 e 对应的状态一致。

    相对密度虽能从理论上反映颗粒级配、颗粒形状等因素，但其应用仍然有一定的限制。目前，国内虽然有一套测定最大最小孔隙比的方法，但在实际试验条件下很难测定土的理论最大和最小孔隙比。在某些天然状态下，土的孔隙比可能大于试验室测定的最大孔隙比，造成计算得到的相对密度值为负的不合理情况。同时，在某些天然状态下，土的孔隙比可能小于试验室测定的最小孔隙比，造成计算得到的相对密度值大于 1 的不合理情况。此外，获取天然环境下无黏性土的原状土样有较大的难度，很难不产生扰动，故天然孔隙比 e 的测定结果会有一定的误差。由于以上因素的作用，同种砂土的相对密度试验结果往往具有很大的离散性，造成了相对密度指标应用的限制。

    细粒土的密实度一般用天然孔隙比 e 或干重度 γ_d 描述。由于细粒土不是单粒结构，不存在最大和最小孔隙比，相对密度指标不适用于细粒土。

    【例 2.3】   某天然砂层，密度为 $\rho = 1.47g/cm^3$，含水率为 13%，由试验求得该砂层的最小干密度为 $1.20g/cm^3$，最大干密度为 $1.66g/cm^3$。问该砂层处于哪种状态？

    解   已知：$\rho = 1.47g/cm^3$，$\omega = 13\%$，$\rho_{dmin} = 1.20g/cm^3$，$\rho_{dmax} = 1.66g/cm^3$

由公式 $\rho_d = \dfrac{\rho}{1+\omega}$ 得 $\rho_d = 1.30g/cm^3$

$$D_r = \frac{(\rho_d - \rho_{dmin})\rho_{dmax}}{(\rho_{dmax} - \rho_{dmin})\rho_d} = \frac{(1.30-1.20)\times1.66}{(1.66-1.20)\times1.30} = 0.28$$

由于 $D_r = 0.28 < 1/3$，确定该砂层处于松散状态。

    2）标准贯入试验锤击数 N。根据上述内容可知，相对密度在评价砂土的密实程度时具有一定的局限性。因此，工程中广泛采用标准贯入试验的锤击数 N 来评价无黏性土的密实度。例如，《建筑地基基础设计规范》（GB 50007—2011）和《公路桥涵地基与基础设计规范》（JTG D63—2007）中皆采用标准贯入试验锤击数来划分砂土的密实程度。

    标准贯入试验（Standard Penetration Test，SPT）指的是管状探头动力触探试验。SPT 试验中采用 63.5kg 击锤，锤击落距为 76cm，以贯入 30cm 的锤击数 N 为贯入指标。《建筑地基基础设计规范》（GB 50007—2011）基于 N 的砂土密实度判断标准如表 2.9 所示。显然，锤击数越多，土的贯入阻力越大，则密实度越高；反之，则密实度越低。

表 2.9   **按标准贯入锤击数 N 划分砂土密实度（GB 50007—2011）**

标准贯入试验锤击数 N	密实度	标准贯入试验锤击数 N	密实度
$N \leqslant 10$	松散	$15 < N \leqslant 30$	中密
$10 < N \leqslant 15$	稍松	$N > 30$	密实

    （2）碎石（类）土的密实度评价方法。

1）重型动力触探试验锤击数 $N_{63.5}$。根据《建筑地基基础设计规范》（GB 50007—2011），碎石类土的密实度可按重型（圆锥）动力触探试验锤击数 $N_{63.5}$ 划分。划分的标准如表 2.10 所示。

表 2.10　　　　　　　按重型动力触探锤击数划分碎石土密实度

密实度指标	密实	中密	稍密	松散
$N_{63.5}$	$N_{63.5}>20$	$20 \geqslant N_{63.5}>10$	$10 \geqslant N_{63.5}>5$	$N_{63.5} \leqslant 5$

注　本表适用于平均粒径不大于50mm且最大粒径不超过100mm的卵石、碎石、圆砾、角砾，对于漂石、块石及粒径大于200mm的颗粒含量较多的碎石土，可按野外鉴别方法确定。

2）碎石土密实度的野外鉴别。碎石土颗粒较粗时，不易取得原状土样，也很难将贯入器击入其中。对这类土，多采用的是现场观察的方法，主要根据其骨架颗粒含量及排列、可挖性及可钻性鉴别。具体的鉴别方法及判别标准可参考《建筑地基基础设计规范》（GB 50007—2011）。

2. 细粒土的物理状态及指标

（1）细粒土的界限含水量及状态指标。

细粒土即为黏性土。黏性土颗粒都较细，土粒周围会形成电场，吸引水分子及水中的阳离子向其表面靠近，形成结合水膜，土粒与水的相互作用显著。因此，黏性土的物理状态不同于无黏性土，其物理状态的变化大多是由于其含水量的变化导致的。相对于粗粒土用密实度指标来描述物理状态，细粒土的含水量、稠度等指标更能反映其物理特征的本质。

1）黏性土的界限含水量。黏性土的含水量不同，所处的物理状态很容易发生变化。当黏性土含水量很高时，黏性土类似于液态泥浆，不能保持其形状，极易产生流动，常称这种状态为流动状态。当黏性土含水量逐渐降低，泥浆状土逐渐变稠，体积收缩，流动能力减弱，进入可塑状态。这里的可塑状态指的是黏性土在某含水量范围内，可以受外力作用塑造成任何形状而不产生破坏或破裂，并当外力卸除时，仍能保持塑造后的形状不发生变化，这种可发生不可恢复形变的性质即为黏性土的可塑性。当黏性土的含水量继续减小时，黏性土将丧失其可塑性，在外力的作用下会产生破碎或破裂，此时进入的是半固体状态。若其含水量进一步减小，体积将不再发生收缩，随着空气的进入，土的颜色逐渐变淡，此时进入固体状态。黏性土随着含水量由大到小而逐渐由流态转变为可塑态，由可塑态转变为半固态，由半固态转变为固态的全过程如图 2.25 所示。

可将黏性土由一种状态转变为另一种状态时的含水量，称为界限含水量，又称稠度界限。此指标对黏性土的分类和工程性质评价有非常重要的意义。根据图 2.25 可知，黏性土的界限含水量主要有 3 种。

液限（liquid limit）：黏性土由流态转变为可塑态的界限含水量，也称为流限或可塑性上限，用 ω_L 表示。

塑限（plastic limit）：黏性土由可

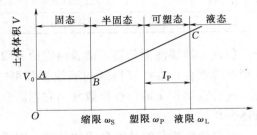

图 2.25　黏性土状态转变的全过程

塑态转变为半固态的界限含水量，也称为可塑性下限，用 ω_P 表示。

缩限（shrinkage limit）：黏性土由半固态转变为固态的界限含水量，即黏性土含水量减小而体积开始不变时的含水量，用 ω_S 表示。

以上 3 种界限含水量皆可在试验室中通过重塑土试验测定。

液限，国内常采用锥式液限仪或光电式液塑限联合测定仪测定；塑限，国内一般采用搓条法测定，也可采用目前使用较为广泛的光电式液塑限联合测定仪测定；缩限，国内常用收缩皿法测定。具体界限含水量的测定方法和步骤详见《土工试验方法标准》（GB/T 50123—1999）。在美国和日本等国家，常采用碟式液限仪测定黏性土的液限，塑限和缩限的测定方法和国内一致。

但是，试验室对重塑土试验测定的界限含水量可能与现场原状土的物理状态不完全一致，有时可能会出现现场含水量大于液限而不发生流动的现象。

2）液性指数和塑性指数。对于黏性土来说，颗粒越细，其比表面积就越大，吸附结合水的能力就越强。因此，含水量相同而比表面积不同的土可能处于不同的物理状态。黏粒含量多的土，黏性较高，水的形态可能完全是结合水，处于塑性状态；而黏粒含量少的土，黏性较低，大多数水的形态可能为自由水，有可能处于流动状态。因此，单一的含水量值并不能准确判断黏性土的物理状态。

为反映黏性土的实际稠度状态，引入了液性指数（liquidity index）这一指标。液性指数是反映土的天然含水量和界限含水量之间相对关系的指标。表达式为

$$I_L = \frac{\omega - \omega_P}{\omega_L - \omega_P} \qquad (2.50)$$

式中　ω——土的天然含水量；

ω_L，ω_P——土的液限和塑限。

根据式（2.50）可知：$I_L < 0$ 时，$\omega < \omega_P$，土呈坚硬状态；

$I_L = 0$ 时，$\omega = \omega_P$，土由半固态进入可塑态；

$0 < I_L < 1$ 时，$\omega_P < \omega < \omega_L$，土呈可塑态；

$I_L = 1$ 时，$\omega = \omega_L$，土由可塑态进入液态；

$I_L > 1$ 时，$\omega > \omega_L$，土呈流态。

因此，液性指数可以反映黏性土的软硬状态或稠度状态。一般来说，I_L 越大，土越软。《建筑地基基础设计规范》（GB 50007—2011）根据液性指数判断黏性土稠度的标准见表 2.11。

表 2.11　　　　　黏性土的稠度判断标准（GB 50007—2011）

液性指数	$I_L \leqslant 0$	$0 < I_L \leqslant 0.25$	$0.25 < I_L \leqslant 0.75$	$0.75 < I_L \leqslant 1$	$I_L > 1$
状态	坚硬	硬塑	可塑	软塑	流塑

但是，需要注意的是，试验测定的界限含水量可能不能完全与现场原状土样的物理指标吻合，故计算得到的液性指数可能与土的实际物理状态有一定差异。因此，在计算细粒土的液性指数并用它判断黏性土的物理状态时，应对计算结果加以具体分析。

可将液性指数的计算公式的分母，即液限与塑限的差值称为塑性指数，用符号 I_P 表示。即

$$I_P = \omega_L - \omega_P \tag{2.51}$$

习惯上可将塑性指数的百分号（％）去掉，只以数值表示。

塑性指数表示土处于可塑状态的含水量变化范围，与土的颗粒组成与矿物成分、土中结合水的含量以及土中水的离子成分和浓度有关。一般而言，土颗粒越细，或土中黏粒含量或亲水矿物含量越高，土处于可塑状态的含水量变化范围就越大，塑性指数就越大。因此，塑性指数可以在一定程度上反映土的矿物成分及颗粒粒径与孔隙水相互作用的程度及其对土体性质产生的影响，工程中常根据塑性指数来对黏性土进行分类。

（2）细粒土的活动性、灵敏性和触变性。

1）黏性土的活动度。黏性土的活动度反映了黏土中矿物成分的活动性。试验条件下，两种性质有很大差异的土样得到的塑性指数可能很接近。例如，皂土（以蒙脱石类矿物为主）和高岭土（以高岭石类矿物为主）的性质有较大的差异，仅根据塑性指数可能无法区分二者。故可以引入活动度来反映黏性土中所含矿物的活动性。活动度定义为塑性指数与黏粒（粒径小于 0.002mm）含量百分数的比值，其表达式为

$$A = \frac{I_P}{m} \tag{2.52}$$

式中　m——粒径小于 0.002mm 的颗粒的含量百分数。

由式（2.52）计算可得，高岭土的活动度为 0.29，而皂土的活动度为 1.11，二者有很大的差异。因此，可以根据活动度来判断黏性土的活动性，判断标准为：①$A < 0.75$ 不活动黏性土；②$0.75 < A < 1.25$ 正常黏性土；③$A > 1.25$ 活动黏性土。

2）黏性土的灵敏度。天然状态下黏性土一般都有一定的结构性。土的结构性指的是天然土的结构受到扰动影响而改变的性质。当土体受外部因素扰动时，土粒间的胶结物质及土粒、离子、水分子组成的平衡体系受到破坏，土的强度降低，且压缩性增大。为了反映土的结构性对强度的影响，引入灵敏度这个指标来进行评价。土的灵敏度定义为原状土的强度与土重塑后的强度比值，要求重塑土样与原状土样有相同的尺寸、密度和含水量，土样的强度通常采用无侧限抗压强度。饱和黏性土的灵敏度用 S_t 表示，计算表达式为

$$S_t = \frac{q_u}{q_u'} \tag{2.53}$$

式中　q_u——原状土样的无侧限抗压强度；

　　　q_u'——重塑土样的无侧限抗压强度。

根据灵敏度可将饱和黏性土分为三类：低灵敏土（$1 < S_t \leq 2$）、中灵敏土（$2 < S_t \leq 4$）和高灵敏土（$S_t > 4$）。土的灵敏度越高，对应的结构性越强，受扰动后土的强度降低就越多。

3）黏性土的触变性。如前所述，饱和黏性土的结构受到扰动而导致强度降低，但当扰动停止后，土的强度又可随时间逐渐部分恢复。可将黏性土这种性质称为土的触变性。饱和黏性土易触变的性质主要是因为黏性土的微细观结构为不稳定的片状结构，含有大量的结合水。土体的强度来源于土粒间的连接，主要包括粒间胶结

物产生的"固化黏聚力"和粒间电分子力产生的"原始黏聚力"。当黏性土受到扰动后，上述两类黏聚力受到破坏，导致土强度的降低。但当扰动停止后，被破坏的"原始黏聚力"可以随着时间逐渐部分恢复，因而导致强度的增加。但"固化黏聚力"是无法在短时间内恢复的，故易于触变的土被扰动后降低的强度仅能部分恢复。

【例 2.4】 从某地基取原状土样，测得土的液限为 37.4%，塑限 23.0%，天然含水率为 26.0%，问该地基出于何种状态？

解 已知：$\omega_L = 37.4\%$，$\omega_P = 23.0\%$，$\omega = 26.0\%$。

$$I_P = \omega_L - \omega_P = 37.4 - 23 = 14.4$$

$$I_L = \frac{\omega - \omega_P}{I_P} = \frac{26 - 23}{14.4} = 0.21$$

因为 $0 < I_L \leq 0.25$，所以，该地基处于硬塑状态。

2.9　本章小结

土是由固体的矿物颗粒、液态的水和孔隙中的气体组成的三相体。土的物理力学性质会受到固相颗粒粒径、级配及矿物成分等因素的显著影响。通过颗粒分析试验得到的颗粒级配曲线是评价土颗粒粒组成分和工程性质的一个基本依据。无黏性土的性质主要受颗粒组成及级配的影响；而黏性土的性质则主要受颗粒与水相互作用的影响，二者间由于电化学引力的作用，在土粒的表面形成了一定厚度的结合水膜，会对黏性土的物理力学性质产生显著的影响，是决定黏性土性质的根本因素。黏性土颗粒与水之间的相互作用是导致黏性土和无黏性土具有本质区别的重要原因，从根本上来说，黏性土的颗粒较细，矿物成分大多为次生矿物（黏土矿物最多）；而无黏性土颗粒则较粗，矿物成分大多为原矿物。除了土中固相对土性质的影响外，土三相各部分的体积和质量分别占总体积和总质量的比例不同，也会导致土性质的差异，所以有必要得到一些描述三相比例情况的定量指标，即物理性质指标，根据三相草图进行这些指标的转换和求解是最基本的方法，也是最重要的方法。

无黏性土是一种典型的由单粒组构构成的土。对于无黏性土来说，密实度是其最重要的物理特征，会对其工程性质产生直接的影响。而对于黏性土来说，含水量是决定其物理性质的指标，根据含水量的不同，黏性土可能处于流态、可塑态、半固态和固态。黏性土的液限、塑限和缩限是这些不同物理状态的界限指标，可由试验测定。黏性土的塑性指数指标和液性指数指标可有效反映黏性土的物理特征，应注意理解这两个指标的工程意义和评价标准。塑性指数反映了土处于可塑态的含水量变化范围，与土粒组成、矿物成分及土中离子成分、浓度有关。液性指数反映了土的软硬程度，是反映黏性土工程性质和进行黏性土工程分类的最基本指标。

思　考　题

2.1　粗粒土和细粒土的矿物组成有何不同？

2.2　试比较土中各类水的特征，并分析它们对土的工程性质的影响。

2.3　何为土的结构？它包括哪几种形式？不同结构的土的工程性质有何差异？与其结构性相关的细粒土的两大特征是什么？

2.4　什么是土的物理性质指标？其中哪些是基本指标？哪些是换算指标？

2.5　为什么要区分干密度、饱和密度和有效密度？

2.6　黏性土最主要的物理特征是什么？用什么指标来评价？

习　题

2.1　取天然风干的土样 500g，通过筛分法测量其粒组含量如表 2.12 所示，试绘制这种土的颗粒级配曲线，并利用 C_u 和 C_c 评价土的工程性质。

表 2.12　　　　　　　　　　　　粒　组　含　量

筛孔直径/mm	10	5	2	1	0.5	0.25	0.15	0.075	<0.075
各层筛子上的土粒质量/g	25	40	45	60	55	95	50	25	105

2.2　一原状土样，测得其基本指标值如下：密度 $\rho = 1.67 \text{g/cm}^3$、含水量 $\omega = 12.9\%$；土粒相对密度 $G_s = 2.67$。试求孔隙比 e、孔隙率 n、饱和度 S_r、干密度 ρ_d、饱和密度 ρ_{sat} 以及有效密度 ρ'。

2.3　取 1850g 湿土，制备成体积为 1000cm³ 的土样，将其烘干后称得其质量为 1650g，若土粒的相对密度 $G_s = 2.68$，试按定义求孔隙比、含水率、饱和度及干密度。

2.4　某天然砂层，密度为 $\rho = 1.77 \text{g/cm}^3$，含水率 $\omega = 9.8\%$，土粒的相对密度 $G_s = 2.68$。由试验求得该砂层的最小干密度为 $\rho_{dmin} = 1.37 \text{g/cm}^3$，最大干密度为 $\rho_{dmax} = 1.74 \text{g/cm}^3$。试确定该砂土的相对密实度并判断其密实程度。

2.5　某饱和原状土样，经试验测得其体积为 $V = 100 \text{cm}^3$，湿土质量 $m = 185 \text{g}$，烘干后质量为 145g，土粒的相对密度 $G_s = 2.70$，土样的液限为 $\omega_L = 35\%$，塑限为 $\omega_P = 17\%$。试确定该土的名称和状态。

第 3 章

土的微细观组构及测量

3.1　概述

　　土是由散体颗粒组成的，其强度、渗透性及变形特性不仅取决于颗粒的矿物成分，还与颗粒大小、形状、排列及颗粒间接触力等因素密切相关。因此，颗粒尺度上的力学机理控制着土体的宏观力学性质。近年来，随着散体理论的颗粒力学和相关计算方法的出现与发展，虽然将其完全应用于工程实际还存在诸多困难，但基于土体中微细观颗粒的特性来预测土体宏观力学性质的研究方法已是土力学研究中的一个基本共识。

　　20 世纪 50 年代以前，在土力学的研究中，土颗粒的分布状态研究基本还是空白。50 年代中期以来，随着 X 射线衍射技术和电子显微镜技术的发展，研究人员可在试验中直接观测土颗粒的分布状态，当时的研究重点主要为黏土矿物颗粒的分布方式及与其力学性质之间的关系。20 世纪 60 年代晚期，扫描式电子显微镜技术和试样制备技术的发展大大促进了这一研究的深入。到了 70 年代，研究扩展到无黏性土的颗粒分布方式，并取得了一个公认的研究成果：对于砂土等无黏性土，仅采用密度或相对密度并不能完全描述其特性，土体内颗粒分布方式等微细观组构对其力学性质也有非常大的影响。

　　20 世纪 70 年代和 80 年代，微观力学理论研究主要围绕着土微观结构与宏观力学性质之间的关系展开。这一时期提出的多种均质化方法，实现了在经典连续介质模型中引入非均质性和微裂隙等微观特性。随着计算机技术的发展，计算机计算速度飞速提升，通过建立颗粒接触模型来模拟颗粒集合体变得可能，这也间接促进了土工数值方法的发展，如目前成熟的离散单元法和接触动力法（discrete/ distinct element method and contact dynamics）。在早期的研究中，数值模拟仅局限于二维圆盘颗粒集合体，目前为止已经可以建立起采用复杂接触力学模型且考虑孔隙水作用的三维非圆颗粒的散粒体模型，"数值试验"也得到了大多数人的认可。一方面"数值试验"得到的结果可以与物理试验结果进行对比，克服了物理试验条件下评价不同试样土组构时存在的固有误差；另一方面，"数值试验"可以模拟比常规试验更为复杂的应力路径，可以得到试样在复杂应力路径下的力学响应，这些工作大大促进了关于土微细观组构的研究。

　　过去 30 年间，科技的进步促进了材料测定技术的发展，基于计算机的处理技术开始得到推广，如环境扫描电子显微镜技术（ESEM）、纳米复杂电子图像分析技术、核磁共振成像技术（MRI）、X 射线断层摄像技术以及激光辅助断层摄像技术等。土力学研究人员将这些先进技术应用到土体微细观特性方面的研究中，取得了丰硕的研究成果。

本章主要阐述土微细观组构的基本概念，介绍几种不同的组构形式以及土体微细观特性的测量和分析方法。

3.2　土组构与结构的定义

土的结构和土的组构是两个非常相似的概念，经常可以互换使用。组构（fabric）是指土体中颗粒、粒组和孔隙空间的排列与分布方式。结构（structure）通常具有更广泛的定义，指土的组成成分、空间分布及粒间力的综合特性，包括水与颗粒相互作用的效应、水-气界面的结构与效应。

工程设计和研究中，土体参数直接受土的颗粒特征、颗粒和孔隙的排列特征及粒间相互作用力控制。土的组构或结构是决定土体工程性质和力学行为的重要影响因素。在工程实践中，对于特殊问题或特殊土体，需要引入特定的测试分析方法，以反映原位状态下的组构或结构特性。目前，关于土组构和结构的研究已经取得了一些非常有价值的成果，对于人们加深对土基本物理力学性质的认识有重要的意义，建立土微细观组构或结构与土宏观物理力学性质间的内在联系也已经成为目前土力学研究领域公认的重点研究方向。

3.3　土组构的多尺度定义

自太沙基建立土力学学科以来，土的骨架体系就被当作土受力变形演变的基本研究对象。实际上，土中的骨架是由众多形状不同、大小各异的颗粒或颗粒集合体构成的，颗粒或颗粒集合体相互接触和连接形成了充填液相、气相的孔隙。土达到一定的应力状态后，颗粒或集合体间的连接会发生破坏，但颗粒和集合体本身并不会发生破坏，这表明颗粒及集合体本身的强度大于颗粒或集合体间的连接强度。因此，可认为这种具有一定的强度、刚度和外部轮廓的颗粒或颗粒集合体在土体中相当于基本单元体，土的基本单元体既可为独立颗粒，也可为颗粒粒组。土的组构体系中，基本单元体或基本单元体集合体可形成不同形式的土组构单元，由不同类型和数目组构单元相互作用形成的组构体系具有不同的尺度。

3.3.1　基本单元体

在土组构的研究中，基本单元体是最基本要素，它是受外力作用的具有一定轮廓边界的单元。根据物质组成和形态，基本单元体可以分为粒状体和片状体两种类型。粒状体包括各种规则或不规则的碎屑颗粒、凝聚体和由黏粒无定形物质包裹的外包颗粒；片状体包括叠聚体、絮凝体和黏土基质体。若主要的基本单元体是粒状体，可称为粒状体结构体系；若主要的基本单元体是片状体，则称为片状体结构体系。

粒状体主要包括 3 种类型的基本单元体：一是碎屑颗粒中的"粗碎屑"（粒径大于 $50\mu m$）和"细碎屑"（粒径为 $2\sim50\mu m$），它们可直接构成粒状体的基本单元体；二是"微碎屑"（粒径小于 $2\mu m$）和黏土颗粒经胶结作用形成的粉粒大小的凝聚体；三是凝聚体和碎屑颗粒外部包裹黏土片"包膜"而形成的外包型颗粒。粒状体一般是构成无黏性土的基本单元体。

片状体是主要分布于黏土中的基本单元体，一般由黏土片相互连接形成。由于土体沉积物大多是在静水或动水中沉积形成的，悬液中颗粒的连接可以反映土组构形成与演变的特性。砂土等粗粒土在悬液中通常形成粒状基本单元体，而黏土悬浮液中基本单元体的形式和连接方式通常更为复杂。

在黏土沉积过程中，悬浮液中的黏土片一边沉降，一边做不规则布朗运动，它们可能会保持分散，也可能因为静电引力等作用相互吸引形成由多个黏土片面对面联合而成的聚集体，可称为"畴"，也可能进一步由分散黏土片或黏土"畴"按边界对边界、边界对面或面对面连接形式形成絮凝基本单元体。主要的连接方式及形成的基本单元体如图 3.1 所示。片状体按单片是否面对面联合可分为分散型或聚集型，也可按单片或聚集"畴"是否絮凝分为絮凝型或散凝型，连接方式的具体分类如下。

（a）黏土单片的散凝体（分散散凝型）　　　（b）黏土片组的散凝体（聚集散凝型）

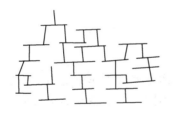 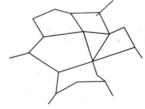

（c）黏土单片边界对面（分散絮凝型）　　　（d）黏土单片边界对边界（分散絮凝型）

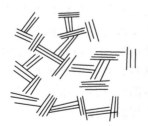 

（e）黏土片组边界对面（聚集絮凝型）　　　（f）黏土片组边界对边界（聚集絮凝型）

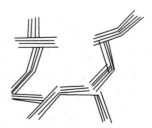

（g）黏土片组边界对面和边界对边界（聚集絮凝型）

图 3.1　黏土悬浮液中黏土片的连接方式

（1）分散型：黏土片分离、无面对面的连接。

（2）聚集型：多个黏土片形成面对面（FF）的连接。

（3）絮凝型：黏土单片或聚集体以边对边（EE）或边对面（EF）的形式连接成絮凝。

（4）散凝型：黏土单片或聚集体间没有直接接触或连接，保持分散。

实际上黏土基本单元体的形式更为复杂，可能存在多种复合形式。既可由黏土单片形成聚集型片组或絮凝成基团，也可再由基团与有机质、微碎屑等物质连接形成宏观上类似于粗颗粒的粒状基本单元体。总体来说，黏性土在复杂沉积、固结和地质历史作用下可形成许多特殊土，如湿陷性黄土、膨胀土、红土、盐渍土等，组成这些特殊土的基本单元体存在着或大或小的差异，物理力学性质也不同。

3.3.2　组构单元

实际上土的组构是非常复杂的，在某种特定土体中并不存在一种或几种典型的基本单元，而是以几种基本组构元素的过渡形式存在的。比如说，很多黏土中并非只有片状体，而是粒状体与片状体共存的，形成的是介于二者之间的复杂结构体系。对土体微观组构进行分析时，首先要判断土体内是粒状结构体系还是片状结构体系抑或是粒状与片状共存的结构体系。对于不同的结构体系，应判断占主导的是什么类型的基本单元体，再深入研究基本单元体的性质。在此之后，对基本单元体的排列方式和连接方式进行分析与评价。基于上述的分析结果就可对土体性质进行大概的预测。

简单来说，黏土等细粒土中大多为多粒组构形式，具体形式如图 3.1 所示；而砂土等粗粒土多为单粒组构形式。总体来说，组构单元存在三类分组，具体形式如图 3.2 所示。

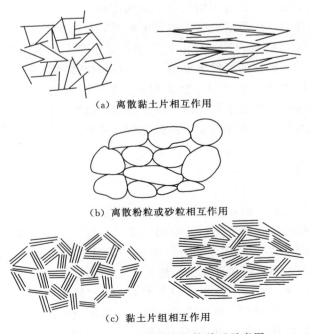

（a）离散黏土片相互作用

（b）离散粉粒或砂粒相互作用

（c）黏土片组相互作用

图 3.2（一）　土体基本组构单元示意图

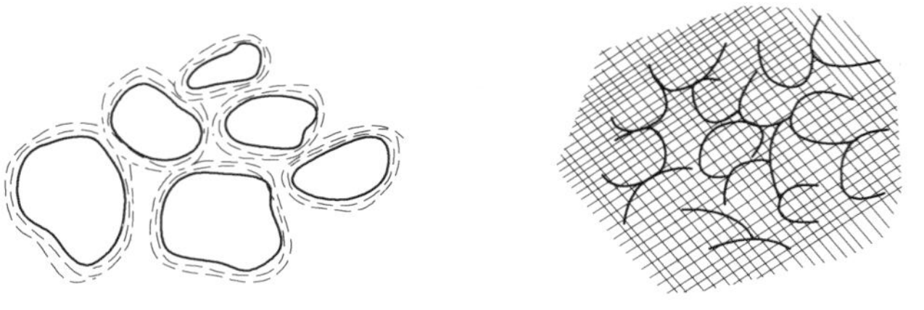

(d) 外包粉粒或砂粒相互作用　　　　(e) 凝块状颗粒相互作用

图 3.2（二）　土体基本组构单元示意图

（1）单粒组构：单粒尺度上的相互作用形式。

（2）多粒组构：由一种或多种单粒组合而成的具有特定物理边界和力学性质的颗粒集合体。

（3）孔隙空间：土体组构中由液体或气体充填的孔隙。

3.3.3　组构的多尺度定义

土组构具有多种尺度，由微观到宏观可归为以下三类。

（1）微观组构：微观组构由颗粒或颗粒聚集体及粒间小孔隙组成。常规的微观组构单元尺寸为几十微米。

（2）细观组构：细观组构由微观组构聚集体及其间孔隙组成。常规的细观组构单元尺寸为数百微米。

（3）宏观组构：宏观组构指含三相特征的组构，且存在节理、裂隙、裂纹、孔洞、片层等宏观特征。

土的力学性质及流动性质在不同程度上取决于这 3 个层次的组构。例如，含细粒土的渗透系数几乎完全由宏观组构和细观组构控制。与时间相关的变形，如蠕变和二次压缩，几乎完全由细观组构和微观组构控制。

在进行土物理力学性质研究时，需要考虑不同组构单元的尺度及特性，同时需要确定对研究来说有意义的组构尺度。例如，对于一个水利工程中的压实黏土垫层，其内部有均匀、密实的颗粒聚集体，因此材料整体具有非常低的渗透系数。但是，如果这个垫层由于收缩作用产生了裂缝，垫层的渗透则主要集中于这些裂缝中，小尺度组构的影响就很小了。同理，完整均匀软黏土的强度很大程度上受微观颗粒分布排列方式控制，而含裂隙硬质黏土的性质则主要受微裂隙特性控制。

3.4　单粒组构

砂土和砾石等粗粒土的颗粒较大、比表面积小，土粒自重远大于粒间相互作用力，在土体中表现为独立的单元，通常形成单粒组构。一些学者曾通过颗粒力学理论来描述粗粒土的应力-应变关系，并取得了一定的成果。近年来随着数值方法的发展，很多研究者采用离散单元法进行粗粒土的数值模拟。数值分析中通常假定颗粒为球形或圆盘，这与实际土体仍有很大差别：在实际粗粒土中，颗粒形状和颗粒大小分布通常都是不规则的，颗粒的级配组合也是不规律的。但颗粒力学理论和离散元方法基于颗粒的弹性变形以及颗粒间滑动、分离和重排列，这对于具有单粒组构的粗粒土是适用的。

　　除了数值模拟，通常还可通过光学显微观测试验直接观测无黏性土的单粒组构。无黏性土颗粒较大，在显微镜中可以清楚地辨别。试验中制备试样薄片是非常关键的一步，制备方法合适与否直接影响着观测结果的准确性。由于粗粒土组构一般不受毛细压力影响，可以使用适宜的树脂或塑料浸渍土体试样，饱和砂土也可使用水溶性材料，当树脂或塑料硬化后就可以制备得到薄片用于试验观察。

3.4.1　均匀粒径排列组构

　　影响单粒组构的一个很重要的因素就是颗粒的排列方式。土中颗粒的排列方式不同，土的松密程度就不同，进而引起其物理力学性质的差异。即便是由均匀圆球组成的"土体"，它们的空间排列和分布也可能不同，对应的松密状态和力学性质也不相同。大小相同的圆球在规则排列的条件下，可形成最大、最小密度或最大、最小孔隙比。

　　图 3.3 是均匀圆球 5 种不同的空间排列方式，对应的几何特性参数列于表 3.1 中。从表中可以看出，孔隙率的分布范围为 25.95%～47.64%，孔隙比的分布范围为 0.35～0.91，差异非常大。表明不同的排列方式形成了不同物理状态的单粒组构。

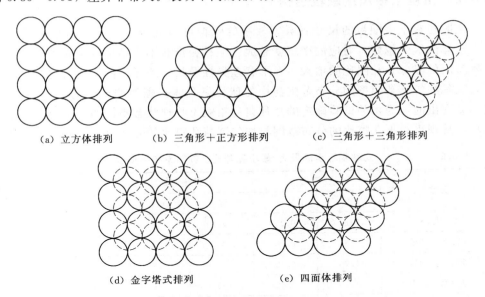

（a）立方体排列　　　　（b）三角形＋正方形排列　　　　（c）三角形＋三角形排列

（d）金字塔式排列　　　　（e）四面体排列

图 3.3　均匀圆球在空间的几种排列方式

表 3.1　　　　　　　　　　均匀圆球不同排列方式对应的参数取值

排列方式	配位数	层间距（R 为半径）	单位体积	孔隙率/%	孔隙比
立方体排列	6	$2R$	$8R^3$	47.64	0.91
三角形＋正方形排列	8	$2R$	$4\sqrt{3}R^3$	39.54	0.65
三角形＋三角形排列	10	$\sqrt{3}R$	$6R^3$	30.19	0.43
金字塔式排列	12	$\sqrt{2}R$	$4\sqrt{2}R^3$	25.95	0.35
四面体排列	12	$2\sqrt{2/3}R$	$4\sqrt{2}R^3$	25.95	0.35

一般可认为均匀球粒随机分布的集合体是由基本单元进行随机排列组合形成的，这种散粒集合体的配位数 N（每个球与其余球的平均接触数）与孔隙率 n 的关系为

$$N = \frac{26.486 - 10.726}{n} \tag{3.1}$$

若玻璃球颗粒自由下落可以形成各向异性散粒体，这种情况下颗粒倾向于按链式排列。竖直方向上的接触数大于水平方向的接触数。试验室通过雨砂法和沉砂法制备的试样也会有同样的特征。

假如集合体由两种不同粒径的颗粒组成，当其倾倒成堆时会发生自然的分离和分层现象。当不同尺寸的颗粒堆积起来时，较大的颗粒倾向于在底部位置沉积。已有试验结果显示，如果二元混合物中大尺寸颗粒的休止角大于小尺寸颗粒的休止角，混合体将会产生大颗粒和小颗粒交接分层的现象；当小颗粒的休止角大于大颗粒时，分离不会产生分层的现象。此结论反映了颗粒表面摩擦特性对单粒组构形式的影响，在一些岩土工程问题如易发生静力液化破坏的粉土或砂的沉积结构中有重要的反映。

3.4.2　粗粒土多尺度颗粒组构

实际粗粒土中颗粒的尺寸各异，较小的颗粒可以充填于大颗粒所形成的孔隙中。土体的级配越好，对应的密度就越大。但颗粒形状不规则度的增大则会导致土体密实度的降低、孔隙比的增大。在形状差异性及尺寸差异性两类因素的综合作用下，实际粗粒土孔隙率的分布范围与均匀球粒集合体孔隙率的分布范围差别不大。表 3.2 列出的即为相关试验确定的几种典型粗粒土物理状态指标的分布范围。结果显示，常规粗粒土孔隙比的分布范围与均匀圆球孔隙比的分布范围差异不大。

表 3.2　　几种粗粒土的最大/最小孔隙比、孔隙率和干重度

类型	孔隙比		孔隙率/%		干重度/(kN/m³)	
	e_{max}	e_{min}	n_{max}	n_{min}	γ_{dmax}	γ_{dmin}
均匀圆球	0.91	0.35	47.6	26	——	——
标准渥太华砂	0.80	0.50	44	33	17.3	14.5
清洁的均匀砂	1.00	0.40	50	29	18.5	13.0
均匀无机粉土	1.10	0.40	52	29	18.5	12.6
粉砂	0.90	0.30	47	23	20.0	13.7
细砂-粗砂	0.95	0.20	49	17	21.7	13.4
云母质砂土	1.20	0.40	55	29	18.9	11.9
粉质砂砾	0.85	0.14	46	12	22.9	14.0

3.4.3　单粒组构的描述方法

研究表明，对于具有相同孔隙比或相对密度的粗粒土，其组构却可能有较大差异。通常可用颗粒形状参数、颗粒排列方向及颗粒间接触方向等细观参量定量描述单粒组构的分布特征。此外，颗粒配位数及其标准差也是反映粗粒土单粒组构微观

特征的重要参量。其中，配位数是指与某个特定颗粒有接触的所有颗粒的总数目，其量值大小取决于颗粒的形状、尺寸分布及孔隙比。近年来，图像分析处理技术的发展促进了对组构特征的量化分析。

土颗粒排列的方向性是反映土颗粒微细观各向异性的重要物理性质，土体内颗粒排列是有向的还是无向的，是垂直定向的还是水平定向的，对土物理力学性质有很大的影响。通常可用颗粒长轴与参考坐标系的夹角来定量化描述土颗粒的排列方向。如图 3.4 所示，在三维坐标系中，可以用颗粒长轴的方向角 α 和 β 描述颗粒的分布方向。通常通过观测土样特征切面进行颗粒定向特征分析与评价，在二维平面中，颗粒长轴与水平方向的夹角 θ 即可描述颗粒的分布方向。

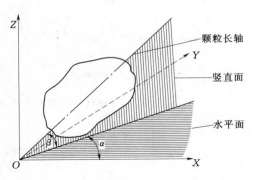

图 3.4　颗粒定向特性

可采用柱状图或玫瑰图统计颗粒的长轴方向分布，长轴方向可以近似看成土颗粒的分布方向。例如，图 3.5 所示的频率分布直方图即为统计得到的轴比为 1.65 的均匀砂土长轴方向的分布直方图（V—薄片：代表竖直方向上的薄片（平行于圆柱轴）；H—薄片：代表水平方向上的薄片）。其中，颗粒轴比定义为颗粒长轴与短轴的比值 L/W，轴比的分布可有效反映土颗粒的形状特征。

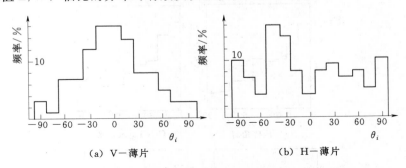

(a)　V—薄片　　　　　　　　　(b)　H—薄片

图 3.5　均匀细砂在两个统计平面上的颗粒长轴方向的频率分布直方图

若采用玫瑰图统计颗粒分布方向，则可将 0°～180° 按特定角度进行分区，判断每个颗粒排列方向所处的区域，统计每个区域的颗粒总数，并在极坐标系下绘制在对应方向上。例如，图 3.6（a）、（b）所示为两种轴比为 1.64、级配良好的压碎玄武岩聚集体在竖直面上颗粒长轴的分布玫瑰图，其中图 3.6（a）所示为倾倒制备的试样，图 3.6（b）所示为强夯制备的试样。二者的长轴分布特征明显不同，表明了不同制样方法形成了不同的颗粒微细观排列方式。

除了颗粒排列方向外，颗粒间接触方向及分布对土体的强度、变形以及组构各向异性也有重要的影响。一般可用颗粒接触处切面的法线方向 N_i 来定量描述粒间接触方向。大多数组构特性的研究都处于二维平面内，但实际颗粒的接触点基本不会处于二维平面内，因此接触法向的分析过程及测定结果通常存在一定的误差。

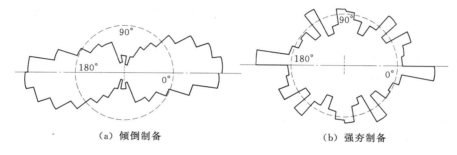

(a) 倾倒制备　　　　　　　　　　(b) 强夯制备

图 3.6　压碎玄武岩试样长轴方向分布

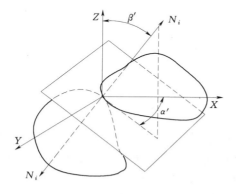

图 3.7　粒间接触方向的描述方法

N_i 方向可用图 3.7 中的 α' 角和 β' 角确定。Oda（1972）提出了计算接触法向分布函数 $E(\alpha', \beta')$ 的方法。若组构关于竖向坐标轴轴对称，则接触法向分布函数 $E(\alpha', \beta')$ 不受 α' 的影响，可用分布函数 $E(\beta')$ 描述接触法向的分布特征。图 3.8 是采用水中沉积方法（沉砂法）制备的 4 种砂土试样的粒间接触法向分布。图中水平虚线代表接触法向各向同性时的分布。从图 3.8 中可以看出，4 个试样的接触法向大多都集中于竖直方向上，皆表现出了沉积各向异性。

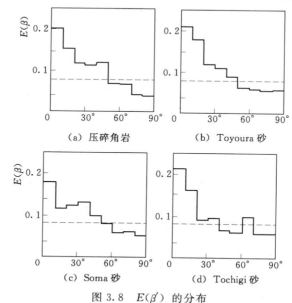

(a) 压碎角岩　　　　　　　(b) Toyoura 砂

(c) Soma 砂　　　　　　　(d) Tochigi 砂

图 3.8　$E(\beta')$ 的分布

3.5　多粒组构

实际上，黏粒尺度颗粒构成的土中很少有单粒组构，而多为多粒组构。这一点在多数情况下对粉土也是成立的。例如，相关试验结果表明，粉粒级的石英颗粒在水中沉积的试样其孔隙比大于 2.2，且颗粒集合体多为扁平状；而砂粒级的石英颗粒在相同条件下多形成单粒组构，得到的孔隙比多小于 1.0。粉粒尺度的颗粒在慢速沉积的过程中，由于颗粒间表面静电力和电化学力等连接力的相互作用而易形成颗粒间的连接，可形成图 3.9 所示的亚稳态链式多粒组构形式。这种类型的组构广泛存在于粉土中，易受荷载作用产生液化或破坏。

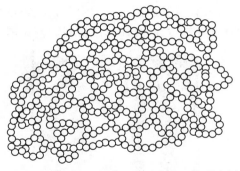

图 3.9　粉土中的亚稳态链式多粒组构示意图

黏土和黏土-无黏性土混合物中易形成多粒组构，这是因为黏土颗粒足够小，其表面电化学力和静电力等连接力相对其重量来说足够大，会使黏粒相互连接或吸附在无黏性土颗粒的表面，形成独立、有物理轮廓的多粒组构。

3.6　土颗粒的接触力

土颗粒间的接触力是作用在土骨架上荷载的微细观组成形式，也是土组构分析的重要内容。一般可将土颗粒间的接触力分解为法向接触力和切向接触力两个部分。法向接触力和切向接触力是描述土组构特征的重要参量，法向接触力和切向接触力的分布可有效反映颗粒集合体的微细观受力响应特征。一般认为土颗粒间的接触特征参量包括接触方向、法向接触力和切向接触力。

土颗粒是非透明的非光学敏感性材料，要测量其颗粒间的作用力并不容易，一般可通过光弹性试验研究光弹性颗粒集合体的接触力分布规律来近似分析土颗粒接触力的分布特性。光弹试验是基于光弹现象的一种试验手段。光弹现象是指光穿过光弹性材料（如玻璃、橡胶和高分子聚合物）时，由于材料内应力作用而发生偏振化的现象。光传播的速度取决于偏振面的方向，这个方向是由材料应力诱发光学各向异性产生的。达到极限速度时的偏振面方向与主应力方向相一致。对处于不同应力边界条件下的颗粒聚集体进行光弹试验分析，可以得到粒间接触力链网络。光弹试验技术并不能应用于实际土体的分析，但可用光弹性的颗粒模拟实际的土体，观测其内部的接触状态和受力状态，研究结果可作为实际土体微细观接触力研究的参考，也可与数值试验的结果对比。需要注意的是，即使颗粒材料是透明的，颗粒也可能会由于光在表面的反射和折射作用而丧失光学透明性，通常称这种现象为光学受损现象，这也是接触力观测试验中经常会遇到的问题。但如果在颗粒孔隙中充满与光弹性材料折射率相同的液体，颗粒集合体就会恢复其光学透明性。

图 3.10 (a)、(b) 分别是圆盘受压的理论光弹图像和试验得到的实际图像，二者相似度很高。在土体内，作用于颗粒上的力并不均匀，其颗粒受力分布取决于颗粒的排列组合方式及相对位置。图 3.11 所示为五边形盘状颗粒集合体在不同应力边界条件下的内部接触力分布光弹图像。从图中可以看出，其复杂接触力链网络的分布方向与最大主应力的方向基本一致。

实际土颗粒间的接触力来源于颗粒间的连接，可对接触强度有所贡献的粒间连接形式有接触连接、毛细水连接、胶结连接、结合水连接、冰连接和链条连接等，各种连接形式的具体形成机制和特征不再详细介绍。

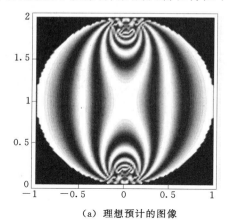
（a）理想预计的图像

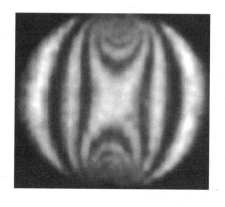
（b）实际得到的图像

图 3.10　圆盘受压的光弹性图像

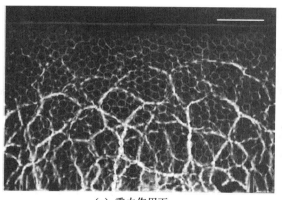
（a）重力作用下

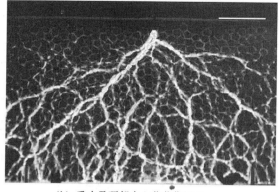
（b）重力及顶部中心荷载作用下

图 3.11　五边形圆盘颗粒聚集体接触力的光弹性图像

3.7　土体中的孔隙尺寸及分布

土体中的水和气体存在于孔隙中，对土体的工程特性有着重要的影响。土孔隙作为土体的重要组成部分，也是微细观组构研究的重要内容。孔隙分布研究是对颗粒和粒组特性研究的补充和完善。需要强调的是，虽然固相常被作为力学性质的研究对象，而不是液相和气相。但是，孔隙决定了液体和气体的传导性质，因此决定了土体某些重要的特性，如渗透性、变形时孔隙压力的扩散速率、固结速率、排水难易及速率、毛细压力的发育、动力作用下的潜在液化性等。因此，孔隙尺度及分布也会显著影响土的物理力学性质。

土中的孔隙广义上指土颗粒间未被固相物质填充的空间，包括土中的空隙、洞穴和裂缝等。土中的孔隙有的是原生的，有的是次生的；有的是相互连通的，有的是孤立的。连通的孔隙相对于孤立孔隙对土的物理力学性质影响更大。但在实际条件下，土中的孤立孔隙在应力和渗流等作用下也可能与其他连通孔隙和孤立孔隙贯通而演变为连通孔隙。一般可按孔隙尺寸将孔隙分为四类。

（1）大孔隙（macro pore）：直径大于 1mm，重力水在其中可自由运动的孔隙。

（2）小孔隙（small pore）：直径介于 0.01～1mm，重力水和毛细水可存在于其中的孔隙。

（3）微孔隙（micro pore）：直径介于 0.1～10μm，无重力水但毛细现象明显的孔隙。

（4）超微孔隙（ultramicro pore）：直径在 0.1μm 以下，充满结合水的孔隙，广泛存在于黏土中。

又可将赋存毛细水的小孔隙和微孔隙称为毛细（或毛管）孔隙，将超微孔隙称为超毛细（超毛管）孔隙。

土中的孔隙可以存在于粒状基本单元体之间或片状粒组之间，也可以存在于颗粒聚集体内和颗粒聚集体间。图 3.12 所示为存在于土体中不同位置的孔隙及其特征。

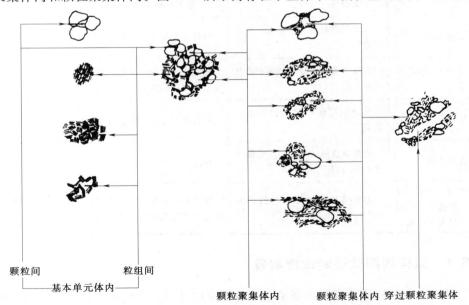

颗粒间　　　　粒组间
基本单元体内
颗粒聚集体内　　　颗粒聚集体内 穿过颗粒聚集体

图 3.12　不同尺度的孔隙分布图示

3.8　组构测量分析方法

在土组构特性的研究中，重点内容是微细观组构及其与土体性质之间的关系。研究中常用的方法有直接法和间接法两大类，主要的方法及特点列于表 3.3 中。若试样可以反映土体的特性，且原状组构在制样的过程中未被破坏，则在表 3.3 列出的方法中，电子显微镜观测、X 射线衍射试验以及孔径分布分析试验可以得到组构的准确信息，具有一定的优势。但是，列出的这些试验方法通常只适用于研究小型试样，且对试样具有破坏性。其他一些试验方法虽然是无损的，可应用于原位土组构的研究及压缩、剪切、流动过程中土组构演变分析，但大多数方法得到的结果并不直观或清晰。但是，可在研究中结合不同的试验方法以获得不同尺度的图像及信息。

表 3.3　　　　　　　　　　　　　土组构研究的试验技术

方　法	基　本　原　理	尺 度 及 应 用
光学显微镜（偏振光）	直接观察薄切片上的破裂面	单个的粉土颗粒及更大的颗粒，黏粒组，黏土的择优定向，尺度为毫米的均匀孔隙或剪切区域；最大放大 300 倍
电子显微镜	直接观察土试样的颗粒及破裂面（SEM）或观察复制表面（TEM）	分辨率大概为 100Å；SEM 法视野深度更大；可直接观测颗粒、粒组及孔隙空间；可观测微观组构；环境 SEM 法可观测内部有水和气体的试样
X 射线衍射	一系列平行的黏土平面相对于随机定向的黏土平面产生的衍射更强	可观测面积数平方毫米、深度数微米区域的定向；最适宜观测单矿黏土
孔径分布	不湿润性流体的强迫侵入；毛细凝聚	1）孔径 $0.01 \sim 10 \mu m$ 的孔隙 2）最大孔径为 $0.1 \mu m$
波速试验	波速受颗粒排列、密度、应力的影响	评价各向异性；测量指定尺度的组构
介电色散及电导率	介电常数与电导率随频率的变化而变化	评价各向异性、絮凝、散凝现象及相关特性；测定指定尺度的组构
热导率	热导率受颗粒定向和密度的影响	评价各向异性；测量指定尺度的组构
磁化系数	磁化系数随试样相对于磁场方向的定向情况而变化	评价各向异性；测量指定尺度的组构
力学特性（强度、渗透性、压缩性、收缩和膨胀）	力学特性反映了组构的影响机制	评价各向异性；测量指定尺度的组构；得到特定情况下的宏观组构特性

3.8.1　组构观测试验的试样制备

组构研究的取样和观测面制备是非常重要的过程，制样的好坏直接影响着观测结果的准确性，采用一些特殊的处理方法非常有必要。在选择和制备用于组构研究的土样时，需要注意选取有代表性的、扰动小的试样。取样方法对试样是存在影响的，所以在试验中应注意选取影响较小的方法。

处于潮湿状态下的非扰动土体试样可以直接进行声学、导电性、导热性及导磁性测试。光学显微镜测试、电子显微镜测试、X 射线衍射测试及孔隙率测试需要将孔隙中的流体移除、取代或冻结。但要保证孔隙流体处理的过程中原状组构不受扰动是非常困难的，同时也无法判断试样发生过多少扰动。

1. 移除孔隙液体

风干一般不会破坏初始组构，也不会使土体被过多地压缩。对于高含水率的软质土试样，烘干引起的组构变化要小于风干引起的组构变化，这是因为风干相对于烘干需要更长的时间，意味着颗粒的重新排列现象可能更为剧烈。另外，烘干过程中产生的应力可能会导致一些颗粒发生破碎。

也可采用临界点干燥排水的方法。当试样的温度和压强达到临界值 374℃ 和 22.5MPa 时，液相则转变为气相，孔隙水就会蒸发，也不会产生气液接触面，导致颗粒发生破坏。高温和高压可能会使黏土颗粒受到扰动。为避免这种现象发生，可采用二氧化碳替代的方法。二氧化碳对应的临界温度和压强分别为 31.1℃、7.19MPa。这种方法需要在试样的孔隙中注入丙酮，这可能会使饱和膨胀土产生一定程度的膨胀。

冷冻干燥法也可移除孔隙中的液体。快速冻结形成的冰会升华，以避免气液接触面的作用及干燥条件下水分移除产生的破坏扰动。试样的尺寸必须很小，通常要薄于 3mm，以避免冻结不均匀产生的影响。在适宜的液体中进行快速冷冻，可以达到很好的效果。例如，可在液氮中冷却至其融化点，其他液体如异戊烷为 −160℃、氟利昂 22 为 −145℃。因此避免了在 −196℃ 下液氮中直接侵入产生的气泡。冻结温度应该低于 −130℃ 以避免结晶冰的变形。进行升华时应控制温度在 −50～−100℃，而不是处于初始冻结点，以避免水蒸气消散速度过快。−100℃ 以下时冰的蒸气压约为 10^{-5} 托（Torr，压强单位，1 Torr = 133.32Pa），低于真空系统。临界点干燥法及冷冻干燥法产生的扰动和破坏都比风干法和炉干法要小，但是通常更为复杂，耗时也更长。对含水量很大的土体进行冷冻法处理时会对组构产生扰动，但某些土体，如饱和软黏土受到的扰动很小。

2. 替换孔隙液体

进行光学显微镜观测或要求干燥过程中的扰动和破坏很小时，需制备薄切片。孔隙中存在某些材料并不会产生不良影响，可用这些材料替代孔隙水。很多树脂和塑料都可作为替换材料。例如，高分子重乙二醇化合物可应用于替换孔隙液体，如聚乙二醇 6000，其可与水按任意比例相溶，在 55℃ 时溶解，在低温下为固态。

将未被扰动的立方体（边长为 10～20mm）试样浸泡于 60～65℃ 的液态聚乙二醇中，制得沉浸试样。浸泡的第一天应保持试样顶部暴露于空气中，使得内部的气体散出并避免试样破裂。应在 2～3d 后更换蜡，以保证孔隙中为无水蜡。聚乙二醇替换孔隙流体的流程通常要几天时间，从液态蜡中取出试样，冻结后就可以进行试样切片了。

通过金刚砂布或金刚磨粉及相关薄片标准技术手段得到薄片试样。在打磨或装配薄片试样的任意阶段，都不能接触热量、水以及任意水溶性的液体。1966 年，马丁基于 X 射线衍射试验观察发现，聚乙二醇置换高岭土孔隙中水的过程不会对土组构产生影响。也可以用胶质和树脂替代聚乙二醇，在用树脂或塑料替换水之前，应该用甲醇或丙酮浸没试样。

3. 制备供观测的试样表面

应选择能反映原始组构特征的表面进行观测，而不应按照试样制备方法选择。打磨或切割风干试样或用聚乙二醇替换孔隙流体都可能会使试样表面上发生剧烈的颗粒重组，在显微镜观测试验中应保证这些扰动足够小。为了解决这个问题，用胶布粘住干燥试样表面获得的连续图样，可以反映试样的原始组构。同理，可在试样表面上涂上树脂溶液，使溶液一定程度浸入试样中。硬化后，拨开树脂就可以得到原状未被扰动的组构。

用聚乙二醇制备的高岭土试样表面上扰动区域的最大深度约为 $1\mu m$。用于光学显微镜观测的薄片试样的厚度大约为 $30\mu m$，因此受到的扰动基本不会产生影响。这个扰动对于 X 射线衍射试验来说也是无关紧要的。

在一些情况下，干燥试样的破裂面会被作为原状组构的代表性区域。在制备试样的过程中还有一些重要的步骤，如需要沿着破裂的表面或轮廓轻微地吹气，这样做的原因是：①表面上可能存在一些散状颗粒；②对于软弱面的研究来说，破裂表面可能会比整体材料更具有代表性。

应综合考虑所研究组构的尺度、所采用的观测方法、土类别、土的含水量情况、土的强度、扰动等因素后选择试样制备的方法。考虑了这些因素，就可以评价试样制备方法对组构产生的可能影响。

3.8.2　组构研究的直接法

组构的直接观测法是组构研究的主要手段，本节将介绍在组构研究中广泛应用的方法、原理及设备，包括光学显微镜观测法、电子显微镜观测法、X 射线衍射法等。

1. 光学显微镜（偏振显微镜）观测法

在岩土显微镜及普通双筒显微镜下可观测到粉土和砂土的单粒，系统分析粉土和砂土颗粒和孔隙的尺寸、定向和分布。在二维观测试验中，要制备薄切片试样，试样上要有抛光面。在三维观测试验中，要有一系列平行的横截面。

可以应用诸多岩相学技术及特殊处理技术进行相关特性的识别。二维条件下的特性可用玫瑰图表示，三维条件下的特性可应用立体网状投影图。图 3.13 所示的玫瑰图是某土样孔隙方向分布情况（白色）和粉粒、砂粒的方向分布情况（黑色），虚线圆代表各向同性分布时的图像。s_1 和 s_2 代表细长孔隙集中分布的数量及对应的方向，L_1 代表杆状颗粒集中分布的数量及对应方向，R 代表参考方向。由图可以明显发现孔隙和颗粒都有着极化主轴方向。

图 3.13　细长孔隙的方向分布（白色）和杆状砂粒的方向分布（黑色）

由于偏振显微镜存在分辨率及视野深度的限制，通常不能通过偏振显微镜观察到黏土颗粒。使用放大倍数为 300 的放大镜后，分辨率可达到几微米。如果将黏土平面平行排列到一起，可将其视作具有特定光学特性的大颗粒。

如果通过沿着 c 轴向下的偏振光观察一组平行分布的颗粒聚集体，当聚集体沿着 c 轴转动时就会观测到一个均匀场。如果通过沿着 c 轴正向的光观察相同的颗粒聚集体时，当底面与偏振化方向平行时不会有光透过，当二者夹角为 45° 时，透光量达到最大值。因此，使用正交于偏振镜的光观察试样时，旋转显微镜台 360° 的过程中，共有 4 个光量达到最小和最大的位置。对于方向平行的杆状颗粒，沿着长轴往下观察试样时会出现均匀场，沿着此轴的正向观察时会产生光灭和光亮现象。在显微镜观测中使用色板会使效果更为明显，因为其对光波的阻滞现象会使在光灭和光亮时出现明显不同的颜色。

可用光度测量法测量双折射率，以评价黏土颗粒定向性，光强最小值 I_{min} 和光强最大值 I_{max} 的比值 β 即为双折射率。光度测量法在处理颗粒定向但非单矿的材料时有一定的复杂性。Morgenstern、Tchalenko 提出了颗粒聚集体定向程度的分类标准，列于表 3.4 中，具有一定的应用价值。

表 3.4　　　　　　　平面偏振光观测下黏土颗粒聚集体定向程度

双折射率	颗粒定向程度	双折射率	颗粒定向程度
1.0	随机	0.5～0.1	强烈
1.0～0.9	轻微	0.1～0	完全
0.9～0.5	中等		

此外，某些重要的组构特性对于人眼分辨率来说很小，而对于电子显微镜分辨率来说太大，如粉土和砂土颗粒的分布特性、表面特性、组构和纹理的均匀性及剪切面特性等，但光学显微镜下可以很好地展现这些重要的组构特性。图 3.14 所示为某松软淤泥质土薄片试样光学显微照片获取的细观信息。

2. 电子显微镜观测法

电子显微镜可直接观测黏土颗粒及排列方式。透射式电子显微镜（TEM）的实际分辨率极限低于 10Å（埃，长度单位，$1Å = 10^{-10}$ m），可以观察到原子平面。扫描式电子显微镜（SEM）的实际分辨率极限大概为 100Å；但更

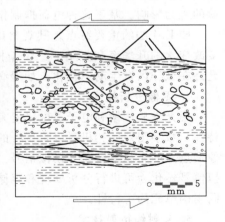

图 3.14　Fiddler's Ferry 剪切区域内软淤泥质土图示

低的分辨率也可以充分满足观测黏土颗粒以及其他微细颗粒成分的要求。相对于 TEM 方法，SEM 方法的主要优势为：SEM 方法可以得到相对更深的视野深度，开阔连续区域的可能分辨率相对增大了很多（大概为 20～20000 倍），直接观测研究面的效果更好。通过 TEM 法进行研究时，需要制备超薄切片或进行表面复制。TEM 相对于 SEM 来说主要优势是其分辨率极限更低。两种电子显微镜都要求有疏通的试样室（1×10^{-5} 托），因此不能够直接研究湿土，而需要将其封装在一个特

殊的室内。显微观察试验中可以实现冷冻，因此可以研究冰冻材料。在 SEM 试样的表面覆盖一层导电膜是很有必要的，这样可以防止表面出现电荷及分辨率丢失而失真。常在接近真空的蒸发设备内放置由金质构成的薄层（20～30nm），这种方法在试验中广泛应用。

基于电子显微镜进行组构研究的过程中，最大的难点就是进行试样表面抛光、表面复制或获取保留着未扰动组构特性及原状特性的薄切片试样。一般而言，初始试样的含水量及孔隙比越大，产生扰动的可能性越大。在除去层间水的过程中，含膨胀性黏土矿物土体的微观组构可能会产生变化，或产生一定的收缩。在试样制备阶段获取代表性试样研究表面的方法中，最适用的方法有干燥-破裂-剥离法和冻结-破裂法。

3. 环境 SEM 法

传统 SEM 法的试样需要是干燥的、真空相容的、导电的。为了观测流体及含水试样，压强至少要达到 612kPa，最小的蒸汽压需要能保持水在 0℃ 条件下为液态。环境扫描式电子显微镜（ESEW）通过设置高压试样室可实现检测潮湿绝缘的天然试样，所设置的样品室应与包含 SEM 电磁透镜的高真空电光性区域分离。可用一种名为压力限制孔的特殊装置实现这个压力差。应在气态环境下进行试样的观测和检验（H_2O、CO_2、N_2 等），相对湿度应为 0～100%，压强应达到 6.7kPa，温度为 −180～1500℃。使用检流器收集并处理由样品室内电离分子（通常为水蒸气）发出的信号，拍摄 ESEM 图像。试样发射的次级电子与气体分子发生碰撞，使气体分子电离化，产生阳离子及附加的次级电子。初始次级电子信号的级联放大保证次级电子检测器可以得到图像。阳离子被吸引到带负电荷试样的表面，抑制电荷的人为影响。基于这种电荷抑制作用可以得到绝缘体试样的图像。

ESEM 法的重要特点是其观察试样内流体的能力较强。可通过控制压强和温度改变水的升华率和凝结率。由于样品室内的温度和压强可以变化，ESEM 方法允许在试样内发生动态变化，如湿润、干燥、吸收、融化、腐蚀及结晶等过程。

4. 图像分析技术

用光学显微镜和电子显微镜研究组构时，可引入图像分析处理技术来量化组构特性。数字图片照相机可以将试样的反射光和折射光反映到像素点上，然后将每个像素点上的光总量转化为模拟信号。当捕获了全部的图像后，将每个像素点上的模拟信号转化为可进行分析处理和存储的数字信息。图像分析技术增加了定量描述不同组构单元的可行性。

5. X 射线衍射技术

矿物材料结晶体表面上折射 X 射线的光强取决于：①辐射的土体区域内矿物总量；②分布方向适宜的矿物颗粒所占的比例。对于黏土矿物来说，片状平行分布可以增强基群反射率，但会降低其他方向晶格面反射光的强度。

相同材料不同试样基群峰顶的相对高度可反映颗粒方向的差异。基于衍射峰值，可定义组构指标（FI）为

$$FI = \frac{V}{(P+V)} \tag{3.2}$$

式中　V——垂直于定向面的截面上基群峰值区的面积；

P——平行于颗粒定向面的截面上相同基群峰值区的面积。

FI 的取值范围为 $0\sim0.5$，分别对应完全单一方向分布和完全随机方向分布。

X 射线衍射方法可以实现光学显微镜和电子显微镜不能实现的数据量化，这是其相对于两种显微镜观测方法的优势。但是，后来广泛应用的图像分析技术很大程度地解决了这个问题。X 射线衍射法也有一些缺点，主要有：①含多种矿物土体的观测有一定难度；②对于试样表面附近组构的计算加权过重；③土体辐射得到的组构通常包含微观组构和细观组构，但是所得的结果并没有区分两者，而是取平均值。

因此，X 射线衍射技术最适用于单矿黏土的组构研究，进行黏粒方向研究的 X 射线束在观测区域内的尺寸为数毫米，也可以将 X 射线衍射法与其他方法结合以得到微观组构特性的详细信息。

6. X 射线透射及计算机断层扫描成像技术

X 射线透射技术可探测材料内电子密度的不同，对于土体组成、均匀性及微观组构的研究来说是一种既无损又有效的方法。可根据试样管内静止试样的 X 射线透射图像得到土体组成、微观组构及发生的扰动等微细观特性。常规的 X 射线透射试样通常进行的都是变形和强度特性的测试，测试方法都比较简单、快速、廉价（除了试验设备的花费）。

X 射线成像技术可应用于研究土体内的变形特性。拍摄的位置取决于观测阶段，通常通过对比一系列连续的 X 射线照片得到剪切变形区域，也可用于计算应变和材料变异程度。

X 射线计算机断层扫描成像技术（CT）可以得到材料内的三维密度分布图，一般结合两个不同方向的二维 X 射线图像得到。CT 扫描技术的分辨率取决于信号源和探测器的规模及其相对于试样的位置。CT 技术可以用来检测试样内剪切区域的位置，剪切带剪胀后电子密度降低，由此可以观察到剪切带的膨胀。

3.8.3 组构研究的间接法

土体所有的物理性质都一定程度取决于组构。因此，土体性质的测定结果可以间接反映组构特性。表 3.3 中列举了一些组构研究的间接方法。本节将对这些方法进行简单介绍，并对各个土体性质参数与土组构的关系进行阐述。

1. 波速试验

压缩波和剪切波在土体内的传播速度取决于土体密度、应力状态及组构特性。弹性理论适用于小变形土体，根据弹性理论和波传播理论，剪切波（S 波）的波速 v_S 和压缩波（P 波）的波速 v_P 与剪切模量 G 和压缩模量 M 有关，即

$$v_S = \sqrt{\frac{G}{\rho}} \tag{3.3}$$

$$v_P = \sqrt{\frac{M}{\rho}} \tag{3.4}$$

式中 ρ——聚集体的密度。

压缩模量 M 与杨氏模量 E 的关系为

$$M = \frac{1-\mu}{(1+\mu)(1-2\mu)}E \tag{3.5}$$

杨氏模量 E 和剪切模量 G 之间的关系为

$$E = 2(1+\mu)G \tag{3.6}$$

式中　μ——泊松比。

土的模量取决于有效应力、应力历史、孔隙比以及塑性指数。对于无黏性土，模量随着有效围压平方根值的变化而变化。对于黏性土，模量与有效围压成正比，比例系数为 $0.5\sim1.0$。土体微小应变剪切模量取决于接触刚度及组构状态。而剪切波速随着围压的变化而变化，表明接触刚度受围压的控制。式（3.3）和式（3.4）假定了各向同性弹性条件。假如材料是黏弹性的，则波速取决于频率。

如果同类土体的两个试样有相同的密度，处于相同的有效围压下，但组构不同，它们的模量就不同。这个差别可由剪切波和压缩波波速的差异体现。可以测定这些速度，并基于波速方法评价组构特性。两个剪切波速相对更为重要，这是因为剪切波只能在土体的固相内传播，而不能在流体中传播。通过测定不同方向上剪切波波速的差异可以得到土体的各向异性、结构及应力状态。

如果材料是干的，测定剪切波和压缩波的波速可推断骨架的体积模量。如果材料内有水分，P 波的速度取决于土体固相和水的弹性性质、饱和度和孔隙率。对于完全饱和状态，计算方法可适用于这种液固二相介质。土体内存在两条 P 波和一条 S 波，通常认为较快的 P 波和 S 波是标准的波，其速度不太取决于频率。较慢的 P 波（或 Biot 波）与多孔介质中的流体扩散过程有关，探测这条波的难度较大。因此，通常用较快的 P 波和 S 波来描述土体的组构特性。

在完全饱和土体内，较快 P 波的波速大概比其在水中的波速快 $10\%\sim15\%$，这是因为土骨架的刚度提高了 P 波的波速。在饱和松散土内，P 波的速度本质上由水的体积模量控制，大概为 1500m/s。当考虑气相作用时，P 波的速度会降低。即使只有少量的气相，波速的降低都是很剧烈的，这是因为液-固混合物的体积模量有很大程度的降低。图 3.15 所示为 Toyoura 砂土试样（$D_r=30\%$）P 波和 S 波速度随体积模量 B（或饱和度 S_w）的变化规律。当 $B=0.95$（或 $S_w=100\%$）时，较快 P 波的速度为 1700m/s，当 $B=0.05$（或 $S_w=90\%$）时，波速只有 500m/s，S 波速度与饱和度无关。图 3.15 中的多条曲线反映的是不同 μ_b 值对应的情况。完全饱和状态下，B 值的微小降低都会引起 P 波波速急剧减小。

Kokusho 推导得到快 P 波波速与 B 值的关系为

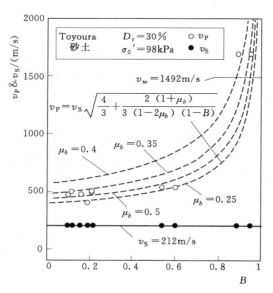

图 3.15　松散 Toyoura 砂土在 98kPa 各向同性压力下 P 波和 S 波波速随 B 值的变化情况

$$v_P = v_S \sqrt{\frac{4}{3} + \frac{2(1+\mu_b)}{3(1-2\mu_b)(1-B)}} \tag{3.7}$$

式中　μ_b——土骨架的泊松比。

2. 介电色散和电导率

土体中的电流流动包含以下几种情况：①微小的电流只通过土颗粒，这是因为土体固相是不良导体；②电流只通过孔隙液体；③电流通过固相和孔隙中的液相。总电流取决于孔隙率、流动路径的曲折程度及固相和液相的接触界面形式，从根本上来说取决于颗粒排列情况及密实度。因此，电导率的测定是评价土体组构的一种快速、可靠的方法。

但是，当采用直流电时会发生电动学耦合现象，比如电渗透和电化学效应，可引起系统内的不可逆变化，土体电导率测试会变得很复杂。另外，如果使用了交流电（AC），测量响应则取决于频率。因此，电学方法的应用和数据的推算需要仔细考量测量方法对测量参量的影响。同时，进行组构评价时需要考虑电学特性对频率的依赖性。

低频率范围内的电学响应取决于颗粒尺寸和分布、含水量、电流方向和颗粒集中分布方向的关系、孔隙水电解液种类和浓度、颗粒表面特性及试样分布特性。1991 年，Arulanandan 基于 Maxwell 在 1881 年提出的溶液及球体颗粒组成的混合材料的介电性能与孔隙率之间的关系，提出了介质材料特性与组成和孔隙率、颗粒尺寸、组构各向异性、特定接触面区域等状态参量之间的关系。

在描述土体性质和电性状态的关系时可引入地层因数。地层因数是孔隙水电导率与湿土电导率之间的比值，它是一个不受维数控制的参量，取决于颗粒形状、颗粒长轴方向、孔隙率和饱和度。如果土体有各向异性的组构，则地层因数在各个方向上都不同。

3. 热导率

土体内的热量通过土颗粒、土中液体和孔隙空气传递。土体矿物的热导率大概为 $2.9W/(m \cdot ℃)$，水和空气的热导率分别为 $0.6W/(m \cdot ℃)$ 和 $0.026W/(m \cdot ℃)$，因此土体热量主要通过土体颗粒传递。孔隙比越低，粒间接触数目越多，接触面积越大，饱和度越高，热导率越大。土体的热导率大概为 $0.5\sim3.0W/(m \cdot ℃)$。

可以通过一个简单瞬时性的热流动试验推导得到热导率，在土体内嵌入一种叫作热量针的线性热源，这个针状物包含电热丝和温度传感器。当热量以一个恒定的速率注入到针状体内，得到 t_1 和 t_2 时刻对应的温度 T_1 和 T_2，则热导率为

$$k = \frac{4}{Q}\pi \frac{\ln t_2 - \ln t_1}{T_2 - T_1} \qquad (3.8)$$

式中　Q——$t_1 \sim t_2$ 时间段内吸收的热量。

若土体在不同方向上热导率不同，则可反映土体的各向异性。

3.9　土体中孔隙的测量分析方法

孔隙的形状和分布、接触方向分布以及颗粒方向分布是组构的 3 个重要特征。可以通过孔隙体积测定法或基于图像分析技术的 SEM 图像分析法对土中孔隙进行研究。

1. 体积测定法

可灌入不浸润（液体在固体表面上的湿润角大于 90°）的流体测定孔径分布情

况，采用基于吸附和解吸附等势线演变过程的毛细凝结方法，水在吸力和气压的作用下被移除。

采用毛细凝结方法可测定的最大孔隙尺寸大约为 $0.1\mu m$。除了聚集体内的孔隙外，大多数土体孔隙更大，这种方法的使用有一定的限制。水银灌入法适用于测定孔隙尺寸为 $0.01\mu m$ 到几十微米的情况。这种方法的根本问题在于不浸润液体在无压力作用时不会进入孔隙内。对于圆柱形式的孔隙，可应用毛细压力公式计算孔径，即

$$d = -\frac{4\tau\cos\theta}{p} \tag{3.9}$$

式中　d——所贯入孔隙的直径；

　　　τ——贯入液体的表面张力；

　　　θ——接触方向角；

　　　p——所施加的压力。

水银表面张力在 $25\,^{\circ}\mathrm{C}$ 时为 $4.84\times10^{-4}\,\mathrm{N/mm}$，接触方向角 θ 大概为 $140°$；Diamond（1970）测定蒙脱石黏土矿物的接触方向角为 $139°$，其他类型黏土矿物的接触方向角为 $147°$。

水银贯入法的应用有以下几点限制：

（1）孔隙初始时一定要是干燥的，冻结干燥法可使干燥时产生的体积变化影响最小化。

（2）不能测量单独的非连通孔隙。

（3）不能测量只通过小孔隙贯通的孔隙，只有小孔隙被贯通时才可测量。

（4）设备不具备贯通试样内小孔隙的能力。

尽管水银灌入法存在上述的限制，但通过水银贯入法测定孔径分布时，可以得到组构及组构与土性关系的影响因素信息。

由于砂土颗粒太大，水银贯入法不太适用。可对试样施加吸力或对孔隙水施加压强使孔隙水排出，并测定孔隙水的体积，以此得到砂土内的孔径分布情况。可应用式（3.9）计算孔径大小。其中，水在常温下的表面张力为 $7.5\times10^{-5}\,\mathrm{N/mm}$，接触方向角为 $0°$。

2. 图像分析技术

可以通过分析薄切片的图像得到土样内的孔隙分布情况。主要有两种常用的图像分析方法：①多边形法；②平均自由程法。

多边形方法通过连接颗粒中心得到多边形，代表独立孔隙单元，如图 3.16（a）所示。基于这种方法，Bhatia 和 Soliman（1990）发现松散砂土试样相对于密砂试样，其局部孔隙比更易发生变化，Frost 和 Jang（2000）量化分析了不同试样制备方法下局部孔隙比的变化情况，潮湿的夯实试样相对于雨砂试样，其局部孔隙比的标准差更大。

平均自由程方法通过颗粒和孔隙的扫描线来测定颗粒之间的平均自由程，如图 3.16（b）所示。直线的方向和空间分布是多样化的，将各个方向上扫描线上的孔隙线连接起来就能得到一个代表性孔隙。基于这种方法，Masad 和 Muhunthan（2000）发现雨砂法制备的试样其水平方向的局部孔隙比垂直方向的局部孔隙大。

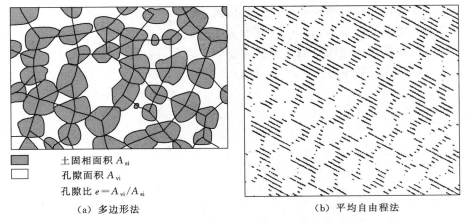

<table>
</table>

土固相面积 A_{si}
孔隙面积 A_{vi}
孔隙比 $e = A_{vi}/A_{si}$

（a）多边形法　　　　　　　　　　（b）平均自由程法

图 3.16　基于图像分析方法得到孔隙分布特性

3.10　组构的数学描述——组构张量

除了上述研究组构的直接测量方法和间接测量方法外，还有很多描述与统计长轴方向和接触方向的方法。此外，可以用数学方法将得到的统计结果转化成一个与应力和应变有相同维度的张量，即组构张量。在土的微观力学模型或连续介质力学模型中常通过引入了组构张量的方法，建立考虑土微细观组构影响的本构方程，分析土组构变化对其强度和变形的影响，有兴趣的读者可以查阅相关文献。

3.11　本章小结

常规的物理试验可以评价土体的物理力学性质，而微细观的研究方法可以分析土的均匀性与各向异性。由于土体的组成具有微粒性和碎散性，离散颗粒和粒组存在多种连接方式，这意味着由特定物质组成的土体可能有多种不同的组构，存在着许多可能的状态，每种组构的土体都有独特的性质。

组构研究是土力学理论研究的基础，具有重要的意义。基于微细观组构的研究可以发现土体特性是如何受颗粒分布及排列方式控制的；可根据组构特性推断沉积土在沉积过程中和沉积后的性质；可通过研究不同制样方法条件下组构的变化判定不同制样方法的影响；可通过组构研究深入了解土体强度调动的机制，理解峰值强度和残余强度的本质及土体应力应变发展的微细观机理。

思　考　题

3.1　什么是土的组构与结构？二者有何差异？

3.2　土组构的基本单元体有哪几种？对应的组构单元有哪几种？

3.3　土有几种不同尺度的组构？举例说明它们在什么工程条件下具有重点研究意义。

3.4　粗粒土和细粒土的组构有何差异？

3.5　简要说明单粒组构有哪些定量化描述指标及其各自的物理意义。

3.6　土中的孔隙结构按尺度可分为哪几种？

3.7　简要说明土组构的测量分析方法的种类及其各自主要特点。

3.8　如何通过数学方法描述土组构？

第 4 章

土的传导与渗透特性

4.1 概述

自然界中的土体（不管是黏性土、砂类土还是碎石土）在生成过程中受风化作用和搬运沉积作用的影响，都是三相散粒体，属于孔隙互相连通的多孔介质。在水头差的作用下，流体可通过土中的孔隙发生流动，这种现象称为渗流。同时，土中的热量、电量和化学物质也会发生传导。土中流体的渗流会对土的物理力学性质、固结特性和稳定性产生重要的影响，热量、电量、化学物质的传导也会对土的物理力学性质产生一定的影响。

本章主要介绍土中水流、热量、电流和化学物质的传导现象及原理，由于渗流现象相对于其他传导现象来说对土的工程性质影响最大，本章以土的渗透性和渗流理论为主要介绍内容，阐述土渗流的基本原理及水在土中流动的基本规律。

4.2 土中的传导现象

水流、热流、电流和化学物质会在土体内发生传导现象。如果假定这些传导过程不会改变土体的状态，每种介质在土中的传导速度 J_i 与驱动力 X_i 之间都满足线性关系，即

$$J_i = L_{ii} X_i \tag{4.1}$$

式中 L_{ii}——介质的传导系数。

若土体中介质传导的截面积为 A，则 4 种形式的介质传导分别满足以下条件：

水流传导（渗流），即

$$q_h = k_h i_h A \text{（达西定律）} \tag{4.2}$$

热流传导，即

$$q_t = k_t i_t A \text{（傅里叶定律）} \tag{4.3}$$

电流传导，即

$$I = \sigma_e i_e A \text{（欧姆定律）} \tag{4.4}$$

化学传导，即

$$J_D = D i_c A \text{（菲克定律）} \tag{4.5}$$

式中 q_h、q_t、I 和 J_D——水流、热流、电流和化学传导的速度；

k_h、k_t、σ_e 和 D——水流、热流、电流和化学传导系数，水流传导系数又称为渗透系数；

i_h、i_t、i_e 和 i_c——水力梯度、热力梯度、电力梯度和化学梯度。

上述 4 种传导形式及传导方程如图 4.1 所示，从图 4.1 可以看出这几种传导形式在原理上非常类似。由于水流、热流、电流和化学传导的速度与梯度（分别为水力梯度、热力梯度、电力梯度和化学梯度）之间皆满足线性关系，所以式（4.2）至式（4.5）本质上是一致的。

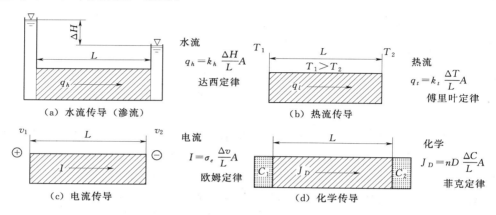

图 4.1　土中的传导形式

4.3　土的渗透性

土是粒状或片状矿物颗粒的集合体，颗粒之间存在大量的孔隙，而孔隙的分布是很不规则的。当土体中存在能量差时，土体孔隙中的水就会沿着土骨架之间的孔隙通道从能量高的地方向能量低的地方流动。水在这种能量差的作用下在土孔隙通道中流动的现象叫渗流，土这种与渗流相关的性质称为土的渗透性。水在土孔隙中流动必然会引起土体中应力状态的改变，从而使土的变形和强度特征发生变化。

土体颗粒的排列是任意的，水在土孔隙中流动的实际路线是不规则的，渗流的方向和速度都是变化着的。土体两点之间的压力差和土体孔隙的大小、形状和数量是影响水在土中渗流的主要因素。为分析问题的方便，在渗流分析时常将复杂的渗流土体简化为一种理想的渗流模型，如图 4.2 所示。该模型不考虑渗流路径的迂回曲折而只分析渗流的主要流向，而且认为整个空间均为渗流所充满，即假定同一过水断面上渗流模型的流量等于真实渗流的流量，任一点处渗流模型的压力等于真实渗流的压力。

渗流对建筑、交通、水利、矿山等工程的影响和破坏是多方面的，会直接影响土工建筑物和地基的稳定和安全。例如，根据世界各国对坝体失事原因的统计，超过 30% 的垮坝失事是由于渗漏和管涌。另外，滑坡和裂缝破坏也都和渗流有关。因此研究土的渗透性，掌握水在土体中的渗透规律，在土力学中具有重要的理论价值和现实意义。作为土主要力学问题之一的渗透性问题，主要包括渗流量、渗透破坏和渗流防治等 3 个方面的问题。本章主要介绍水在土中的渗透性与渗透规律，关

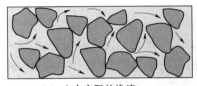
（a）土中实际的渗流

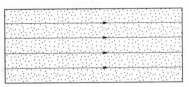
（b）简化的理想渗流模型

图 4.2 渗流问题的假设模型

于渗流破坏与渗流控制将在第 12 章介绍。

4.4 与渗流有关的几个基本概念

下面首先介绍渗流问题中的几个基本概念。

1. 渗流速度

水在饱和土体中渗流时，在垂直于渗流方向取一个土体截面，该截面称为过水截面。过水截面包括土颗粒和孔隙所占据的面积，平行渗流时为平面，弯曲渗流时为曲面。那么在时间 t 内渗流通过该过水截面（其面积为 A）的渗流量为 Q，渗流速度为

$$v = \frac{Q}{At} \tag{4.6}$$

需要明确的是，渗流速度表征渗流在过水截面上的平均流速，并不代表水在土中渗流的真实流速。水在饱和土体中渗流时，其实际平均流速为

$$\overline{v} = \frac{Q}{nAt} \tag{4.7}$$

式中 n——土体的孔隙率。

2. 水头和水力坡降

如图 4.3 所示，水在土中从 A 点渗透到 B 点应该满足连续定律和平衡方程（D. Bernoulli 方程），选定基准面 0-0，水在土中任意一点的水头可以表示为

$$h = z + \frac{u}{\gamma_w} + \frac{v^2}{2g} \tag{4.8}$$

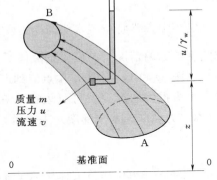

图 4.3 水头的概念（A、B）

式中 z——相对于任意选定的基准面的高度，代表单位液体所具有的位能，称为位置水头；

u——孔隙水压力，代表单位质量液体所具有的压力势能；

$\dfrac{u}{\gamma_w}$——该点孔隙水压力的水柱高，为该点的压力水头；

v——渗流速度；

$\dfrac{v^2}{2g}$——单位质量液体所具有的动能，为该点的速度水头；

h——总水头，表示该点单位质量液体所具有的总机械能；

γ_w——水的重度；

g——重力加速度。

位置水头 z 的大小与基准面的选取有关，因此水头的大小随着选取基准面的不同而不同。在实际计算中最关心的不是水头 h 的大小，而是水头差 Δh 的大小。如图 4.4 所示，水流从 A 点流到 B 点过程中的水头损失为 Δh。

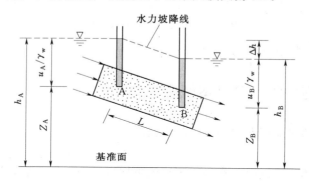

图 4.4　水力梯度的概念

由于水在土中渗流时受到土的阻力较大，一般情况下渗流的速度很小。例如，取一个较大的水流速度 $v=1.5\text{cm/s}$，它产生的速度水头大约为 0.0012cm，这和位置水头或压力水头差几个数量级。因此，在土力学中，一般忽略速度水头对总水头和水头差的影响。那么，式（4.8）可简化为

$$h=z+\frac{u}{\gamma_w} \tag{4.9}$$

实用上，常将位置水头与压力水头之和 $z+\dfrac{u}{\gamma_w}$ 称为测管水头，测管水头代表在选定基准面的情况下单位质量液体所具有的总势能。

在图 4.4 中，水流从 A 点流到 B 点的过程中的水头损失为 Δh，那么在单位流程中水头损失的多少就可以表征水在土中渗流的推动力大小，可以用水力坡降 i（也称水力坡度、水头梯度）来表示，即

$$i=\frac{\Delta h}{L} \tag{4.10}$$

式中　Δh——单位质量液体从 A 点向 B 点流动时，为克服阻力而消耗的能量，称之为水头差；

L——渗流长度。

4.5　土的渗透定律

4.5.1　渗透试验与达西定律

水在土中流动时，由于土的孔隙通道很小，渗流过程中黏滞阻力很大。所以在多数情况下，水在土中的流速十分缓慢，属于层流范围。

1852—1855 年期间，达西（H. Darcy）为研究水在砂土中的流动规律，进行了大量的渗流试验，得出了层流条件下土中水渗流速度和水头损失之间关系的渗流

规律，即达西定律。

图 4.5 所示为达西渗透试验装置，主要部分是一个上端开口的直立筒，筒中部装满砂土，下部放碎石。砂土试样长度为 L，截面积为 A，从试验筒顶部注水，使水位保持稳定，砂土试样两端各装一支测压管，测得前后两支测压管水位差为 Δh，试验筒左端底部留一个排水口排水。

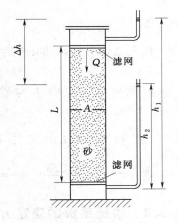

图 4.5　达西渗透试验装置

达西在试验中发现，在某一时段 t 内，水从砂土中流过的渗流量 Q 与过水断面 A 和土体两端测压管中的水位差 Δh 成正比，与土体在测压管间的距离 L 成反比。

那么，达西定律可表示为

$$q=\frac{Q}{t}=k\frac{\Delta h A}{L}=kAi \tag{4.11}$$

或者写成

$$v=\frac{q}{A}=ki \tag{4.12}$$

式中　q——单位时间渗流量，cm^3/s；

　　　v——渗流速度，mm/s 或者 m/d；

　　　k——反映土的透水能力的比例系数，称为土的渗透系数，其物理意义表示单位水力坡降的渗流速度，量纲与流速相同，mm/s 或者 m/d。

达西定律表明，在层流状态的渗流中，渗透速度与水力坡降的一次方成正比，并与土的性质有关。

【例 4.1】　某渗透试验装置如图 4.6 所示。砂 I 的渗透系数 $k_1=2\times10^{-1}cm/s$；砂 II 的渗透系数 $k_2=1\times10^{-1}cm/s$，砂样横截面积 $A=200cm^2$。

试问：

（1）若在砂 I 与砂 II 分界面处安装一测压管，则测压管中水面将升至右端水面以上多高？

（2）渗透流量 q 多大？

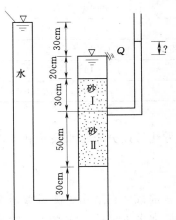

图 4.6　例 4.1 计算简图

解　（1）从图 4.6 中可看出，渗流自左边水管流经土样砂 II 和砂 I 后的总水头损失 $\Delta h=30cm$。假如砂 I、砂 II 各自的水头损失分别为 Δh_1、Δh_2，则

$$\Delta h_1+\Delta h_2=\Delta h=30(cm)$$

根据渗流连续性原理，流经两砂样的渗透速度 v 应相等，即 $v_1=v_2$。

按照达西定律，$v=ki$，则

$$k_1 i_1=k_2 i_2$$

$$k_1\frac{\Delta h_1}{L_1}=k_2\frac{\Delta h_2}{L_2}$$

已知 $L_1=30cm$，$L_2=50cm$，$k_1=2k_2$，故 Δh_2

$$= \frac{10}{3} \Delta h_1 。$$

代入 $\Delta h_1 + \Delta h_2 = 30 \text{cm}$ 后，可求出

$$\Delta h_1 = 6.923 \text{cm}, \Delta h_2 = 23.077 \text{cm}$$

由此可知，在砂 Ⅰ 与砂 Ⅱ 分界面处，测压管中水面将升至右端水面以上 6.923cm。

（2）根据 $q = kiA = k_1 \dfrac{\Delta h_1}{L_1} A$

则 $q = 0.2 \times \dfrac{6.923}{30} \times 200 = 9.231 \ (\text{cm}^3/\text{s})$

4.5.2　渗透系数的确定方法

由达西定律，渗透系数 k 是一个表征土体渗透性强弱的指标，它在数值上等于单位水力坡降时的渗流速度。k 值大的土，渗透性强；k 值小的土，其透水性差。不同种类的土，其渗透系数差别很大。渗透系数确定的方法主要有经验估算法、室内试验测定法、现场试验测定法等。

1. 经验估算法

土体渗透系数变化范围很大，由粗砾到黏土，随着粒径和孔隙的减少，其渗透系数可由 1.0cm/s 降低到 10^{-9}cm/s。

对于砂性土，太沙基曾提出以下的经验公式进行估算，即

$$k = 2d_{10}^2 e^2 \tag{4.13}$$

式中　k——渗透系数，cm/s；

$\quad\quad d_{10}$——有效粒径，mm；

$\quad\quad e$——土体孔隙比。

几种土渗透系数参考值见表 4.1。

表 4.1　　　　　　　　　　　　　常见土的渗透系数参考值

土类	$k/(\text{cm/s})$	土类	$k/(\text{cm/s})$
黏土	$< 1.2 \times 10^{-6}$	中砂	$6.0 \times 10^{-3} \sim 2.4 \times 10^{-2}$
粉质黏土	$1.2 \times 10^{-6} \sim 6.0 \times 10^{-5}$	粗砂	$2.4 \times 10^{-2} \sim 6.0 \times 10^{-2}$
粉土	$6.0 \times 10^{-5} \sim 6.0 \times 10^{-4}$	砾砂、砾石	$6.0 \times 10^{-2} \sim 1.2 \times 10^{-1}$
粉砂	$6.0 \times 10^{-4} \sim 1.2 \times 10^{-3}$	卵石	$1.2 \times 10^{-1} \sim 6.0 \times 10^{-1}$
细砂	$1.2 \times 10^{-3} \sim 6.0 \times 10^{-3}$	漂石	$6.0 \times 10^{-1} \sim 1.2 \times 10^{0}$

2. 室内试验法

目前，从试验原理上看，渗透系数 k 的室内测定方法可以分成常水头法和变水头法。下面分别介绍这两种试验方法的原理。

（1）常水头渗透试验。

常水头试验法就是在整个试验过程中保持水头为一常数，它适用于测量渗透性大的砂性土的渗透系数，前面介绍的达西渗流试验就是常水头试验。常水头试验装置如图 4.7 所示。

试验时，在圆桶容器中装高度为 L，横截面积为 A 的饱和试样。不断向试样

桶内加水，使其水位保持不变，水在水头差 Δh 的作用下流过试样，从桶底排出。试验过程中，水头差 Δh 保持不变，因此叫常水头试验。

假设在一定时间 t 内测得流经试样的水量 Q，则 $Q = vAt = k\dfrac{\Delta h}{L}At$，根据达西渗透定律有

$$k = \frac{QL}{\Delta h A t} \tag{4.14}$$

（2）变水头渗透试验。

对于黏性土来说，由于其渗透系数较小，故渗水量较小，用常水头渗透试验不易准确测定。因此，对于这种渗透系数小的土可用变水头试验。

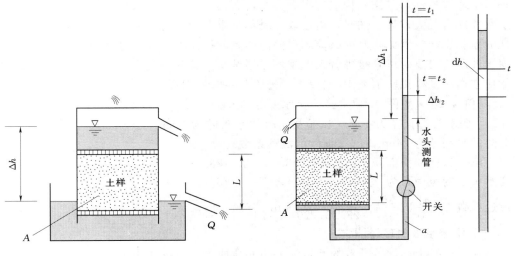

图 4.7　常水头渗透试验　　　图 4.8　变水头渗透试验

变水头试验法就是在试验过程中水头差一直随时间发生改变，变水头试验的装置如图 4.8 所示。水流从一根带有刻度的玻璃管和 U 形管中自下而上渗流过土样，装土样容器内的水位保持不变，而变水头管内的水位逐渐下降，因此称为变水头试验。

设土样的高度为 L，截面积为 A，试验过程中渗流水头差随试验时间的增加而减小，设在 t_1 时刻水头差为 Δh_1，在 t_2 时刻水头差为 Δh_2。通过建立瞬时达西定律，即可推出渗透系数的表达式，方法如下。

设试验过程中任意时刻 t 的水头差为 Δh，经过 $\mathrm{d}t$ 时段后，变水头管中的水位下降 $\mathrm{d}h$，那么，$\mathrm{d}t$ 时间内流入试样的水量为

$$\mathrm{d}Q = -a\mathrm{d}h \tag{4.15}$$

式中　a——变水头管的内截面积。

式中负号表示渗水量随 h 减小而增加。

根据达西定律，$\mathrm{d}t$ 时间内流出试样的渗流量为

$$\mathrm{d}Q = kiAt = k\frac{\Delta h}{L}A\mathrm{d}t \tag{4.16}$$

根据水流连续条件，流入量和流出量应该相等，那么

$$-a\mathrm{d}h = k\frac{\Delta h}{L}A\mathrm{d}t \tag{4.17}$$

即

$$\mathrm{d}t = -\frac{aL}{kA}\frac{\mathrm{d}h}{\Delta h} \tag{4.18}$$

等式两边在时间内积分，得 $\int_{t_1}^{t_2}\mathrm{d}t = -\frac{aL}{kA}\int_{\Delta h_1}^{\Delta h_2}\frac{\mathrm{d}h}{\Delta h}$ ，积分得， $t_2 - t_1 = \frac{aL}{kA}\ln\frac{\Delta h_1}{\Delta h_2}$ ，于是可得土的渗透系数为

$$k = \frac{aL}{A(t_2 - t_1)}\ln\frac{\Delta h_1}{\Delta h_2} \tag{4.19}$$

室内测定渗透系数的优点是设备简单、花费较少，在工程中得到普遍应用。但是，土的渗透性与其结构构造有很大关系，而且实际土层中水平与垂直方向的渗透系数往往有很大差异；同时，由于取样时不可避免的扰动，一般很难获得具有代表性的原状土样。因此，室内试验测得的渗透系数往往不能很好地反映现场土的实际渗透性质，必要时可直接进行大型现场渗透试验。有资料表明，现场渗透试验值可能比室内小试样试验值大 10 倍以上，需引起足够的重视。

【例 4.2】　如图 4.8 所示的变水头试验装置，细砂试样高度为 10cm，半径3cm，变水头管直径为 1cm。试验初始时的水头差为 50cm，经过 20s 后试验结束，此时的水头差为 24cm，试求细砂的渗透系数。

解　试样的截面积为 $A = \pi R^2 = 3.14 \times 3^2 = 28.26$ （cm^2）
变水头管的截面积为 $a = \pi r^2 = 3.14 \times 0.5^2 = 0.785$ （cm^2）
渗透系数 $k = \frac{aL}{At}\ln\frac{\Delta h_1}{\Delta h_2} = \frac{0.785 \times 10}{28.26 \times 20} \times \ln\frac{50}{24} = 1.02 \times 10^{-2}$ （cm/s）

3. 渗透系数的现场测定

现场进行土的渗透系数的测定常采用井孔抽水试验或井孔注水试验，抽水与注水试验的原理相似。

图 4.9 所示为一现场井孔抽水试验示意图。在现场打一口试验井，贯穿要测定渗透系数的砂土层，并在距井中心不同距离处设置一个或两个观测孔。然后自井中以不变的速率连续进行抽水。抽水使井周围的地下水位逐渐下降，形成一个以井孔为轴心的降落漏斗状的地下水面。测定试验井和观察孔中的稳定水位，可以画出测压管水位变化图形。测压管水头差形成的水力梯度使水流向井内。假设水流是水平流向，则流向水井的渗流过水断面应该是一系列的同心圆柱面。当出水量和井中的动水位稳定一段时间后，若测得的抽水量为 Q，观测孔距井轴线的距离分别为 r_1、r_2，孔内的水位高度为 h_1、h_2，通过达西定律即可求出土层的平均渗透系数。

围绕井轴取一过水断面，该断面距井中心距离为 r，水面高度为 h，那么过水断面的面积 $A = 2\pi rh$。设该过水断面上各处的水力梯度为常数，且等于地下水水位线在该处的坡降，则 $i = \frac{\mathrm{d}h}{\mathrm{d}r}$。

根据达西定律，单位时间内井内抽出的水量为

$$\begin{cases} q = Aki = 2\pi rhk\dfrac{\mathrm{d}h}{\mathrm{d}r} \\ q\displaystyle\int_{r_1}^{r_2}\dfrac{\mathrm{d}r}{r} = 2\pi k\int_{h_1}^{h_2}h\mathrm{d}h \end{cases} \tag{4.20}$$

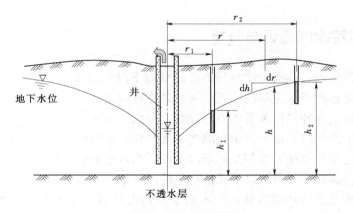

图 4.9 野外抽水试验

则可得渗透系数为

$$k = \frac{q}{\pi} \frac{\ln\left(\dfrac{r_2}{r_1}\right)}{(h_2^2 - h_1^2)} \tag{4.21}$$

与抽水试验原理相似，也可以采用野外注水试验测定渗透系数，此处不再详述。

4.5.3 渗透系数的影响因素

土的渗透系数与土和水两方面的多种因素有关，下面分别就这两方面的因素进行讨论。

1. 土颗粒的粒径、级配和矿物成分

土中孔隙通道的大小直接影响土的渗透性。一般情况下，细粒土的孔隙通道比粗粒土的小，其渗透系数也较小；级配良好的土，粗粒土间的孔隙被细粒土所填充，其渗透系数比粒径级配均匀的土小；在黏性土中，黏粒表面结合水膜的厚度与颗粒的矿物成分有很大关系，结合水膜的厚度越大，土粒间的孔隙通道越小，其渗透性也就越小。

2. 土的孔隙比

同一种土，孔隙比越大，则土中过水断面越大，渗透系数也就越大。渗透系数与孔隙比之间的关系是非线性的，与土的性质有关。

3. 土的结构和构造

当孔隙比相同时，絮凝结构的黏性土，其渗透系数比分散结构的大；宏观构造上的成层土及扁平黏粒土，在水平方向的渗透系数远大于垂直方向的。

4. 土的饱和度

土中的封闭气泡会减小土的过水断面，还会堵塞一些孔隙通道，使土的渗透系数降低，同时可能使流速与水力梯度之间的关系不符合达西定律。

5. 渗流水的性质

水的流速与其动力黏滞度有关，动力黏滞度越大流速越小；动力黏滞度随温度的增加而减少，因此温度升高一般会使土的渗透系数增加。

4.6　达西定律的验证与分析

前面已经指出，达西定律是描述层流状态下渗流速度与水头损失关系的规律，它所表示渗流速度与水力梯度成正比关系是在特定水力条件下的试验结果。随着渗流速度的增加，这种线性关系将不复存在，因此达西定律应该有一个适用范围。实际上水在土中渗流时，由于土中孔隙的不规则性，水的流动是无序的，水在土中渗流的方向、速度和加速度也都是不断改变的。当水运动的速度和加速度很小时，其产生的惯性力远远小于液体黏滞性所产生的摩擦阻力，这时黏滞力占优势，水的运动是层流，渗流服从达西定律；当水运动的速度达到一定的程度，惯性力占优势时，由于惯性力与速度的平方成正比，达西定律就不再适用了，但是这时的水流仍属于层流范围。

一般工程问题中的渗流，无论是发生在砂土还是黏土中，均属于层流范围或者近似层流范围，达西定律均可适用，但实际上水在土中渗流时服从达西定律存在一个界限问题。图 4.10 绘出了典型砂土和黏性土的渗流试验结果。

首先讨论一下达西定律的上限值。水在粗颗粒土中渗流时，随着渗流速度的增加，水在土中的运动状态可以分成以下 3 种情况（图 4.10 (a)）。

（1）水流速度很小，为黏滞力占优势的层流，达西定律适用，这时雷诺数 Re 为 $1\sim10$ 的某一值。

（2）水流速度增加到惯性力占优势的层流并向紊流过渡时，达西定律不再适用，这时雷诺数 Re 在 $10\sim100$ 之间。

（3）如果土的粒径、孔径及渗流速度足够大，水流达到紊流状态，随着雷诺数 Re 的增大，水流进入紊流状态，达西定律完全不适用，如碎石土中的水即处于紊流状态。当黏土中的渗流不够稳定或存在波动引发的渗流时，需要对达西定律进行修正。非稳定状态或紊流状态下的渗流计算不在本章讨论的范围内。

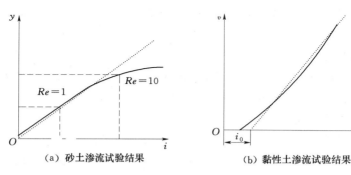

（a）砂土渗流试验结果　　　　　（b）黏性土渗流试验结果

图 4.10　砂土和黏土中的渗流规律比较

其次讨论达西定律的下限值（图 4.10 (b)）。在黏性土中由于土颗粒周围存在结合水膜而使土体呈现一定的黏滞性。因此，一般认为黏土中自由水的渗流必然会受到结合水膜黏滞阻力的影响，只有当水力梯度达到一定值后渗流才能发生，将这一水力梯度称为黏性土的起始水力梯度 i_0，即存在一个达西定律有效范围的下限值。此时，达西定律可表示为

$$v = k(i - i_0) \tag{4.22}$$

关于起始水力梯度的问题，很多学者认为：密实黏土颗粒周围具有较厚的结合水膜，它占据了土体内部的过水通道，渗流只有在较大水力梯度的作用下，挤开结合水膜的堵塞才能发生，起始水力梯度是用以克服结合水膜所消耗的能量。

需要指出的是，关于起始水力梯度是否存在的问题，目前尚有较大的争论。有学者认为，达西定律在小梯度时也完全适用，偏离达西定律的现象是由于试验误差造成的。也有学者认为，达西定律在小梯度时不适用，也不存在起始水力梯度，流速和水力梯度曲线通过原点，但呈非线性关系。

早在 1898 年，King 就通过实例阐明，细粒聚合体材料中层流的速度随着水力梯度的增大以超线性的速度增加。1940 年，Derjaguin 和 Krylov 通过试验发现，在有限的水头作用下，水流不能通过平均孔径为 $0.1\mu m$ 的陶瓷过滤器。1963 年，Miller 和 Low 基于试验结果发现，钠蒙脱石中的渗流存在一个临界水力梯度，水力梯度超过临界水力梯度时渗流才会发生。1955 年，von Englehardt 和 Tunn 发现，在底层为黏性土的砂岩中，当水力梯度大于 170 时渗流速度才会开始直接随水力梯度的增大而增加。而对于黏性土来说，1959 年，Lutz 和 Kemper 发现，在纯净天然黏土中，当水力梯度大于 900 时渗流速度才会开始随水力梯度的增大而增加。图 4.11 所示为原状未受扰动软黏土中渗流速度与水力梯度的关系，图示结果与达西定律的线性关系存在一定的偏差。

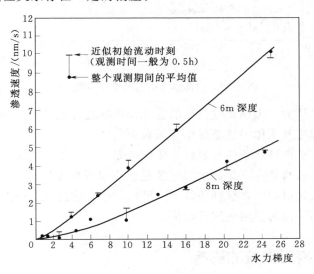

图 4.11　原状软黏土渗透速度与水力梯度的关系

当水力梯度较小时，渗流速度与水力梯度之间关系偏离线性的程度较明显。实际上，在大多数情况下，土体中的水力梯度都较小。因此，研究清楚上述渗流速度与水力梯度之间关系与达西定律的差异，对实际稳态流和瞬时流的分析研究来说具有重要的意义。常规试验条件下采用的水力梯度通常都较高，可达到数百，用试验条件下测定的渗透指标来反映原位土体的渗透性质还存在一定的问题。

渗流速度与水力梯度之间呈非线性关系的原因可能有以下几方面：①流体具有

非牛顿流体的性质；②颗粒的移动导致了渗流路径的堵塞或疏通；③当可压缩土体受到水力梯度的作用时，局部的压缩和膨胀是不可避免的。

颗粒的移动可能会导致孔隙的堵塞与疏通、电动学效应及化学浓度的差异，间接导致实际结果与达西定律的差异。若土体在适当大小的水力梯度作用下，颗粒间的粘接强度与渗透压力的大小有关，表明不在颗粒骨架受力体系中的颗粒可自由移动。一般来说，具有开放式絮凝型组构的土体或细粒含量较低的粒状土体非常易受渗流过程中细颗粒移动的影响。

渗流过程中黏土内的局部膨胀及黏土颗粒的分散会引起渗流速度的变化，产生明显的非达西渗流特性。伊利石黏土和粉土混合土的渗透试验表明，混合土的渗透性取决于黏土的含量、沉积制样的过程、压缩率及电解质浓度，此外，其渗透性还与渗透溶液电解质的种类及总流量有一定关系。如图 4.12 所示，当渗透溶液中电解质 NaCl 的浓度由 0.6N 降低到 0.1N 时，土体的相对渗透系数也发生了变化。其中，累计流量为任意时刻总流量与试样孔隙总体积的比值。

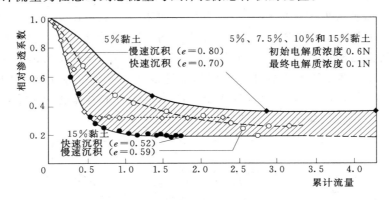

图 4.12 内部膨胀引起的渗透系数降低

但也有学者认为，上述试验得到的特殊渗流特性可能是由量测系统的污染、土体局部压缩和膨胀及土体中细菌滋生等因素引发的。

此外，要使室内试验条件与原位土体保持完全一致并不能完全实现，特别是水力梯度。如果在试验条件下保证水力梯度足够小以反映实际原位土体的水力梯度，试验的耗时会大大增加。在这种条件下，可在一些合适的水力梯度下，对渗透压力改变条件下土体结构的稳定性进行评价。

4.7 土体组构对渗流的影响

土体组构对土的渗流特性有较大影响，如果特定的土体组构形成大孔隙的比例越高，土体的渗透性就越强。图 4.13 所示为不同压实含水量条件下细粒土的渗透系数变化情况。若所有试样都在相同压实功作用下达到相同密度，可得到典型的压实曲线，如图 4.13 所示。达到最佳压实效果时，黏土颗粒和聚集体形成絮凝结构，此时颗粒重排列的抗力很高，可认为其形成具有大孔隙特征的组构。当试样含水量增大，粒组变得脆弱，此时形成的即为具有小孔隙特征的组构。如图 4.14 所示，揉搓压实试样的渗透系数明显比静态压实试样的渗透系数小，这是因为在揉搓压实条件下的剪切应变较大，破坏了絮凝型的组构基本单元。

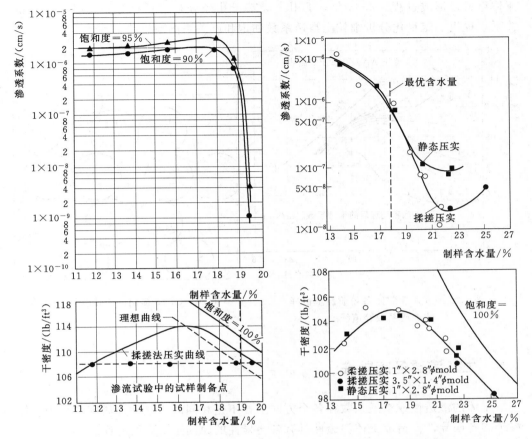

图 4.13　粉质黏土试样渗透系数与
压实含水量点的关系

图 4.14　制样方法对粉质黏土
渗透系数的影响

对颗粒更细微的土体来说，3 个尺度的组构在分析渗透性时都有重要的意义。微观组构间的孔隙很小，渗透性很小；细观组构间的孔隙直径可能达到数十微米，渗透性较大；宏观组构包含裂隙、裂纹及孔洞等结构，土体在这些结构中的渗流速度要远远大于在其他孔隙中的渗流速度。例如，当用压实黏土层作为废物封存的边界时，上述组构形式与渗透性的关系就显得尤为重要了。此时黏土边界的基本单元是土粒，对应细观组构尺度。只有当压实过程中土粒中及土粒间的孔隙体积变得很小时，才能得到足够小的渗透系数。通常的做法是在最优含水量条件下，通过压实机对土体施加较大压实功，并使其产生较大的剪切应变。

如图 4.15 所示，压实细粒土在不同含水量和密实度条件下得到的组构形式有很大差异，导致渗透性质的差异也很大，想要得到一个有代表性的渗透系数有很大的难度。

图 4.16 是 Olsen 于 1962 年提出的典型的土体组构。他认为土体是典型的粒组集合体，土体内各个粒组都是由细颗粒聚合而成的，粒组内的孔隙比为 e_c，而粒组间也会形成特定的孔隙空间，孔隙比为 e_p。此时土体内的总孔隙 e_T 为 e_c 与 e_p 的总和。其中，粒组包含的是微观组构，而粒组集合体包含的是细观组构。上述组构形

式的土体中，渗流主要由粒组间的孔隙控制。粒组的大小取决于其矿物成分、孔隙流体组成及形成过程。2003 年，Tuller 等基于孔径分布与粒径分布、组构单元的关系，提出了定量化分析细粒土渗透系数和饱和度关系的新思路。

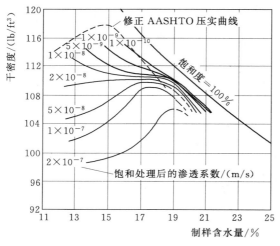

图 4.15　揉搓压实制备粉质黏土试样　　　图 4.16　Olsen 提出的土体渗流粒组模型
的渗透系数等值线

4.8　土体渗透各向异性

土体的渗透性或渗透系数在各个方向上并不是相同的，这种性质即可称为土体渗透的各向异性。造成土体渗透性具有各向异性的原因主要有两方面。

（1）土体中扁平状颗粒或棒状颗粒的择优定向特征。1956 年，Mitchell 等人通过试验发现，土层在水平方向的渗透系数约为在竖直方向渗透系数的 1～7 倍。观测试样的薄切片发现，水平方向渗透系数与竖直方向渗透系数的比值与颗粒的定向特征存在明显的关联。1962 年，Olsen 通过试验发现，高岭石由 4～256atm（1atm≈1.01×10⁵Pa）进行单向固结的过程中，二者的比值为 1.3～1.7；伊利石加载到 200atm 以上进行单向固结的过程中，二者的比值为 0.9～4.0。从本质上来说，土体中颗粒的择优定向特性其实是其微细观组构特征的一部分，由颗粒定向引起的微细观组构各向异性可使竖直方向渗透系数与水平方向渗透系数的比值达到2.0 左右。

（2）土在竖直方向沉积成层的特征。渗透各向异性更大程度上是由土沿竖直方向沉积成层的特征导致的。比如，黏土层间存在薄粉土层使得分层黏土在水平方向的渗透系数比竖直方向的渗透系数大得很多。实际土层在水平方向的高渗透性还取决于渗流类型及其与排水边界的距离。

4.9　本章小结

本章主要介绍了土中水、热、电和化学物质的传导现象和性质。由于土中水的渗流对土的物理力学性质及固结特性有重要的影响，土的渗透性也是决定土工程性质的重要性质，本章介绍了土中水的渗透现象和原理，详细分析了描述土渗透性的达西定律以及渗透系数的测定方法，并进一步讨论了达西定律的适用范围以及土体的微细观组构和各向异性对土体渗流的影响。

思　考　题

4.1　达西渗流定律的内容是什么？其适用条件是什么？达西渗流定律中各个指标的物理意义是什么？

4.2　什么叫土的渗透系数？如何确定土的渗透系数？影响土渗透系数的主要因素有哪些？

4.3　简要介绍常水头、变水头渗透试验和现场抽水试验的试验原理，这几类方法各适用于何种条件？

4.4　为何室内渗透试验与现场渗透试验测定的渗透系数有较大的差别？

4.5　简单说明起始水力梯度产生的原因。

4.6　土体微细观组构对渗透性的影响体现在哪些方面？

习　　题

4.1　常水头渗透试验中，已知渗透仪直径为 $D=75\text{mm}$，在 $L=200\text{mm}$ 渗透路径上的水头损失 $h=88\text{mm}$，在 1min 内的渗水量 $Q=73.2\text{cm}^3$。试求土的渗透系数。

4.2　某常水头渗透试验中，土样的长度为 25cm，横截面积为 100cm^2，作用于两端的水头差为 70cm，通过土样渗流出的水量为 $110\text{cm}^3/\text{min}$。试求该土样的渗透系数与水力坡降，并根据渗透系数判断该土样属于何种土类。

4.3　设变水头渗透试验中黏土试样的截面积为 40cm^2，厚度为 6cm，渗透仪细玻璃管的内径为 0.5cm，试验开始时水位差为 140cm，经过 $8\text{min}15\text{s}$ 观测水位差为 90cm，试验时的水温为 $20℃$。试求试样的渗透系数。

4.4　不透水基岩上有厚度为 12m 的土层，地下水位位于地面以下 3m 处，进行抽水试验，并设置抽水速度为 $7.5\text{m}^3/\text{min}$，在与抽水井径向距离分别为 5m 和 30m 位置处的观测井记录井下水位分别为地面下 6.2m 和 3.8m。试求该土层的渗透系数。

第 5 章

有效应力原理

5.1 概述

在外荷载作用下，土体承受的应力可分为有效应力和孔隙压力两种，土体中某点的总应力（total stress）即为有效应力（effective stress）和孔隙压力（pore pressure）的总和。其中，有效应力是由土骨架承担的那部分力，孔隙压力是由土孔隙承担的那部分力，孔隙压力又分为孔隙水压力和孔隙气压力。土的有效应力原理即是描述土这种分担承受应力特性的原理。土的有效应力原理也是土变形与强度特性研究的理论基础。

一般情况下，可认为土的有效应力与粒间应力具有相同的意义，有效应力控制着土的强度与变形。在涉及变形及强度的大多数问题中，都需要将有效应力和孔隙压力分开考虑。此种区分是有重要意义的，原因在于土颗粒之间的接触既可以承受法向应力，也可以承受切向应力；但是液相和气相（通常为水和空气）只能承受法向应力，而不能承受切向应力。

本章将介绍土体在微细观层面的受力特点，分为土颗粒之间的力及土中的水压力两部分内容。并以这两部分内容为基础，介绍土力学中著名的有效应力原理，最后对非饱和土的应力特性进行简单介绍。

5.2 土中的固相颗粒受力分析

5.2.1 颗粒体系的受力特性

土是典型的离散颗粒体系，颗粒非连续、非均匀的排列分布形成的复杂接触网络是荷载传递的路径。在微细观层面，颗粒间的接触位置是受力研究区域。常通过光弹试验和离散元（DEM）数值模拟方法研究散粒体的荷载传递机制。

通过光弹试验和DEM模拟发现，散粒体在受到外荷载作用时会产生树状结构的力链，这种结构体现了颗粒体系承受与传递外荷载的方式。研究还发现，接触网络上局部颗粒受到的力大小不同，亦即传递的外荷载比例不同，使得接触颗粒间接触有强弱之分，传递较大比例荷载的路径构成强力链；反之形成弱力链。因此，强力链、弱力链是外荷载传递的路径，而这些路径构成了整个力链接触网络，强力链、弱力链仅是接触网络的一部分。在一些情况下，比如点力作用下的静态颗粒体系，当点力方向和大小变化不大时，接触网络可能不变化或变化很微小；如果力的大小和方向变化很大时，颗粒体系的传递路径——力链结构会对外荷载产生响应，发生一定程度的变化，这说明颗粒接触网络依据传递外荷载的大小分成的强力链和弱力链两套结构，其性质完全不同。

　　颗粒接触力为接触力链的微观组成单元。要描述颗粒体系的应力特性，不仅要得到颗粒的接触力，还需要获得粒间接触方向角等组构参数。一般而言，接触力包括粒间法向力和粒间切向力，接触方向可用接触切平面法向描述。这些力学与几何微细观参量受土体宏观荷载的大小、形式及加载方式的影响，深入研究这些微细观参量的变化可以揭示颗粒体系的微细观特性与其宏观力学性质之间的关系。

5.2.2　颗粒体系的受力分布

　　土体是由离散颗粒组成的聚集体材料，微细观层面上颗粒间的应力状态控制着土体的宏观受力变形特性。常用粒间接触力来描述颗粒之间的相互作用。如图 5.1 所示，土体颗粒体系中的力主要有以下 3 种尺度。

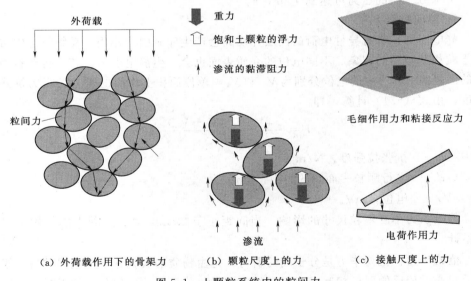

（a）外荷载作用下的骨架力　　（b）颗粒尺度上的力　　（c）接触尺度上的力

图 5.1　土颗粒系统中的粒间力

　　（1）外部荷载作用下的骨架力链。这些力为土体在承受外部荷载作用时内部颗粒相互作用形成的力。

　　（2）颗粒尺度上的力。这些力包括颗粒重力、颗粒处于液体内的浮力及孔隙流体渗流产生的流动力和渗透压力。

　　（3）接触尺度上的力。这些力包括电化学力、粘接作用力及非饱和土体所受的毛细力。

　　施加外荷载后，颗粒接触处会产生法向接触力和切向接触力，颗粒的接触力形成宏观的骨架力链。骨架力链的大小及形式与颗粒所处的位置有关，一般强力链沿着主应力的方向发育。已有研究表明，土体特别是粗粒土中颗粒骨架力链的分布及演变控制着土体的应力-应变特性、体变特性及强度特性。

5.2.3 粒间力的微细观组成

土颗粒间存在多种作用力，这些作用力直接控制着粒间接触强度，从而影响土体的强度特性和变形特性。例如，黏性土的黏聚力主要来源于黏土颗粒的胶结力及黏土颗粒表面的双电层作用等。粒间力按作用力性质分为粒间排斥力和粒间吸引力两类，土的黏聚力即为粒间排斥力和吸引力综合作用的结果。本小节将按排斥力和吸引力分类介绍土颗粒间一些有显著影响的相互作用力。

1. 粒间排斥力

静电斥力：当土颗粒重叠时，粒间接触处会产生很大的排斥力。当粒间距离超出了吸附离子和水化水分子直接影响的区域时，粒间排斥力的最主要来源为双电层作用。这种静电排斥作用受阳离子价位、电解质浓度和孔隙液体的绝缘性等因素的影响。

界面及离子水化作用：颗粒表面和层间阳离子的水化能使间距很小的单位层间产生很大的排斥力（界面间的间距在 2nm 以内）。例如，若将黏土片状颗粒压成整体，要移除最后一层很小的结合水层所需的净能量要达到 $0.05\sim0.1\mathrm{J/m^2}$，对应挤出一个水分子层的压力可达到 400MPa。

2. 粒间吸引力

静电引力：带有异性电荷的两层介质间会产生库仑引力作用。在细粒土中常伴有土粒相互吸附的现象。不同电位的介质表面也会产生静电引力。若平行颗粒表面间的间距为 d，对应的电位分别为 V_1 和 V_2，单位面积上作用的引力可视为抗张拉强度，由式（5.1）计算，即

$$F=\frac{4.4\times10^{-6}(V_1-V_2)^2}{d^2} \tag{5.1}$$

式中　F——抗张拉强度，$\mathrm{N/m^2}$；

　　　d——平行颗粒表面间的间距，$\mu\mathrm{m}$；

　V_1，V_2——电位，mV。

静电引力不受颗粒尺寸的影响。当间距小于 2.5nm 时，这种力的作用可以忽略不计。

范德华力：范德华力是分子间的引力，是由物质的极化分子与相邻的另一极化分子间通过相反的偶极相互吸引引起的。当极化分子与非极化分子接近时，也能诱发非极化分子产生极化，形成范德华力。

化合价键力：颗粒间及颗粒与周围液相的化学价键力只能在很小的范围内发育。当介质的间距小于 0.3mm 时，二者会形成共价键、离子键和金属键，包括化学连接在内的黏聚作用都可视为小范围吸引力。

胶结作用力：土颗粒间可能被胶结物所粘接，颗粒间的胶结包括碳、硅、铅、铁的氧化物和有机混合物。在方解石、二氧化硅、氧化铝、氧化铁等许多无机物和有机物的沉淀中可能会发生自然胶结作用，将水泥或石灰等稳定的粘接剂加入到土体中也可在粒间形成胶结，如图 5.2 所示。若粒间接触存在胶结作用，由于胶结连接存在抗张拉强度，粒间接触可以承受一定大小的张力，粒间接触的抗剪强度也会得到一定程度的提升。

已胶结土体的特性取决于胶结发育的时间。人工胶结的土体需在胶结完成后才能进行加载，而自然土体常在过度加载时或过度加载后产生胶结。对于人工胶结的土体，颗粒和胶结体会在加载时聚集为一体，由于胶结体存在抗拉强度，接触应力主要为拉应力，骨架力的大小及分布取决于颗粒的分布状态及颗粒接触处的胶结连接形式。对于天然形成的胶结，胶结物可能在颗粒接触处产生其他类型的力。对于某些天然胶结体，如果土体在过度受荷条件后卸载，弹性回弹可能会使胶结体发生破坏。

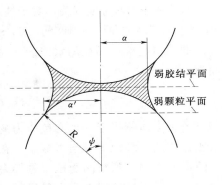

图 5.2　球体胶结情况下接触区域示意图

颗粒间由于胶结作用可以承受拉力。因此，当施加的外荷载相同时，胶结土体内骨架力的分布和演变与未胶结土体不同，土体的强度特性和变形机制也会受胶结发育的影响。

毛细压力：分布在土体颗粒间相互贯通的孔隙可以视为许多形状不一、直径各异、彼此连通的毛细管。在毛细管周壁，水吸附在土颗粒表面，水膜与空气的分界面存在着表面张力作用。当饱和土体开始干燥时，孔隙液体会产生吸力作用，这种吸力相当于真空作用。

如图 5.3 所示，水膜表面张力 σ_{aw} 与毛细管成夹角 θ。由于表面张力的作用，毛细管内的液面上升到自由水面以上高度 d_c 处。研究高 d_c 水柱的静力平衡条件，由于毛细管内液面处即为大气压，若以大气压为基准，则该处的压力为 0。因此有

$$\pi r_p^2 d_c \gamma_w = 2\pi r_p \sigma_{aw} \cos\theta \tag{5.2}$$

$$d_c = \frac{2\sigma_{aw}\cos\theta}{r_p \gamma_w} \tag{5.3}$$

$$p_c = \frac{2\sigma_{aw}\cos\theta}{r_{p_r}} \tag{5.4}$$

式中　σ_{aw}——空气-水界面张力；

p_c——毛细压力；

r_p——毛细管的半径；

γ_w——水的重度。

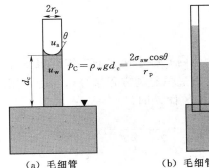

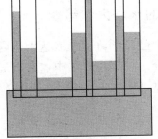

（a）毛细管　　　　（b）毛细管束代表不同尺寸的土体孔隙

图 5.3　土中孔隙的毛细管示意图

水膜的张力与温度有关，对于纯水和空气接触，当温度为 0℃时，$\sigma_{aw}=0.0756N/m$；当温度为 20℃时，$\sigma_{aw}=0.0728N/m$；当温度为 100℃时，$\sigma_{aw}=0.0589N/m$。

如果包裹着土颗粒的水连续，完全将颗粒覆盖，则半径为 r 的颗粒上作用的粒间力为

$$F_c=\pi r^2 p_c=\frac{2\pi r^2 \sigma_{aw}\cos\theta}{r_p} \tag{5.5}$$

由于液体相当于一个有负压力的薄膜，因此在自由水位以下，土骨架受到孔隙水压力作用，颗粒的骨架力减小；在自由水位以上的毛细区域内，土骨架受到毛细水的拉力作用，颗粒间受压，骨架力增大。

若土在干燥过程中含水量降低，部分液相转变为气相，此时土骨架的孔隙中不完全充满水，在水和空气的分界面处存在表面张力，就会形成图 5.4（a）所示的索状构造。此时的孔隙水称为毛细角边水，这就是稍微湿润的砂土颗粒间也存在"假黏聚力"的原因。因为这种黏聚作用只是由毛细水引起的一种暂时的作用，而不像黏土间的黏聚作用是由粒间力引起的，当含水量增大或减小，毛细角边水消失，这种作用也会随即消失。当土的含水量进一步降低，土中的液相会产生分离，边界保持为半月形，形成可视为连接颗粒的液桥，如图 5.4（b）所示。

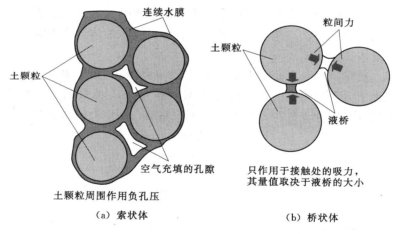

图 5.4 非饱和土体内水-土相互作用的微观示意图

5.3 土中的水压力

5.3.1 土中的水压力和势能

在第 4 章中已经学习过，表达土体内孔隙水压力的方法有很多种，总的水压力有几个组成部分。在流体力学中，常通过伯努利方程来分析问题，用总水头和水头损失来描述两点（如点 1 和点 2）间的流体，即

$$z_1+\frac{p_1}{\gamma_w}+\frac{v_1^2}{2g}=z_2+\frac{p_2}{\gamma_w}+\frac{v_2^2}{2g}+\Delta h_{1-2} \tag{5.6}$$

式中　z_1，z_2——点 1 和 2 的位置水头；

p_1，p_2——点 1 和 2 的静水压力；

v_1，v_2——点 1 和 2 处的流速；

　　γ_w——水的重度；

　　g——重力加速度；

Δh_{1-2}——点 1 和 2 之间的水头损失。

总水头 H 为

$$H = z + \frac{p}{\gamma_w} + \frac{v^2}{2g} \tag{5.7}$$

实际土体内液相的渗流速度很小，可认为 $v^2/2g \to 0$，在大多数情况下可以忽略不计。因此，式（5.6）可简化为

$$z_1 + \frac{p_1}{\gamma_w} = z_2 + \frac{p_2}{\gamma_w} + \Delta h_{1-2} \tag{5.8}$$

尽管忽略了流速使土体内水压力的分析得到了简化，但是仍然存在一些复杂的影响因素，主要有以下几个。

（1）孔隙水可能存在的张力作用。

（2）颗粒表面点对点作用力和吸附力作用区域内的水在组成上有一定的差异。

（3）粒间力及点对点处液体的能量状态，如热量、电性、化学梯度等参量的变化会导致孔隙液体的流动、土的变形和体积变化。

基于自由水的自由能理论表示土体中水的状态，主要有以下 3 个参量。

（1）势能（量纲——L^2T^{-2}：J/kg）。

（2）水头（量纲——L：m、cm）。

（3）压力（量纲——$ML^{-1}T^{-2}$：kN/m^2）。

实际土中水的总势能 ψ 的组成是随机的，主要包括以下 3 项。

（1）重力势能 ψ_g（位置水头 z，压力 p_z）：其与水力学中位置水头一致。

（2）毛细势能 ψ_m（水头 h_m，压力 p）：其与水力学中的压力水头一致，其可在应力由边界传递到液相的过程中产生，也可由毛细作用形成。

（3）渗透势能 ψ_s（水头 h_s，压力 p_s）：其取决于土的组成、电解质浓度及土抵抗吸附阳离子运动的能力。若渗透势能是负的，水就会向浓度增大的方向流动。

土体内总势能、总水头和总压力为

$$\psi = \psi_g + \psi_m + \psi_s \tag{5.9}$$

$$H = Z + h_m + h_s \tag{5.10}$$

$$P = p_z + p + p_s \tag{5.11}$$

当土体内任意两点间的 ψ、H 或 P 相等时，土体内的液体就处于平衡状态，不会发生流动。

5.3.2　饱和土体中的水压力平衡

图 5.5 是饱和黏土的示意图，土中液体处于平衡状态。假定温度不变，以点 0 的位置为基准位置，在点 0 的位置放置测管，设 $z_0 = 0$，$h_m = h_{m0}$，如果测管中用的是纯水，则 $h_{s0} = 0$。则可得

$$H_0 = 0 + h_{m0} + 0 = h_{m0} \tag{5.12}$$

$$P_0 = h_{m0} \gamma_w = u_0 \tag{5.13}$$

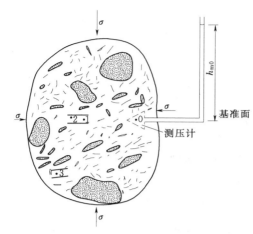

图 5.5　水压力分析的饱和土体示意图

点 1 和 0 处于相同的高度，$z_1 = 0$。点 1 在土体内，处于两个黏土颗粒的中间位置，若电解质浓度不为零，$h_{s0} \neq 0$，因此

$$H_1 = 0 + h_{m1} + h_{s1} \qquad (5.14)$$

如果点 1 和 0 间没有流动，$H_1 = H_0$，即

$$h_{m1} + h_{s1} = h_{m0} \qquad (5.15)$$

点 2 和 1 也处于相同的高度，$z_2 = 0$。点 2 也处于两个黏土颗粒之间，且更接近颗粒的表面，与点 1 位置处的电解质浓度不同。为满足关系平衡，可得

$$h_{m2} + h_{s2} = h_{m1} + h_{s1} = h_{m0} = \frac{u_0}{\gamma_w} \qquad (5.16)$$

如果点 3 处于两个黏土颗粒正中位置，且与点 1 到两边颗粒表面的距离相等。则 $h_{s3} = h_{s1}$，但 $z_3 \neq 0$。可得

$$\frac{u_0}{\gamma_w} = z_3 + h_{m3} + h_{s3} = z_3 + h_{m3} + h_{s1} \qquad (5.17)$$

在分析过程中应注意以下几点。

（1）在静力条件下，渗透势能和重力势能在土体内各个位置点都不相同，毛细势能也需要随位置发生变化以保证总势能的平衡，静水压力随高度变化以维持平衡。

（2）总势能、总水头和总压力都是可测的，总势能、总水头和总压力各个组成部分虽然也是可测的，但是测定的难度很大。

（3）采用纯水测管测量孔隙压力，得到 $u_0 = \gamma_w h$，这里的 h 是压强计中的压力水头。颗粒间的水压力包含了毛细压力和渗透压力两部分。由于渗透压力是由大范围双电层排斥作用引起的，测量得到的孔隙水压力可能会包含大范围粒间排斥力的贡献。

也可以按同样的方法分析非饱和土体中的水压平衡，但 h_m 必须考虑弯曲气-液接触界面的影响。

5.4　粒间应力

前面介绍了几种不同的粒间力，本节将基于粒间接触处的平衡关系推导接触应

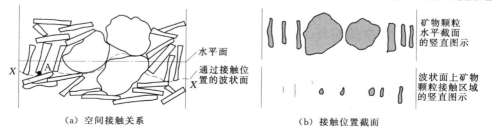

（a）空间接触关系　　　　　　　　　（b）接触位置截面

图 5.6　土体接触示意图

力之间的关系。设给定深度的土体颗粒接触如图 5.6 所示，这里研究接触点处的应力状态，不考虑颗粒内的应力，图 5.6 中 A 点的受力状态如图 5.7 所示。

在粒间接触 A 处，沿着垂直方向存在多个力的作用。假设土体处于饱和状态，粒间接触的有效面积为 a_c（等于沿着波状面上的颗粒接触总面积除以粒间总接触数），面积 a 是沿着接触方向上水平断面的总面积。作用在面积 a 上的力有以下几个。

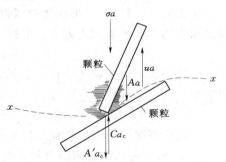

图 5.7　粒间接触 A 点上的作用力

（1）σa，由应力 σ 作用产生的力，包括外部作用力和上覆土体的重力。

（2）$u(a-a_c)\approx ua$，由静水压力作用的力，由于 a 远大于 a_c，且 a_c 很小，这个力可以取为 ua，其考虑了粒间大范围（接触区域 a_c 外）的静电斥力作用。

（3）$A(a-a_c)\approx Aa$，由粒间大范围（接触区域 a_c 外）吸引力 A（A 主要由静电引力和范德华力构成）作用产生，由于 a 远大于 a_c，且 a_c 很小，这个力可以取为 Aa。

（4）$A'a_c$，由粒间接触处（小范围）吸引力 A'（A' 主要由化合价键力和胶结作用力构成）作用产生。

（5）Ca_c，由粒间接触处（小范围）排斥力 C（C 主要由界面及离子水化作用力构成）产生。

根据竖直方向上力的平衡条件，可得

$$\sigma a + Aa + A'a_c = ua + Ca_c \tag{5.18}$$

式（5.18）两边同时除以 a，即

$$\sigma = (C-A')\frac{a_c}{a} + u - A \tag{5.19}$$

式中　$(C-A')a_c/a$——粒间接触上的净作用力除以水平截面面积。

粒间力除以总面积，称为粒间应力，用 σ'_i 表示，则

$$\sigma'_i = \sigma + A - u \tag{5.20}$$

式中　u——颗粒间的静水压力（$h_m\gamma_w$）。

由式（5.20）可知，粒间应力取决于大范围内的粒间大范围吸引力 A、应力 σ 及粒间静水压力 u。由于

$$u_0 = z\gamma_w + h_m\gamma_w + h_s\gamma_w \tag{5.21}$$

则

$$u = h_m\gamma_w = u_0 - z\gamma_w - h_s\gamma_w \tag{5.22}$$

将式（5.22）代入式（5.20），可得

$$\sigma'_i = \sigma + A - u_0 + z\gamma_w + h_s\gamma_w \tag{5.23}$$

若测压计和试样内某点没有高差，则 $z=0$，有

$$\sigma'_i = \sigma + A - u_0 + h_s\gamma_w \tag{5.24}$$

式中　$h_s\gamma_w$——渗透压，颗粒间的电解质浓度总是大于远离土颗粒处的电解质浓度（如在测压计中），$h_s\gamma_w$ 就会变成负值，反映了双电层排斥作用。

常用 R 来代表渗透压，可得

$$\sigma_i' = \sigma + A - u_0 - R \qquad (5.25)$$

根据式（5.25），可根据孔隙压力 u_0 计算粒间应力 σ_i'，计算中需要引入由双电层排斥作用引起的渗透压力 R。由式（5.25）可得，颗粒间实际静水压力为

$$u = u_0 + R \qquad (5.26)$$

一般情况下，粗粒土、粉土及低塑性黏土内粒间吸引力 A、双电层排斥力 R 都很小，或当 $A \approx R$ 时，可得

$$\sigma_i' = \sigma + A - u_0 - R = \sigma - u_0 = \sigma \qquad (5.27)$$

在这种情况下，即可将粒间应力 $\sigma_i' = \sigma - u_0$ 定义有效应力，用 σ' 表示，即 $\sigma' = \sigma - u_0$。一般也可认为粒间应力和有效应力具有相同的意义。

当 A 或 R 二者其中之一很大，或者二者相差很大，抑或是两者都很大时，σ' 与实际的粒间应力并不相等。例如，对于分散钠蒙脱土，其变形特性受双电层排斥作用的控制，此时

$$\sigma_i' = \sigma' + A - R \qquad (5.28)$$

式（5.28）假定法向平衡且作用力相互平行，粒间应力是有效应力和电化学应力 $(A - R)$ 的和，如图 5.8（a）所示。这表明：

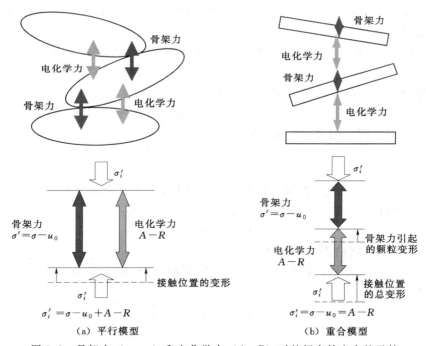

图 5.8　骨架力 $(\sigma - u_0)$ 和电化学力 $(A - R)$ 对粒间有效应力的贡献

（1）接触处电化学应力产生的变形和骨架力产生的变形相等。

（2）孔隙液体化学性质的改变导致粒间应力和剪切强度的改变。

可假定土体总变形是颗粒变形和双电层变形的综合结果，如图 5.8（b）所示。粒间应力及有效应力与电化学应力相等，则

$$\sigma_i' = A - R = \sigma' = \sigma - u_0 \qquad (5.29)$$

这种模型适用于含水量很大的极细土，由于颗粒细且含水量大，在这种土体中

颗粒并不与其他颗粒相互接触，而是附和成平行排列的形式。因此，粒间应力 σ_i' 和有效应力 σ' 的增大使粒间距离发生变化，可能会导致剪切强度特性的改变。

由于颗粒既可以平行方式排列，也可以不平行方式排列，实际土体中的化学粘接作用与上述两种模型预测的结果有很大的差异。实际上，外部荷载、颗粒水平上的力和接触水平上的力引起的骨架力对土体性质的影响是不同的，用包含两种力的单一数学表达式（$\sigma'=\sigma-u_0$）计算的有效应力可能并不完全准确。

同理，可推导非饱和土粒间应力的大小，需已知水压 u_w、气压 u_a、水的作用面积 a_w、空气的作用面积 a_a 及占总面积的比例。其中

$$a_w+a_a=a(a_c\rightarrow0) \tag{5.30}$$

可得

$$\sigma_i'=\sigma+A-u_a-\frac{a_w}{a}(u_w-u_a) \tag{5.31}$$

当大范围的吸引力很小时，即 $A=0$ 时，得到的式子与 Bishop 非饱和土粒间应力公式基本一致，即

$$\sigma'=\sigma-u_a-\chi(u_w-u_a) \tag{5.32}$$

式中，$\chi=a_w/a$，饱和土 $\chi=1$，干土 $\chi=0$。但非饱和土的 χ 未知，粒间应力计算公式的应用有一定的限制。

5.5　太沙基有效应力原理

太沙基（Tezaghi）在 1923 年提出了饱和土体的有效应力原理，阐明了土体与连续固体材料的区别，是奠定现代土力学变形与强度计算的基础。太沙基有效应力原理认为颗粒间挤压接触变形形成了复杂的骨架结构，有效应力则是骨架上固体颗粒间接触力在土体总截面积上的平均应力，控制土的变形及强度特性。

在第一届国际土力学及基础工程会议上，太沙基提出：

The stresses in any point of a section through a mass of soil can be computed from the *total principal stresses*, σ_1, σ_2, σ_3, which act in this point. If the voids of the soil are filled with water under a stress u, the total principal stresses consist of two parts. One part, u, acts in the water and in the solid in every direction with equal intensity. It is called the *neutral stress* (or the pore water pressure). The balance $\sigma_1'=\sigma_1-u$, $\sigma_2'=\sigma_2-u$, $\sigma_3'=\sigma_3-u$ represents an excess over the neutral stress u, and it has its seat exclusively in the solid phase of the soil.

This fraction of the total principal stresses will be called the *effective principal stresses*. A change in the neutral stress u produces practically no volume change and has practically no influence on the stress conditions for failure. Porous materials (such as sand, clay, and concrete) react to a change of u as if they were incompressible and as if their internal friction were equal to zero. All the measurable effects of a change of stress, such as compression, distortion and a change of shearing resistance are exclusively due to changes in the effective stresses σ_1', σ_2' and σ_3'. Hence every investigation of the stability of a saturated body of soil requires the knowledge of both the total and the neutral stresses.

　　有效应力原理的物理意义较为明确，但它只是表观的、概括性的，首先表现在有效应力无法测定，而是通过量测总应力和孔隙水压力后计算差值得到。

　　由前面的分析可知，式（5.31）基于平衡关系得到了土体内的应力关系，即

$$\sigma a = \sigma_i' a - Aa + u_a a_a + u_w a_w \tag{5.33}$$

　　对于一般土体，可取 $A=0$，有

$$\sigma a = \sigma_i' a + u_a a_a + u_w a_w \tag{5.34}$$

$$\sigma = \sigma_i' + u_a \frac{a_a}{a} + u_w \frac{a - a_a - a_c}{a} \tag{5.35}$$

　　对于饱和土体，a_a 和 u_a 均为 0，静水压力可取为孔隙水压力。研究表明，土颗粒间的接触面积 a_c 是很小的，毕肖普（Bishop，1950）根据粒状土的试验结果认为 a_c/a 一般小于 0.03，甚至小于 0.01。因此，近似取 a_c/a 为 0。式（5.35）可写为

$$\sigma = \sigma_i' + u_w = \sigma' + u \tag{5.36}$$

式中　σ_i'——土颗粒间的接触力在总截面积 a 上的平均应力，定义为土的有效应力，可用 σ' 表示。

　　式 $\sigma = \sigma' + u$ 即为饱和土体有效应力原理的基本公式，称为有效应力公式。

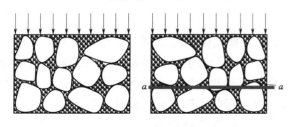

图 5.9　有效应力原理示意图

　　如图 5.9 所示，在受外荷载作用的饱和土体内任取一个波状截面 $a-a$，波状截面经过土颗粒的接触面。截面上作用的竖向应力为 σ，它是上部土体的重力、水压力和外荷载 p 所产生的应力，即为总应力。这一应力一部分由土颗粒间的接触面积承担，即为有效应力；而另一部分由土体内的孔隙水承担，即为孔隙水压力。

　　根据有效应力原理可以得到以下两条结论。

　　（1）土体的有效应力 σ' 等于总应力 σ 减去孔隙水压力 u。在一般的应力条件下，土体内共有 6 个应力分量（σ_1，σ_2，σ_3，τ_{12}，τ_{23}，τ_{31}），其中前 3 个应力分量为正应力分量，后 3 个应力分量为剪应力分量。此时，有效应力可以定义为 $\sigma_1' = \sigma_1 - u$、$\sigma_2' = \sigma_2 - u$、$\sigma_3' = \sigma_3 - u$、$\tau_{12}' = \tau_{12}$、$\tau_{23}' = \tau_{23}$、$\tau_{31}' = \tau_{31}$。土体的有效应力会使土颗粒间发生相对移动，使孔隙体积发生变化，土体产生变形。土体的变形与强度只与有效应力有关。

　　（2）土体中任意点的孔隙水压力 u 在各个方向上的作用力大小是相等的，即处于球应力状态，它不能使土颗粒发生位移，只能产生压缩，同时土颗粒的压缩模量很大，所以土颗粒并不能发生移动或产生明显的压缩变形。另外，水不能承受剪应力，孔隙水压力的变化并不能使土体的抗剪强度发生变化。因此，孔隙水压力本身并不能使土体的强度和变形发生变化。

5.6　非饱和土体的有效应力

5.6.1　非饱和土体的有效应力公式

对于非饱和土，由式（5.35）可得

$$\sigma = \sigma' + u_w \frac{a_w}{a} + u_a \frac{a - a_w - a_c}{a}$$

$$= \sigma' + u_a - (u_a - u_w)\frac{a_w}{a} - u_a \frac{a_c}{a} \quad\quad (5.37)$$

在这里，可以忽略 $u_a \dfrac{a_c}{a}$ 一项，可得非饱和土体的有效应力公式为

$$\sigma = \sigma' + u_a - \chi(u_a - u_w) \quad\quad (5.38)$$

式中，$\chi = a_w / a$，取决于土体的类型和含水量，可由试验测定。

根据式（5.38）可得非饱和土体的有效应力为

$$\sigma' = \sigma - u_a + \chi(u_a - u_w) \quad\quad (5.39)$$

式中　$\sigma - u_a$——净总应力；

$(u_a - u_w)$——土体内水的吸力。

非饱和土的有效应力计算公式由 Bishop 在 1960 年提出。计算非饱和土有效应力的难点在于确定参量 χ。如图 5.10 所示，χ 与土体的饱和度（饱和土 $\chi = 1$，干土 $\chi = 0$）相关，土的种类不同，饱和度与 χ 的关系也不同。

土体的毛细压力与土体的饱和度相关，则参量 χ 也受毛细压力的影响。如前面中所述，土体在干燥的过程中，随着含水量的降低，粒间接触索状体数量减少，逐渐转变为桥状体的形式。对于索状体内包裹的颗粒，土颗粒周围都作用有毛细压力，在微细观角度，它也是各向同性的。但是，一旦颗粒周围形成桥状体，此时颗

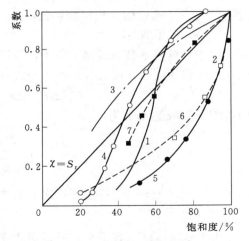

图 5.10　不同土体 χ 随饱和度的变化关系
1—压实泥砾土；2—压实页岩；3—Breadhead 粉土；
4—粉土；5—粉质黏土；6—Sterrebeek 粉土；
7—白黏土

粒集合体接触力的分布就不仅取决于孔隙位置和孔径分布，还取决于颗粒之间的相对位置关系。此时土体的毛细压力分布会受土组构的影响。因此，从微细观层面分析，参量 χ 也受土微细观组构的影响。

5.6.2　非饱和土体的孔隙压力系数

根据有效应力原理，土体在外部荷载作用下会产生孔隙水压力。Skempton（1954）首先利用三轴压缩仪对非饱和土体在不排水条件下三向压缩所产生的孔隙压力进行了研究，给出了复杂应力状态下孔隙压力的计算表达式，提出了偏应力作用下的孔隙压力系数 A 和各向等压应力作用下的孔隙压力系数 B。

假设土体处于常规三轴压缩应力状态，三向的应力增量分别为 $\Delta\sigma_1$、$\Delta\sigma_2$、$\Delta\sigma_3$，其中 $\Delta\sigma_2 = \Delta\sigma_3$、$\Delta\sigma_1 > \Delta\sigma_3$。对应的孔隙压力增量为 Δu。为方便起见，将主应力增量分成两个部分考虑，即各向等压增量 $\Delta\sigma_3$ 和偏应力增量 $\Delta\sigma_1 - \Delta\sigma_3$。前者的孔隙压力增量为 Δu_B，后者的孔隙压力增量为 Δu_A。

1. 各向等压增量引起的孔隙压力增量

对于各向等压应力增量 $\Delta\sigma_3$，产生的孔隙压力增量为 Δu_B，土体中有效应力增量为 $\Delta\sigma_3' = \Delta\sigma_3 - \Delta u_B$。根据弹性力学理论可知，有效应力引起的土骨架体积压缩量为

$$\Delta V = \frac{3(1-2\mu)}{E}\Delta\sigma_3'V = C_s(\Delta\sigma_3 - \Delta u_B)V \tag{5.40}$$

式中　$E,\ \mu$——材料的弹性模量和泊松比；

$C_s = \dfrac{3(1-2\mu)}{E}$——土骨架的体积压缩系数；

ΔV——有效应力作用下土骨架的体积变化；

V——土体体积。

在孔隙压力的作用下，孔隙体积的压缩量为

$$\Delta V_V = C_V \Delta u_B nV \tag{5.41}$$

式中　C_V——孔隙的体积压缩系数；

n——孔隙率。

由于土颗粒本身的压缩率很小，可以将其忽略不计，则土骨架的体积变化应等于孔隙体积的变化，即式（5.40）与式（5.41）相等，可得

$$C_s(\Delta\sigma_3 - \Delta u_B)V = C_V \Delta u_B nV \tag{5.42}$$

则孔隙压力增量 Δu_B 为

$$\Delta u_B = \frac{1}{1 + \dfrac{nC_V}{C_s}}\Delta\sigma_3 = B\Delta\sigma_3 \tag{5.43}$$

式中　$B = \dfrac{1}{1 + \dfrac{nC_V}{C_s}}$——各向等压应力条件下的孔隙压力系数。

由于水的压缩系数很小，所以对于饱和土体，C_V 很小，孔隙的体积压缩系数相对土骨架的体积压缩系数可以忽略，C_V/C_s 近似为 0，此时 $B \approx 1$，即周围的压力增量完全由孔隙水来承担。对于孔隙充满气体的干土，孔隙的体积压缩系数是很大的，C_V/C_s 无穷大，此时 $B \approx 0$，即孔隙水不会承受周围的压力增量。对于一般的非饱和土，B 值介于 $0 \sim 1$ 之间，且饱和度越大，B 值越大。因此，可用孔隙压力系数 B 反映土体的饱和程度，一般可通过三轴试验确定。

2. 在偏应力增量 $\Delta\sigma_1 - \Delta\sigma_3$ 的作用

在偏应力增量 $\Delta\sigma_1 - \Delta\sigma_3$ 的作用下，孔隙压力的增量为 Δu_A，轴向和侧向的有效应力增量分别为

$$\Delta\sigma_1' = \Delta\sigma_1 - \Delta\sigma_3 - \Delta u_A \tag{5.44}$$

$$\Delta\sigma_2' = \Delta\sigma_3 = -\Delta u_A \tag{5.45}$$

根据弹性理论，可知土体的体积变化为

$$\Delta V = C_s \frac{1}{3}(\Delta\sigma_1' + \Delta\sigma_2' + \Delta\sigma_3')V$$

$$= \frac{1}{3} C_s (\Delta\sigma_1 - \Delta\sigma_3 - 3\Delta u_A) \tag{5.46}$$

在孔隙压力 Δu_A 作用下，孔隙体积的变化为

$$\Delta V_V = C_V \Delta u_A n V \tag{5.47}$$

同理，土骨架的体积变化应等于孔隙体积的变化，即式（5.46）与式（5.47）相等，可得

$$C_V \Delta u_A n V = \frac{1}{3} C_s V (\Delta\sigma_1 - \Delta\sigma_3 - 3\Delta u_A) \tag{5.48}$$

于是可得

$$u_A = \frac{1}{1 + \dfrac{nC_V}{C_s}} (\Delta\sigma_1 - \Delta\sigma_3) = \frac{1}{3} B (\Delta\sigma_1 - \Delta\sigma_3) \tag{5.49}$$

则可得三向应力状态下的孔隙压力增量为

$$\Delta u = \Delta u_A + \Delta u_B = B \left[\Delta\sigma_3 + \frac{1}{3} (\Delta\sigma_1 - \Delta\sigma_3) \right] \tag{5.50}$$

由于土体不是理想的弹性体，常用一个更具普遍意义的参数 A 来代替式（5.50）中的系数 $1/3$，式（5.50）即为

$$\Delta u = B [\Delta\sigma_3 + A (\Delta\sigma_1 - \Delta\sigma_3)] \tag{5.51}$$

由式（5.51）可知，土体内的孔隙压力增量是平均正应力增量和偏应力增量的总和。孔压系数 A 和 B 是描述孔隙压力增量与平均正应力和偏应力增量关系的系数。对于饱和土体来说，B 可取 1。孔隙压力系数 A 主要反映剪应力对土体积变化的影响，在剪切过程中会发生变化，它取决于施加的应力水平、应变速率、加载条件和排水条件，还受土体应力历史的影响。对于高压缩性的土，A 值较大。对于超固结土，受剪切作用时会产生负的孔隙水压力，此时 $A < 0$。即使是同种土体，A 也并不是常数，其与土体所受应力的大小、初始应力状态、应力历史及应力路径等诸多因素有关。

对于非轴对称的三向应力状态（$\Delta\sigma_1 > \Delta\sigma_2 > \Delta\sigma_3$）情况下，Henkel（1960）考虑中间主应力的影响，引入应力不变量和八面体应力，得到饱和土体孔压增量计算公式为

$$\Delta u = \frac{1}{3} (\Delta\sigma_1 + \Delta\sigma_2 + \Delta\sigma_3) + \frac{a}{3} \sqrt{(\Delta\sigma_1 - \Delta\sigma_2)^2 + (\Delta\sigma_2 - \Delta\sigma_3)^2 + (\Delta\sigma_3 - \Delta\sigma_1)^2}$$

$$= \Delta\sigma_{oct} + 3a\Delta\tau_{oct} \tag{5.52}$$

式中　a——Henkel 孔隙压力系数。

对于常规三轴试验条件，$\Delta\sigma_2 = \Delta\sigma_3$，代入式（5.52）可得

$$\Delta u = \Delta\sigma_3 + \frac{1 + \sqrt{2}a}{3} (\Delta\sigma_1 - \Delta\sigma_3) \tag{5.53}$$

对于饱和土体，Skempton 孔隙压力系数 $B = 1$，对比式（5.51）与式（5.53）可得，Skempton 孔隙压力系数 A 与 Henkel 孔隙压力系数 a 的关系为

$$A = \frac{1 + \sqrt{2}a}{3} \tag{5.54}$$

分析可知，Skempton 孔压计算公式是 Henkel 孔压计算公式的一个特例，后者具有更普遍的意义，可以更好地反映剪切应力对孔隙压力影响的性质。

5.7　自重条件下土体的有效应力计算

5.7.1　静水条件

1. 地下水位变化

如图 5.11（a）所示，土层重度为 γ，饱和重度为 γ_{sat}，地下水位在地下深度 H_1 处。则在静水条件下，地下水位以下深度 H_2 处的总应力为

$$\sigma = \gamma H_1 + \gamma_{sat} H_2 \tag{5.55}$$

由于地下水位以下深度 H_2 处的孔隙水压力为

$$u = \gamma_w H_2 \tag{5.56}$$

根据太沙基有效应力原理可得有效应力为

$$\sigma' = \sigma - u = \gamma H_1 + (\gamma_{sat} - \gamma_w) H_2 = \gamma H_1 + \gamma' H_2 \tag{5.57}$$

如图 5.11（b）所示，地下水位下降。此时，还在指定深度位置，总应力为

$$\sigma = \gamma H_1' + \gamma_{sat} H_2' \tag{5.58}$$

孔隙水压力为

$$u = \gamma_w H_2' \tag{5.59}$$

则有效应力为

$$\sigma' = \sigma - u = \gamma H_1' + (\gamma_{sat} - \gamma_w) H_2' = \gamma H_1' + \gamma' H_2' \tag{5.60}$$

由于地下水位下降，则 $H_1' > H_1$，$H_2 > H_2'$，$H_1' + H_2' = H_1 + H_2$，且 $\gamma > \gamma'$，此时有效应力增大。同理可知，当地下水位上升时，$H_1' < H_1$、$H_2 < H_2'$，有效应力降低。

根据上述分析可知，当地下水位上升时会导致土层有效应力的降低，而地下水位降低时则会导致土层有效应力的升高，引起土体沉降。这也是城市过量抽水时引发地面沉降的原因之一。

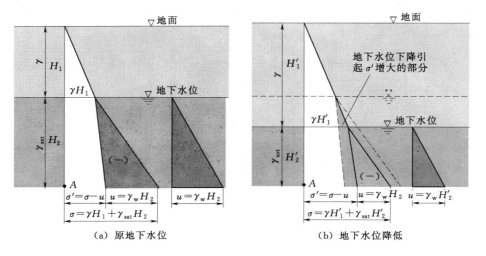

（a）原地下水位　　　　　（b）地下水位降低

图 5.11　水位降低时的有效应力变化图示

2. 海洋土

如图 5.12 所示，对于海洋土来说，水位在土层顶面以上，此时有效应力的计算与地下水位的情况不同。以海洋水位为基准，土层位于水位以下深度 H_1 处。则土层深度 H_2 处的总应力为

$$\sigma = \gamma_w H_1 + \gamma_{sat} H_2 \tag{5.61}$$

孔隙水压力为

$$u = \gamma_w (H_1 + H_2) \tag{5.62}$$

则有效应力为

$$\sigma' = \sigma - u = \gamma_w H_1 + \gamma_{sat} H_2 - \gamma_w (H_1 + H_2) = \gamma' H_2 \tag{5.63}$$

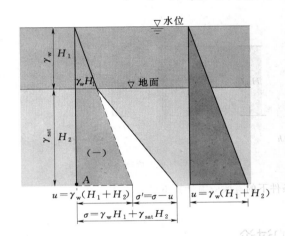 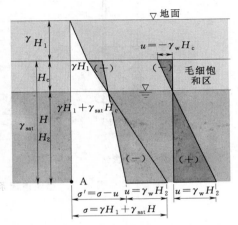

图 5.12　海洋土的有效应力计算图示　　　图 5.13　毛细饱和区的有效应力计算图示

3. 毛细饱和区

如图 5.13 所示，当自由水面以上存在毛细饱和区时，有效应力的分布也不同于图 5.11（a）。此时，在地下水位以下深度 H_2 处的总应力为

$$\sigma = \gamma H_1 + \gamma_{sat} H \tag{5.64}$$

孔隙水压力为

$$u = \gamma_w H_2 \tag{5.65}$$

则有效应力为

$$\sigma' = \sigma - u = \gamma H_1 + \gamma_{sat} H - \gamma_w H_2 = \gamma H_1 + \gamma_{sat} H_c + \gamma' H_2 \tag{5.66}$$

5.7.2　渗流条件

1. 向上渗流

如图 5.14（a）所示，在稳定向上渗流的条件下，此时深度 H 处的总应力为

$$\sigma = \gamma_{sat} H \tag{5.67}$$

孔隙水压力为

$$u = \gamma_w (H + \Delta h) \tag{5.68}$$

则有效应力为

$$\sigma' = \sigma - u = \gamma_{sat} H - \gamma_w (H + \Delta h) = \gamma' H - \gamma_w \Delta h \tag{5.69}$$

2. 向下渗流

如图 5.14（b）所示，在稳定向下渗流的条件下，此时深度 H 处的总应力为

$$\sigma = \gamma_{sat} H \tag{5.70}$$

孔隙水压力为

$$u = \gamma_w (H - \Delta h) \tag{5.71}$$

则有效应力为

$$\sigma' = \sigma - u = \gamma_{sat} H - \gamma_w (H - \Delta h) = \gamma' H + \gamma_w \Delta h \tag{5.72}$$

因此，向上渗流时，渗透压力使有效应力降低；向下渗流时，渗透压力使得有效应力增加，并可使土层发生压密变形，称渗流压密，这是城市发生地面沉降的另一原因。

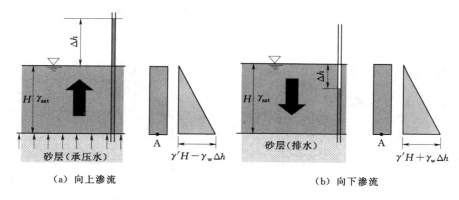

（a）向上渗流　　　　　　　　　　　　（b）向下渗流

图 5.14　稳定渗流条件下的有效应力计算图示

5.8　关于太沙基有效应力原理的讨论

太沙基构建土力学 90 年后的今天，许多学者对有效应力原理仍有着不同的理解。深层次原因是对土颗粒骨架结构和力学性能的认识还很浅显，一些关键难题仍未完全解决，比如：什么是颗粒骨架？如何描述？它的变形与土体的变形如何对应？又如何与孔隙水协调决定土体中的有效应力？

1. 太沙基有效应力原理与阿基米德浮力定律

阿基米德浮力定律（阿基米德原理）是非常基本的物理定律，基于阿基米德浮力定律也可推导土体的有效应力。过程如下。

若某置于水中土样的总体积为 V，孔隙率为 n，土颗粒的重度为 γ_p，则可知土颗粒的总重量为

$$P_s = (1-n)\gamma_p V \tag{5.73}$$

根据阿基米德原理可知，土颗粒所受的浮力为

$$P_f = (1-n)\gamma_w V \tag{5.74}$$

此时，向下的作用力为

$$P' = P_s - P_f = (1-n)\gamma_p V - (1-n)\gamma_w V \tag{5.75}$$

若土样的高度为 h，水平截面积为 A，则底面的有效应力为

$$\sigma' = \frac{P'}{A} = (1-n)\gamma_p h - (1-n)\gamma_w h = (1-n)(\gamma_p - \gamma_w)h \tag{5.76}$$

根据太沙基有效应力原理进行推导，过程如下。

底面的总应力为

$$\sigma = \gamma_{sat} h \tag{5.77}$$

式中，$\gamma_{sat} = n\gamma_w + (1-n)\gamma_p$。

底面的孔隙水压力为

$$u = \gamma_w h \tag{5.78}$$

则有效应力为

$$\sigma' = [n\gamma_w + (1-n)\gamma_p]h - \gamma_w h$$
$$= (1-n)\gamma_p h - (1-n)\gamma_w h = (1-n)(\gamma_p - \gamma_w)h \tag{5.79}$$

比较式（5.76）和式（5.79）可以发现，阿基米德浮力定律计算的有效应力结果和太沙基有效应力公式计算的有效应力结果是一致的。根据上述计算过程可得到以下几条结论：

1）阿基米德原理和太沙基有效应力原理均表明有效应力通过颗粒之间的接触传递。

2）阿基米德原理不能直接推导有效应力的形式。

3）阿基米德原理只适用于静水情况下，计算时需要已知土样的孔隙率。

4）太沙基有效应力原理更直接、更简明，易于推广，不仅适用于静水条件，还适用于渗流、附加应力等情况。

2. 其他定律

若认为太沙基定义的有效应力与粒间应力的物理意义一致（见 5.4 节），则有效应力是否等于总应力减去孔隙水压力尚待进一步研究，举例如下。

（1）Skempton 有效应力表达式。

太沙基有效应力原理的推导过程中有很多假设，严格来说，基于有效应力公式计算得到的有效应力并非就是控制土体固结和强度特性的粒间（有效）应力。Skempton（1960）认为太沙基方程并没有给出准确的有效应力，而是给出了饱和土体的一个极近似解。Skempton 提出了饱和土体中 3 种可能存在的有效应力关系。

1）$A-R=0$ 条件下的实际粒间应力值，即

$$\sigma' = \sigma - (1-\lambda_c)u \tag{5.80}$$

式中　λ_c——接触面积与总截面面积的比值。

2）土体固相被视为固体，压缩系数为 C_s，剪切强度为

$$\tau_i = c + \sigma\tan\varphi \tag{5.81}$$

式中　φ——内摩擦角；

c——真实黏聚力。

可以推导得到剪切强度计算的有效应力为

$$\sigma' = \sigma - \left(1 - \frac{\lambda_c\tan\varphi}{\tan\phi'}\right)u \tag{5.82}$$

式中　ϕ'——剪切强度的有效应力角。计算可得

$$\sigma' = \sigma - \left(1 - \frac{C_s}{C}\right)u \tag{5.83}$$

式中　C——土体的压缩系数。

3）土体固相是完整无损伤的固体，$\psi=0$，$C_s=0$，可以得到

$$\sigma'=\sigma-u \tag{5.84}$$

对于常规的土体来说，颗粒接触面积与总截面面积的比值 λ_c 近似为 0，$\tan\psi/\tan\phi'$ 也非常小。表 5.1 所列为岩土体的压缩性参数取值。分析可知，土体的 C_s/C 很小，可忽略不计。因此，式（5.80）、式（5.82）、式（5.83）都可以简化为式（5.84）的形式，即太沙基有效应力方程。

表 5.1 岩土体压缩性系数取值

材 料	压缩性系数/$(10^{-6}\,\mathrm{kN/m^2})$		
	C	C_s	C_s/C
石英质砂岩	0.059	0.027	0.46
昆西花岗岩	0.076	0.019	0.25
Vermont 大理石	0.18	0.014	0.08
混凝土	0.20	0.025	0.12
密砂	18	0.028	0.0015
松砂	92	0.028	0.0003
London 黏土（超固结）	75	0.020	0.00025
Gosport 黏土（正常固结）	600	0.020	0.00003

（2）Lade 等的有效应力表达式。

Lade 和 de Boer 等人在 1997 年总结了有效应力方程的一般形式，即

$$\sigma'=\sigma-\eta u \tag{5.85}$$

式中 η——孔隙压力贡献系数。

Lade 和 de Boer 基于两相混合理论提出了一种准确严格的评价土颗粒压缩系数对有效应力贡献的方法。土骨架的体积变化可分为孔压增量 Δu 作用和围压增量作用 $\Delta(\sigma-u)$ 两部分。有效应力增量 $\Delta\sigma'$ 可定义为引起相同体变的应力值，即

$$CV_0\Delta\sigma'=\Delta V_{sks}+\Delta V_{sku}=CV_0(\Delta\sigma-\Delta u)+C_uV_0\Delta u \tag{5.86}$$

式中 ΔV_{sks}——围压变化引起的土骨架体变；

ΔV_{sku}——孔压变化引起的土骨架体变；

C——围压变化引起土骨架压缩系数；

C_u——孔压变化引起的土骨架压缩系数。

简化可得

$$\Delta\sigma'=\Delta\sigma-\left(1-\frac{C_u}{C}\right)\Delta u \tag{5.87}$$

总的来说，太沙基提出的饱和土体有效应力原理可适用于常规土体，太沙基有效应力计算公式简单、有效，对于土力学理论研究和实际工程问题分析都是非常重要且有效的概念。

5.9 本章小结

本章主要围绕土体的微细观受力特性及有效应力原理展开，介绍了土体这种颗

粒体系的受力方式，分类介绍了土体内的微细观作用力，基于微细观层面颗粒接触位置的受力平衡得到了粒间应力（有效应力）的计算公式，并对太沙基有效应力原理进行了介绍，推广到常规非饱和土体，得到非饱和土的有效应力公式。

本章介绍了多种粒间作用力，分析了这些应力对土体性质可能产生的影响。可以本章内容为基础针对化学性质、电学性质及热学性质对土有效应力的影响展开进一步研究。这些因素对于土体结构稳定性、体变规律、强度特性及渗流机理等有重要的影响。理解土体孔隙水压力组成对于合理测定孔隙水压力、合理推演土中渗流有重要的意义。考虑孔隙水吸力及气相压力对不饱和土体力学特性的影响，不饱和土体的有效应力公式需在饱和土体有效应力公式的基础上进行修正。

思　考　题

5.1　土中颗粒体系受力有哪些不同的尺度？各有什么特征？

5.2　请列举土微细观粒间力的主要组成。

5.3　有效应力的物理意义是什么？请推导有效应力的表达式。

5.4　如何理解太沙基有效应力原理？它的基本思想是什么？对土力学学科发展有何意义？

5.5　如何计算不饱和土的有效应力及孔隙水压力？

5.6　试推导 Skempton 孔隙水压力系数与 Henkel 孔隙水压力系数，并说明二者的关系。

第 6 章

土的变形

6.1 概述

土体受荷载作用会发生变形，其变形的大小直接影响着岩土体及工程结构物的稳定性及正常使用性能。土的变形性质既取决于荷载的大小、性质（静或动荷载）及持续时间等因素，也与土体种类、物理状态、初始固结情况和应力历史等因素有重要关系。土体的变形理论描述的是土体在外荷载作用下，由应力作用引起的各种变形（位移、应变）的发育特性及演化规律。由于土体是一种三相体，且是由碎散颗粒组成的，其变形机制及特性与常规的连续介质材料有很大的区别。一般而言，土体的变形包括土颗粒上下错移引起的体积变形和土颗粒水平滑动引起的剪切变形。土体也是一种典型的弹塑性体，既会发生可恢复的弹性变形，也会发生不可恢复的塑性变形。工程中的土体主要承受压缩荷载和剪切荷载，压缩变形特性和剪切变形特性在实际分析与研究中备受关注。

不同的土体具有不同的应力-应变特性（变形特性）。即使是特定的土体，当其处于不同的物理状态时，其变形特性都会有很大的区别。常通过压缩仪、假三轴仪、真三轴仪、平面应变仪等试验仪器研究土体的变形性质，一般可通过应力-应变关系反映土体的变形特性。通常将土体的应力-应变关系称为本构关系。土坝、地基等实际问题中，土体中各点的应力状态、变形历史是千变万化的，建立一种通用的本构模型具有重要的意义。土体的变形特性是建立本构模型的基础，也是检验本构模型的标准，研究清楚土的变形特性具有非常重要的意义。

由于受到试验技术、量测技术、计算技术及认识水平的限制，土的变形理论实质上多为试验拟合理论，多为在不同假定条件下建立的多种描述应力-应变关系曲线的数学物理模型。众多学者注意到了土体的非线性性质，又将经典的塑性理论框架引入土体变形特性的描述中，并考虑了土体某些特殊的性质，提出了一系列弹塑性理论模型，能够从多个角度描述土体的变形特性，大大推动了土力学变形理论的发展。近年来，考虑变形时间效应的弹黏塑性变形理论也开始得到一定的应用。此外，考虑了结构性因素，从微观力学和损伤力学角度出发的新成果与新思路与已有变形理论结合的研究不断开展。

本章主要围绕土体的变形特性展开介绍，主要涉及土体的剪切变形特性和体积变形特性两个方面，其中剪切变形是由剪切力引起的沿剪切方向的变形，体积变形是由法向力或剪切力引起的土体体积变形。本章首先介绍土体这种离散多相体相对于连续介质材料有哪些特殊的变形特性，接着分别讨论土体在剪应力作用下发生剪切变形和在压应力作用下发生压缩变形的特性。需要注意的是，在排水剪切过程中，土体在剪应力作用下土颗粒会发生上下错移引起体积的变化，常称之为剪胀性。剪胀性是指由剪应力引起体积变形的特性，是土体相对于连续介质材料最典型的变形特性，本章将土的剪胀性单独作为一节进行介绍。概括来说主要包括 4 个方面的内容：①土的基本变形特性；②剪应力引起的剪切变形特性；③法向力引起的体积变形特性，即土的压缩变形特性；④剪应力引起的体积变形特性，即土的剪胀特性。

6.2　土的变形特征

如前述各章对土体颗粒介质特殊性质的论述，如多孔多相性、非均质性、非连续性、非各向同性、相态变化性、历史记忆性、裂隙碎散性、细观随机性、黏摩共有性和结构易损性等，可预知土体的变形特性必然会有与之相对应的一系列独特的性质。与土体变形相关的基本性质主要包括压硬性、弹塑性、剪胀性、非线性、结构性和流变性等。土的这些变形性质本质上都是由于土体的碎散性和三相性引起的。本节将概括性地介绍有关土体变形的基本特征与性质。

6.2.1　非线性

土体是由碎散的固体颗粒组成的，且土颗粒的变形模量比土体的变形模量大得多，土体的宏观变形主要不是由土颗粒的本身变形引起的，而是由于颗粒发生相对运动产生位置变化引起的。这样一来，土体在不同应力水平下由相同应力增量引起的应变增量就不相同，材料就会表现出非线性。如图 6.1（a）所示，对于松砂和正常固结黏土，应力随着应变的增加而增加，但增加的速率越来越慢，最后逐渐趋于稳定；而密砂和超固结黏土的应力在开始时随着应变的增加而增加，达

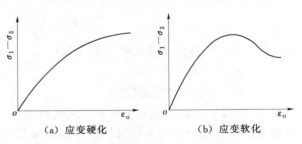

(a) 应变硬化　　　　(b) 应变软化

图 6.1　土的应力-应变关系曲线

到一个峰值后，应力随着应变的增加而下降，最后逐渐趋于稳定，如图 6.1（b）所示。通常可将前者称为应变硬化或加工硬化，可将后者称为应变软化或加工软化。应变软化通常伴随着应变局部化现象的发生，应变局部化现象一般意味着剪切带的形成。

密砂受剪时，由于颗粒排列很紧密，一部分颗粒要与另一部分颗粒产生相对错动时，必须克服颗粒之间的咬合作用，一般需要作用一定的剪应力，因此表现出较高的抗剪强度。一旦一部分颗粒绕过了另一部分颗粒产生了相对错动，土体的结构会变得很松散，在剪切变形的局部区域内表现尤为明显，土体的抗剪强度会表现出下降的现象，即应变软化现象。而超固结黏土在剪切破坏后，结构的黏聚力丧失，

强度也会一定程度地降低，表现出软化性质。对于松砂和正常固结黏土，剪切作用下土体的结构变得更为紧密，土体的强度不断提高，因而表现出硬化的性质。

金属、混凝土等连续介质材料在受到轴向拉压作用时，初始阶段的应力-应变曲线为直线，材料处于线弹性的变形阶段，当应力达到某一临界值时，应力-应变关系才转变为曲线。土体的变形特性与这些材料有一定的区别，一般而言，土体初始的线性变形阶段很短。对于松砂和正常固结黏土，初始几乎没有线性变形阶段，在受荷一开始就表现出非线性。土体非线性变形的特性比这些连续介质材料明显得多，这也体现了离散介质材料与连续介质材料的区别。

6.2.2　压硬性

土的压硬性指的是土体在压缩过程中表现出模量随压力和密度增大而增加的性质。土的强度也具有压硬性，从莫尔-库仑准则对强度的描述中就可以发现强度随压力增大而增大的特性。Roscoe 等（1963）对饱和重塑高岭土进行各向同性压缩

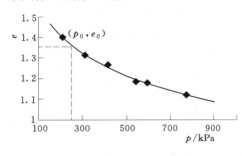

图 6.2　正常固结黏土的 e-p 曲线

试验，得到的结果如图 6.2 所示。可以发现，在 e-p 坐标系中，正常固结黏土压缩过程中孔隙比随着围压的增大而减小，同时，随着固结围压的增大，相同的应力增量 Δp 引起的孔隙比变化量 Δe 减小，也就意味着土体的体积模量 K 随着固结围压 p 的增大而增大，体现了土体的压硬性。

对于刚度或模量，Janbu（1963）给出了描述土体压硬性的表达式，即

$$E_i = K_E p_a \left(\frac{\sigma_3}{p_a} \right)^n \tag{6.1}$$

式中　K_E，n——与土体性质有关的常数；

　　　　p_a——大气压力；

　　　　E_i——土体的压缩模量。

由式（6.1）可以发现，土体的压缩模量随着固结围压 σ_3 的增大而增加，表明土体的硬度随着压力的增大而增加。原因是随着围压的增大，土体的密实度增加，宏观上表现出变硬的性质。

6.2.3　弹塑性

当土体加载后卸载达到原应力状态时，土体一般不能恢复到原来的应变状态，只能恢复的一部分变形即为弹性变形，不能恢复的变形称为塑性变形。对土体而言，加载较小时就可以产生塑性变形，塑性变形占总变形的比例往往很大。土体的应变可以表示为

$$\varepsilon = \varepsilon^e + \varepsilon^p \tag{6.2}$$

式中　ε^e——弹性应变；

　　　　ε^p——塑性应变。

由于土体是散体介质，在卸载后，颗粒体系由于受力发生的位置变化不能恢复，从而产生了塑性变形。

图 6.3 所示为土体的加载、卸载应力-应变曲线。经过 PP' 的卸载阶段后，恢复的应变即为弹性应变，剩余 OP' 段对应的应变即为塑性应变。卸载初期应力-应变曲线陡降，当减小到一定偏应力时，卸载曲线变缓，再加载，曲线开始变陡而随后变缓，整个加载卸载形成一个闭合的滞回圈，越接近破坏应力时现象越明显。滞回圈的存在表示卸载再加载的过程中存在能量消耗。图 6.4 所示为承德中密砂（一种天然均匀细砂）的三轴试验结果，实线代表的是循环加载（卸载再加载）的试验结果，虚线对应的是单调加载条件下的试验结果。由实曲线可知，每一次卸载再加载的循环过程中都形成了滞回圈，并产生了不可恢复的塑性变形和可恢复的弹性变形。随着应变的增加，滞回圈的现象越来越明显。在卸载再加载的过程中，也伴随着土体体积的变化。

对于结构性很强的原状土，如硬度很大的黏土，可能在一定的应力范围内处于几乎完全弹性的状态，只有达到一定水平的应力状态时才会发育塑性变形。但一般土体在处于较低的应力状态时就已经开始发育塑性变形了，且弹性变形和塑性变形几乎是同时发生的，土体的变形并没有明显的屈服点，所以土体是一种典型的弹塑性材料。

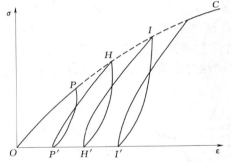

图 6.3 卸载再加载应力应变曲线

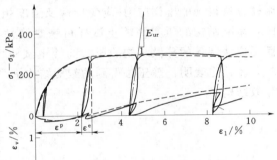

图 6.4 单调加载与循环加载试验结果

6.2.4 剪胀性

由于土体是碎散的颗粒集合体，在受剪切作用时，颗粒之间会发生相对运动导致颗粒相对位置的变化和土体孔隙结构的变化，并直接引起土体体积的变化。一般可将土体由剪切作用引起体积变形的性质称为剪胀性。广义的剪胀性指剪切引起的体积膨胀或收缩，前者通常称为剪胀，后者通常称为剪缩。

1885 年，Reynolds 就通过试验发现剪切作用会导致土体这类粒状材料发生宏观体积的变化。1962 年，Rowe 提出的剪胀理论已经广泛应用于建立土的本构模型。土体的体积变形大部分是不可以恢复的，这部分体积应变可称为塑性体积应变。这主要是因为土体卸载后土体颗粒间相对位置的变化并不能完全恢复。密砂和超固结黏土在排水剪切过程中通常发生剪胀，而松砂和正常固结黏土在排水剪切过程中通常发生剪缩。有关土剪胀性的具体讨论及介绍见 6.5 节。

6.2.5 结构性

结构性指的是土颗粒的排列、土的孔隙分布、颗粒之间的相互作用、颗粒与水之间的相互作用及气-液接触界面的作用对土的强度和刚度的影响。一般而言，这些影响因素的差异导致土体形成了不同的结构，所以称为土的结构性。土的结构对土体力学性质影响的强弱程度，可称为土结构性的强弱。对于黏性土来说，可用灵敏度描述其结构性的大小，灵敏度定义为原状黏土与重塑黏土无侧限抗压强度的比值。由于实验室的土样和原位的土样都不可避免地受到地球应力场的影响，土体的排列不可能处于随机状态，且土颗粒之间一定会有不同程度的相互作用。因此，不管是室内重塑土还是现场原状土，都会表现出一定程度的结构性。天然条件下土体在应力历史中的生成、搬运、沉积和固结条件的不同，室内条件下制样方法和程序的不同都会导致土体形成不同或特有的结构性。原状土的结构性一般强于重塑土的结构性，在相同的含水量或密实度条件下，原状土的变形特性与重塑土的变形特性有较大的区别。众多学者经过试验研究发现，土的结构性不仅会对土体的变形特性产生影响，也会对土体的强度特性产生影响。

流黏土的高敏感性表明，具有絮凝微观结构的土体相对于分散型微观结构的土体更为坚硬且稳定。图 6.5 所示为在含水量大于最优含水量的情况下，通过静压法和揉搓法制备的高岭土试样的无侧限压缩试验应力-应变曲线。由于静压法制样形成了更强的絮凝结构，而揉搓法则破坏了颗粒之间的连接与相互作用，导致这两种制样方法得到的土样应力-应变特性及强度相差很大。如图 6.6 所示，静压法制备的含絮凝结构的压实高岭土试样可恢复弹性变形占总变形的比例为 60%～90%，而揉搓法制备的分散结构的压实高岭土试样可恢复弹性变形只占总变形的 15%～30%。这也表明，静压法得到的絮凝结构承受弹性变形的能力要大于揉搓法得到的分散结构。

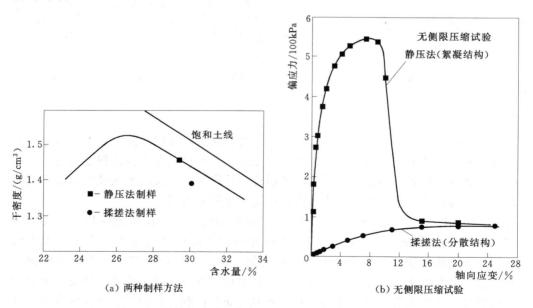

图 6.5 制样方法对压实高岭黏土无侧限压缩试验的影响

以往土力学的理论研究主要是建立在室内重塑土试验成果的基础上，对土体结构性的考虑是远远不够的。自然界和工程界中大量涉及的一般是原状土，考虑结构性影响的土体力学性质研究是非常重要的课题，应用数学模型描述土体的结构性也

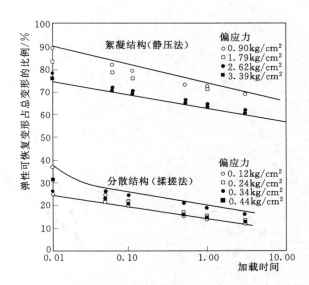

图 6.6　不同制样方法对变形恢复性质的影响

是当代岩土工程界研究的热点问题，但离完全解决这类问题还有很长的路要走。

6.2.6　各向异性

　　土体的各向异性指的是土体沿各个方向上物理力学性质不同的性质。一般而言，扁平颗粒扁平面的方向会趋向于与大主应力方向存在一定的关系。土体在沉积过程中，长宽比大于 1 的片状、棒状、针状颗粒倾向于长轴沿水平方向排列处于较为稳定的状态。同时，土体固结过程中竖向应力与水平应力的不同也会使土体产生各向异性。土体的各向异性主要是指土体沿水平方向与竖直方向的各向异性，在水平方向上，土体一般是各向同性的。引起土体各向异性的原因有两个：一是在天然土沉积的过程中发育的各向异性，可称为原生各向异性或初始各向异性；二是受力过程中逐渐发育的各向异性，可称为次生各向异性或应力诱发各向异性。

　　可通过各向等压试验直接反映土的各向异性。Motohisa 通过雨砂法制备了沉积方向为水平的试样，对其进行各向等压，得到的试验结果如图 6.7 所示。其中 z 轴方向为沉积方向，可以发现竖向的应变小于水平方向的应变，亦即水平方向的刚度小于竖直方向的刚度。用玻璃珠模拟立方体砂土试样的各向等压试验结果如图 6.8 所示。可以发现，竖直方向的应变小于 1/3 的体应变，体应变约为竖直方向应变的 5.4 倍，水平两个方向上的应变约为竖直方向应变的 2.2 倍。

　　当土体的沉积方向发生变化时，进行立方体试样的真三轴试验可以发现土体在 3 个方向上的变形各不相等，变形特性受最大主应力与沉积方向的夹角 θ 影响。土体的各向异性也会对土体的强度产生重要的影响，具体内容将在 7.12 节进行详细的介绍。

　　应力诱发各向异性指的是土体在受到一定的应力后，颗粒的空间相对位置发生变化，造成土颗粒微细观排列与结构的变化，进而导致土体各向异性的性质。这种结构变化会影响土体进一步加载时的力学特性，并且不同于土体初始时的力学特性。

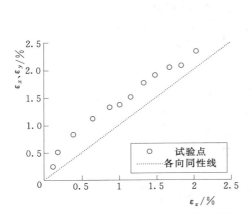

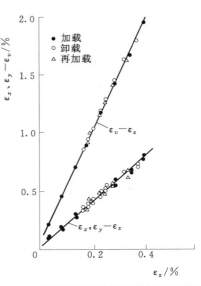

图 6.7　撒砂法制样的各向等压试验结果　　图 6.8　玻璃珠模拟的各向等压试验结果

由于土体各个方向上的压缩模量不同，各向等压条件下土体沿各个方向的变形也不相同。土体各个方向上压缩模量的不同也可以理解为各个方向压缩程度的不同，相应的剪胀性质也会不同。由于剪胀效应是贡献强度的一部分，所以各个方向压缩特性的不同也会导致强度特性的不同。

6.2.7　流变性

土的应力、变形、强度及相关状态参量随时间变化的性质称为土的流变性。与土体流变性相关的现象有土的蠕变、应力松弛、应变率效应、弹性后效及长期强度随时间的变化等，其中最常见的是蠕变和应力松弛现象。蠕变是指在应力状态不变的条件下，应变随时间逐渐增长的现象；应力松弛是指在应变维持不变的条件下，应力状态随时间逐渐降低的现象。在侧限压缩条件下，由于土的流变性而发生压缩的性质称为土的次固结性，长期的次固结作用可使土体的密实度不断增加，使正常固结黏土表现出超固结黏土的性质，此类正常固结黏土称为拟超固结黏土。

图 6.9 所示为黏性土的蠕变和应力松弛现象。图 6.9（a）中，在某恒定应力的作用下，土体的应变在趋于稳定后又不断增加，最后达到蠕变破坏阶段。但当这个特定的应力较小时，土体的变形会逐渐增加并达到一个稳定状态。图 6.9（b）

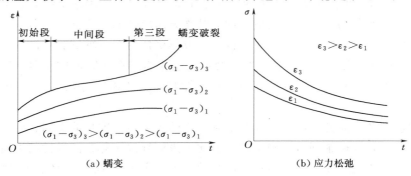

图 6.9　黏性土的蠕变与应力松弛现象

所示为特定应变状态下土体应力随着时间变化逐渐降低的现象。

6.2.8　应力历史和应力路径的依赖性

应力历史既包括天然土在过去地质年代中经历的固结和地质运动作用，也包括土体在试验阶段或工程施工阶段经历的应力阶段。对于黏性土来说，应力历史主要指其固结历史，定义黏性土固结历史中最大的固结压力为先期固结压力。如果当前固结应力小于先期固结压力，黏土即为超固结黏土；如果二者相等，则黏土为正常固结黏土。应力路径主要指的是土体加载的大小和方向，具体概念将在第 7 章进行介绍。

实际上，土体的变形不仅取决于当前的应力状态，而且与达到该应力状态前的应力历史以及下一步加载的方式有关。应力历史和应力路径的依赖性主要是指应力历史和应力路径对当前加载状态下土体变形特性的影响。

图 6.10 所示为 Schofield 得到的超固结土等向加载—卸载—再加载过程中孔隙比的变化规律。可以发现，以压力 p_1 作为初始状态点，不同应力历史的超固结土等向压缩曲线不同，土的变形特性因超固结特性的变化而变化。由 C 到 B 到 D 的卸载再加载过程可知，第二次经历压力 p_3 的点 D 低于首次经历压力 p_3 的点 C，意味着土体即使在屈服面以内经历再加载也会发育塑性变形。

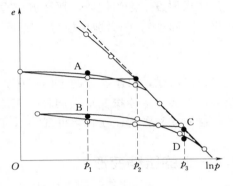

图 6.10　超固结土加载—卸载—再加载曲线

图 6.11 所示为 Montery 松砂在两种应力路径下的三轴试验结果。它们的起点和终点都是 A 和 B，但路径分别是 A—1—B 和 A—2—B。由图 6.10（a）可以发现，路径 A—1—B 发生了较大的轴向应变，且对应的体积变形较小，这主要是由应力路径的不同导致的。

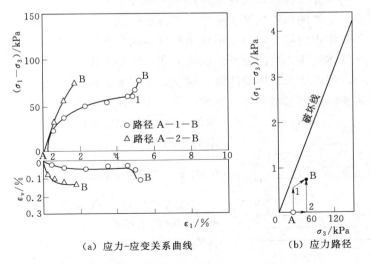

（a）应力-应变关系曲线　　　　（b）应力路径

图 6.11　不同应力路径下 Monterey 松砂的应力-应变关系

6.3 土的剪切变形

土的剪切变形是由颗粒和颗粒组成的结构单元相互滑移而产生，是土体的形状改变，而土体体积并不发生改变。一般而言，在外部荷载作用下，土体既发生体积变形，也发生剪切变形。当外部荷载不超过土的屈服强度时，土体的变形以体积变形为主；当外荷载超过土体屈服强度时，土体的变形以剪切变形为主。在临界状态（详见第8章），土体只有剪切变形而没有体积变化。

因此，土的剪切变形多发生在地基土接近破坏的阶段。此外，组成斜坡的黏性土在恒定荷载作用下可以发生长期而缓慢的剪切变形，称为剪切蠕变。这是颗粒在剪力作用下产生的缓慢滑移。

如果假设土是弹性体，那么剪应力 τ 作用下土体将只产生剪切变形。设 γ 为剪切应变（弧度），G 为剪切模量，则

$$\gamma = \frac{\tau}{G} \tag{6.3}$$

如前所述，对于实际的土体存在剪胀性（见 6.5 节），剪应力不仅会产生剪切变形，也会产生体积变形；同样，正应力不仅会产生体积变形，也会产生剪切变形，这种交叉影响往往相当可观，不可忽略。

6.4 土的压缩变形

6.4.1 概述

土体是矿物颗粒的散粒集合体。地基中的土体在荷载作用下会产生变形，在竖直方向的变形称为沉降，一般还伴生水平位移。这种变形取决于法向荷载的大小、地基土层的种类及分布特性以及各土层的压缩特性。

一般而言，土体的压缩变形主要由 3 个方面引起：①土颗粒自身受压产生的变形；②土中孔隙体积的减小，即土中液相和气相被排出引起的总体积变化；③土中孔隙水和封闭气体受压产生的变形。试验证明，饱和土体受压时孔隙水和土颗粒的压缩量非常小，可以认为土体受压时土颗粒、孔隙水和封闭气体的压缩变形量相对土体总的压缩变形量可忽略不计。因此，可认为土体的压缩变形是由土中孔隙体积的减小引起的，饱和土体的压缩变形即为孔隙水的排出量。

6.4.2 土的压缩特性

可通过侧限压缩试验测定土体的压缩特性。侧限压缩试验是通过压缩仪测定土体压缩特性的试验，又称 K_0 固结试验，试验仪器如图 6.12 所示。将土体放置在顶部和底部都有透水石的试样容器内，侧向限制。在天然状态

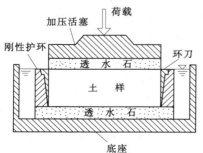

图 6.12 侧限压缩试验试样容器示意图

下或人工饱和状态下，可对试样逐级施加法向荷载，通过百分表测量土体的竖直方向变形量。根据试验数据可以得到每级荷载作用下竖向变形量 Δh 随时间的变化关系，也可以得到竖向变形量随施加荷载的变化关系，如图 6.13 所示。

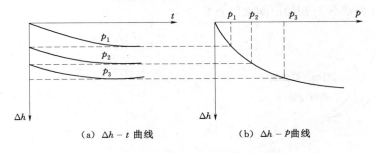

（a）$\Delta h - t$ 曲线　　　　（b）$\Delta h - p$ 曲线

图 6.13　侧限压缩试验得到的曲线

根据三相草图法可推导竖向变形量 Δh 与孔隙比之间的关系，由此得到试样孔隙比与所施加法向荷载的关系曲线，称为压缩曲线。压缩曲线有两种常用的形式：一种是孔隙比 e 与压力 p 之间的关系；另一种是孔隙比 e 与压力的对数 $\log p$ 之间的关系，图 6.14（a）、（b）所示的分别为上凹的 $e - p$ 曲线和下凹的 $e - \log p$ 曲线。

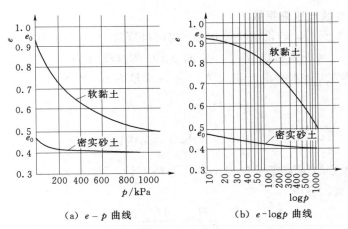

（a）$e - p$ 曲线　　　　（b）$e - \log p$ 曲线

图 6.14　土体的压缩曲线

在侧限压缩的过程中，如果达到一定的压力后停止加压，并且逐级卸载退压，可观察到土样的回弹。测定各级压力作用下土样回弹稳定后的孔隙比，绘制卸压过程中孔隙比与压力的关系曲线，称为回弹曲线。若回弹后重新进行逐级加载，再测定土样在各级压力下再压缩稳定的孔隙比，绘制再加载过程中孔隙比与压力的关系曲线，称为再压缩曲线。

图 6.15 所示为土体在压缩过程中卸载再加载得到的回弹曲线和再压缩曲线。根据图 6.15（a）、（b）可以得到土体在此试验条件下的体积变化规律。

（1）卸载后的回弹曲线与之前的压缩曲线并不重合，回弹量远小于初始时的压缩量，表明此时土体的体积变形是由可恢复的弹性变形和不可恢复的塑性变形组成的，而且变形以不可恢复的塑性变形为主。

（2）回弹曲线和再压缩曲线要比初始加载曲线平缓得多，表明土体在经历一次加载和卸载后土体的压缩性降低很多,也可以由此说明应力历史对土体的变形特性存在显著的影响。

（3）当再加载曲线与压缩曲线相交时,即再加载的压力超过初始加载最大压力后,再压缩曲线又与初始压缩曲线重合。

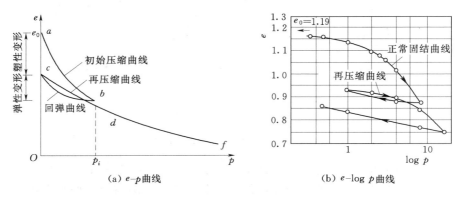

(a) $e\text{--}p$ 曲线　　　　(b) $e\text{--}\log p$ 曲线

图 6.15　土体的回弹及再压缩曲线

6.4.3 土的压缩指标

1. 压缩系数与压缩指数

如图 6.16 所示,若设试样施加 Δp 前的高度为 H_1,孔隙比为 e_1,试样内固相的体积为 V_{S_1},水平截面积为 A_1;施加 Δp 后的高度为 H_2,孔隙比为 e_2,试样内固相的体积为 V_{S_2},水平截面积为 A_2。令沉降量为 S,则可得

$$V_{S_1} = \frac{1}{1+e_1} H_1 A_1 \tag{6.4}$$

$$V_{S_2} = \frac{1}{1+e_2} (H_1 - S) A_2 \tag{6.5}$$

由于土颗粒的压缩变形量很小,可忽略不计,$V_{S_1} = V_{S_2}$,又因为侧向变形受限,则 $A_1 = A_2$,可得

$$\frac{H_1}{1+e_1} = \frac{H_1 - S}{1+e_2} \tag{6.6}$$

即

$$\frac{1+e_2}{1+e_1} = \frac{H_1 - S}{H_1} = 1 - \frac{S}{H_1} \tag{6.7}$$

$$-\Delta e = e_1 - e_2 = (1+e_1) \frac{S}{H_1} \tag{6.8}$$

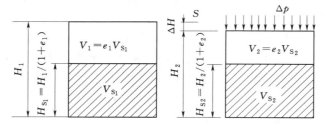

图 6.16　侧限压缩试验试样压缩示意图

通过上式即可建立每级加载 Δp 作用下达到稳定时的孔隙比变化与沉降量之间的关系，已知初始孔隙比的情况下即可绘制 $e\text{-}p$ 曲线或 $e\text{-}\log p$ 曲线。

也可将式（6.8）进行变形建立沉降量 S 的表达式，即

$$S=\frac{-\Delta e}{1+e_1}H_1 \tag{6.9}$$

式中，$\Delta e = e_2 - e_1 < 0$，e_1 和 H_1 都是在上一阶段 p_1 作用下的状态量。当 p_1 一定时，e_1 和 H_1 都保持不变，由此即可建立沉降量与孔隙比变化量之间的单值线性函数。想要得到沉降量只需要得到孔隙比变化量 Δe。通过侧限压缩试验结果 $e\text{-}p$ 曲线或 $e\text{-}\log p$ 曲线确定 Δe 的方法如下。

（1）根据 $e\text{-}p$ 曲线计算 Δe。

如图 6.17（a）所示，$e\text{-}p$ 曲线上任意一点的切线斜率表示土体处于该点应力状态时的压缩性大小，切线斜率定义为土体的压缩系数，用 a 表示，即 $a=-\mathrm{d}e/\mathrm{d}p$。切线斜率中的负号表明随着土体压力的增大，土体孔隙比逐渐减小。实际工程应用中，常用分段直线表示 $e\text{-}p$ 曲线。可用 $e\text{-}p$ 曲线的割线斜率绝对值代表切线斜率，此时

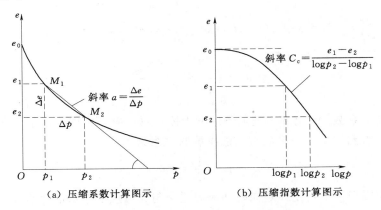

（a）压缩系数计算图示　　（b）压缩指数计算图示

图 6.17　通过压缩试验曲线计算孔隙比变化

$$a=-\frac{\mathrm{d}e}{\mathrm{d}p}\approx-\frac{\Delta e}{\Delta p}=\frac{e_1-e_2}{p_2-p_1} \tag{6.10}$$

式中　a——土的压缩系数；

　　　p_1——一般指地基某深度处土中的竖向自重应力；

　　　e_1——p_1 作用下土体压缩稳定时的孔隙比；

　　　p_2——一般指地基某深度处土中的竖向自重应力和附加应力的和；

　　　e_2——p_2 作用下土体压缩稳定时的孔隙比。

式（6.10）表示的孔隙比变化量为

$$-\Delta e=a\Delta p=a(p_2-p_1) \tag{6.11}$$

（2）根据 $e\text{-}\log p$ 曲线计算 Δe。

如图 6.17（b）所示，$e\text{-}\log p$ 曲线在较高的压力范围内接近于直线，可以用该段直线的斜率 C_c 表示土体的压缩变形性质，即

$$C_c=\frac{e_1-e_2}{\log p_2-\log p_1} \tag{6.12}$$

式（6.12）表示孔隙比变化量为

$$-\Delta e = (\log p_2 - \log p_1) = C_c \log \frac{p_1 + \Delta p}{p_1} \tag{6.13}$$

注意，这里计算的 Δe 皆为正常固结土体的结果。对于用 $e - p$ 曲线计算 Δe 的方法来说，虽然简单方便，但由于 $e - p$ 曲线并不是直线，压缩系数并不是常量。所以在实际计算时，应尽量选择对应应力状态的压缩系数。而 $e - \log p$ 曲线具有直线的特点，计算时更为接近实际压缩性，也可采用不同的计算方法计算超固结土和欠固结土的情况。

2. 压缩模量与变形模量

在完全侧限条件下，土体竖向附加应力增量与相应应变增量的比值即为土体的压缩模量，用 E_s 表示。可根据 $e - p$ 曲线求得压缩模量的大小。

如图 6.16 所示，在附加应力 Δp 的作用下，土体产生的竖向变形为 ΔH，竖向应变增量为 $\Delta H / H_1$，则压缩模量为

$$E_s = \frac{\Delta p}{\dfrac{\Delta H}{H_1}} \tag{6.14}$$

将 $a = \dfrac{\Delta e}{\Delta p}$，$\Delta H = \Delta e \cdot H_s$，$H_1 = (1 + e_1) H_s$ 代入，可得

$$E_s = \frac{\dfrac{\Delta e}{a}}{\dfrac{\Delta e}{(1 + e_1)}} = \frac{1 + e_1}{a} \tag{6.15}$$

体积压缩系数 m_v 定义为侧限条件下土体在单位应力作用下单位体积的体积变化量，推导得到体积压缩系数与压缩模量的关系为

$$m_v = \frac{1}{E_s} = \frac{a}{1 + e_1} \tag{6.16}$$

在无侧限条件下，土体竖向附加应力增量与相应应变增量的比值即为土体的变形模量，可用 E_0 表示。如图 6.18 所示的微单元体，假设处于侧限状态，其施加的法向应力为 σ_z，则水平方向的正应力为

$$\sigma_x = \sigma_y = K_0 \sigma_z \tag{6.17}$$

式中　K_0——侧限条件下土的侧压力系数。

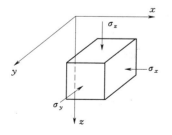

图 6.18　土中的微单元体

分析水平方向上的应变 ε_x 和 ε_y。由于侧向的变形受到了限制，所以

$$\varepsilon_x = \varepsilon_y = 0 \tag{6.18}$$

根据弹性理论广义胡克定律可得

$$\varepsilon_x = \frac{\sigma_x}{E_0} - \mu \frac{\sigma_y}{E_0} - \mu \frac{\sigma_z}{E_0} \tag{6.19}$$

$$\varepsilon_y = \frac{\sigma_y}{E_0} - \mu \frac{\sigma_x}{E_0} - \mu \frac{\sigma_z}{E_0} \tag{6.20}$$

由式（6.18）可得

$$\sigma_x - \mu(\sigma_y + \sigma_z) = 0 \tag{6.21}$$

将式（6.17）代入式（6.21）中可得

$$K_0\sigma_z - \mu(K_0\sigma_z + \sigma_z) = 0 \tag{6.22}$$

得到侧压力系数 K_0 与泊松比 μ 的关系为

$$K_0 = \frac{\mu}{1-\mu} \tag{6.23}$$

分析沿 z 方向的应变 ε_z 可得

$$\varepsilon_z = \frac{\sigma_z}{E_0} - \mu\frac{\sigma_x}{E_0} - \mu\frac{\sigma_y}{E_0} = \frac{\sigma_z}{E_0}(1-2\mu K_0) \tag{6.24}$$

由于侧限条件下 $\sigma_z = E_s\varepsilon_z$，则可得

$$\frac{\sigma_z}{E_0}(1-2\mu K_0) = \frac{\sigma_z}{E_s} \tag{6.25}$$

变形可得

$$E_0 = E_s\left(1 - \frac{2\mu^2}{1-\mu}\right) = E_s(1-2\mu K_0) \tag{6.26}$$

或

$$E_0 = \beta E_s, \beta = 1 - \frac{2\mu^2}{1-\mu} = 1 - 2\mu K_0 \tag{6.27}$$

式 (6.27) 反映的是变形模量与压缩模量间的理论关系。由于土的泊松比 μ 总是不大于 0.5。因此，土的变形模量总小于压缩模量。由于上述过程是基于弹性理论中的广义胡克定律得到的，但土体并不是完全弹性体，而是一种弹塑性体。同时，测定压缩模量的侧限压缩试验和测定变形模量的载荷试验对应的加载速率、压缩稳定标准、试验条件都不相同，进行侧限压缩试验时土体也可能会受到较大的扰动，所以式 (6.27) 只能作为估算变形模量的近似公式，实际的变形模量与压缩模量并不一定满足式 (6.27) 的关系。根据试验资料可知，软土的 E_0 值和 βE_s 值较为接近，随着土体硬度的增加，E_0 与 βE_s 的比值增大，E_0 可能达到 βE_s 的几倍。

3. 压缩过程曲线与次固结特性

压缩过程曲线反映的是压缩过程中孔隙比与时间的关系曲线，又称为固结曲线。不论是砂土还是黏土，压缩都有一个时间过程，时间的长短主要取决于土体排水与排气的能力，砂土压缩所需的时间一般比黏土短。土体固结曲线的中段与末端在半对数坐标图上一般为两条近似的直线，如图 6.19 所示，两直线延长线交点的横坐标 t_c 将土的固结曲线分成两个部分，前一段是主固结阶段，后一段即为次固结阶段。次固结即可定义为地基土中超静孔隙水压力全部消散，土的主固结完成后发生的那部分沉降。

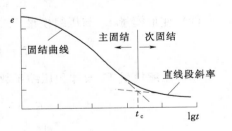

图 6.19 压缩过程曲线

定义固结曲线上次固结阶段的斜率为次压缩系数，用 C_a 表示，可得

$$C_a = \frac{-\Delta e}{\lg t - \lg t_c} = \frac{-\Delta e}{\lg \dfrac{t}{t_c}} \tag{6.28}$$

式中 t，t_c——分别指固结进行的时间和主固结完成的时间。

若压缩土层的厚度为 H，则时间 t 内完成的次固结沉降为

$$S_s = \frac{C_a}{1+e_0}\lg\left(\frac{t}{t_c}\right)H \tag{6.29}$$

式中　e_0——初始孔隙比。

4. 压缩性指标

前面已经介绍了一些与土的压缩性有关的指标，此外还有一些常用的指标，列于表 6.1 中。

表 6.1　　　　　　　　　　　土 的 压 缩 性 指 标

指　标	计 算 公 式	图示	物 理 意 义
压缩系数 a	$a = -\dfrac{\Delta e}{\Delta p} = \dfrac{e_1-e_2}{p_2-p_1}$	图 6.17（a）	单位有效压力变化时孔隙比的变化
压缩指数 C_c（再压缩指数 C_e）	$C_c = \dfrac{e_1-e_2}{\log p_2 - \log p_1}$	图 6.17（b）	初始加载压缩时 e-$\log p$ 曲线直线段的斜率（卸载后再压缩时 e-$\log p$ 曲线直线段的斜率）
压缩模量 E_s	$E_s = \dfrac{1+e_1}{a}$		侧限条件下，有效压力增量与垂直应变增量的比值
体积压缩系数 m_V	$m_V = \dfrac{1}{E_s} = \dfrac{a}{1+e_1}$		单位有效压力变化时土的体应变或孔隙率变化
变形模量 E_0	$E_0 = E_s\left(1-\dfrac{2\mu^2}{1-\mu}\right)$		无侧限条件下，有效压力增量与垂直应变增量的比值

表中的部分指标存在特定的关系如下。

（1）压缩系数 a 和压缩指数 C_c 之间的关系。

压缩系数为 e-p 曲线的割线斜率，压缩指数为 e-$\log p$ 曲线直线段的割线斜率。则可得二者的关系为

$$C_c = \frac{\Delta p \cdot a}{\log\dfrac{p_2}{p_1}} \text{或} a = \frac{C_c}{\Delta p}\log\frac{p_2}{p_1} \tag{6.30}$$

若用微分形式可表示为

$$C_c = \frac{pa}{0.434} \text{或} a = 0.434\frac{C_c}{p} \tag{6.31}$$

（2）变形模量 E_0 与压缩模量 E_s 之间的关系。

$$E_0 = E_s\left(1-\frac{2\mu^2}{1-\mu}\right) \tag{6.32}$$

（3）压缩模量 E_s 及体积压缩系数 m_V 与压缩系数 a 之间的关系。

$$E_s = \frac{1+e_1}{a}, m_V = \frac{a}{1+e_1} \tag{6.33}$$

6.4.4　影响土压缩性的主要因素

土体的压缩性不仅受到自身组成与结构的控制，还受到外界环境的影响，包括应力历史、荷载条件和边界条件等因素。本小节主要介绍影响土压缩性质的内部因素和外部因素。

1. 影响土压缩性的内部因素

（1）土的粒度、成分、组构与结构。

　　土体颗粒的尺寸非常分散，从粗粒土中的砾粒到细粒土的黏粒与胶粒，粒径大小的分布范围很大，粒度的不同也反映了土颗粒矿物成分的不同。天然土中的石英、长石矿物颗粒较粗，而黏土矿物中的高岭石、伊利石和蒙脱石土粒都较细。粗颗粒多为多面体或近球体，而细颗粒多为片状，比表面积大，活性较高。

　　在土的微细观组构中介绍了土体的微细观结构与基本特性。粗粒土基本上是单粒结构。受到荷载作用时，土体发生转动与滑移，形成更为密实和稳定的结构。土的级配越优良，密实度越高，土体的压缩性越低。当压力很大时，土颗粒可能会发生破碎，对压缩量有一定的贡献。颗粒压碎的程度随着荷载、粒径的增大和颗粒棱角的增多而加剧，也与矿物材料的强度有关。细粒土颗粒大多为片状体，典型的结构有絮凝结构和分散结构两种。黏土的压缩主要源于 3 种作用：颗粒间的水膜受压变薄；土颗粒发生相对滑动达到较密实的状态；扁平状土粒发生挠曲变形变得密实。分散结构的黏土颗粒近似于平行排列，发生的压缩主要来源于颗粒间的水被排出。而松散的、具有絮凝结构的沉积黏土的压缩则主要来源于土颗粒的相对滑动和扁平状颗粒的挠曲变形。一般而言，粗粒土的压缩性要比细粒土的压缩性小。

　　饱和黏土受到压缩时，土体开始固结，孔隙内的自由水受压被排出，土颗粒间的应力逐渐增大，颗粒间的结合水也逐渐被排出，但其排出速率远远小于自由水的排出速率。自由水排出引起的压缩即为主固结压缩；由结合水排出、颗粒重排列、土骨架蠕变产生的压缩即为次固结压缩。超固结黏土的次固结压缩性较低，而高塑性黏土和有机土的次固结压缩性较强。

　　卸载后，黏性土土颗粒的挠曲变形会部分恢复，在电磁力作用下被挤出的部分结合水会被重新吸入，黏土试样在宏观上表现出回弹性。这也是黏性土回弹量一般大于无黏性土回弹量的原因。

　　（2）孔隙水。

　　孔隙水对土压缩性的影响主要体现在阳离子对黏土表面性质（包括水膜厚度）的影响。若土中含有膨胀性黏土矿物，受到影响的程度加剧。当孔隙水中的阳离子性质和浓度使结合水的水膜厚度减小时，膨胀土的膨胀性和膨胀压力都将降低。

　　（3）土中的有机质。

　　这里的有机质主要是指纤维素和腐殖质。有机质的存在会使土体的压缩性和收缩性增大，土体的强度特性也会受到影响。有机质的成因、龄期、分解程度不同，土体力学特性受到影响的程度也不同。

2. 影响土压缩性的外部因素

　　（1）应力历史。

　　土体在应力历史中所受到的最大有效应力称为先期固结压力。按照其先期固结压力与当前固结压力的关系可将土体分为超固结土、正常固结土和欠固结土三类。令先期固结压力为 p_c，当前固结压力为 p_1，若 $p_c > p_1$，则该土体为超固结土；若 $p_c = p_1$，则该土体为正常固结土；若 $p_c < p_1$，则该土体为欠固结土。定义超固结比（OCR）为 p_c 与 p_1 的比值。若 OCR＞1，则该土体为超固结土；若 OCR＝1，则该土体为正常固结土；若 OCR＜1，则该土体为欠固结土。

　　由压缩性试验结果可知，回弹曲线和再压缩曲线比初始压缩曲线平缓得多，表明应力历史对土体的压缩性有很大的影响。一般而言，对处于不同固结状态的同种土体，压缩曲线是不同的。可认为正常固结土是处于最疏松状态的，所以土体的压缩曲线不可能达到正常固结黏土压缩曲线的右侧。若土体的压缩曲线处于正常固结土压缩曲线的左侧，则表明此土体一定发生过卸载，处于超固结状态。当超固结土受荷达到先期固结压力后，压缩曲线即开始与正常固结土的压缩曲线重合。土的超固结比越大，表明土体受到的超固结作用越强，土体的压缩性越低。工程中，土体一般都处于正常固结状态或超固结状态，欠固结土比较少见。

由于室内试验所用的土样是经过扰动的，通过室内试验得到的压缩曲线与原位压缩曲线肯定是不同的，直接用室内试验得到的压缩曲线计算沉降时必然会有较大的误差。因此，对试验得到的压缩曲线进行一定的修正是很有必要的。土的压缩曲线分为正常固结曲线和超固结曲线（再压缩曲线）两种。正常固结试样当前的有效压力与先期固结压力相等，继续加载时，它将沿原压缩曲线变化；超固结试样当前的有效压力小于先期固结压力，它处于卸载后的再压缩曲线或回弹线上，将继续沿着再压缩曲线或回弹曲线变化。这两种土体的修正方法不同。

先期固结压力是区分超固结土、正常固结土和欠固结土的重要指标，首先需要根据压缩曲线确定 p_c。广泛采用的方法是 Casagrande 在 1936 年提出的基于 e-$\log p$ 曲线的作图法。基本的步骤如下（图 6.20）。

1）在 e-$\log p$ 曲线上找出曲率最小的一点 A，过点 A 作水平线 $A1$ 和切线 $A2$。

2）作 $\angle 1A2$ 的角平分线 $A3$。

3）作 e-$\log p$ 曲线中直线段的向上延长线，与 $A3$ 的交点为点 B，点 B 的应力即为先期固结压力 p_c。

得到先期固结压力后，即可将其与土层当前上覆压力进行比较判断土的类别。

对于正常固结土，其原位压缩曲线可根据 Schmertmann 在 1955 年提出的方法进行修改，过程如下（图 6.21）。

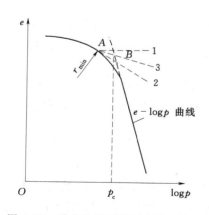

图 6.20　确定先期固结压力的示意图

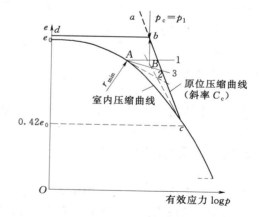

图 6.21　正常固结土的压缩曲线修改

1）找到坐标为（p_c，e_0）的点，定为点 b，这里的 e_0 为土样的初始孔隙比。

2）过点（0，$0.42e_0$）作一条平行于水平轴的直线，与压缩曲线交于点 c。

3）连接 b、c，认为 bc 连线即为修改后的原位压缩曲线，其斜率即为土层原位的压缩指数 C_c。

4）将 bc 线向上延长，用延长线 ab 代表原状土的成土过程，过点 b 作水平线

bd，代表取土时的卸载过程，假定卸载后土样的孔隙比不发生变化。

试验发现，不同扰动程度试样的压缩曲线大概都交于一点，对应的孔隙比为 $0.42e_0$，因此可认为原状土样的压缩曲线也应该经过这一点。

超固结土原位压缩曲线的修改需要室内试验得到的回弹曲线和再压缩曲线。进行修改的步骤如下（图 6.22）。

1）找到坐标为（p_1，e_0）的点，定为点 b_1，这里的 e_0 为土样的初始孔隙比，p_1 为当前上覆压力。

2）根据室内试验得到的压缩曲线确定先期固结压力，过点（p_c，0）作平行于 e 轴的直线 mn。这就要求卸荷时的初始压力要大于 p_c，一般先用一个试样进行压缩试验确定先期固结压力，再用另一个试样进行回弹再压缩试验以得到供修正的回弹和再压缩曲线。

3）确定回弹曲线和再压缩曲线的平均斜率，可以按图 6.22 所示的方法取 g、f 连线的斜率作为平均斜率（根据经验可知，因为试样受到了扰动，使初次室内压缩曲线的斜率比原始再压缩曲线的斜率大很多，而室内回弹和再压缩曲线的平均斜率与原始再压缩曲线的斜率比较接近）。

4）过点 b_1 作平行于 gf 的直线，与 mn 交于点 b。

5）过点（0，$0.42e_0$）作一条平行于水平轴的直线，与压缩曲线交于点 c。

6）连接 bc，b_1bc 分段直线即为超固结土的原位压缩曲线。

欠固结土原位压缩曲线的修正方法如图 6.23 所示，与正常固结土一致。由于欠固结土在自重压力作用下还未达到稳定状态，土层当前的上覆压力大于先期固结压力，即使没有外荷载的作用，土层也会发生沉降。因此，欠固结土的沉降不仅是由附加荷载引起的沉降，还包括土体在自重作用下未完成的部分沉降。

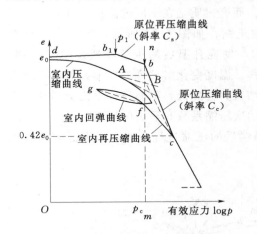

图 6.22　超固结土的压缩曲线修改

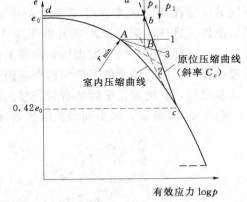

图 6.23　欠固结土的压缩曲线修改

可分别按超固结土的修正压缩曲线和欠固结土的修正压缩曲线计算超固结土和欠固结土的孔隙比变化量 Δe。

对于超固结土，当压力 p 小于先期固结压力 p_c 时，变形处于第一阶段，可用式（6.34）计算 Δe，即

$$-\Delta e = C_s(\log p - \log p_1) = C_s\log\frac{p_1 + \Delta p}{p_1} \tag{6.34}$$

式中　C_s——回弹曲线和再压缩曲线的平均斜率，即图 6.22 中 gf 和 $b_1 b$ 的斜率。

当压力 p 大于先期固结压力 p_c 时，变形进入第二阶段，孔隙比变化量包括第一阶段的总变化量和第二阶段的变化量，可通过式（6.35）计算，即

$$-\Delta e = -(\Delta e_1 + \Delta e_2) = C_s \log \frac{p_c}{p_1} + C_c \log \frac{p_1 + \Delta p}{p_c} \qquad (6.35)$$

对于欠固结土，其孔隙比增量 Δe 包括欠固结土在自重应力作用下的欠固结应力（$p_1 - p_c$）所引起的孔隙比增量 Δe_1 和附加应力引起的孔隙比增量 Δe_2。两部分皆处于正常压缩固结阶段，可通过式（6.36）计算，即

$$\begin{cases} -\Delta e_1 = C_c \log \dfrac{p_1}{p_c} \\[2mm] -\Delta e_2 = C_c \log \dfrac{p_1 + \Delta p}{p_1} \end{cases} \qquad (6.36)$$

则总孔隙比变化量为

$$-\Delta e = -(\Delta e_1 + \Delta e_2) = C_c \log \frac{p_1 + \Delta p}{p_1} + C_c \log \frac{p_1}{p_c} = C_c \log \frac{p_1 + \Delta p}{p_c} \qquad (6.37)$$

（2）温度。

温度对土压缩性的影响程度受土的成分和应力历史的控制。相关试验结果表明，温度对有机质土的影响要比无机质土的影响大，对超固结土的影响非常显著。

部分学者进行了两种黏土试样的单轴压缩试验，这两种试样的矿物成分以及含量基本相同，但一种为有机质土，另一种为无机质土，两者含碳量相差很大。试验发现，温度对于无机质土的压缩特性影响很小，体现在无机质土的压缩曲线、固结曲线和压缩指标等基本不随温度发生变化。而有机质土在不同的温度下则表现出了不同的压缩性质。试验进行了两个循环的压缩，如图 6.24 所示，第一个循环在 25℃ 条件下进行，第二个循环升温至 50℃，发现升温后的压缩曲线发生了下移；若第二个循环降温，则可发现压缩曲线上移。温度变化对试样的压缩系数或压缩指数没有影响，但升温条件下得到的先期固结压力会降低，降温条件下则会增加。相关试验表明，温度对正常固结有机质黏土的次压缩系数有显著的影响。

如图 6.25 所示，最上面的曲线代表降温后的压缩过程曲线，最下面的曲线代

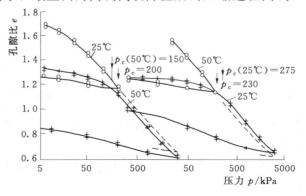

图 6.24　温度对压缩曲线的影响

表升温后的压缩过程曲线，中间曲线代表温度不变时的压缩过程曲线。可以发现，温度对超固结有机黏土的压缩过程曲线有显著的影响，不同温度条件下，该类土体的压缩率和压缩量不同。

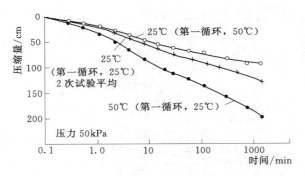

图 6.25　温度对压缩过程曲线的影响

温度对土压缩性的影响，主要来源于温度变化引起饱和土体中孔隙水体积的变化或有效应力的变化。图 6.26 所示为有效围压为 200kPa 的饱和伊利黏土试样在排水条件下，环境的温度由 18.9℃上升至 60℃再降低至 18.9℃时的孔隙水体积变化情况。图 6.27 所示为饱和伊利黏土试样在不排水条件下，环境温度由 18.9℃上升至 60℃再降低至 18.9℃时的有效应力变化情况。根据两张图示可知，温度的变化会引起排水条件下孔隙水体积的变化和不排水条件下有效应力的变化，由此导致土体压缩性的变化。可基于相关理论推导温度变化引起的孔隙水体积变化和有效应力变化，在这里不过多介绍。

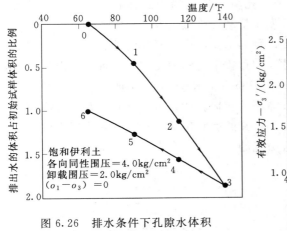

图 6.26　排水条件下孔隙水体积
随温度的变化情况

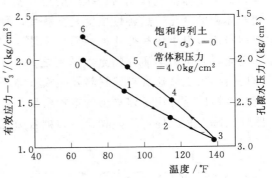

图 6.27　不排水条件下有效应力
随温度的变化情况

（3）应力路径。在相同的条件下，应力增大引起的压缩量及应力卸载引起的回弹膨胀量还取决于应力路径。加载或卸载达到另一种应力状态的路径不同，土体表现出的压缩性质会有很大的不同。图 6.28 是同一种土样经过不同的应力路径卸载到 1psi 的膨胀量—时间关系曲线。试样 1 直接卸载到 1psi，试样 2 首先卸载到 5psi，再卸载到 1psi，试样 3 先卸载到 10psi，再卸载到 5psi，最后卸载到 1psi。可以发现，试样在 3 种不同卸载路径下具有不同的膨胀特性，一定时间后 3 个试样的回弹量相差很大，回弹过程曲线的特征也有很大的差异。因此，应力路径也是影响土体的压缩性的不可忽略的因素。

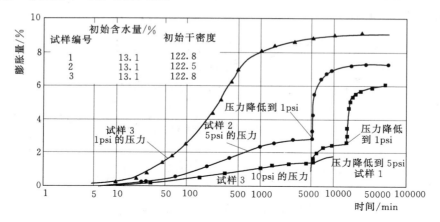

图 6.28　不同卸载应力路径下试样的回弹过程曲线
（注：psi 为压强单位，1psi＝6.895kPa）

6.5　土的剪胀

6.5.1　概述

　　土体与其他工程材料（如金属和塑料）最典型的区别就是土的多孔性，且孔隙中由多相流体充满。典型的中等密砂中，孔隙体积大约占总体积的 1/3。一般而言，如果土体受到作用沿着扭曲的边界发生扰动，必然会发生颗粒的重排列，且伴随着体积的变化，这种性质就是剪胀性。顾名思义，广泛研究的剪胀性是指土体受剪切作用时发生体积变化的性质。土体剪切过程中的体积变化会导致土体力学特性的变化，是土力学研究的重点课题之一。1885 年，Reynolds 就通过试验发现剪切作用会导致土体这类粒状材料发生宏观体积的变化。1962 年，Rowe 提出的剪胀理论已经被广泛应用于建立土的本构模型。广义的剪胀包括体积膨胀和体积收缩，剪胀性实际上是土体剪应力和正应力耦合引起的。

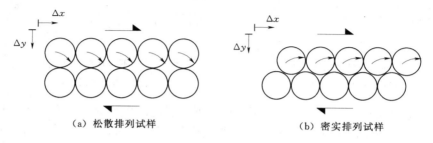

（a）松散排列试样　　　　　　　　　（b）密实排列试样

图 6.29　反映剪缩和剪胀性的试验模拟

　　图 6.29（a）、（b）所示为发生剪缩和剪胀现象的简化示意图。图 6.29（a）对应的二维松散排列的圆盘颗粒集合体；图 6.29（b）对应的是二维密实排列的圆盘颗粒集合体。两种试样分别受到沿水平方向的剪切作用。在剪应力的作用下，松散

装配试样中某一行上的颗粒都有向下面一行相邻两个颗粒间形成的缺口位置运动的趋势，导致颗粒间的孔隙空间减小，试样整体体积也相应缩小。密实排列试样在剪切过程中，某一行上的颗粒受到剪切应力的作用会发生向上的滑移运动，导致颗粒间的孔隙空间增加，试样整体体积发生膨胀。密实排列试样和松散排列试样剪切过程中水平方向剪切位移与体积变化（法向位移）的关系曲线如图 6.30 所示。

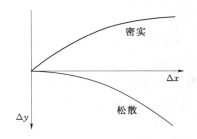
图 6.30　法向位移与剪切位移的关系

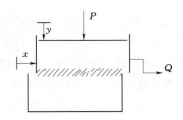
图 6.31　直剪试验示意图

图 6.31 所示为直剪试验的示意图，上、下盒发生相对运动产生沿水平方向的剪切应力作用。土体在剪切过程中发生的变形多数都集中于上下盒之间的一个土带内。Taylor 进行了 Ottawa 砂土直剪试验，得到的结果如图 6.32 所示。一般而言，密砂和超固结黏土在排水剪切过程中通常发生剪胀，而松砂和正常固结黏土在排水剪切过程中通常发生剪缩。

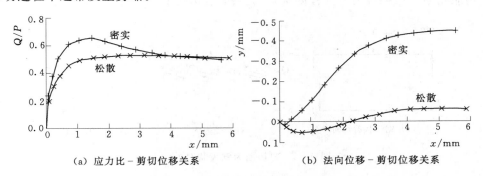
（a）应力比–剪切位移关系　　　　（b）法向位移–剪切位移关系

图 6.32　Ottawa 砂直剪试验的结果

6.5.2　Taylor 剪胀角与应力-剪胀关系

土体在剪切过程中由法向荷载 P 和剪切荷载 Q 同时做功，做功的增量等于法向荷载乘以法向位移增量加上剪切荷载乘以剪切位移增量，即

$$\delta W = P\delta y + Q\delta x \tag{6.38}$$

Taylor（1948）提出，剪切应力和法向应力做的功全部由剪切过程中的摩擦作用消耗，即

$$P\delta y + Q\delta x = \mu P\delta x \tag{6.39}$$

或是

$$\frac{\delta y}{\delta x} = \mu - \frac{Q}{P} \tag{6.40}$$

法向位移与剪切位移的比值代表剪切过程中的剪胀速率，即

$$\frac{\delta y}{\delta x} = -\tan\psi \tag{6.41}$$

式中　ψ——剪胀角。

剪切荷载与法向荷载的比值代表抗剪强度发挥的程度，用 ϕ'_m（活动摩擦角）表示，即

$$\frac{Q}{P} = \tan\phi'_m \tag{6.42}$$

将式（6.41）和式（6.42）代入式（6.40）中可得

$$\tan\phi'_m = \mu + \tan\psi \tag{6.43}$$

由于 μ 为滑动摩擦系数，等于滑动摩擦角 ϕ_c 的正切值，即 $\mu = \tan\phi_c$。一般可认为 ϕ_c 等于剪切临界状态内摩擦角 ϕ'_{cs}，式（6.43）可转化为

$$\tan\psi = \tan\phi'_m - \tan\phi'_{cs} \tag{6.44}$$

可通过式（6.44）计算剪胀角 ψ。

若土体与锯齿状的结构接触面发生剪切，如图 6.33（a）所示，剪切过程中的受力如图 6.33（b）所示。滑动面与水平方向的夹角为 ψ，如果斜面上的摩擦角为 ϕ'_{cs}，由此得到沿水平面的实际摩擦角为 ϕ'_m，则三者关系满足

$$\phi'_m = \phi'_{cs} + \psi \tag{6.45}$$

如果假定剪切过程中斜面上的摩擦角 ϕ'_{cs} 是保持不变的，式（6.45）就变为描述剪胀角 ψ 和摩擦抗力发挥程度角 ϕ'_m 关系的表达式了。

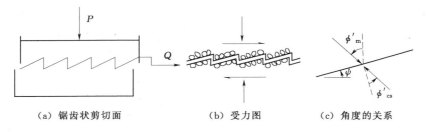

(a) 锯齿状剪切面　　　　(b) 受力图　　　　(c) 角度的关系

图 6.33　剪切面为锯齿状时的情况

式（6.44）和式（6.45）都表明，剪胀角和摩擦角之间存在一定的关系。两种表示方式都可以近似反映实际的机制，可称为应力-剪胀关系或流动法则，它们描述了抗剪力发挥程度与剪胀程度的关系。

当 $\frac{Q}{P} < \mu$ 时，土体是剪缩的；当 $\frac{Q}{P} > \mu$ 时，土体是剪胀的。$-\frac{\delta y}{\delta x}$ 的比值反映了土体的体积变化趋势，即剪胀性的趋势。

Taylor 进行了 Ottawa 砂土密实试样和松散试样的直剪试验，结果如图 6.32 和图 6.34 所示。可根据图 6.32（a）得到 Q/P 的值，根据图 6.32（b）得到 $\delta y/\delta x$ 的值。Q/P 与 $\delta y/\delta x$ 的关系曲线如图 6.34（a）所示，$Q/P + \delta y/\delta x$ 与水平剪切位移 x 的关系曲线如图 6.34（b）所示。

可以发现，图 6.34（a）、（b）初始时都不满足式（6.40）。这是因为这里得到的变形是总应变，而初始时剪切应力做的功中有一部分可能被土颗粒的弹性变形消耗了，所以初始状态时存在一定的差异是合理的。达到峰值加载点后，试验结果与理论结果的一致性增加。可得到 $\mu \approx 0.49$。

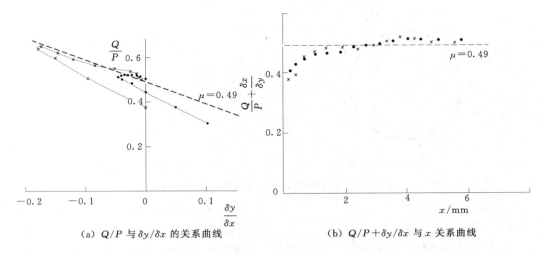

(a) Q/P 与 $\delta y/\delta x$ 的关系曲线　　(b) $Q/P+\delta y/\delta x$ 与 x 关系曲线

图 6.34　Ottawa 砂土试验结果处理

　　将 $\mu \approx 0.49$ 代入式 $\delta y/\delta x = \mu - Q/P$ 中，可得 $\delta y/\delta x = 0.49 - Q/P$，在图 6.34 (a) 中用长虚线画出，可以直观地发现软化现象和峰值后的应力比降低现象。

　　由于直剪试验条件下应变是局部化、不均匀的，在分析与研究时有很大的限制。许多学者也采用单剪仪进行试验研究。单剪仪中试样的变形模式如图 6.35 所示，剪切过程中试样的宽度保持不变，但是高度会发生变化。单剪仪中试样的应力并不均匀，但可以通过相关手段测定作用在试样上的法向应力和剪切应力 σ_{yy} 和 τ_{xy}。水平方向和竖直方向的应变增量分别为

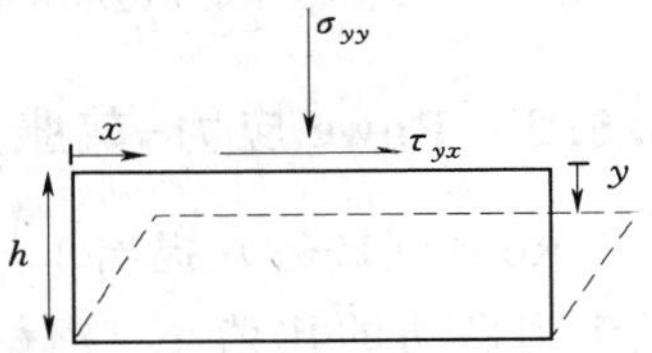

$$\delta \gamma_{yx} = \frac{\delta x}{h} \tag{6.46}$$

$$\delta \varepsilon_{yy} = \frac{\delta y}{h} \tag{6.47}$$

图 6.35　单剪仪中试样
变形示意图

式中　h——试样高度。

　　试样长度保持不变，则 $\delta \varepsilon_{xx} = 0$。

　　此时，剪胀角 ψ 的计算公式为

$$\tan\psi = -\frac{\delta \varepsilon_{yy}}{\delta \gamma_{yx}} \text{或 } \sin\psi = -\frac{\delta \varepsilon_s}{\delta \varepsilon_t} \tag{6.48}$$

式中　$\delta \varepsilon_s$——体应变增量；

　　　　$\delta \varepsilon_t$——剪应变增量。

　　剪胀角的几何意义如图 6.36 (a) 所示，与有效内摩擦角的几何意义 (图 6.36 (b)) 类似。

　　使用单剪仪进行试验时，式 (6.40) 转变为

$$\frac{\tau_{xy}}{\sigma_{yy}} + \frac{\delta \varepsilon_{yy}}{\delta \gamma_{yx}} = \mu \tag{6.49}$$

　　Stroud (1971) 对松散 Leighton Buzzard 砂土进行单剪试验得到的结果如图 6.37 所示。由图示可得到 $\mu \approx 0.575$。试验中得到的应变是总应变，包括可恢复的弹性应变。

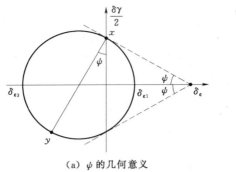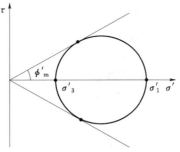

(a) ψ 的几何意义　　　　　(b) 有效内摩擦角的几何意义

图 6.36　剪胀角及有效内摩擦角的几何意义

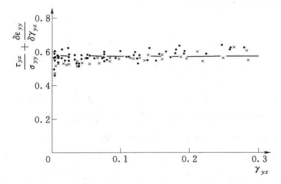

图 6.37　Leighton Buzzard 砂土单剪试验结果

直剪试验和单剪试验的分析认为，外荷载通过剪切盒边界对试样做的功完全被土体的摩擦作用消耗了。应力-剪胀方程仅针对剪切试验条件。可以基于相同的思路分析三轴试验条件下的做功情况，但情况要复杂得多，这里不作讨论，有兴趣的读者可以参考原始剑桥模型中基于能量守恒的推导过程。

6.5.3　Rowe 应力-剪胀关系

Rowe（1962）提出了另一种应力-剪胀关系，认为剪切过程中主动力做功与被动力做功的比值 K 应保持不变，在三轴剪切条件下和平面应变条件下都应满足：

$$\frac{主动力做功}{被动力做功} = -K \tag{6.50}$$

式中常数 K 与土体有效摩擦角 ϕ'_f 满足：

$$K = \tan^2\left(\frac{\pi}{4} + \frac{\phi'_f}{2}\right) = \frac{1+\sin\phi'_f}{1-\sin\phi'_f} \tag{6.51}$$

Rowe 认为 ϕ'_f 的变化范围为 $\phi_u \leqslant \phi'_f \leqslant \phi'_{cs}$，这里 ϕ'_{cs} 为常体积剪切条件下的临界有效内摩擦角，ϕ_u 为颗粒间滑动摩擦角。

在三轴压缩试验条件下，轴向应力 σ'_a 为主动力（轴向压缩应变增量为 $\delta\varepsilon_a$），径向应力 σ'_r 是被动力（径向应变增量 $-\delta\varepsilon_r$）。三轴压缩试验条件下 Rowe 的应力-剪胀关系表达式为

$$\frac{\sigma'_a \delta\varepsilon_a}{-2\sigma'_r \delta\varepsilon_r} = K \tag{6.52}$$

式（6.52）可以用广义剪应力 q 和平均有效主应力 p'（用应力比 $\eta = q/p'$ 表示二者关系）及应变增量 $\delta\varepsilon_p$ 和 $\delta\varepsilon_q$ 表示为

$$\frac{\delta\varepsilon_p}{\delta\varepsilon_q} = \frac{3\eta(2+K)-9(K-1)}{2\eta(K-1)-3(2K+1)} \tag{6.53}$$

忽略弹性应变，可以得到塑性势函数为

$$\frac{p'}{p'_0}=3\left[\frac{3-\eta}{(2\eta+3)^K}\right]^{\frac{1}{(K-1)}}\tag{6.54}$$

三轴试验条件下，ϕ'_{cs} 与 M（临界状态下 $q=Mp'$）的关系为

$$\sin\phi'_{cs}=\frac{3M}{6+M}\tag{6.55}$$

当 $\phi'_f=\phi'_{cs}$ 时，将式（6.55）代入式（6.51）可得

$$K=\frac{3+2M}{3-M}\tag{6.56}$$

将式（6.56）代入式（6.53）和式（6.54）可得

$$\frac{\delta\varepsilon_p}{\delta\varepsilon_q}=\frac{9(M-\eta)}{9+3M-2M\eta}\tag{6.57}$$

$$\frac{p'}{p'_0}=3\left[\frac{3-\eta}{(2\eta+3)^{\frac{3+2M}{3-M}}}\right]^{\frac{3-M}{3M}}\tag{6.58}$$

式（6.57）与原始剑桥模型的流动法则 $\dfrac{\delta\varepsilon_p^p}{\delta\varepsilon_q^p}=M-\eta$ 的形式类似。

三轴拉伸试验条件下，轴向力为被动力，径向力为主动力，此时，式（6.52）转变的应力-剪胀关系为

$$\frac{2\sigma'_r\delta\varepsilon_r}{-\sigma'_a\delta\varepsilon_a}=K\tag{6.59}$$

可以得到流动法则为

$$\frac{\delta\varepsilon_p}{\delta\varepsilon_q}=\frac{3\eta(2K+1)-9(K-1)}{2\eta(1-K)-3(K+2)}\tag{6.60}$$

塑性势函数为

$$\frac{p'}{p'_0}=3\left[\frac{3+2\eta}{(3-\eta)^K}\right]^{\frac{1}{(K-1)}}\tag{6.61}$$

可以发现，三轴压缩试验条件下的流动法则与三轴拉伸试验条件下的流动法则并不一致，得到的塑性势面（线）也不一致。

平面应变条件下，可得

$$\frac{\sigma'_1\delta\varepsilon_1}{-\sigma'_3\delta\varepsilon_3}=\dot{K}\tag{6.62}$$

在这里，忽略主应力的影响。由莫尔-库仑强度准则可得（参考图 6.36（b））

$$\frac{\sigma'_1}{\sigma'_3}=\frac{1+\sin\phi'_m}{1-\sin\phi'_m}\tag{6.63}$$

式中　ϕ'_m——土体的抗剪强度发挥的有效活动摩擦角。

根据图 6.36（a）可得应变增量满足

$$\frac{-\delta\varepsilon_1}{\delta\varepsilon_3}=\frac{1-\sin\psi}{1+\sin\psi}\tag{6.64}$$

式中　ψ——土体的剪胀角。

已知

$$K=\frac{1+\sin\phi'_{cs}}{1-\sin\phi'_{cs}}\tag{6.65}$$

则得式 (6.62) 可转化为

$$\sin\phi'_{m}=\frac{\sin\phi'_{cs}+\sin\psi}{1+\sin\phi'_{cs}\sin\psi} \tag{6.66}$$

常用 β ($\beta=\arctan\delta\varepsilon^p_p/\delta\varepsilon^p_q$) 或 ψ 来描述土体剪切过程中的剪胀性，而不直接使用剪应变增量的比值 $\delta\varepsilon_a/\delta\varepsilon_r$，可以直观地发现土体在特定剪切应力状态下的剪胀性响应，体积是膨胀还是收缩。由式 (6.57) 可以发现，当应力比 $\eta=M$ 时，体积不发生变化。密砂的峰值强度比一般都比最终临界状态时的强度比 ($\eta=M$) 要大。在峰值状态前也会达到应力比 $\eta=M$ 的状态，根据应力-剪胀关系，此时的体积变化量也为 0，即 $\delta\varepsilon_p/\delta\varepsilon_q=0$。

图 6.38 (a)、(b) 是砂土三轴排水试验的结果。可以发现，砂土最终会达到临界状态，此时土体的体积变化量为 0，应力比为 $\eta=M$，而应力比在峰值前一定会达到 M，可以发现此时土体处于剪缩势向剪胀势的转化阶段，体变也为 0。体变为 0 在 ε_p-ε_q 曲线上表现为切线斜率为 0。

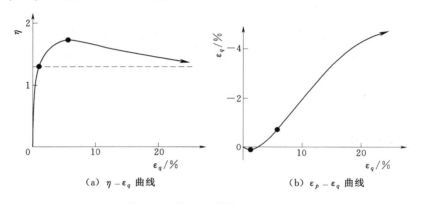

(a) η-ε_q 曲线   (b) ε_p-ε_q 曲线

图 6.38 砂土三轴排水试验结果

Luong (1979)、Tatsuoka 和 Ishihara (1974) 研究了砂土在循环荷载作用下的剪胀特性，发现常体积剪切临界状态时的应力比控制着土体是否发生硬化或失稳破坏。Tatsuoka 和 Ishihara 把此应力比称为"相位转换应力比"，Luong 称为"特征应力比"，但是根据应力-剪胀理论，两者应该都是达到临界状态时的应力比（Luong 提出特征应力比是出现在峰值状态前的应力比，而临界状态应力比通常指的是峰值后阶段达到临界状态时的应力比）。

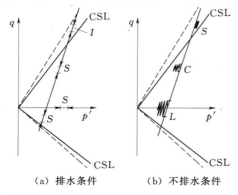

(a) 排水条件   (b) 不排水条件

图 6.39 p'-q 平面上的临界状态线

图 6.39 (a) 所示为排水条件下的情况，若在临界状态线下进行加载，土体在试验过程中会产生持续的压缩，土体会变得更加密实；若在临界状态线上进行循环加载，土体在试验过程中会产生持续的膨胀。图 6.39 (b) 所示为不排水条件下的情况，若在临界状态线下进行加载，由于不排水条件下土体体积不能变化，剪切产生的体缩势使土体中产生正的孔隙水压力，导致有效应力的降低。在大变形情况

下可能会发生液化；若在临界状态线上进行加载，剪切产生体胀势，土体产生负的孔隙水压力，使土体的有效应力增大。

6.5.4 剑桥模型的应力-剪胀关系

从物理意义上来说，剪胀性是描述剪切过程中剪应力 q 对体积变化 ε_V 产生的影响，更深层面上是剪切加载过程中平均主应力 p 和广义剪应力 q 对应变的相互耦合作用。研究发现塑性体积应变增量比值 $d\varepsilon_v^p/d\varepsilon_d^p$ 与应力比值 q/p（广义剪应力与平均主应力的比值）有着较强的相关性，一定程度上可以认为 $d\varepsilon_v^p/d\varepsilon_d^p$ 的比值是由应力状态 (p, q) 唯一确定的，可称之为应力-剪胀关系。其中，$d\varepsilon_v^p$ 和 $d\varepsilon_d^p$ 分别为每一小步加载所产生的塑性体积应变 ε_v^p 与塑性广义剪应变 ε_d^p 的增量。

Roscoe 等提出正常固结黏土的剑桥模型，其应力-剪胀规律表达式为

$$\frac{d\varepsilon_v^p}{d\varepsilon_d^p}=\frac{M^2-\left(\dfrac{q}{p}\right)^2}{2\left(\dfrac{q}{p}\right)} \tag{6.67}$$

式中　M——q/p-$d\varepsilon_v^p/d\varepsilon_d^p$ 关系曲线在 q/p 轴上的截距。

在更复杂的情况下，土体的剪胀特性会受到密实度因素的影响。此时的剪胀方程可以根据状态变量 Ψ 定义。状态变量的定义如图 6.40 所示，其中 CSL 代表的是土体的临界状态线。2000 年，Li 和 Dafalias 提出用状态变量定义的砂土状态相关剪胀方程，即

$$\frac{d\varepsilon_v^p}{d\varepsilon_d^p}=d_0\left(e^{m\Psi}-\frac{\eta}{M}\right) \tag{6.68}$$

式中　d_0, m——材料参数；
　　　Ψ——状态变量。

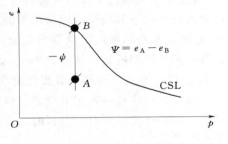

图 6.40　状态变量 Ψ 的定义

6.6 本章小结

本章主要介绍了土体的变形特性与变形机制。主要内容包括 4 个部分：土的基本变形特性、土的剪切变形特性、土的压缩变形特性以及土的剪胀特性（剪应力和压应力耦合引起体积变形的特性）。土体在工程中主要承受压缩作用和剪切作用，地基土层是承受压缩荷载最典型的例子，大多数工程结构物与土体的相互作用问题都是土体的受剪问题，如桩基与土体的相互作用、边坡挡墙与土体的作用等。土体的剪切变形与体积变形是最受关注的研究课题。本章介绍了土体受到剪切作用时发生的剪切变形、土体受到法向压缩荷载作用时引起的压缩变形和土体受到主应力和剪应力耦合作用时引起的体积变形。

土体是由离散颗粒构成的三相体，具有多孔多相性、非均质性、非连续性、非各向同性、相态变化性、历史记忆性、裂隙碎散性、细观随机性、黏摩共有性和结构易损性等，其变形模式与常规的连续介质材料有一定的差异。土体是一种压硬性材料，其刚度和强度会随围压的增大而增加。土体的变形由可恢复的弹性变形和不

可恢复的塑性变形组成，剪切作用下变形会在局部发育，称为应变局部化现象，并且应力-应变关系是非线性的。由于土体的颗粒特性，土体变形受到结构和组构的影响，且剪切作用会引起土体的体积变化。此外，土体的变形还具有应力历史和应力路径的依赖性、流变性等。

土体的剪切变形是指剪应力引起的变形。土体的剪切变形是一种弹塑性的局部化变形。在剪应力刚开始作用时，土体可能就产生塑性变形了。把土体当作理想弹性体进行分析不符合实际的情况。随着剪应变的发育和演变，最终会形成一条变形集中的条带区域，这个条带区域即为剪切带，剪切带反映了土体应变局部化现象。

土体的压缩变形受土体渗透性和排水条件的控制。一般可以基于侧限压缩试验和载荷试验研究土体的压缩变形特性。可通过压缩系数、压缩指数、回弹指数、压缩模量、体积压缩系数、变形模量等描述土体的压缩性。土体的压缩性受到应力历史、温度和应力路径等外部因素的影响，还受自身矿物组成、组构和结构性的影响，土体内的有机质和孔隙水也会明显影响土体的压缩性质。

土的剪胀性是土体相对于其他工程材料最典型的性质。剪胀性是由于土体受到广义剪应力和有效平均主应力的耦合作用引起的土体体积变形的特性。广泛采用应力-剪胀关系来描述土体的剪胀特性。可以基于能量守恒推导得到直剪试验条件下、单剪试验条件下和三轴试验条件下的应力-剪胀关系表达式。三轴压缩条件下的应力-剪胀关系是原始剑桥模型的流动法则。采用 Burland 提出的能量方程可推导得到修正剑桥模型的流动法则。Rowe 认为剪切过程中主动力做功与被动力做功的比值 K 应保持不变，得到的剪胀理论在许多本构模型中都有应用。

总之，土体是一种很复杂的材料，其变形特性控制着工程结构物和岩土体的稳定性。在进行工程研究与分析时，采用合理、有效的形式表达土体的变形性质是非常重要的。

思　考　题

6.1　土的变形有哪些基本特征？

6.2　如何计算土的剪切变形？

6.3　简要介绍压缩系数、压缩指数、压缩模量和变形模量的定义、用途及确定方法。

6.4　先期固结压力有何意义？如何通过先期固结压力判断土的固结情况？

6.5　先期固结压力对土的压缩性有何影响？如何对不同固结条件土体的压缩曲线进行修正？

6.6　简单介绍土剪胀性的基本概念及描述方法。

第 7 章

土的强度

7.1 概述

在人类文明数千年的发展历程中，挖沟筑堤、疏河开渠、建造房屋首先涉及的都是土的强度问题。岩土工程实践表明，土体各方面的力学特性，如岩土结构承载能力、抗滑力、地基承载力等，总体来说都取决于土体的强度。

岩土工程实践发现，土体的破坏通常都是剪切破坏。这是因为相对于土体颗粒自身抵抗压碎破坏的能力来说，土体更容易产生相对滑移的剪切破坏。因此，土体的强度通常指土体抵抗剪切破坏的能力。抗剪强度是土体重要的力学性质指标之一，建筑物和构筑物地基的承载力及稳定性、各类土工构筑物（路基、堤坝、路堑、基坑）的边坡和自然边坡的稳定性、挡土支护结构物的破坏及砂土的动力液化性质等，本质上都取决于土体的抗剪强度。

在太沙基创立土力学学科很久以前，就已经有学者讨论了土的强度问题，如1776 年，库仑基于试验成果提出著名的库仑公式，即

$$\tau_f = c + \sigma \tan\varphi \tag{7.1}$$

1900 年，莫尔提出土体在破坏面上的抗剪强度是破坏面上法向应力的单值函数，即

$$\tau_f = f(\sigma_f) \tag{7.2}$$

由此得到莫尔-库仑定律的常用形式为

$$\tau_f = c + \sigma_f \tan\varphi \tag{7.3}$$

或

$$\tau_f = c' + \sigma_f' \tan\varphi' \tag{7.4}$$

式中　τ_f——破坏面上的剪切应力；

　　　c——黏聚力；

　　　σ_f——破坏面上的法向应力；

　　　φ——内摩擦角。

式（7.3）中的 σ_f，c、φ 是总应力参数；式（7.4）中的 σ_f、c'、φ' 是有效应力参数。

实际上，饱和土体内一点的抗剪强度取决于许多因素，考虑多种因素影响的土体抗剪强度的函数表达式为

$$\tau_f = F(\sigma'_{ij}, c', \varphi', \varepsilon_{ij}, \dot{\varepsilon}_{ij}, e, C, H, T, S, S_p, E, t) \tag{7.5}$$

式中，σ'_{ij}——有效应力；

c'——有效黏聚力；

φ'——有效内摩擦角；

ε_{ij}——应变；

$\dot{\varepsilon}_{ij}$——应变速率；

e——孔隙比；

C——土体组成；

H——应力历史；

T——温度；

S——土体结构；

S_p——应力路径；

E——环境和生成条件的影响因素；

t——时间。

总地来说，影响土抗剪强度的因素主要有内部因素和外部因素两大类。式 (7.5) 中的影响因素可能并不是相互独立，具体的函数形式也是未知的。因此，常通过试验手段，如直剪试验、三轴压缩试验、单剪试验等，得到土体的抗剪强度参数。试验结果受排水条件、加载速率、围压的影响，改变试验类型和试验条件可以得到不同的试验结果。实际土体的抗剪强度取决于很多因素，在试验前要基于土体实际的状态选择试验条件，如土体是处于加载还是卸载、有无排水的需要、要研究的是长期强度还是短期强度等。实际上，就式 (7.5) 表达的抗剪强度来说，有效应力是最大的影响因素，其次是土体的孔隙率。在土力学研究中，有效应力表示的莫尔-库仑定律 (式 (7.4)) 体现了更为基本的特性。若采用有效应力表示的莫尔-库仑定律作为土的抗剪强度准则，则其忽略了式 (7.5) 中的诸多因素。

由于土体具有碎散性、多相性等特征，土体的强度具有以下特性。

(1) 土体是典型的散粒集合体，土颗粒之间的相互联系是相对薄弱的，所以土的强度主要是由颗粒间的相互作用力决定的，而不是由颗粒体的强度决定的。

(2) 土体的破坏主要为剪切破坏，土体强度主要指剪切强度，其强度主要表现为摩擦力和黏聚力，即土体的抗剪强度主要由土体的摩擦作用和黏聚作用提供。

(3) 土体是一种三相体，固体颗粒与气体、液体的相互作用是影响土体强度的重要因素，所以在研究中要考虑孔隙水压力、吸力等对土体强度的影响。

(4) 土体的地质历史导致土体具有多变性、结构性和各向异性，土体的强度也具有多变性、结构性和各向异性。

土体强度的上述特性反映了其强度受内部和外部、宏观和细观诸多因素的影响，是土力学中的重点与难点问题。

本章主要研究土的强度特性及莫尔-库仑强度理论。首先从微细观层面介绍强度中摩擦作用与黏聚作用的具体机制，分析土体中摩擦与粘接的基本特性及它们与土强度特性的关系。接着介绍莫尔-库仑强度理论与基于该强度理论的极限平衡状态。在介绍相关试验方法的基础上，归纳、分析、总结砂土和黏土在不同剪切试验条件下剪切特性、强度特征与强度参数。扩展性介绍土体在残余状态下的强度特性，从结构性角度出发阐述组构、结构与强度的关系，并讨论主应力和主应力方向对土强度的影响。

7.2　摩擦作用

在一定的应力范围内，莫尔-库仑强度理论可表示为式（7.1）的形式。其中，c 为土体的黏聚力，$\sigma\tan\varphi$ 为土体的摩擦抗力。由此可见，土体的抗剪强度由黏聚强度和摩擦强度两部分构成。实际上，土体的强度机理及影响因素非常复杂，不能够截然将黏聚作用和摩擦作用分开。

本节将介绍土体中摩擦强度的基本机制及土体摩擦强度的计算方法。其中，黏性土摩擦强度及微观机制较为复杂，本节着重分析砂土颗粒的摩擦强度。砂土的摩擦强度分为颗粒间的滑动摩擦强度和咬合摩擦强度两种。两种强度的机理不同，对土体强度的影响也不同。

7.2.1　颗粒间的滑动摩擦作用

固体表面间的滑动摩擦是指沿着固体表面的真正意义上的摩擦，这种摩擦作用是土摩擦强度的主要来源，可表示为

$$\mu=\frac{T}{N}=\tan\varphi_\mu \tag{7.6}$$

式中　N——表面的法向力；

　　　T——表面的摩擦力；

　　　φ_μ——滑动摩擦角。

基于式（7.6）可以得到以下两条摩擦特性：

（1）摩擦力 T 与法向力 N 成正比。

（2）两个物体间的摩擦抗力与物体的尺寸大小无关。

实际上，固体颗粒间接触的性质非常复杂，基本上所有的固体表面都存在一定的粗糙度，一般是分子量级的。如图 7.1 所示，固体表面的不平整度在 $10\sim100$nm之间，不平整处的坡面角度大概都在 $120°\sim175°$ 之间。金属表面的坡面角度大概为 $150°$，粗糙石英表面的坡面角度大概为 $175°$。当把这两种材料放到一起后，颗粒在微凸体处建立接触，实际的接触面积只是总表面积中很小的一部分。

将石英表面打磨到镜面光滑度后，石英矿物表面的不平整度大概为 500nm。而一些松散矿物表面的不平整度可能会增大 10 倍。云母矿物是天然矿物中表面最光滑的，但即使是片状云母，表面也会有"波动"，高度在 $1\sim100$nm 之间。因此，固体表面

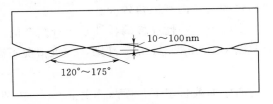

图 7.1　两个光滑界面的接触

间的滑动也存在不规则表面的咬合和"自锁"作用。在土体中，颗粒间实际的接触面积非常小，对应的粒间接触应力很大。

太沙基认为材料一般在凸起的接触点达到屈服，因此，实际接触面积由材料屈

服强度 σ_y 和法向荷载 N 决定，即

$$A_c = \frac{N}{\sigma_y} \tag{7.7}$$

在颗粒接触屈服区域，抗剪强度为 τ_m，接触面积为 A_c，则剪切抗力为

$$T = A_c \tau_m \tag{7.8}$$

根据式（7.6）至式（7.8）可得摩擦系数为

$$\mu = \frac{\tau_m}{\sigma_y} \tag{7.9}$$

基于上述的分析可知，颗粒表面的凸起处会发生屈服，产生塑性变形，切向抗滑力取决于接触处的抗剪强度和接触面积。需要注意的是，接触处的弹性变形和塑性变形会使接触面积发生变化。

由于颗粒在接触处的间距为分子尺度，接触间会形成吸附引力作用，局部矿物甚至会产生重结晶，在这种情况下，土体的摩擦力表现出与黏聚力相似的形成机理，静摩擦力可能大于滑动摩擦力。

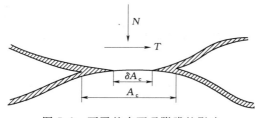

图 7.2　不平整表面吸附膜的影响

如图 7.2 所示，由于颗粒表面总会被一层吸附膜覆盖，并不是完全清洁的。如果实际固相间的接触面积占接触总面积的比例为 δ，含吸附体间的抗剪强度为 τ_c，则实际接触处的抗剪力为

$$T = A_c [\delta \tau_m + (1-\delta) \tau_c] \tag{7.10}$$

式中，含吸附体间的抗剪强度 τ_c 要比实际接触处的抗剪强度 τ_m 小很多。

由于 δ 和 τ_c 通常是未知的，式（7.10）很难应用于计算颗粒间的抗剪力。但它很好地解释了为什么小颗粒黏性土的内摩擦角比大颗粒的土体小很多，这是因为给定有效应力作用下，黏性土等细粒土每个颗粒上作用的平均荷载小于粗粒土上每个颗粒作用的平均荷载，实际作用面积的比例 δ 相对较小。同时扁平状粉土和砂土颗粒的表面要比相同尺寸的规则颗粒的表面光滑，其波状微凸体更为规则且不平整度相对较小。因此，在给定每个颗粒接触数目的条件下，每个微凸体上的受力大小就会随着粒径的降低而降低。同时，相同尺寸下扁平状颗粒的受力要小于规则颗粒。因此，分析可知，小颗粒和扁平状颗粒的真实内摩擦角较小，而大颗粒和规则状颗粒的真实内摩擦角较大。

实际上，塑性连接的特性是十分复杂的。在正应力和剪应力的综合作用下，变形遵循 von Mises-Henky 准则，二维情况下满足

$$\sigma^2 + 3\tau^2 = \sigma_y^2 \tag{7.11}$$

初始加载状态下，微凸体上 $\sigma = \sigma_y$，如果有剪应力的作用，σ 就小于 σ_y。出现这种情况，只能是因为接触面积增大了。因此，在剪应力的持续作用下，接触面积随着剪应力的增大而增大，这种现象称为连接发育。

当粒间接触开始产生滑动时，摩擦抗力就不可能大于产生初始位移时的抗力值。即滑动摩擦系数一般小于静止摩擦系数。

表 7.1 中列出的是一些常见矿物的滑动摩擦角。

表 7.1 常见矿物的滑动摩擦角

矿 物 种 类		滑动摩擦角/(°)
非黏土矿物	饱和石英	22～24.5
	饱和长石	28～37.6
	饱和方解石	34.2
	饱和绿泥石	12.4
黏土矿物	高岭石	12
	伊利石	10.2
	蒙脱石	4～10

图 7.3 所示为不同情况下石英表面的摩擦系数。从图中可以看出，表面未进行化学清洁的非黏性土矿物由于存在吸附膜的润滑作用，对应的表面摩擦系数是很小的。在饱和状态下，石英、长石和方解石等大体积矿物抛光表面的吸附膜会被溶解破坏，使这些矿物的滑动摩擦角一定程度地增大，这是因为水可以破坏对抛光表面具有润滑作用的吸附薄层，水可能破坏了粒间接触面上的二氧化硅（石英和长石）和碳酸盐（方解石）界面，阻碍了二氧化硅和碳酸盐胶结物的形成，即水具有抗滑作用。随着粗糙度的增大，水的抗滑效果减弱。如果对石英表面进行化学清洁后再进行摩擦系数的测量，可以发现水的存在对摩擦系数并没有影响。表面清洁的光滑表面间的摩擦系数很大，而随着粗糙度增大到一定程度，清洁与否对摩擦系数的影响不大。粗糙度的增大使得微凸体可以更轻松地穿破界面吸附薄层，导致 δ 的增大。

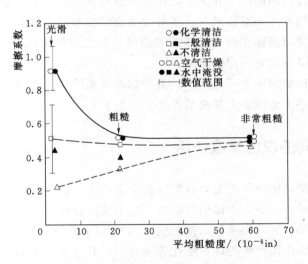

图 7.3 石英表面的摩擦系数（1in＝2.54cm）

而对于片状非黏土矿物，水也可起到润滑作用。比如，白云母、金云母、黑云母和绿泥石在干燥状态下和饱和状态下的滑动摩擦角分别为 16.7°和 13.0°、14.0°和 8.5°、14.6°和 7.4°、18.3°和 12.4°，饱和状态下的滑动摩擦角都小于干燥状态下的滑动摩擦角。这是因为片状矿物在空气中形成的硅酸盐吸附薄层很薄，且表面离子并不是完全水合的。当硅酸盐薄层表面被湿润后，薄层厚度增大且薄层表面离子水合作用增强，表面薄膜的覆盖范围和流动性增大。

　　对于黏性土来说，它们的表面与硅酸盐的薄层结构很类似。黏土矿物越稳定，滑动摩擦角越大。对于高岭石、伊利石和蒙脱石 3 种黏土矿物来说，高岭石最稳定，蒙脱石最不稳定，伊利石介于二者之间，所以高岭石的滑动摩擦角最大，蒙脱石最小，伊利石居中。表 7.1 中的数据印证了这一点。

　　实际上，黏性土的滑动摩擦特性相对无黏性土更为复杂。Santamarina（2001）等人假定细粒土间的接触不存在摩擦作用，引入了一种电性粗糙度的概念，如图 7.4 所示。认为孔隙液体包围的两个黏土颗粒的接触如图 7.5 所示。黏土接触面上有一些离散电荷，所以沿着黏土颗粒接触面上存在一系列连续的势能纽带。存在以下两种情况。

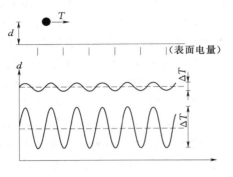 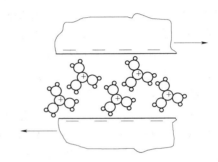

图 7.4　电性粗糙度示意图　　　　图 7.5　细粒土颗粒间摩擦示意图

　　（1）如果颗粒的间距小于几纳米，相邻界面间就会形成具有最小势能的多重纽带作用，当颗粒间发生相对移动时，要有力来克服纽带间的能量阻碍。由于粒间有多重能量纽带，粒间流体相当于连续的类固体，处于受约束状态。黏附-滑动模式对摩擦抗力和能量耗散有一定的贡献。

　　（2）如果颗粒的间距大于几纳米，两个黏粒表面的相互作用仅有粒间流体的动水黏滞效应，可基于流体动力学来估算摩擦力的大小。

7.2.2　颗粒间的咬合摩擦作用

　　当土体内的滑动面为平面时，通常仅有滑动摩擦。但土颗粒间不可能是平面接触，颗粒间是交错排列的，土体的滑动面不是平面。在剪切作用下，剪切面处的颗粒会发生上下错动、转动和平移，甚至脱出，并伴随着土体体积的变化，如图 7.6 所示。这种由剪切作用产生的体积变化称为剪胀，广义上的剪胀包括剪胀和剪缩。

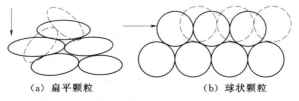

（a）扁平颗粒　　　　　　（b）球状颗粒

图 7.6　密实砂土的剪胀

剪胀现象主要是由土颗粒间的咬合摩擦引起的。咬合摩擦（interlocking）是指对相邻土颗粒之间发生相对移动的约束作用，主要存在于密实无黏性土中。

图 7.7 所示为试样有剪胀和无剪胀时的破坏状态，D 表示试样是否发生剪胀，可通过下式计算

$$D = 1 - \frac{\mathrm{d}\varepsilon_V}{\mathrm{d}\varepsilon_1} \tag{7.12}$$

图 7.7（a）表示无剪胀的情况。在这种情况下，外荷载在单位体积上所做的功 w_r 为

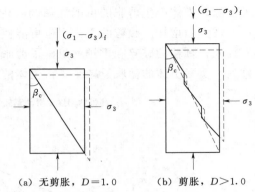

(a) 无剪胀，$D = 1.0$　　(b) 剪胀，$D > 1.0$

图 7.7　密实砂土的剪胀

$$w_r = \Delta\varepsilon_1 (\sigma_1 - \sigma_3)_r \tag{7.13}$$

在相同围压条件下，有剪胀情况下，单位体积外力做的功 w_f 包括式（7.13）的 w_r 和克服围压对体变的阻力做功，即

$$w_f = \Delta\varepsilon_1 (\sigma_1 - \sigma_3)_f = w_r - \Delta\varepsilon_V\sigma_3 = \Delta\varepsilon_1 (\sigma_1 - \sigma_3)_r - \Delta\varepsilon_V\sigma_3 \tag{7.14}$$

式中　$\Delta\varepsilon_V$——体应变增量，是负值。

由式（7.14）可得

$$(\sigma_1 - \sigma_3)_f = (\sigma_1 - \sigma_3)_r - \frac{\Delta\varepsilon_V}{\Delta\varepsilon_1}\sigma_3 \tag{7.15}$$

简化为

$$\left(\frac{\sigma_1}{\sigma_3}\right)_f = \left(\frac{\sigma_1}{\sigma_3}\right)_r - \frac{\Delta\varepsilon_V}{\Delta\varepsilon_1} \tag{7.16}$$

在破坏时，有

$$\tan^2\left(45° + \frac{\varphi_f}{2}\right) = \tan^2\left(45° + \frac{\varphi_r}{2}\right) - \frac{\Delta\varepsilon_V}{\Delta\varepsilon_1} \tag{7.17}$$

由于产生的体胀是负的，所以有剪胀情况下的内摩擦角 φ_f 要大于无剪胀情况下的内摩擦角 φ_r。体力需要克服产生体胀的抗力做功。

密实砂土的剪胀特性会提高砂土的抗剪强度，Taylor（1948）基于密砂试样的直剪试验和剪胀模型得到密实砂土的抗剪强度为

$$\tau_f = \sigma_y\mu + \sigma_y\left(\frac{\delta v}{\delta u}\right) \tag{7.18}$$

式中　$\frac{\delta v}{\delta u}$——平均剪胀率。

分子和分母分别是土体模型顶面的法向位移和切向位移。式中等号右侧第一项为滑动摩擦强度，第二项即为咬合摩擦强度。

土颗粒的重排列和颗粒破碎是土颗粒咬合摩擦产生的另外两种现象。颗粒破碎和重排列现象均需要额外做功，从而会提高砂土的内摩擦角。如图 7.8 所示，①代表滑动摩擦强度包线；②代表由剪胀和剪缩引起的强度包线变化；③代表实际的强度包线。首先，滑动摩擦强度包线是线性的，剪胀会提高抗剪强度，剪缩会使抗剪强度降低。应该注意，颗粒破碎后，颗粒破碎体挤入孔隙中的可能性增大，不易形

成大孔隙，土体产生剪胀的可能性降低，甚至产生剪缩。这种现象出现的概率随着围压的增大而增加。颗粒的重排列也可能使土体的原有结构发生破坏，使剪胀量减小。因此，颗粒的破碎和重排列阻碍了剪胀现象的发生，相对于不发生颗粒破碎和重排列，实际土体的剪胀量减小了，土体的咬合摩擦强度也减小了。

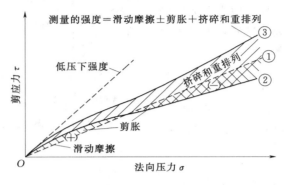

图 7.8 砂土的强度包线

7.3 黏聚作用

如第 5 章中所述，土颗粒间存在着相互作用力，最为典型的是黏土颗粒-水-电系统间的相互作用。颗粒间的相互作用力既可能是吸引力，也可能是排斥力。土体的黏聚力是各种土体颗粒相互作用力综合作用的结果，在 5.2.3 小节中有过详细的介绍。图 7.9 所示为各种粒间作用力在不同颗粒尺寸条件下对黏聚力的贡献。

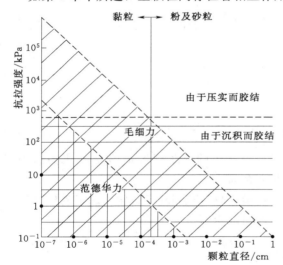

图 7.9 不同粒径下粒间作用力对黏聚力的贡献

粗粒土中，尽管没有任何物理和化学引力的作用，仍可能由粗颗粒的排列堆积特性产生表观黏聚力。表面的咬合即为典型体现。对于由两个齿状平面咬合产生的接触面，尽管接触面上没有法向力作用，也存在一定程度的剪切抗力。表观黏聚力也可能由毛细应力产生。在含有一定量水的不饱和土体中，水对颗粒表面的吸引力及表面张力使颗粒间产生明显的"黏聚作用"。

7.4 莫尔-库仑强度理论

7.4.1 土的屈服、破坏与强度

土体在一定的应力状态及其他条件下，发生过大的变形或失去稳定性就是发生

了破坏，土的强度即是发生破坏时土体的应力状态。大多数情况下，土体强度的定义和表观的破坏是一致的，但是某些情况下二者并不一致，如土体的残余强度。定义破坏的判断标准为破坏准则，破坏准则通常是应力状态的组合；而强度理论是揭示土体破坏机理的应力状态表达式。破坏准则和强度理论一般是一致的。

材料的塑性变形是卸载时不可恢复的变形。当材料达到初始屈服时就开始产生塑性变形。初始屈服就是塑性变形初始发生时应力－应变曲线中的某个点或三维应力空间中的某个面，可称之为初始屈服点或初始屈服面。土体并不是弹性材料，也不是理想塑性材料，而是一种典型的弹塑性材料。在应力作用下，弹性变形与塑性变形几乎同时发生。一般而言，土体的屈服与破坏并不是同一概念。对于刚塑性应力-应变关系和弹性-理想塑性应力-应变关系，达到屈服时即意味着破坏，而对于一般的弹塑性应力-应变关系，屈服和破坏的概念不同。

本章中主要研究土体的抗剪强度，而不再研究土体的应力-应变关系及应力-应变关系的发展演变过程，这是一种高度简化的做法。实际上土体的破坏是整个变形演变过程中某个特殊阶段或某个临界点，且破坏总是受到应力-应变关系演变过程的影响。这种简化实际上是为了方便实际工程的应用。比如，边坡失稳讨论的就是滑动面上的强度及应力状态，而不是土体应力和应变的发展过程。

在这里认为土体的强度准则与破坏准则是一致的概念。研究土体的强度或破坏准则，首先要定义土体破坏的概念。一般而言，土体破坏有两方面的定义：从应变角度来看，当土体的应变或变形超过正常使用的极限值时，即到达破坏状态；从应力角度来看，当土体不能继续稳定地承受外力或应力的作用时，即达到破坏状态。

7.4.2 莫尔-库仑强度准则

土体达到一定的应力状态时发生了特定的破坏，此时的条件公式即为破坏准则，破坏时的应力状态即为强度，破坏准则与强度准则通常都是破坏面上最大剪应力的表达式。一般来说，土体破坏条件可以根据工程条件和破坏形式的不同而选定，如最大偏应力、最大主应力比、极限应变、临界状态或残余状态。土体是一种典型的碎散颗粒集合体，与常规的工程材料相比有很大的不同。土体的抗剪强度取决于很多因素，但在实际工程分析及研究中，应用最多的是仅考虑有效应力影响且只有两个参数的莫尔-库仑强度准则。

摩擦法则控制着土体的强度与变形，考虑土体强度的主要来源是土颗粒间的摩擦力，则

$$F = \mu F_N \tag{7.19}$$

式中　　F——摩擦力；

F_N——土体粒间的法向力；

μ——摩擦系数。

式 (7.19) 同除以面积 A 可得应力，摩擦系数 $\mu = \tan\varphi$，令 $F/A = \tau_f$，且 $F_N/A = \sigma$，则可得

$$\tau_f = \sigma\tan\varphi \tag{7.20}$$

式中　　τ_f——抗剪强度；

σ——破坏面上的法向应力；

φ——内摩擦角。

考虑到黏性土中法向力为 0 时还有黏聚力作用，对式（7.20）修正得到一般形式的表达式，即

$$\tau_f = c + \sigma \tan\varphi \tag{7.21}$$

式中 c——黏聚力，c 和 φ 为抗剪强度参数。

式（7.21）即为库仑公式的一般形式，适用于黏性土。对于无黏性土，黏聚力 $c = 0$，即可得到式（7.20）。式（7.20）和式（7.21）是总应力形式的抗剪强度表达式。在有效应力原理部分明确说明了，只有有效应力的变化才能引起强度的变化，因此可基于有效应力原理得到有效应力形式的库仑公式为

$$\tau_f = c' + \sigma' \tan\varphi' = c' + (\sigma - u)\tan\varphi' \tag{7.22}$$

由上述的库仑公式可知，土体的抗剪强度随着颗粒间法向力的增大而增大。土的抗剪强度有两种表达方式，c 和 φ 为土的总应力强度指标，对应的强度和稳定性分析方法为总应力法；而 c' 和 φ' 为土的有效应力强度指标，对应的强度和稳定性分析方法为有效应力法。

实际上，土体的抗剪强度还取决于很多因素，比如式（7.5）给出的一些重要的影响因素，其中土的孔隙性和结构性是影响土强度的两个重要因素。实际上，密实砂土的抗剪强度很大，这是因为密实砂土颗粒间不仅存在滑动摩擦作用，还存在咬合摩擦作用，包括剪胀、颗粒破碎和重组的抗力作用。

库仑强度准则仅采用黏聚力 c 和内摩擦角 φ 这两个参数，仅用有效应力作为唯一的控制因素来描述土体的强度，而实际土体的强度受多方面因素的影响。因此，c 和 φ 的值并不是不变的，而会受试验方法和试验条件的影响发生变化。实际上，很多土体的抗剪强度线都不是线性的，而是随着应力状态的变化逐渐表现出非线性，c 和 φ 的值也发生变化。

20 世纪初期，莫尔基于库仑的成果提出了以下强度公式，即

$$\tau_f = f(\sigma) \tag{7.23}$$

即一个平面上的抗剪强度取决于这个平面上的正应力。其中函数 $f(\sigma)$ 是由试验确定的单值函数，在 $\tau_f - \sigma$ 平面上对应的是一条曲线，称为抗剪强度包线或莫尔破坏包线，如图 7.10 所示。

如果土体内某个单元体内某个面上的法向应力和剪切应力的点 (τ, σ) 落在强度包线的下方，如 A 点，则意味着在该法向应力的作用下，该面上的剪切应力小于抗剪强度，土体不会沿着该面发生剪切破坏。如果点落在强度包线上，如 B 点，土体即达到临界破坏状态。实际上，点是不会落在强度包线外的，这是因为土的剪切应力达到抗剪强度后就不会继续增加了。土体内某个单元体上只要出现一个方向的平面上达到抗剪强度了，该单元体就达到了破坏状态，可称为极限平衡状态。通常土体的应力状态和抗剪能力是随空间位置变化的。

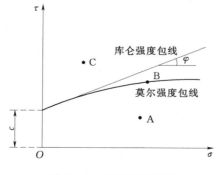

图 7.10 抗剪强度包线

基于众多试验发现，一般土体在应力变

化范围不大时，可用库仑强度公式作为抗剪强度包线或莫尔破坏包线，即式（7.20）～式（7.22）。这种以库仑公式为抗剪强度计算公式，以剪切应力是否达到抗剪强度作为破坏标准的准则即为莫尔-库仑强度准则或莫尔-库仑破坏准则。

7.4.3　土中一点应力的极限平衡条件

若已知土体内剪切破坏面的位置，直接得到该剪切面上作用的法向力后，可以代入库仑公式计算抗剪强度，与作用在剪切面上的剪切应力对比即可判断土体是否发生了破坏。但在实际情况下，不能够预先得到土体的剪切破坏面，应力状态一般也只能得到垂直于坐标的应力大小。最好的方法就是用莫尔圆将一点的应力状态在 $\tau_f - \sigma$ 平面上表示出来，根据应力状态莫尔圆与抗剪强度包线之间的位置关系判断是否达到了极限状态，如图 7.11 所示。

对于平面应变问题，土体中一点的应力状态可用其 3 个应力分量 σ_x、σ_y 和 τ_{xy} 表示，也可以用主应力 σ_1 和 σ_3 表示。已知 σ_x、σ_y 和 τ_{xy} 时，主应力可以表示为

$$\begin{cases} \sigma_1 \\ \sigma_3 \end{cases} = \frac{\sigma_x + \sigma_y}{2} \pm \sqrt{\left(\frac{\sigma_x - \sigma_y}{2}\right)^2 + \tau_{xy}^2} \tag{7.24}$$

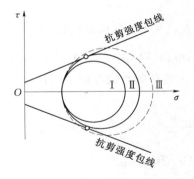 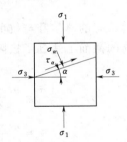

图 7.11　抗剪强度包线与莫尔圆的关系　　图 7.12　土体内一点的应力状态

当已知主应力 σ_1 和 σ_3 时，可求得与最大主应力作用面夹角为 α 的斜面上的法向应力和剪切应力，如图 7.12 所示，即

$$\sigma_\alpha = \frac{\sigma_1 + \sigma_3}{2} + \frac{\sigma_1 - \sigma_3}{2} \cos 2\alpha \tag{7.25}$$

$$\tau_\alpha = \frac{\sigma_1 - \sigma_3}{2} \sin 2\alpha \tag{7.26}$$

对式（7.25）进行变形可得

$$\sigma_\alpha - \frac{\sigma_1 + \sigma_3}{2} = \frac{\sigma_1 - \sigma_3}{2} \cos 2\alpha \tag{7.27}$$

则可得

$$\left(\sigma_\alpha - \frac{\sigma_1 + \sigma_3}{2}\right)^2 + \tau_\alpha^2 = \left(\frac{\sigma_1 - \sigma_3}{2}\right)^2 \tag{7.28}$$

因此，土体内一点的应力状态（单元体各个方向截面上的法向力和切向力）可用 $(\sigma_\alpha, \tau_\alpha)$ 在 $\tau_f - \sigma$ 平面上表示为圆心 $\left(\frac{\sigma_1 + \sigma_3}{2}, 0\right)$、半径 $\frac{\sigma_1 - \sigma_3}{2}$ 的圆。这个圆即为莫尔圆，莫尔圆与 σ 轴的交点分别为 $(\sigma_1, 0)$ 和 $(\sigma_3, 0)$。

如图 7.11 所示，若莫尔圆与抗剪强度包线相切，则表明土体中这一点对应的单元体上某个截面上的剪应力等于抗剪强度，即达到极限平衡状态；若莫尔圆处于抗剪强度包线下，则表明这个点对应的单元体各个方向的截面上，剪应力都没有达到抗剪强度。应该注意的是，应力状态莫尔圆并不能够与抗剪强度包线相割，这是因为任意方向截面上的剪切应力都不能大于抗剪强度。

【例 7.1】 已知地基土中某点的大主应力 $\sigma_1 = 640\text{kPa}$，小主应力 $\sigma_3 = 200\text{kPa}$。

（1）求出最大剪应力及其作用的方向。

（2）计算与小主应力作用面夹角 60° 斜面上作用的正应力与剪应力大小。

解 （1）根据剪应力的计算式（7.26）或莫尔圆示意图 7.19 可知，与大主应力作用面的夹角 α 为 45° 斜面上的剪应力为最大剪应力，亦为莫尔圆半径的大小，即 $\tau_{\max} = \dfrac{\sigma_1 - \sigma_3}{2} = \dfrac{640 - 200}{2} = 220\text{kPa}$，其作用方向与大主应力作用面夹角为 45°。

（2）与小主应力作用面夹角为 60°，则与大主应力作用面的夹角为 30°，对应斜面上的正应力和剪应力为

$$\sigma_\alpha = \frac{\sigma_2 + \sigma_3}{2} + \frac{\sigma_1 - \sigma_3}{2}\cos 2\alpha = \frac{640 + 200}{2} + 220 \times \cos(2 \times 30°) = 530(\text{kPa})$$

$$\tau_\alpha = \frac{\sigma_1 - \sigma_3}{2}\sin 2\alpha = 220 \times \sin(2 \times 30°) = 190.5(\text{kPa})$$

若应力状态的莫尔圆与抗剪强度包线相切，如图 7.13 所示，则表明该单元体上某个方向的截面上达到了极限平衡状态。可得剪切破坏面上的正应力和剪应力分别为

$$\sigma_\alpha = \frac{\sigma_1 + \sigma_3}{2} - \frac{\sigma_1 - \sigma_3}{2}\sin\varphi = \frac{\sigma_1 + \sigma_3}{2} + \frac{\sigma_1 - \sigma_3}{2}\cos(90° + \varphi) \tag{7.29}$$

$$\tau_\alpha = \frac{\sigma_1 - \sigma_3}{2}\cos\varphi = \frac{\sigma_1 - \sigma_3}{2}\sin(90° + \varphi) \tag{7.30}$$

则破坏面与最大主应力作用面的夹角 α_f 满足

$$2\alpha_f = 90° + \varphi \tag{7.31}$$

则

$$\alpha_f = 45° + \frac{\varphi}{2} \tag{7.32}$$

因此，可以根据主应力 σ_1 和 σ_3 及破坏面与最大主应力作用面的夹角 α_f 及式（7.29）和式（7.30）计算破坏面上的正应力和剪应力。

如图 7.13 所示，若该点的应力状态达到了极限平衡条件，抗剪强度包线与莫尔圆相切。或是说，若抗剪强度包线与莫尔圆相切，则该点的应力状态达到极限平衡条件，即

$$\sin\varphi = \frac{O'A}{O''O'} = \frac{\dfrac{\sigma_1 - \sigma_3}{2}}{\dfrac{\sigma_1 + \sigma_3}{2} + c \cdot \cot\varphi} = \frac{\sigma_1 - \sigma_3}{\sigma_1 + \sigma_3 + 2c \cdot \cot\varphi} \tag{7.33}$$

化简可得

$$\sigma_1 = \sigma_3 \frac{1 + \sin\varphi}{1 - \sin\varphi} + 2c\frac{\cos\varphi}{1 - \sin\varphi} \tag{7.34}$$

或

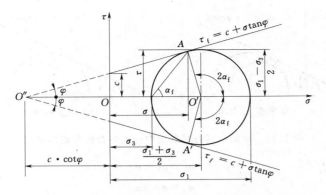

图 7.13　极限平衡状态下的莫尔圆与强度包线

$$\sigma_3 = \sigma_1 \frac{1+\sin\varphi}{1-\sin\varphi} - 2c \frac{\cos\varphi}{1-\sin\varphi} \tag{7.35}$$

式 (7.34) 可进一步变形为

$$\sigma_1 = \sigma_3 \frac{1+\sin\varphi}{1-\sin\varphi} + 2c \sqrt{\left(\frac{\cos\varphi}{1-\sin\varphi}\right)^2} = \sigma_3 \frac{1+\sin\varphi}{1-\sin\varphi} + 2c \sqrt{\frac{1+\sin\varphi}{1-\sin\varphi}}$$

$$= \sigma_3 \frac{1-\cos(90°+\varphi)}{1+\cos(90°+\varphi)} + 2c \sqrt{\frac{1-\cos(90°+\varphi)}{1+\cos(90°+\varphi)}}$$

$$= \sigma_3 \frac{2\sin^2\left(45°+\dfrac{\varphi}{2}\right)}{2\cos^2\left(45°+\dfrac{\varphi}{2}\right)} + 2c \sqrt{\frac{2\sin^2\left(45°+\dfrac{\varphi}{2}\right)}{2\cos^2\left(45°+\dfrac{\varphi}{2}\right)}}$$

$$= \sigma_3 \tan^2\left(45°+\frac{\varphi}{2}\right) + 2c\tan\left(45°+\frac{\varphi}{2}\right) \tag{7.36}$$

即

$$\sigma_1 = \sigma_3 \tan^2\left(45°+\frac{\varphi}{2}\right) + 2c\tan\left(45°+\frac{\varphi}{2}\right) \tag{7.37}$$

同理可得

$$\sigma_3 = \sigma_1 \tan^2\left(45°-\frac{\varphi}{2}\right) - 2c\tan\left(45°-\frac{\varphi}{2}\right) \tag{7.38}$$

式 (7.37) 和式 (7.38) 即为莫尔-库仑强度准则的主应力表达式，也是土体的极限平衡条件。当已知 σ_1 和 σ_3 时，即可判断土体是否达到了极限平衡条件。由图 7.13 可知，当土体中 σ_1 一定时，σ_3 越小越容易达到极限平衡状态；σ_3 一定时，σ_1 越大越容易达到极限平衡状态。根据主应力判断土中一点是否发生剪切破坏的方法如下。

（1）如图 7.14 (a) 所示，若已知 σ_1 和 σ_3 时，可将 σ_3 代入式 (7.37) 中计算达到极限平衡状态时的 σ_{1f}，与已知 σ_1 对比。若 $\sigma_1 < \sigma_{1f}$ 时，则处于安全状态；若 $\sigma_1 = \sigma_{1f}$ 时，则处于极限平衡状态；$\sigma_1 > \sigma_{1f}$ 也对应破坏状态，实际不可能达到此状态。

（2）如图 7.14 (b) 所示，若已知 σ_1 和 σ_3 时，可将 σ_1 代入式 (7.38) 中计算达到极限平衡状态时的 σ_{3f}，与已知 σ_3 对比。若 $\sigma_3 > \sigma_{3f}$ 时，则处于安全状态；若 $\sigma_3 = \sigma_{3f}$ 时，则处于极限平衡状态；$\sigma_3 < \sigma_{3f}$ 也对应破坏状态，实际不可能达到此状态。

若土体内的孔隙水压力为 u，则最大和最小有效主应力分别为

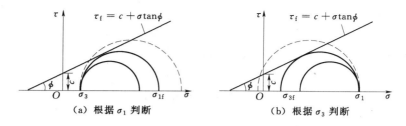

图 7.14 根据主应力判断土中一点是否达到破坏状态

$$\sigma_1' = \sigma_1 - u \qquad (7.39)$$

$$\sigma_3' = \sigma_3 - u \qquad (7.40)$$

则可得到莫尔－库仑强度准则的有效主应力表达式为

$$\sigma_1' = \sigma_3' \tan^2\left(45° + \frac{\varphi'}{2}\right) + 2c'\tan\left(45° + \frac{\varphi'}{2}\right) \qquad (7.41)$$

$$\sigma_3' = \sigma_1' \tan^2\left(45° - \frac{\varphi'}{2}\right) - 2c'\tan\left(45° - \frac{\varphi'}{2}\right) \qquad (7.42)$$

莫尔-库仑强度准则本质上是二维应力状态下的破坏准则，没有考虑中间主应力 σ_2 的影响。实际上，土体的抗剪强度是会受 σ_2 影响的。中主应力对土抗剪强度的影响将在 7.12 节进行讨论与介绍。

【例 7.2】 若已知地基中某土体单元的大主应力 $\sigma_1 = 400\text{kPa}$，小主应力 $\sigma_3 = 160\text{kPa}$，试验确定地基土的内摩擦角为 26°，黏聚力为 20kPa，请判断该单元土体处于何种状态。

解 已知 $\sigma_1 = 400\text{kPa}$，$\sigma_3 = 160\text{kPa}$，$\varphi = 26°$，$c = 20\text{kPa}$

（1）根据 τ 与 τ_f 的关系判断。

根据式（7.29）和式（7.30）确定特定剪破面上的法向应力与剪切应力为

$$\sigma = \frac{\sigma_1 + \sigma_3}{2} + \frac{\sigma_1 - \sigma_3}{2}\cos(90° + \varphi)$$

$$= \frac{400 + 160}{2} + \frac{400 - 160}{2} \times \cos116° = 227.4(\text{kPa})$$

$$\tau = \frac{\sigma_1 - \sigma_3}{2}\sin(90° + \varphi)$$

$$= \frac{400 - 160}{2} \times \sin116° = 107.9(\text{kPa})$$

根据式（7.21）确定特定剪破面上的抗剪强度，即

$$\tau_f = c + \sigma\tan\varphi = 20 + 227.4 \times \tan26° = 130.9(\text{kPa})$$

因为 $\tau_f > \tau$，说明该土体单元还未发生破坏。

（2）根据图 7.20 所示的极限平衡条件进行判断。

1）对比已知 σ_1 与极限平衡状态时的 σ_{1f} 进行判断。

将 $\sigma_3 = 160\text{kPa}$，$\varphi = 26°$，$c = 20\text{kPa}$ 代入式（7.37）计算 σ_{1f} 可得

$$\sigma_{1f} = \sigma_3\tan^2\left(45° + \frac{\varphi}{2}\right) + 2c\tan\left(45° + \frac{\varphi}{2}\right)$$

$$= 160 \times \tan^2\left(45° + \frac{26°}{2}\right) + 2 \times 20 \times \tan\left(45° + \frac{26°}{2}\right)$$

$$= 160 \times \tan^2 58^\circ + 40 \times \tan 58^\circ = 473.8 (\text{kPa})$$

因为 $\sigma_1 < \sigma_{1f}$，说明该土体单元还未发生破坏。

2）对比已知 σ_3 与极限平衡状态时的 σ_{3f} 进行判断。

将 $\sigma_1 = 400\text{kPa}$，$\varphi = 26^\circ$，$c = 20\text{kPa}$ 代入式（7.38）计算 σ_{3f} 可得

$$\sigma_{3f} = \sigma_1 \tan^2\left(45^\circ - \frac{\varphi}{2}\right) - 2c\tan\left(45^\circ - \frac{\varphi}{2}\right)$$

$$= 400 \times \tan^2\left(45^\circ - \frac{26^\circ}{2}\right) - 2 \times 20 \times \tan\left(45^\circ - \frac{26^\circ}{2}\right)$$

$$= 400 \times \tan^2 32^\circ - 40 \times \tan 32^\circ = 131.2 (\text{kPa})$$

因为 $\sigma_3 > \sigma_{3f}$，说明该土体单元还未发生破坏。

【例 7.3】 已知基本条件同 ［例 7.1］，通过直剪试验测定该地基土的抗剪强度指标为 $\varphi = 24^\circ$，$c = 35\text{kPa}$。

（1）试判断该点所处的状态。

（2）若该地基土发生破坏，试说明为何破坏不发生在最大剪应力作用面上。

解　（1）根据式（7.29）和式（7.30）确定特定剪破面上的法向应力与剪切应力。

$$\sigma = \frac{\sigma_1 + \sigma_3}{2} + \frac{\sigma_1 - \sigma_3}{2}\cos(90^\circ + \varphi)$$

$$= \frac{640 + 200}{2} + \frac{640 - 200}{2} \times \cos 114^\circ = 330.5 (\text{kPa})$$

$$\tau = \frac{\sigma_1 - \sigma_3}{2}\sin(90^\circ + \varphi)$$

$$= \frac{640 - 200}{2} \times \sin 114^\circ = 201.0 (\text{kPa})$$

根据式（7.21）确定特定剪破面上的抗剪强度为

$$\tau_f = c + \sigma\tan\varphi = 35\text{kPa} + 330.5\text{kPa} \times \tan 24^\circ = 182.1\text{kPa}$$

因为 $\tau_f < \tau$，说明该土体单元已经发生破坏。

（2）最大剪应力作用面上，$\tau_{max} = \frac{\sigma_1 - \sigma_3}{2} = \frac{640 - 200}{2} = 220 (\text{kPa})$，$\alpha = 45^\circ$，

$$\sigma = \frac{\sigma_1 + \sigma_3}{2} = \frac{640 + 200}{2} = 420 (\text{kPa})$$

根据式（7.21）确定最大剪应力作用面上的抗剪强度为

$$\tau_f = c + \sigma\tan\text{d}\varphi = 35 + 420 \times \tan 24^\circ = 222.0 (\text{kPa})$$

因为最大剪应力面上，$\tau_{max} < \tau_f$，所以最大剪应力作用面还未发生剪切破坏。由此可见，在该面上虽然剪应力最大，但由于正应力较大，对应的抗剪强度要大于 $\left(45^\circ + \frac{\varphi}{2}\right)$ 面上，故 $\left(45^\circ + \frac{\varphi}{2}\right)$ 面先于最大剪应力面发生剪切破坏。

7.5　土抗剪强度的测定

7.5.1　概述

土的抗剪强度是决定建筑物地基和土工结构稳定性的根本因素，因此正确测定

土的抗剪强度指标有重要的意义。可将测定土抗剪强度指标的试验称为剪切试验，剪切试验可在室内试验条件下进行，也可在现场原位条件下进行。室内试验的特点是边界条件较为明确，且容易控制，但室内试验必须要从现场取得土样，取样的过程必然意味着土的结构扰动。因此为避免取样过程中的结构性扰动，现场原位试验得到了有效应用。原位试验可在现场原位置进行抗剪强度的测定，可以认为现场试验也可反映土原状的结构与组构特征。

土工试验技术经过长期的发展，目前可测定土抗剪强度的试验方法和试验仪器有很多种。可按常用的剪切试验仪器将剪切试验分为直接剪切试验、三轴压缩试验、无侧限抗压强度试验和十字板剪切试验 4 种。其中，除了十字板剪切试验可在现场原位条件下进行外，其他 3 种试验均需从现场取得土样，在室内进行试验。每种试验仪器及对应方法都有一定的适用性与局限性，在试验方法和成果整理等方面也有各自不同的做法。

影响土抗剪强度的因素很多，如土的密度、含水量、初始应力状态、应力历史、固结程度及排水条件等。因此，为了合理测定可供设计或计算分析所用的土的抗剪强度指标，在进行室内试验时，应采取具有代表性的土样，且应尽量采用能够模拟现场条件的试验方法。但在现有的测试设备和技术条件下，完全模拟现场条件仍存在一定的难度，只能尽可能地近似模拟。

砂土等粗粒土的结构性影响较小，可采用扰动试样进行其抗剪强度的试验；对于黏土等细粒土，结构性的影响很大，因而应尽量采用原位试验进行其抗剪强度的试验。但在进行土的室内剪切试验时，通常只能用重塑土。土力学研究表明，土的抗剪强度与土的固结程度和排水条件有关。本节将对常用的剪切试验仪器、试验原理、试验过程及抗剪强度确定方法进行概括性介绍。

7.5.2　直接剪切试验

通过直接剪切仪（简称为直剪仪）测定土抗剪强度的试验称为土的直接剪切试验。直接剪切试验是测定土在特定剪切面上抗剪强度的室内试验方法，也是一种最为简便和常用的室内试验方法。直剪仪包括应变控制式和应力控制式两种，应变控制式直剪仪对试样施加等速剪切应变并测定相应的剪切应力；应力控制式直剪仪对试样分级施加剪切应力并测定相应的剪切位移。目前，国内较常使用的是应变控制式直剪仪，其基本构造如图 7.15 所示。直剪仪的试样盒由两个可互相错动的上、

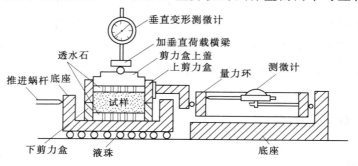

图 7.15　应变式直剪仪示意图

下金属盒组成，试样放置于上盒和下盒构成的空间内。下盒可自由移动，上盒与一端固定的量力钢环相接触，通过钢环测定出剪切面上的剪应力。

　　试验时，将试样装入剪切盒内，并根据试验排水条件，在试样的上下面各放置一透水石（允许排水）或不透水板（不允许排水），再在上盒顶部放置一加压活塞以在试验过程中施加法向应力。开始试验后，首先由加荷架对试样施加竖向压力 P 以施加法向应力 σ（$\sigma = P/A$，A 为水平截面积），然后以规定的速率对下盒施加水平推力 T，随着水平推力的逐级施加，上盒和下盒间逐渐沿水平剪切面发生相对位移（剪切位移）而使试样在剪切面上逐级产生剪应力 τ（$\tau = T/A$），直至剪切破坏。直剪试验过程中试样的受力示意图如图 7.16 所示。在水平推力施加后，分别通过百分表及变形测微计测定试样的剪切位移和法向位移，通过量力钢环测定对应的剪切应力。试样剪破后即可得到完整的应力-应变特征曲线，图 7.17 所示即为松砂和密砂的直剪应力-应变曲线。

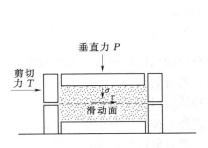

图 7.16　直剪试验受力示意图

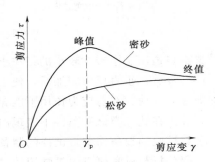

图 7.17　砂土直剪应力-应变曲线

　　分别对同类土样在不同的法向应力下进行直剪试验，测定剪切峰值强度（若不存在峰值，则按《土工试验规程》（SL 237—1999）取特定剪切位移时的剪切应力作为峰值强度），得到的剪切应力-剪切应变特征曲线如图 7.18（a）所示（S 可为剪应变或剪切位移），将对应的点（σ_i，τ_{fi}）绘制在 $\tau_f - \sigma$ 坐标轴上，即可得到土样的抗剪强度线，亦即莫尔-库仑抗剪强度包线，如图 7.18（b）、（c）所示。图 7.18（b）代表黏性土的抗剪强度线，直线与水平方向的夹角即为该土样的内摩擦角 φ，直线在纵坐标轴上的截距即为该土样的黏聚力 c。需注意的是，对于无黏性土来说，抗剪强度线一般是经过原点的直线，如图 7.18（c）所示，即无黏性土的黏聚力 $c = 0$。

　　在直剪试验过程中，不能测量孔隙水压力，也不能控制排水条件，所以只能以总应力表示土的抗剪强度。但为了考虑固结程度和排水条件对抗剪强度的影响，1941 年，Casagrade 根据加荷速率的快慢将直剪试验分为快剪（q 或 Q）、固结快剪（c_q 或 R）和慢剪（s 或 S）3 种试验类型。

　　（1）快剪。垂直压力施加后，立即进行剪切。根据《土工试验规程》（SL 237—1999），垂直压力施加后，连同剪切时间在内 3～5min 剪坏。快剪适用于渗透性较小的细粒土。

　　（2）固结快剪。垂直压力施加后，使土样在充分时间内固结稳定，再以较快的速率施加剪应力。《土工试验规程》（SL 237—1999）也规定在 3～5min 内剪坏。

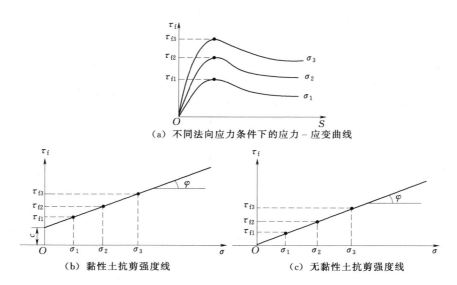

（a）不同法向应力条件下的应力－应变曲线

（b）黏性土抗剪强度线　　　　　　　　　（c）无黏性土抗剪强度线

图 7.18　直剪试验结果

固结快剪也适用于渗透性较小的细粒土。

（3）慢剪。垂直压力施加后，使土样在充分时间内固结稳定，再以较慢的速率施加剪应力，使其在剪应力作用下能充分排水，缓慢剪坏。

有关土在此三类试验条件下表现出的强度特性的讨论及介绍见后面的内容。

直剪试验的设备简单，试样的制备和安装方便，操作容易掌握，到目前为止依然为工程分析与科学研究中最常用的试验方法。但直剪试验也存在一些缺点，主要表现在以下几方面。

（1）直剪试验的剪切破坏面固定为上下盒之间的水平面，这并不符合实际情况，因为该面并不一定是土样受剪时的最薄弱面。

（2）剪切过程中试样内剪应变和剪应力的分布不均匀。试样剪切破坏时，靠近剪切盒边界区域内的应变较大，而试样中间区域的应变相对较小；同时，剪切面附近的应变也大于试样顶部和底部的应变。同理，试样内剪应力的分布也是不均匀的。

（3）试验过程中，试样的排水程度靠试验速度的"快"和"慢"控制，做不到严格的排水或不排水，这一点对渗透性强的土样来说尤为突出。

（4）剪切过程中，由于上下盒的错动，试样的有效面积逐渐减小，但计算时却假定受剪面积不变。同时随着有效面积减小，试样中的应力分布不均匀，主应力的方向发生变化，当剪切变形较大时，此缺陷尤为突出。

（5）根据试样破坏时的法向应力和剪应力可以计算出大小主应力的数值，但中主应力无法确定。

7.5.3　三轴压缩试验

三轴压缩试验是一种较为完善的测定土抗剪强度的试验方法，常采用土工三轴仪测定土样在不同恒定围压下的抗压强度，再根据莫尔-库仑强度理论间接求得土的抗剪强度。三轴压缩试验条件下，土样的破坏本质上是剪切破坏，因此三轴压缩试验也可称为三轴剪切试验。三轴压缩试验条件下试样的应变相对直剪试验条件下更为均匀且明确。三轴仪也可分为应力控制式和应变控制式两种。

三轴压缩仪主要由压力室、加压系统和量测系统三大部分组成，其简化示意图如图 7.19 所示。其中，压力室是三轴仪的核心部分，是由加压活塞、底座和透明的有机玻璃组成的封闭容器。试验时，将圆柱形的试样外用柔性橡皮膜包裹，且将上下橡皮膜分别扎紧在试样帽和底座上，安装在压力室中，保证压缩过程中压力室内的水不进入试样内。应根据试验条件的要求在试样的上下两端分别放置透水石或不透水板，并通过与顶部连通的排水阀控制试验过程中的

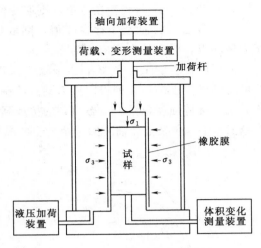

图 7.19 三轴压缩试验机简图

排水条件，试验过程的孔隙水压力可由孔隙水压力量测系统测定。试验过程中试样的围压由周围压力系统（通常是水）施加，试样的轴向附加压力由轴向加压系统施加，轴向加压系统可控制轴向应变的速率。在试验过程中，应记录试样的轴向压缩量，以计算试样的轴向应变。

对于圆柱形的试样来说，三轴代表的是一个竖向和两个侧向，两个侧向的应力保持相等且都等于小主应力 σ_3，而竖向压力为大主应力 σ_1。一般也称圆柱形试样对应中主应力 σ_2 和小主应力 σ_3 相等的试验条件为常规三轴试验条件。

常规三轴压缩试验时，首先打开围压系统阀门，使试样在各向同性围压 σ_3 作用下达到各向同性应力状态，如图 7.20（a）所示。然后保持 σ_3 不变，打开轴向加压系统通过活塞对试样施加法向附加应力 $\Delta\sigma$（$\sigma_1 = \sigma_3 + \Delta\sigma$，$\Delta\sigma$ 也称为偏应力）。随后保持 σ_3 不变，逐渐增大 σ_1，直至试样剪切破坏，可得到偏应力与轴向应变的关系曲线。破坏时试样的应力状态及最大剪应力面（破坏面）如图 7.20（b）所示。剪切过程中，在 $\tau-\sigma$ 平面上，小主应力 σ_3 保持不变，大主应力 σ_1 逐渐增大，对应的应力状态莫尔圆向右逐渐增大，直至剪切破坏时与抗剪强度包线相切，如图 7.20（c）所示。得到剪切破坏时的主应力 σ_3 和 σ_{1f} 即可确定极限应力圆。确定破坏点大主应力 σ_{1f} 的方法如下（图 7.21（a））。

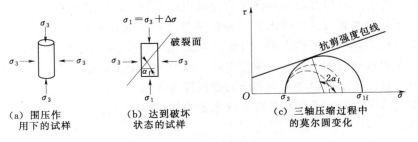

（a）围压作用下的试样　（b）达到破坏状态的试样　（c）三轴压缩过程中的莫尔圆变化

图 7.20 三轴压缩试验原理

（1）若 $\Delta\sigma - \varepsilon_1$ 曲线存在峰值，则取峰值状态为破坏点，$\sigma_{1f} = \sigma_3 + \Delta\sigma_f$。

（2）若 $\Delta\sigma - \varepsilon_1$ 曲线不存在峰值，则取特定轴向应变（如 $\varepsilon_1 = 15\%$）对应的状态为破坏点，对应的大主应力为 $\sigma_{1f} = \sigma_3 + \Delta\sigma_f$。

采用同种土的试样重复上述步骤 3 次以上，每次在不同围压 σ_3 条件下进行，即可得到该类土的一系列极限应力圆。绘制这些极限应力圆的公切线，得到的即为该类土的抗剪强度包线。一般得到的抗剪强度包线为直线，与横坐标的夹角为土的内摩擦角 φ，在纵坐标轴上的截距为土的黏聚力 c，如图 7.21 所示。

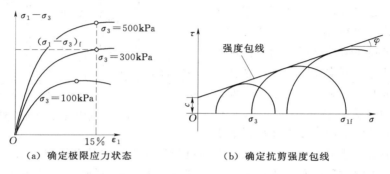

（a）确定极限应力状态 　　（b）确定抗剪强度包线

图 7.21　三轴压缩试验结果处理过程

三轴试验按实际工程情况的不同可选择不同的排水条件和固结条件。一般来说，三轴试验按是否排水和固结可分为固结排水试验（Consolidated-Drained triaxial test，CD）、固结不排水试验（Consolidated-Undrained triaxial test，CU）和不固结不排水试验（Unconsolidated-Undrained triaxial test，UU）3 种。上述 3 种试验条件分别对应直剪试验的慢剪试验条件、固结快剪试验条件和快剪试验条件。在进行不同条件的三轴试验时，3 种试验方法对应的试验过程分别如下。

（1）若进行不固结不排水试验，则在不排水条件下施加围压 σ_3，再在不允许有水进出的条件下逐渐施加附加轴向压力直至剪切破坏。

（2）若进行固结不排水试验，则在排水条件下施加围压 σ_3，待试样排水固结稳定后，再在不允许有水进出的条件下逐渐施加附加轴向压力直至剪切破坏。

（3）若进行固结排水试验，则在排水条件下施加围压 σ_3，待试样排水固结稳定后，再在允许有水进出的条件下以极慢的速率对试样逐渐施加附加轴向压力直至剪切破坏。

因此，这里所说的固结或不固结条件是针对施加围压 σ_3 的过程而言的，排水或不排水条件是针对施加附加轴向压力的过程而言的。在排水条件下，可打开量水管阀门，测量量水管内排入的水量即为在试验过程中的排水量，亦即体积变化量；在不排水条件下，可关闭排水阀，打开孔隙水压力阀门，当施加轴向附加压力后，试样中的孔隙水压力增加，使水银面下降，此时可用调压筒施加反向压力使水银面调整至原位置，读出孔隙水压力表中的读数即为孔隙水压力。

三轴压缩试验研究土在复杂应力状态下的抗剪强度特性，其突出的优点主要有以下几方面。

（1）三轴压缩试验条件下，试样的应力状态及破坏问题本质上是一种单元问题，试样中的应力和应变分布都相对较为均匀，试验过程中试样的应力状态和应力路径都较为明确。

（2）试验中可严格控制试样的排水条件，在不排水条件下可准确测定试样在剪切过程中的孔隙水压力变化情况，从而确定土样的有效应力变化情况。

（3）相对于直剪试验来说，试样的破坏面并不是指定的。

（4）除抗剪强度外，三轴压缩试验还可确定诸多土的物理及力学性质指标，如土的灵敏度、侧压力系数、孔隙水压力系数等。

当然，三轴压缩试验也存在一些缺点，主要表现为以下几点。

（1）三轴压缩试验试样制备与试验操作较为复杂。

（2）试样内的应力分布和应变分布并不是完全均匀的，由于试样上下端的侧向变形分别受到刚性试样帽和底座的限制，而试验中部却未受到约束，导致试样在破坏时往往会被挤压成鼓形。

（3）常规三轴试验中 $\sigma_2 = \sigma_3$，不能反映中主应力 σ_2 的影响。若想获得更加合理的抗剪强度特性和参数，需用真三轴仪或扭剪仪，测定试样在 3 个不同主应力作用（$\sigma_1 \neq \sigma_2 \neq \sigma_3$）下的抗剪强度。

7.5.4　无侧限抗压强度试验

三轴压缩试验中，当围压 $\sigma_3 = 0$ 时，即为无侧限试验条件。进行试验时，将试样安装在无侧限压缩仪中，不对试样施加围压 σ_3，逐渐施加竖直轴向压力 σ_1，直至剪切破坏，得到试样剪破时的轴向压力为无侧限抗压强度，常用 q_u 表示。无侧限抗压强度相当于三轴压缩试验条件下 $\sigma_3 = 0$ 时的破坏大主应力 σ_{1f}。由于试样在试验过程中的侧向应力为 0，其侧向变形不受任何限制，所以称此试验为无侧限抗压强度试验，由于试样只在垂直方向有压力作用，故又可称为单轴压缩试验，如图 7.22（a）所示。由于无黏性土在无侧限条件下很难维持形状，故该试验一般只针对黏性土，尤其适用于饱和软黏土。

在无侧限压缩试验加载的过程中，相应地测量并记录试样的轴向压缩变形以得到试验过程中的轴向应变，并绘制得到轴向压力 σ_1 与轴向应变 ε_1 的关系曲线。硬质黏土通常发生脆性破坏（图 7.22（b）），其 $\sigma_1 - \varepsilon_1$ 关系曲线通常存在明显的峰值破坏点，峰值状态 σ_{1f} 即为 q_u；松软黏土塑性较大，

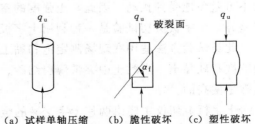

(a) 试样单轴压缩　　(b) 脆性破坏　　(c) 塑性破坏

图 7.22　无侧限抗压强度试验原理

通常呈现塑性流动变形的塑性破坏模式（图 7.22（c）），其 $\sigma_1 - \varepsilon_1$ 关系曲线通常不存在峰值破坏点，此时可取特定轴向应变状态对应的轴向应力 σ_1 作为 q_u。

确定土样的无侧限抗压强度 q_u 后，可绘制出极限应力圆。由于 $\sigma_3 = 0$，故无侧限抗压强度试验只能确定一个通过原点的极限应力圆。一个极限应力圆无法确定土的抗剪强度包线。若能得到试样破坏时，破裂面与水平方向的夹角 α_f，则理论上可根据 $\alpha_f = 45° + 2/\varphi$ 的关系确定土样的内摩擦角 φ。

由于 $\sigma_3 = 0$，式（7.37）可转变为

$$q_u = \sigma_1 = 2c\tan\left(45° + \frac{\varphi}{2}\right) \qquad (7.43)$$

通过破裂面的方向角 α_f 确定了内摩擦角 φ 后，即可根据式（7.43）计算得到土样的黏聚力。但是，一般情况下，可能由于土的不均匀性导致破裂面的不规则性，或是由于松软黏土的塑性破坏模式（压成鼓形）导致破裂面并不明显，因此 α_f 的准确测定具有一定的难度。

不过三轴压缩试验对饱和黏土进行不固结不排水剪的结果（见本章后面所述）

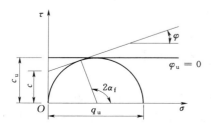

图 7.23　无侧限抗压强度
试验的强度包线

表明，饱和黏土的 $\varphi_u = 0$（φ_u 表示不固结不排水试验测定的内摩擦角），只有黏聚力 c_u（c_u 表示不固结不排水试验测定的黏聚力，称为不排水抗剪强度）。因此，可基于三轴压缩试验的此条结论得到，由无侧限抗压强度试验确定的极限应力圆的水平切线，即为饱和黏土的不排水抗剪强度包线，如图 7.23 所示。

根据图 7.23 可得饱和黏土的不排水抗剪强度 c_u 为

$$c_u = \frac{q_u}{2} \qquad (7.44)$$

如第 2 章中所述，黏性土的灵敏度可通过无侧限抗压强度试验测定，其值等于同一土类原状土样和重塑土样无侧限抗压强度 q_u 与 q_u' 的比值。

7.5.5　十字板剪切试验

本节前面介绍了 3 种常用的土抗剪强度的室内测定方法，这些方法都需要在试验前预先钻孔获取反映原状性的土样，但试样在采取、运送、保存和准备的过程中会不可避免地受到扰动。因此，土强度的室内试验结果难免与土的实际强度存在一定差异。十字板剪切试验是一种利用十字板剪切仪在现场原位测定土抗剪强度的方法。此类试验方法适用在现场测定饱和黏土的原位不排水强度，特别适用于测定均匀的饱和软黏土。当黏土中夹带薄层细砂、粉砂或贝壳时，此方法测定的抗剪强度通常是偏高的。

十字板剪切仪主要由两片十字交叉的金属板头、施加扭力装置和测力设备三部分组成，其构造如图 7.24 所示。目前，测力装置已由具有自动记录显示及数据处理功能的微机取代。十字板剪切试验的原理是将十字板剪切仪的十字板头插入待测深度的土层处，再在地面上对轴杆施加扭转力矩，使十字板头发生旋转。十字板头的 4 片金属板旋转的过程中使土体发生剪切，形成图 7.25 所示的圆柱体表面形状的剪切面。通过测力设备测定最大扭转力矩 M_{max}，再基于力矩的平衡条件，由 M_{max} 推算出圆柱形剪切面上土的原位抗剪强度。在推算强度时，作出以下两点假设。

（1）剪切面为一圆柱面，圆柱面的直径和高度分别等于十字板板头的宽度 D 和高度 H。

（2）圆柱面侧面和上下端面上的抗剪强度均匀分布且相等。

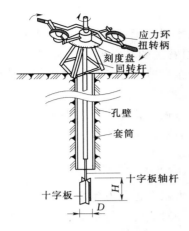

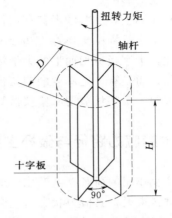

图 7.24　十字板剪切仪图示　　　　　图 7.25　十字板剪切形成的剪切面

外力施加在十字板剪切仪上的最大扭矩 M_{max} 应等于圆柱侧面上的抗剪力对轴心的抗剪力矩 M_1 与上下两端面的抗剪力对轴心的抗剪力矩 M_2 的和，即

$$M_{max} = M_1 + M_2 \tag{7.45}$$

侧面的抵抗力矩为

$$M_1 = \tau_f \pi D H \frac{D}{2} = \tau_f \frac{\pi D^2}{2} H \tag{7.46}$$

上下端面的抵抗力矩为

$$M_2 = 2 \int_0^{\frac{D}{2}} \tau_f 2\pi r \mathrm{d}r \cdot r = \tau_f \frac{\pi D^2}{2} \frac{D}{3} \tag{7.47}$$

将式（7.46）和式（7.47）代入式（7.45）中，可得

$$M_{max} = \tau_f \frac{\pi D^2}{2} H + \tau_f \frac{\pi D^2}{2} \frac{D}{3} \tag{7.48}$$

由式（7.48）可得抗剪强度为

$$\tau_f = \frac{M_{max}}{\dfrac{\pi D^2}{2}\left(H + \dfrac{D}{3}\right)} \tag{7.49}$$

由于十字板剪切试验在现场测定土抗剪强度属于不排水剪切的试验条件，故十字板剪切试验的强度测定结果 τ_f 应等于 c_u，且其主要反映了土在垂直面上的强度。十字板剪切试验结果理论上也应与无侧限抗压强度试验结果相当，即

$$\tau_f = \frac{q_u}{2} \tag{7.50}$$

但实际的试验结果表明，十字板剪切试验的结果往往比无侧限抗压强度试验结果偏高。造成此结果的原因大概有以下几个方面。

（1）土层的抗剪强度一般具有各向异性，水平面上的固结压力一般大于侧面的固结压力，故水平面上的抗剪强度一般大于垂直面上的抗剪强度，十字板剪切试验假定圆柱形外表面与上下端面的剪切强度相等可能是不合理的。

（2）十字板剪切试验测定的是现场原位的剪切强度，而无侧限抗压强度试验测定的是室内土样的强度，后者存在一定的扰动。

（3）十字板的尺寸、形状、高径比、旋转速率等因素会对十字板剪切试验的结果产生一定的影响。

（4）实际上，一些学者曾利用衍射成像技术研究十字板周围土体的剪切力学特性，发现十字板周围土体存在着受剪应力作用发生的颗粒剧烈定向及重排列的区域。因此，十字板剪切面上的力学特性十分复杂，或十字板剪切作用下形成的并非是剪切面，而是有一定厚度的剪切带区域。

工程中，十字板剪切试验仪器简单、操作方便、扰动小，获得了广泛应用。

7.6　土的应力路径与破坏主应力线

土体上作用的荷载发生变化，土体内的应力状态也会发生变化。对于土体这种弹塑性材料来说，其应力状态与应变并不是一一对应的，特定应力状态下土体的性质也不是确定的，而是取决于加载、卸载、重新加载和重新卸载的过程。因此，对于土体来说，其应力的变化过程对于土体的性质有重要的影响，是需重点考虑的因素。

7.6.1　应力路径概念

一般而言，应力历史和应力路径是描述土体应力状态变化的两个概念。应力历史指的是土体在其形成的地质年代中所经历的应力状态变化情况。应力路径指的是土体中某点的应力变化过程在应力平面（应力空间）中的轨迹，相对于应力历史而言，应力路径代表的时间较短，对应力状态演变的描述较详细。

前面介绍过用应力圆来表示土体内某点应力状态的方法，如图 7.26（a）所示。虽然应力圆这种几何表示方法概念非常明确，但是用不同的应力圆来表示土体应力状态的变化是非常不直观的，特别是应力一会儿增大一会儿减小时，应力圆不仅绘制较为麻烦，得到的结果也会非常模糊混乱。通常较为简单的表示方法是将应力圆简化为一个有代表性的点，通常可取该点某个特定截面上的法向力和切向力来代表这点的应力状态。将代表不同应力圆的点连接起来得到轨迹作为应力路径。由于应力圆圆心在正应力轴上的位置为 $p=\dfrac{1}{2}(\sigma_1+\sigma_3)$，应力圆的半径为 $q=\dfrac{1}{2}(\sigma_1-\sigma_3)$，通常取应力圆的顶点为应力圆的代表点，在应力平面上的坐标为 $(\dfrac{1}{2}(\sigma_1+\sigma_3)$，$\dfrac{1}{2}(\sigma_1-\sigma_3))$。应力圆顶点对应的平面与最大主应力作用面的夹角为 45°，可知作用在这个平面上的正应力和剪应力分别为 $\dfrac{1}{2}(\sigma_1+\sigma_3)$、$\dfrac{1}{2}(\sigma_1-\sigma_3)$。如图 7.26（b）所示，将三轴试验条件得到的不同应力圆的顶点连接起来即可得到该三轴试验的应力路径。

总的来说，土体某点的应力状态可用 σ-τ 平面上的莫尔圆来表示，也可用 p-q 平面上的点来表示；土体某点应力状态的变化过程可用 σ-τ 平面上一系列莫尔圆来表示，也可用 p-q 平面上的轨迹（应力路径）来表示；极限应力状态可用 σ-τ 平面上与强度包线相切的莫尔圆来表示，也可用 p-q 平面上破坏主应力线的某个点来表示。σ-τ 平面常用于表示已知剪切破坏面上法向应力和剪切应力的变

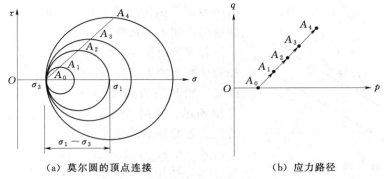

(a) 莫尔圆的顶点连接　　　　(b) 应力路径

图 7.26　应力路径图示

化情况；p-q 平面常用于表示最大剪应力面上的应力变化情况。

　　基于太沙基有效应力原理可知，土体应力状态按是否考虑孔隙水压力可分为总应力状态和有效应力状态两种。应力路径也可分为有效应力路径和总应力路径两种。

　　常规三轴试验条件下，土体试样的孔隙水压力可按 Skempton 孔隙压力原理计算，即

$$\Delta u = B[\Delta \sigma_3 + A(\Delta \sigma_1 - \Delta \sigma_3)] \tag{7.51}$$

则有效应力路径中的横坐标和纵坐标为

$$p' = \frac{1}{2}(\sigma_1' + \sigma_3') = \frac{1}{2}(\sigma_1 - u + \sigma_3 - u)$$

$$= \frac{1}{2}(\sigma_1 + \sigma_3) - u = p - u \tag{7.52}$$

$$q' = \frac{1}{2}(\sigma_1' - \sigma_3') = \frac{1}{2}(\sigma_1 - u - \sigma_3 + u)$$

$$= \frac{1}{2}(\sigma_1 - \sigma_3) = q \tag{7.53}$$

　　由分析可知，土体内的单元在应力发展的任意过程中，有效应力圆和总应力圆大小相等，只是圆心在水平坐标轴方向上相差一个孔隙水压力，圆心的连线与横坐标轴重合，如图 7.27 所示。这主要是因为土体孔隙水不能承受剪切作用，孔隙水压力不会对抗剪强度产生贡献。

　　应力路径对土体的强度特性具有重要的影响，不同的应力路径得到的内摩擦角虽然大概相同，但不同应力路径条件下破坏时的偏应力却相差很多。应力路径对土体的变形特性也有重要的影响。

　　需要注意的是，本节所讨论的应力路径都是在假三轴试验（三维轴对称）条件下或平面应变（二维）

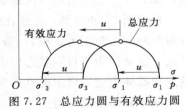

图 7.27　总应力圆与有效应力圆

条件下的情况，不考虑 σ_2 的影响。但并不代表土体实际的三维应力路径与 σ_2 无关。

7.6.2　k_0 线、τ_f 线和 k_f 线

1. k_0 线

k_0 线是指无侧向变形情况下的固结线。在侧限条件下对试样施加竖向有效固

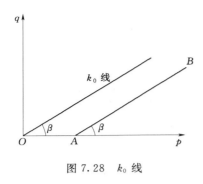

图 7.28　k_0 线

结压力 σ'_1，则侧向的压力 $\sigma'_3 = k_0\sigma'_1$，k_0 即为无侧向变形的侧压力系数。

若试验由原点开始进行 k_0 固结，则其应力路径为过原点的 k_0 线；若试验由 A 点开始进行 k_0 固结，则其应力路径为过 A 点的 AB 线，如图 7.28 所示。这两种情况下得到的应力路径是平行的，二者的斜率计算式为

$$\frac{\Delta q}{\Delta p} = \frac{\Delta(\sigma'_1 - \sigma'_3)}{\Delta(\sigma'_1 + \sigma'_3)} = \frac{\Delta\sigma'_1 - \Delta\sigma'_3}{\Delta\sigma'_1 + \Delta\sigma'_3} = \frac{1 - k_0}{1 + k_0} = \tan\beta$$

(7.54)

可通过 k_0 线判断土体发生的侧向变形情况。若得到的有效应力路径与 k_0 线平行，则土体在这个应力路径作用下不会发生侧向变形；若得到的有效应力路径的倾角小于 k_0 线的倾角 β，土体在这个应力路径作用下会发生侧向收缩；若得到的有效应力路径的倾角大于 k_0 线的倾角 β，土体在这个应力路径作用下会发生侧向膨胀。k_0 线代表静止土压力状态，即天然土的自重应力状态。

2. τ_f 线

τ_f 线即为强度包线或破坏包线，表达式常用的是莫尔-库仑强度准则对应的 $\tau_f = \sigma\tan\varphi + c$，如图 7.29 所示。

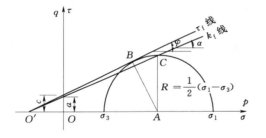

图 7.29　破坏包线和破坏主应力线

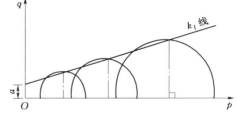

图 7.30　k_f 线

3. k_f 线

将不同围压 σ_3 作用下试样破坏莫尔圆的顶点连接起来得到的应力路径即为 k_f 线，称为破坏主应力线（简称破坏线）或强度线，如图 7.30 所示。

根据图 7.29 可知，τ_f 线在纵轴上的截距和倾角分别为 c 和 φ，k_f 线在纵轴上的截距和倾角分别为 a 和 α。破坏包线 τ_f 线和破坏主应力线 k_f 线在横轴经过同一点 O' 点，这是因为当极限状态应力圆无限缩小变为趋于 O' 点的点圆时，破坏包线上的点和破坏主应力线上的点都变为 O' 点。

基于几何关系可得

$$R = \overline{O'A}\tan\alpha = \overline{O'A}\sin\varphi$$

(7.55)

$$\alpha = \arctan\sin\varphi$$

(7.56)

$$\overline{O'O} = \frac{c}{\tan\varphi} = \frac{a}{\tan\alpha}$$

(7.57)

$$a = \tan\alpha\frac{c}{\tan\varphi} = \sin\varphi\frac{c}{\tan\varphi} = c\cos\varphi$$

(7.58)

因此，可基于破坏主应力线 k_f 线和上述几何关系得到抗剪强度指标 c 和 φ。

7.7 土的抗剪强度指标

太沙基有效应力原理阐明，土的孔隙水压力不会对土的强度产生贡献。因此，土的有效应力强度指标更能反映土的本质特性。根据工程中土的渗透性系数、排水条件和施工速度，常规三轴压缩试验和直剪试验都有不同试验条件下的标准试验方法，用于控制试样不同的固结条件和排水条件。需要注意的是，只有三轴试验才能严格控制试样固结和剪切过程中的排水条件，直剪试验因仪器条件的限制只能近似模拟工程中的固结和排水条件。

土的抗剪强度指标通常指黏聚力 c 和内摩擦角 φ，在不同的试验条件下、不同的应力应变状态下，抗剪强度指标通常都是不同的。在实际工程分析与研究中，应尽量选择与实际加载条件、力学状态相近的抗剪强度指标。

7.7.1 剪切试验强度指标与应用

1. 剪切试验强度指标

（1）有效应力指标与总应力指标。

如 7.4.2 小节中所述，按是否区分孔隙水压力，土的抗剪强度指标可分为总应力指标和有效应力指标两种。根据有效应力原理，土的抗剪强度是由土的有效应力决定的，孔隙水压力不会对土体的抗剪强度产生贡献。σ' 是真正作用在土骨架上的应力，而 φ' 是真实反映土体内摩擦特性的指标。因此，理论上来说有效应力法才能反映土抗剪强度的实质，使用有效应力强度指标是最合理的。但是采用有效应力法分析时，不仅要知道总应力，还需要知道孔隙水压力。但是在实际工程中孔隙水压力有时是很难得到的，有效应力法并不能完全取代总应力法。

（2）直剪试验条件下的强度指标。

在测定土的抗剪强度指标时，直剪试验有慢剪、固结快剪和不固结快剪 3 种试验条件。在 3 种试验条件下测量得到的抗剪强度分别为 c_s 和 φ_s、c_{cq} 和 φ_{cq}、c_q 和 φ_q，对应的试验方法及指标见表 7.2。一般来说，3 种试验条件下测定的强度指标满足 $c_q > c_{cq} > c_s$，$\varphi_q < \varphi_{cq} < \varphi_s$。

表 7.2   直剪试验的方法和强度指标

试验类型	试 验 方 法	强度指标
慢剪	施加正应力充分固结，慢速剪切，保证无超静孔压	c_s、φ_s
固结快剪	施加正应力充分固结，快速剪切，3～5min 内破坏	c_{cq}、φ_{cq}
快剪	施加正应力后不固结，立即快速剪切，3～5min 内破坏	c_q、φ_q

（3）三轴试验条件下的强度指标。

在测定土的强度指标时，三轴试验按是否排水和固结分为固结排水试验、固结不排水试验和不固结不排水试验 3 种。在 3 种三轴试验条件下测量得到的抗剪强度分别为 c_d 和 φ_d、c_{cu} 和 φ_{cu}、c_u 和 φ_u，主要的试验指标列于表 7.3 中。三轴试验指的是三轴压缩试验，或称三轴剪切试验。一般来说，$\varphi_u < \varphi_{cu} < \varphi_d$，$c$ 值也各不相同。

表 7.3 　　　　　　　　　　三轴试验的试验条件、孔压变化和强度指标

试验条件	孔隙水压力 u 的变化		剪切破坏时的应力		指标
	剪切前	剪切过程中	总应力	有效应力	
CD 试验	$u_1=0$	$u=u_2=0$（任意时刻）	$\sigma_{1f}=\sigma_3+\Delta\sigma$ $\sigma_{3f}=\sigma_3$	$\sigma'_{1f}=\sigma_3+\Delta\sigma$ $\sigma'_{3f}=\sigma_3$	c_d φ_d
CU 试验	$u_1=0$	$u=u_2\neq0$（不断变化）	$\sigma_{1f}=\sigma_3+\Delta\sigma$ $\sigma_{3f}=\sigma_3$	$\sigma'_{1f}=\sigma_3+\Delta\sigma-u_f$ $\sigma'_{3f}=\sigma_3-u_f$	c_{cu} φ_{cu}
UU 试验	$u_1>0$	$u=u_1+u_2\neq0$（不断变化）	$\sigma_{1f}=\sigma_3+\Delta\sigma$ $\sigma_{3f}=\sigma_3$	$\sigma'_{1f}=\sigma_3+\Delta\sigma-u_f$ $\sigma'_{3f}=\sigma_3-u_f$	c_u φ_u

2. 不同强度指标的应用

前面简单介绍了土的总应力指标与有效应力指标，以及土在不同试验条件下的三轴试验强度指标和直剪试验强度指标。在实际工程应用时，凡是可以确定孔隙水压力时，都应当使用有效应力指标，当采用有效应力指标和总应力指标时，都应根据现场土体可能的固结排水情况，选用不同的试验强度指标。

在选用仪器上，由于三轴仪的诸多优点，应优先采用，特别是在重要的工程中。直剪试验设备简单，操作方便，在应用其进行抗剪强度试验时，应根据土类及固结排水条件合理选择强度指标。

（1）有效应力指标与总应力指标的应用。

对于砂土和碎石土等无黏性土，在一般的加载速率和排水条件下，可使用有效应力指标进行设计计算。对于黏性土地基和土工结构物，如果在计算时，超静孔压已经完全消散，或者土中的水压力可以准确地测定时，则可采用有效应力强度指标进行分析计算。土的有效应力强度指标可通过 CD 试验或慢剪试验确定，试验过程中的孔隙水压力可以消散稳定，得到的强度指标即为有效应力指标。土的有效应力强度指标也可通过 CU 试验测定，试验过程中需测定孔隙水压力。由于 CD 试验的耗时一般多于 CU 试验，所以实际应用中更倾向于通过 CU 试验确定土的有效应力指标。

处在液化和流滑状态下的饱和细粉砂土类似于固结不排水情况，此外，在很多与饱和黏土相关的工程问题中，存在无法确定的超静孔隙水压力，只可知总应力。对于上述土强度和稳定性的分析，一般只能应用总应力指标。通常采用 CU 试验、UU 试验、固结快剪试验或快剪试验得到。

应当注意的是，实际工程情况是十分复杂的，强度指标通常需要经过认真研究并结合工程经验确定。

（2）固结排水（慢剪）强度指标的应用。

如果土体在现有的应力状态下平衡并固结完成，上部填方或结构的施工速度较慢，或处于正常运行期，可以满足排水条件，此时可采用固结排水强度指标，常用三轴固结排水试验测定土体的有效应力指标。图 7.31 所示为适合采用 CD 试验强度指标的实际工况。其中，图 7.31（a）是黏土地基上分层慢速的填方工程，土层不仅有充足的时间固结稳定，孔隙水压力也能有效消散；图 7.31（b）是处于稳定渗流期的土坝；图 7.31（c）是在黏土地基上慢速施工的建筑物。

 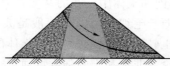 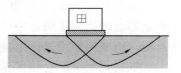

（a）黏土地基上分层慢速填方　　　（b）稳定渗流期的土坝　　　（c）黏土地基上慢速施工建筑物

图 7.31　CD 试验强度指标适用的实际工况

（3）固结不排水（固结快剪）强度指标的应用。

如果土体在现有的应力状态下平衡并固结完成，然后很快施加荷载或进行施工，此时就可采用固结不排水强度指标。对于饱和粉细砂发生液化和流滑的情况下，也应采用固结不排水强度指标进行工程分析与计算。图 7.32 所示为适合采用 CU 试验强度指标的实际工况。其中，图 7.32（a）是在填方或地基固结稳定后迅速在填方或地基上施工新填方；图 7.32（b）是土坝竣工后正常使用很长时间并蓄水后库水位突然下降时的情况；图 7.32（c）是在天然土坡上快速施工一个填方的情况。

 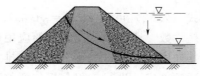 

（a）一层填土固结后快速施工两层填方　　（b）土坝水位骤降　　　（c）天然土坡上快速填方

图 7.32　CU 试验强度指标适用的实际工况

（4）不固结不排水（快剪）强度指标的应用。

在黏土工程问题中，若施工速度很快，施加荷载的速度很快，引起的超静孔隙水压力不能消散，土体也不能固结，此时即可采用不固结不排水强度指标。图 7.33 所示为适合采用 UU 试验强度指标的实际工况。其中，图 7.33（a）是在软土地基上快速进行填方工程施工的情况；图 7.33（b）是土坝快速施工，竣工后、心墙未固结时的情况；图 7.33（c）是在黏土地基上快速进行建筑物施工的情况。

实际上，快速施工情况下大多数土体都是处于部分固结状态的，采用不固结不排水强度指标进行分析计算是偏于安全的。

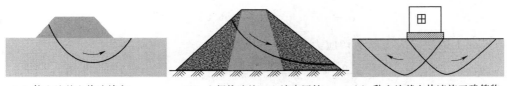

（a）软土地基上快速填方　　　（b）土坝快速施工心墙未固结　　　（c）黏土地基上快速施工建筑物

图 7.33　UU 试验强度指标适用的实际工况

7.7.2　非饱和土的有效应力强度指标

第 6 章中推导得到了 Bishop 公式，可知非饱和土的有效应力为

$$\sigma' = \sigma - u_a + \chi(u_a - u_w) \tag{7.59}$$

式中，(u_a-u_w) 代表非饱和土体中存在的基质吸力，反映了土颗粒、水-气界面上的物理化学作用，主要源于毛细作用。u_a 一般是大气压力，水压力 u_w 一般是负值，则基质吸力是作用在土骨架上的压应力，对土体的强度有重要的影响。

根据莫尔—库仑强度理论，非饱和土的强度可通过式（7.60）计算，即

$$\tau_f = c' + \sigma' \tan\varphi' = c' + [\sigma - u_a + \chi(u_a - u_w)]\tan\varphi' \tag{7.60}$$

由于 χ 与土的饱和度有关，实际工程中是很难确定的，式（7.60）的应用有一定的限制。

Fredlund 提出过另一种计算非饱和土强度的表达式，即

$$\tau_f = c' + (\sigma - u_a)\tan\varphi' + (u_a - u_w)\tan\varphi'' \tag{7.61}$$

可将 $(u_a-u_w)\tan\varphi''$ 计入黏聚力中，用 c'' 表示，即

$$c'' = c' + (u_a - u_w)\tan\varphi'' \tag{7.62}$$

式（7.63）对于理解非饱和土黏聚力的来源是很有意义的。可以解释为何稍湿的砂土中会存在"黏聚力"，此时这个黏聚力即为 $(u_a-u_w)\tan\varphi''$，是由基质吸力的作用引起的。但当砂土的含水量达到饱和或达到干燥状态时，此黏聚力就消失了，所以也称为"假黏聚力"。

对比式（7.61）和式（7.62）可得 $\tan\varphi'' = \chi\tan\varphi'$，二者本质上是一致的。式（7.62）中的 $\tan\varphi''$ 也不是常数，所以式（7.62）的应用也有一定的限制。

对于非饱和土体，其强度也可通过上述三轴固结排水试验、三轴固结不排水试验及三轴不固结不排水试验确定。进行工程分析与评价时，需要根据实际工程条件选用适宜的强度指标。

【例 7.4】　若已知某黏性土饱和试样在三轴固结不排水试验条件下，得到在围压 $\sigma_3 = 120\text{kPa}$ 作用下的极限偏应力 $(\sigma_1 - \sigma_3)_f = 210\text{kPa}$，测定对应的孔隙水压力 $u_f = 100\text{kPa}$，CU 试验确定的强度指标为 $\varphi_{cu} = 23°$，$c_{cu} = 14.6\text{kPa}$，试求试样剪破面上的法向应力和剪切应力，以及破裂面与水平面的夹角 α_f。如果试样在相同的围压条件下进行三轴固结排水试验，且根据试验结果得到 $\varphi' = 34°$，$c' = 6.4\text{kPa}$，试求试样破坏时的大主应力。

解　已知 CU 试验破坏时的 $\sigma_{1f} = 210 + 120 = 330(\text{kPa})$，$\sigma_{3f} = 120(\text{kPa})$，$\varphi_{cu} = 23°$，$c_{cu} = 14.6(\text{kPa})$。

则可知剪破面与水平面（最大主应力作用面即为水平面）的夹角为

$$\alpha_f = 45° + \frac{\varphi_{cu}}{2} = 45° + 11.5° = 56.5°$$

剪破面上的法向应力和剪切应力为

$$\sigma = \frac{\sigma_{1f} + \sigma_{3f}}{2} + \frac{\sigma_{1f} - \sigma_{3f}}{2}\cos(90° + \varphi_{cu})$$

$$= \frac{330 + 120}{2} + \frac{330 - 120}{2} \times \cos 113° = 184.0(\text{kPa})$$

$$\tau = \frac{\sigma_{1f} - \sigma_{3f}}{2}\sin(90° + \varphi_{cu})$$

$$= \frac{330 - 120}{2} \times \sin 113° = 96.7(\text{kPa})$$

排水条件下试样的孔隙水压力始终为 0，因此试样破坏时有

$$\sigma'_{1f} = \sigma_{1f}, \sigma'_{3f} = \sigma_{3f} = 120(\text{kPa})$$

已知 $\varphi' = 34°$，$c' = 6.4\text{kPa}$，则可由有效主应力形式的极限平衡条件可得

$$\sigma_{1f} = \sigma'_{1f} = \sigma'_{3f}\tan^2\left(45° + \frac{\varphi'}{2}\right) + 2c'\tan\left(45° + \frac{\varphi'}{2}\right)$$

$$= 120 \times \tan^2\left(45° + \frac{34°}{2}\right) + 2 \times 6.4 \times \tan\left(45° + \frac{34°}{2}\right)$$

$$= 120 \times \tan^2 62° + 12.8 \times \tan 62° = 448.5(\text{kPa})$$

7.8　砂土的剪切特性与抗剪强度

砂土是最典型的无黏性土，是一种典型的粒状土。砂土的剪切特性和抗剪强度可以反映常规无黏性土的强度特性。因此，本节将以砂土为研究对象进行讨论与分析。

无黏性土的抗剪强度受许多因素和条件的综合影响，如沉积条件、孔隙比、加载条件（应力历史、应力路径、加载速率等）、微细观组构（颗粒排列、颗粒接触特性）及土的组分（颗粒矿物成分、颗粒形状、颗粒级配）等。上述影响因素可能并不是相互独立的，影响因素的改变会得到不同的强度。从本质上来说，砂土是一种典型的粒状结构体，砂土在剪切过程中表现出来的特性与砂土孔隙比的关系更能反映砂土剪切的本质机理。砂土相对于常规的连续介质材料，其在剪切过程中不仅会发生形状的变化，也会发生体积变化，这种剪切引起的体积变化性即为剪胀性，包括体积膨胀和体积收缩两种性质。可近似认为土体体积的变化是由土体孔隙体积的变化引起的，变化的过程中涉及孔隙液体和气体的排出和进入，这也就是排水条件和不排水条件的由来。砂土孔隙比不同，砂土在排水条件下的剪胀性和不排水条件下的孔压演变特性也会发生变化，对应的抗剪强度特性也不相同。

本节主要介绍与讨论砂土的抗剪强度机理、砂土在不同试验条件下的剪切特性与强度特性及砂土抗剪强度与孔隙比的关系。

7.8.1　砂土的抗剪强度机理

砂土作为典型的无黏性土，其黏聚力为0，故砂土的抗剪强度完全来源于颗粒间的摩擦作用。即抗剪强度满足 $\tau_f = \sigma\tan\varphi$。如 7.2 节中所述，颗粒间的摩擦作用包括滑动摩擦作用和咬合摩擦作用。砂土强度本质上来源于砂土的滑动摩擦作用、土剪胀效应、颗粒破碎和重排列效应。

砂土的滑动摩擦作用本质上是砂土颗粒粗糙不平，接触面间形成的微细观作用。剪胀效应主要产生于密实度较高的砂土中，是由于颗粒之间相互咬合，受到剪切时，咬合发生破坏，颗粒之间发生相对运动，造成土体体积膨胀。剪胀过程中，颗粒的相对运动受到限制，因而提高了抗剪强度。颗粒破碎是指颗粒在高应力作用下自身发生破裂的现象，颗粒破碎的过程会吸收一定的能量；在剪切过程中颗粒的运动即意味着重排列，也需要吸收一定的能量，这些能量都是由剪切力做功提供的。一般来说，土体都是在颗粒间的接触处产生滑动的，滑动面并不是平面，而土体的剪切强度远小于土颗粒的剪切强度，在剪切作用下，颗粒只能沿着接触面产生

转动和滑移，形成的一般是具有一定厚度的剪切带。

7.8.2 砂土在排水与不排水条件下的剪切特性

砂土的密实度不同，表现出来的剪切变形特性就不同，本小节将介绍松砂和密砂在排水剪切时和不排水剪切时的应力-应变特性。

1. 排水条件下的应力-应变特性

在三轴排水试验条件下，可以得到松砂和密砂的主应力差（$\sigma_1' - \sigma_3'$）、轴向应变 ε_1、体积应变 ε_V 三者的关系曲线，如图 7.34 和图 7.35 所示。

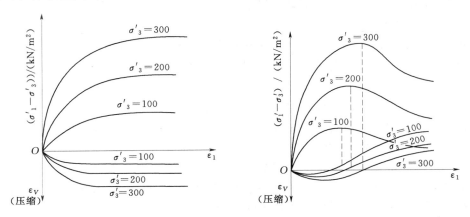

图 7.34　松砂的应力-应变、体变-应变关系　图 7.35　密砂的应力-应变、体变-应变关系

对于松砂来说，在整个剪切过程中都处于剪缩的状态，体积不断缩小，密实度不断增大，最终达到稳定。砂土的主应力差-主应变的关系曲线类似于双曲线，最终达到稳态，且主应力差（剪应力）随着有效围压的增大而增大。

对于密砂来说，当其轴向应变很小时，体积先发生收缩，变得更加密实，此阶段密砂的主应力差（剪应力）增加很快，但这一阶段很短。随即，密砂进入剪胀状态，体积膨胀，密实度降低，应力增长的速度随之减慢。当一定轴向应变条件下，土体体积膨胀到一定程度，承受剪应力的能力反而下降，应力-应变曲线上出现峰值。继续剪切，体积继续膨胀，密实度不断减小，剪应力逐渐减小并趋于残余强度。密砂剪切过程中，砂土颗粒在剪应力作用下会发生转动和上下错移，砂土颗粒间的孔隙增加，土体的体积即发生膨胀。随着有效围压 σ_3' 的增大，颗粒移动的约束增大，土体体积膨胀的程度减小。

2. 不排水条件下的应力-应变特性

在三轴不排水试验条件下，孔隙中的水和气不能排出，体积保持不变。此时，砂土在剪切过程中仍存在"体变势"，只是不体现为体积变化，而是体现为孔隙水压力的变化。当土体有剪胀特性且受不排水条件约束不能发生体积变化时，土体内会产生负的孔隙水压力，它使作用在土骨架上的有效应力增大，并与土体体积膨胀的趋势平衡；当土体有剪缩特性且受不排水条件约束时，土体内会产生正的孔隙水压力，它使土骨架上的有效应力减小，并与土体体积收缩的趋势平衡。

在排水条件下，密砂剪切会先发生剪缩后发生剪胀，则在不排水条件下，密砂的孔隙水压力应先是正值，后变为负值，并随着应变的增大而增大；松砂排水剪切过程发生剪缩，则在不排水条件下，松砂内的孔隙水压力为正值，随着应变的增大会逐渐达到稳定。图 7.36（b）由试验得到的孔压变化验证了上述的结论。

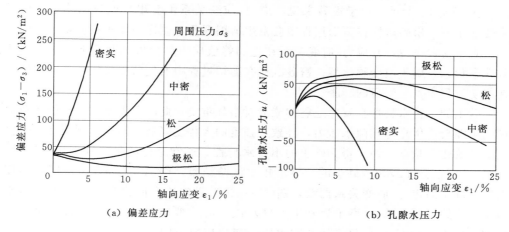

（a）偏差应力　　　　　　　　　　　　　（b）孔隙水压力

图 7.36　不排水剪切砂土的应力-应变关系

　　密砂在剪切过程中，初始时的孔隙水压力为正值，随后很快变为负值，增大了土固结的有效应力，使土体的强度增加；极松砂在剪切过程中孔隙水压力为正，随着轴向应变的增大不断增大至稳定，使土骨架上的有效应力减小，土体的强度不断减小。极松砂的强度最终可能接近为 0，甚至接近达到流动状态。

7.8.3　临界孔隙比

　　如上所述，密砂和松砂的应力-应变关系有很大区别，砂土的强度特性与孔隙比有很大的关系。砂土发生剪胀和剪缩肯定存在一个密实度的临界点，这个临界点的砂土在剪切过程中不会发生体积变化，大于这个密实度，土体属于密砂的范畴，剪切过程中有剪胀的趋势；小于这个密实度，土体属于松砂的范畴，剪切过程中有剪缩的趋势。引入临界孔隙比来代表这个密实度的临界点，则临界孔隙比可以定义为：用某一孔隙比的砂土试样在某个围压下进行三轴排水试验，最终达到破坏时，土体的体积变化为 0；或用这一孔隙比的砂土试样在这个围压下进行三轴不排水试验，最终达到极限偏应力时，土体内的孔隙水压力为 0，这一孔隙比即为临界孔隙比。

　　砂土的临界孔隙比在不同围压条件下是不同的。随着围压的增大，临界孔隙比减小；随着围压的减小，临界孔隙比增大。在很高的围压作用下，即使是特别密实的砂土，剪切过程中也会发生剪缩而不是剪胀。在某个特定围压下，砂土进行三轴试验时不发生体积变化或孔隙水压力为 0，此砂土的孔隙比即为此围压的临界孔隙比，此围压即为此孔隙比的临界围压，这是一个双向的概念。

7.8.4　砂土的强度特性

　　在实际工程中，砂土的渗透性很好，在荷载施加速度不快的条件下，砂土内的孔隙水会很快地流入或排出。但在一些情况下，荷载施加的速度很快（地震和爆炸），或土体变形的速度过快（滑坡），或土体不具备排水的条件，土体内会产生超静孔隙水压力。这两种情况分别对应砂土排水和不排水条件。

前面介绍了密砂和松砂在三轴排水条件下的应力-应变关系与强度特性，如图7.34和图7.35所示。对于松砂来说，应力-应变关系不会出现明显的峰值，属于应变硬化型。松砂试样在剪切过程中会发生剪缩现象，试样的体积在剪切过程中减小。对于密砂来说，其应力-应变关系在达到峰值应力后会出现明显下降，逐渐达到残余状态，属于应变软化型。密砂试样在剪切过程中发生剪胀现象，试样的体积在剪切过程中发生明显的膨胀。

砂土的不排水特性在发生地震和流滑时格外重要，此时孔隙水压力不能快速消散，可能会产生超静孔隙水压力，导致土强度的大幅度降低，甚至达到强度完全丧失的"液化"状态。为了得到砂土的不排水特性，通常进行的是三轴不排水试验。图7.37所示为Toyoura砂土的三轴不排水试验结果，图7.37（a）是不同密实度条件下砂土的应力-应变关系曲线，图7.37（b）是对应不同密实度条件下的砂土剪切应力路径。图7.38所示为砂土不排水试验的一般结果，图7.38（a）是不同密实度砂土的应力-应变关系及孔隙水压力变化情况，图7.38（b）是不同密实度砂土的不排水有效应力路径。

从整体上看，砂土越密实，不排水强度越大。对于松散的砂土，其不排水强度特性与排水强度特性相反，是应变软化型的。由于松砂在剪切过程中会产生剪缩势，不排水条件下会产生正孔隙水压力，随着应变的增大而增加，并逐渐趋于稳定。当砂土非常松散时，受不排水剪切时会产生较大的孔隙水压力，使土体的有效应力大幅度下降，砂土呈现流动状态，趋于达到一种静态的"液化"，也称为"流滑"。从松砂的不排水应力路径也可以发现，其有效应力不断减小逐渐趋于破坏线。

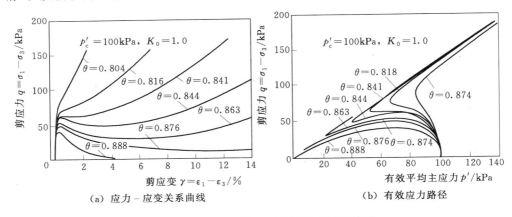

（a）应力-应变关系曲线　　（b）有效应力路径

图7.37　Toyoura砂土三轴不排水试验结果

随着砂土密实度的增加，砂土在剪切过程中开始产生剪胀势，一般在后期出现，所以其在不排水剪切过程中首先产生正的孔隙水压力，随着体变势由剪缩转变为剪胀，正孔隙水压力变为负孔隙水压力，土体的有效应力出现先减小后增大的趋势，即出现迁回式的应力路径，如图7.37（b）和图7.38（b）所示。由于有效应力的增大，土体的强度增大，如图7.37（a）和图7.38（a）所示，应力-应变关系曲线不仅出现峰值，在曲线后段还出现增大的趋势。

对于密实度很大的砂土，仅在剪切初期很短的阶段产生剪缩势，所以密砂只在

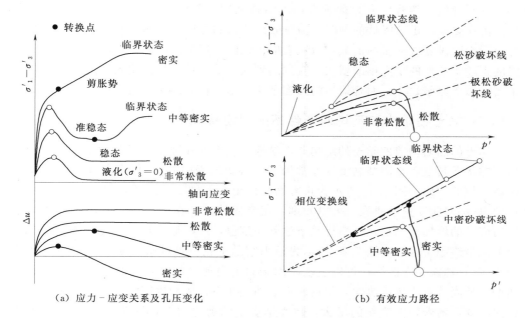

（a）应力-应变关系及孔压变化　　　　（b）有效应力路径

图 7.38　砂土的不排水强度特性

剪切初期很短的阶段产生正孔隙水压力，有效应力先减小后不断增大，有效应力路径显示有效应力只轻微减小，然后逐渐增大并接近破坏线。由于有效应力的增大，密砂的剪切强度逐渐增大。

7.9　黏土的剪切特性与抗剪强度

黏性土的应力历史对其强度特性有重要的影响，通常将黏土在应力历史中所受到的最大有效应力称为先期固结压力。黏土按照其先期固结压力与当前固结压力的关系可以分为超固结土、正常固结土和欠固结土三类。一般工程中常见的黏土主要是正常固结黏土和超固结黏土，这两种黏土的变形特性和强度特性有很大的差别。通常可将黏土试样搅拌成泥浆，称之为重塑土。得到这种泥浆状态黏土的先期固结压力为 0。若对这种重塑土进行固结，所有的固结压力都大于其先期固结压力，因此，这种重塑土即为正常固结土。当重塑土的固结压力为 0 时，土体的强度也为 0，则其强度线必然经过原点。本章提到的正常固结土即是这种土体。

7.9.1　黏土的抗剪强度机理

如图 7.39 所示，黏土的强度除了来源于颗粒间的滑动摩擦作用和咬合摩擦作用外，还来源于颗粒间的黏聚力，包括颗粒间胶结物的胶结力、颗粒间的库仑力及分子力等，即黏土的抗剪强度满足 $\tau_f = c + \sigma\tan\varphi$。

黏聚力在较小的轴向应变条件下

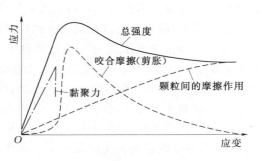

图 7.39　黏性土强度的来源

即可达到峰值，随着应变继续发育，胶结物破裂，静电引力消失，黏聚力快速消失。但在黏聚力迅速降低的同时，剪胀效应所需的剪应力迅速上升，达到峰值。在峰值后的阶段随着剪胀的消减，剪胀效应提供的强度逐渐降低。颗粒间的滑动摩擦强度则随着应变的增大逐渐增大，直到达到最大值。可认为强超固结土的峰值强度主要来源于剪胀效应，而峰值后的强度则主要由颗粒间的摩擦效应提供。

7.9.2 黏土在排水和不排水条件下的剪切特性

黏土的晶格构造使黏土的结构非常松散，黏土的孔隙比一般是砂土孔隙比的 3 倍。黏土尤其是正常固结黏土，非常松散，剪切过程中的应力-应变特性表现出与松砂类似的性质。图 7.40 所示为正常固结黏土在三轴排水压缩试验条件下得到的剪应力-轴向应变关系曲线。可以发现，正常固结黏土在剪切过程中，剪应力随着轴向应变的增加而增加，并最终趋于达到稳定值，体积随着轴向应变的增加而逐渐收缩，最终趋于稳定。图 7.41 所示为超固结黏土在三轴排水压缩试验条件下得到的剪应力-轴向应变曲线，可以发现超固结黏土表现出与密砂类似的性质。在剪切初期，超固结黏土体积收缩，然后转变到剪胀状态，体积逐渐膨胀。当达到一定的轴向应变，随着轴向应变的增大，超固结黏土的剪应力会逐渐降低并趋于残余强度，整个应力-应变曲线上出现应力的峰值。

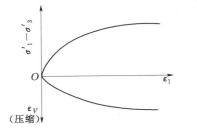 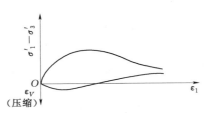

图 7.40 正常固结黏土的应力-体变-应变曲线　　图 7.41 超固结黏土的应力-体变-应变曲线

在三轴不排水剪切试验条件下，可以得到正常固结黏土和超固结黏土的有效应力路径如图 7.42 和图 7.43 所示。由于正常固结黏土的剪切性质类似于松砂，在剪切过程中只有剪缩的体变势，会产生正孔隙水压力，减小土体的有效应力，所以正常固结黏土的应力路径中，平均有效应力逐渐减小达到破坏。而超固结黏土的剪切性质与密砂类似，剪切过程中先产生剪缩的体变势，后产生剪胀的体变势，孔隙水压力首先是正，然后变成负的，土体的有效应力呈现先减小后增大的趋势，所以应力路径中，有效应力先减小，后沿着破坏线逐渐增大。

如图 7.44 所示，可以根据黏土的固结曲线（e-$\lg p$ 曲线，e 为孔隙比，p 为固结压力）判断正常固结黏土与超固结黏土的关系。在相同的固结压力 p_1 作用下，正常固结黏土固结曲线上的点为 A，而超固结黏土卸载曲线上的点为 B，对应的孔隙比分别为 e_1 和 e_2，超固结黏土的孔隙比要小于正常固结黏土，处于更为密实的状态。在孔隙比都为 e_2 的条件下，正常固结线上的点为 C，对应的固结压力 $p_2 > p_1$。因此，在相同固结压力作用下，超固结黏土更为密实，表现出类似密砂的应力-应变特性；在相同密实度条件下，超固结土的固结压力较小，更容易表现出剪胀的性质。基于上述分析可知，超固结黏土表现出的应力-应变特性与密砂类似，而正常固结黏土表现出的应力-应变特性与松砂类似。

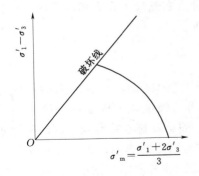

图 7.42　正常固结黏土的不排水应力路径

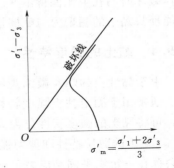

图 7.43　超固结黏土的不排水应力路径

7.9.3　真强度理论

对处于泥浆状态的正常固结土，未受到任何的有效应力作用，因而不具有任何强度，所以正常固结黏土的抗剪强度包线应该经过原点。则正常固结黏土的强度为

$$\tau_f = \sigma \tan \varphi' \tag{7.63}$$

式中表观的黏聚力 $c' = 0$。

图 7.45 所示为黏土的固结线，O、A、B、C、D 这 5 点对应的黏土是在不同的围压下固结形成的，初始的孔隙比和密实度是不同的。相对于无强度的 O 点，A、B、C、D 试样是在不同围压下形成的，黏土的黏聚力不同，随着围压的增大而逐渐增加。这种黏聚力被包括在式（7.64）中，并未单独表示。

为了体现孔隙比对于黏土抗剪强度及其指标的影响，Hvorslev 认为黏土的抗剪强度包括受孔隙比影响的黏聚力分量 c_e 和不受孔隙比影响的摩擦力 $\sigma \tan \varphi_e$ 两部分，其中 c_e 为真实黏聚力，φ_e 为真实内摩擦角，c_e 和 φ_e 为真强度指标。则黏土的抗剪强度为

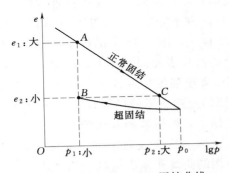

图 7.44　黏土的 e-$\lg p$ 固结曲线

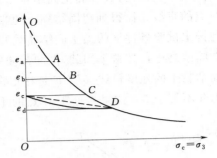

图 7.45　黏土的 e-p 固结曲线

$$\tau_f = c_e + \sigma \tan \varphi_e \tag{7.64}$$

此强度公式表示的抗剪强度包线上各个试样达到破坏状态时的孔隙比是相同的，或饱和土的含水量是相同的。在不同的围压下卸载的土体的强度包线不同。同种土体在不同孔隙比条件下得到的真实内摩擦角基本不变，而真实黏聚力与固结应力成正比，随着孔隙比的增大而增大。

Hvorslev 得到特定黏土的真实强度不受孔隙比变化的影响，特定强度包线上土体破坏时的孔隙比保持不变。实际上，这种真实黏聚力和真实内摩擦角的概念并不能反映黏土的黏聚力与摩擦特性的真实机理。

7.9.4 黏土的强度特性

由于黏性土的颗粒微细观特性与砂土有一定的区别，二者的强度特性也不一致。通常用于测定黏土强度特性的试验方法为三轴试验，根据三轴试验条件的不同，可将黏土的强度特性分为固结排水特性、固结不排水特性及不固结不排水特性 3 种。黏土的剪切特性和剪切强度受到土体应力历史的影响。天然土层中的土体一定会存在一定水平固结应力 σ_c 的作用，若三轴试验各向同性围压 $\sigma_3 < \sigma_c$，试样即处于超固结状态；若 $\sigma_3 \geqslant \sigma_c$，试样即处于正常固结状态。如前所述，正常固结黏土和超固结黏土的强度特性有一定的差别，正常固结黏土的性质类似于松砂，而超固结黏土则表现出类似于密砂的性质。

在这里，主要以饱和黏土为研究对象，分析其在不同剪切条件下的剪切特性，包括孔隙水压力演变和强度特性。

1. 饱和黏土的固结排水强度特性

最大有效固结应力为 0 的饱和黏土处于泥浆状态，没有任何的强度，所以正常固结黏土的强度包线应该经过原点。对于饱和黏土来说，在三轴排水剪切条件下，试样内的孔隙水压力为 0，试样的体积会不断发生变化。一般而言，正常固结黏土在剪切过程中会发生剪缩现象，其体积会不断减小，超固结黏土的体积在剪切过程中先减小后增大，整体表现出剪胀的性质。总之，正常固结黏土的性质与松砂类似，超固结黏土的性质与密砂类似。正常固结黏土的应力-应变曲线是硬化型，剪切作用引起体积收缩；超固结黏土的应力-应变曲线是软化型，剪切作用引起体积膨胀。具体的特性取决于黏土的超固结比。排水条件下孔隙水压力为 0，所以有效应力指标与总应力指标是相等的。

图 7.46 所示为饱和黏土固结排水试验结果。正常固结黏土的强度包线应是经过原点的直线，而得到超固结黏土的黏聚力 c_d 并不等于 0。如图 7.47 和图 7.48 所示为排水试验条件下的黏土固结曲线和强度包线。图 7.47 中的初始压缩曲线代表正常固结黏土，在整个卸载-再加载曲线上的点代表超固结黏土。由图 7.48 可见，超固结黏土的强度包线 DECF 是在正常固结黏土强度包线 ABCF 上的，初始的黏聚力并不等于 0。如果将处于 C 点的正常固结土卸载即可得到 D 点和 E 点的超固结土，如果再加载达到 C 点和 F 点时，土体仍然会表现出正常固结土的性质。固结曲线和强度包线表明，若黏土的固结应力大于先期固结压力，试样就只服从原始的曲线，对应的强度包线经过原点。根据真强度理论，可将超固结黏土的强度用真强度指标表示。

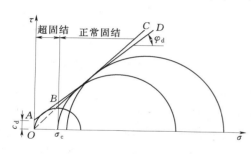

图 7.46 饱和黏土固结排水剪切试验结果

2. 饱和黏土的固结不排水强度特性

黏土不排水试验条件下的孔压变化

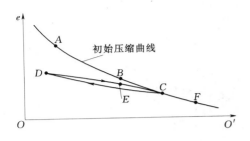

图 7.47　黏土压缩特性曲线

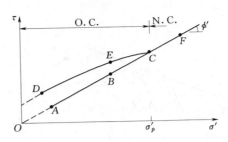

图 7.48　黏土排水条件下的强度包线

也可以验证黏土剪切过程中的体变势。图 7.49 所示为正常固结黏土和超固结黏土不排水剪切试验条件下得到的应力-应变关系及孔压变化规律。正常固结黏土在排水剪切过程中有剪缩的趋势，因此产生了正的孔隙水压力；超固结土在排水剪切过程中先剪缩后剪胀，所以孔

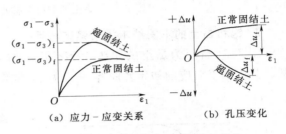

图 7.49　黏土的固结不排水剪切特性

隙水压力先是正后是负。二者的应力-应变关系曲线与排水条件下类似。正常固结黏土的应力-应变曲线仍是应变硬化型，超固结黏土的应力-应变曲线仍是应变软化型，剪切过程中会达到峰值应力。由于黏土存在黏聚强度，所以正常固结黏土在固结不排水试验中，也不会像松砂一样在低围压下受到孔压的影响迅速软化发生流滑。

　　将试样在几个不同的围压下固结，将固结后的试样进行不排水剪切试验，即可得到图 7.50（a）所示的几个不同的极限莫尔圆，这几个莫尔圆的公切线即为该土体固结不排水试验的强度包线，这条直线在剪应力轴上的截距即为黏聚力 c_{cu}，与水平方向的夹角即为内摩擦角 φ_{cu}，c_{cu} 和 φ_{cu} 即为土体的固结不排水抗剪强度指标。

　　实际上，饱和黏土的强度包线并没有这么简单。如图 7.50（b）所示，BC 段是正常固结黏土的试验结果，应该经过原点。但从天然土层中取出的试样具有一定的先期固结压力，在图中即为 σ_c。若剪切的固结围压 $\sigma_3 < \sigma_c$，则属于超固结土的不排水剪切，其强度线为较为平缓的曲线 AB，强度值大于正常固结黏土。当应力状态超过 σ_c 后，即转变为正常固结黏土的不排水剪切，强度包线转化为 BC。因此，实际黏土的固结不排水强度包线是一条折线（ABC），折线的起始端较为平缓，为超固结状态，进入正常固结状态时折线变得较陡。为了达到实用性，实际上只需要按图 7.50（a）所示的方式作多个极限莫尔圆的公切线即可得到黏土固结不排水试验的抗剪强度指标。

　　由于超固结黏土在剪切过程中产生剪胀势，产生负孔压，有效应力增加，所以超固结黏土的有效应力莫尔圆在总应力莫尔圆的右边；相反，正常固结黏土在剪切过程中产生剪缩势，产生正孔压，有效应力降低，其有效应力莫尔圆在总应力莫尔圆的左边。如图 7.50（b）所示，作两个有效应力莫尔圆的公切线即可得到有效应力强度包线。可以发现有效黏聚力 $c' < c_{cu}$，有效内摩擦角 $\varphi' > \varphi_{cu}$。

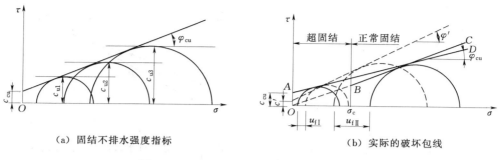

(a) 固结不排水强度指标　　　　(b) 实际的破坏包线

图 7.50　黏土的固结不排水抗剪强度指标

3. 饱和黏土的不固结不排水强度特性

图 7.51 所示为黏土试样在 3 个不同 σ_3 作用下得到的不固结不排水极限应力圆。其中圆①对应的初始各向等压 σ_3 为 0，表明此时对应的是无侧限压缩条件。可

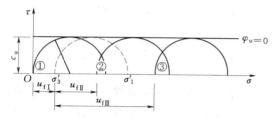

图 7.51　饱和黏土不固结不排水试验结果

以发现，试样在不固结不排水试验条件下含水量保持恒定，无论在多大的初始各向同性压力作用下，试样破坏时的极限偏应力都保持不变，图 7.51 中的 3 个极限莫尔圆直径应相等，做公切线得到不固结不排水条件下的抗剪强度包线为一条水平线。所以不固结不排水试验条件下，

黏土的内摩擦角 $\varphi_u = 0$，黏聚力 $c_u = \dfrac{1}{2}(\sigma_1 - \sigma_3)$。

由于不固结不排水剪切过程中，试样的体积和孔隙比自始至终都没有发生变化，改变初始各向同性压力 σ_3 只能引起孔隙水压力的变化，而试样剪切前的初始有效固结应力却不发生变化，因而抗剪强度始终不发生变化。无论是超固结黏土还是正常固结黏土，在不固结不排水试验条件下得到的抗剪强度包线都是一条水平线。同时，完全饱和黏土在不同 σ_3 作用下的孔隙比都是相等的，其有效应力路径和破坏时的有效应力状态也是保持不变的，因此，破坏时的有效应力莫尔圆只有一个，总应力莫尔圆与有效应力莫尔圆之间相差一个孔隙水压力。对于莫尔圆①，$\sigma_3 = 0$，试样处于超固结状态，产生剪胀势，形成负的孔隙水压力，有效应力增大，所以有效应力莫尔圆应在莫尔圆①的右边。

实际上，c_u 反映的是在初始有效围压作用下产生的强度，c_u 的值大概与有效固结压力成正比。当前固结压力相同时，超固结土的先期固结压力大于正常固结土的先期固结压力，所以超固结土的 c_u 一般大于正常固结土。

7.10　残余强度与残余状态

超固结黏土和密实砂土在直剪试验条件下或三轴试验条件下，当其受到持续的剪切荷载作用达到一定的应力状态时，土体的剪切应变超过临界状态，剪切抗力 $(\sigma_1 - \sigma_3)$ 会持续降低，直至达到一个稳态的阶段，此时剪切抗力基本保持不变，

而应变却可以不断增大，称这种状态为残余状态，而相应的剪切抗力即为残余强度。一般而言，土体的残余状态需要经过很大的变形或应变才能够达到。

土体达到残余状态时的残余强度是最小值。残余状态下的变形集中于局部，且残余状态会在剪切带内发育。给定试验条件和应变速率，土体的残余强度只取决于有效应力和内摩擦角。与残余强度对应的内摩擦角被称为残余内摩擦角 φ_r，取决于矿物成分、级配、有效应力、大颗粒的特性及剪切速率。在不排水条件下也可能达到残余状态。在这种情况下，残余状态下剪切面上的有效应力与初始应力和峰值应力不同。

由于达到完全残余状态时通常需要发生很大的位移，因此有的学者提出了一些特别的试验手段。比如 Bishop 等（1971）设计了环剪试验仪器，可以发生很大的剪切位移，且剪切的方向基本不变。

无损的超固结黏土达到峰值状态后，其排水强度会降低，主要是因为：①膨胀引起含水量增加；②黏土沿着剪切面方向发生重组。这些过程使材料转变到残余状态。如果正常固结黏土在剪切过程中由固结作用产生的强度增量不足以补偿土体结构破坏或颗粒重组引起的强度损失，其峰值后强度也会降低。低黏粒含量的土体中，颗粒重组会使土体向残余强度发育。不排水条件下强度的损失即峰值强度和残余强度之间的差距很小。

7.11　土的组构与强度

在第 3 章，土的微细观组构及测量中详细地介绍了土体的微细观特性和结构特性。通常可用土组构描述土体微细观颗粒特性，土组构对于土的强度特性有很大的影响。本节将分别讨论砂土和黏土组构对强度的影响。

7.11.1　砂土的组构与强度

对于初始组构不同的砂土试样，即使剪切前的试样处于相同的应力状态，孔隙比也相同，得到的应力-应变特性也不相同。图 7.52 所示为不同制样方法得到的砂土的三轴试验结果，其中图 7.52（a）代表的是孔隙液体为水的试样，图 7.52（b）代表的是孔隙液体为水-树脂溶液的试样。用树脂处理不同应变条件的试样得到薄切片，研究组构的变化情况，得到的结果如图 7.53 所示。

分析图 7.52 和图 7.53 可以得到以下几点结论。

（1）对于敲击法制备的试样，初始颗粒接触法向主要集中于水平方向，且随着轴向应变的增大，水平方向分布的比例逐渐增大。

（2）对于捣实法制备的试样，初始颗粒接触法向稍微集中于竖直方向，但整体较为平均，随着轴向应变的增大，这种分布特性逐渐消失，颗粒接触方向在水平方向的比例较大。

（3）通过不同制样方法得到的试样具有不同的强度与变形特性，水-树脂溶液为孔隙液体时得到的应力-应变关系有一个明显的"滞后效应"。

（4）通过敲击法制备试样的强度、剪胀性和刚度均大于捣实法制备的试样。

（5）轴向应变逐渐增大，颗粒与颗粒集合体发生破坏。直到达到峰值强度后剪切面或剪切带才能形成，颗粒间接触法向 $E(\beta)$ 的分布（组构各向异性的一种测量与评价方法）随着应变的增大逐渐变化，如图 7.53 所示。图示表明，每种情况下，随着轴向应变的增大，组构都倾向于向更大的各向异性发育。当达到峰值强度后，$E(\beta)$ 的变化就很小了，这表明颗粒重新排列并不一定伴随着整体组构的变化。当达到破坏应力状态后，即在峰值后屈服阶段，颗粒体系达到近乎一致的偏向，但是要达到这个状态需要发生很大的变形。

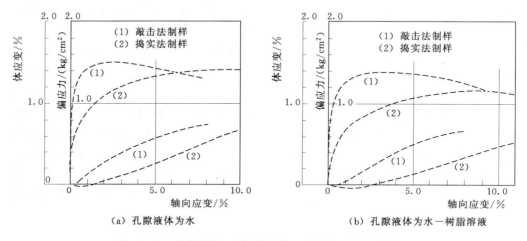

图 7.52　不同制样方法得到的砂土试样的三轴试验结果

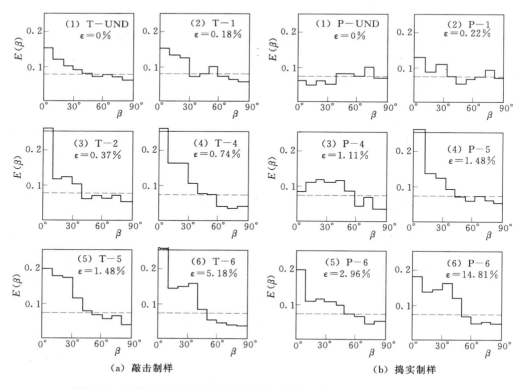

图 7.53　两种方法制得的砂土试样粒间接触法向分布与轴向应变的关系

连续介质理论假定均匀颗粒体系在受外力作用时，内部受力是均匀传递的。实际上，土体这种颗粒体系粒间力的分布是非常不均匀的。外荷载通过粒间接触传递，由于颗粒一般都是无序的，颗粒体系的受力分布也是无序的。土体强度发育的过程伴随着力链网络的变化。常用离散单元法和接触动力分析法等离散颗粒数值模拟方法研究强度发育过程中的颗粒相互作用和荷载传递性质。

基于离散元数值模拟得到二维圆盘颗粒的接触力链如图 7.54 所示。图示中力链的粗细与接触力的大小成正比。粗线连接的网络称为强力链网络，强力链网络体现了颗粒体系传递外荷载的微观机制。不在强力链网络区域内的颗粒在很小的粒间力作用下会产生像流体一样流动的特性，可称这个区域为弱作用颗粒集合。

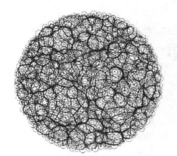 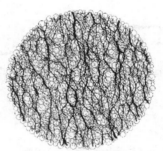

（a）各向同性应力条件　　　　　　（b）双轴加载条件

图 7.54　二维圆盘颗粒聚合体力链网络

粒间接触如图 7.55 所示，粒间接触上既有法向力也有切向力。图 7.56 所示为双轴加载试验条件下，法向接触力和切向接触力的分布形式。横坐标是力除以平均力 N，取决于颗粒尺寸分布情况。大约 60% 的接触位置上的法向力都小于平均法向接触力，最大法向接触力是平均法向接触力的 6 倍。当法向接触力大于平均值时，力的分布情况接近于递减的指数函数，Radjai 等（1996）发现式 $P_N(\xi = N/\langle N \rangle) = ke^{1.4(1-\xi)}$ 与二维和三维试验结果有很好的一致性，式内的指数随着粒间摩擦系数的变化产生轻微的变化，且与颗粒尺寸分布无关。

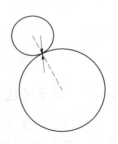

图 7.55　粒间接触示意图

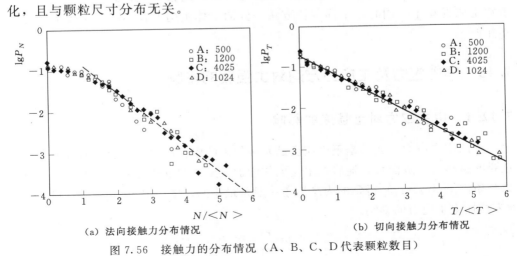

（a）法向接触力分布情况　　　　　　（b）切向接触力分布情况

图 7.56　接触力的分布情况（A、B、C、D 代表颗粒数目）

　　图 7.57（a）所示为强力链网络和弱力链网络分担偏应力作用的情况。可以发现，荷载主要通过强力链网络传递，弱力链的贡献很小。图 7.57（b）所示为法向接触力和切向接触力分担偏应力作用的情况。可以发现，荷载主要由法向接触力承担，切向接触力的贡献很小。因此，强度主要由强力链网络区域的法向接触力贡献，可以忽略弱作用颗粒集合的贡献。由于强力链网络法向接触力很大，强力链网络中颗粒的切向接触力要远小于粒间摩擦抗力。与此相反，数值模拟结果表明弱作用集团内颗粒的切向接触力与摩擦抗力很接近。因此，弱作用集团内颗粒的摩擦抗力发挥得更为完全，颗粒集合体更像是黏性材料。

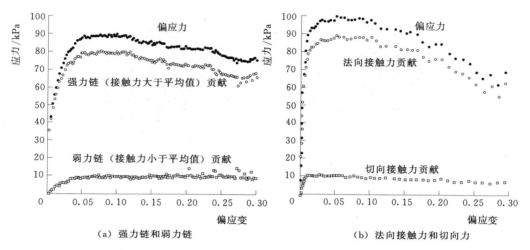

（a）强力链和弱力链　　　　　　　　（b）法向接触力和切向力

图 7.57　密实颗粒聚合体双轴压缩条件下强度的贡献情况

7.11.2　黏土的组构与强度

　　某些类型的黏土，如区域性土或特殊土，土体的强度受土的结构性控制。一般来说，具有絮凝结构微观特性的黏土有较高的强度。由于沉积过程中的地质环境不同，沉积后的地质活动及应力历史也不同，天然原状土的黏土矿物可以形成不同的结构形式，不同条件下黏土的强度也不同。通常来说，原状土的强度高于重塑土或扰动土。同时，不同制样方法得到的土体组构形式不同，土体的强度也不相同。

7.12　中主应力及主应力方向对土强度的影响

7.12.1　中主应力对土强度的影响

　　土的中主应力，尤其是平面应变试验条件下的中主应力，对土体的抗剪强度有重要的影响。一般而言，随着中主应力的增加，土体的抗剪强度会增大。常规三轴试验条件下（$\sigma_2 = \sigma_3$）得到的内摩擦角一般是最小的。常用 Bishop 参数 b 和洛德角 θ 来描述中主应力的影响。

$$b = \frac{\sigma_2 - \sigma_3}{\sigma_1 - \sigma_3}$$

（7.65）

$$\theta = \arctan \frac{2\sigma_2 - \sigma_1 - \sigma_3}{\sqrt{3}(\sigma_1 - \sigma_3)} \tag{7.66}$$

对于常规三轴压缩试验，$\sigma_1 > \sigma_2 = \sigma_3$，$b = 0$；对于常规三轴拉伸试验，$\sigma_1 = \sigma_2 > \sigma_3$，$b = 1$，可见 b 值在 0~1 之间。平面应变条件下的 b 值取决于材料特性，大概取值在 0.3~0.4 之间。

可通过三轴仪和空心圆柱剪切仪测定中主应力对土体强度参数的影响。图 7.58 所示为 Ham 河砂的真三轴试验结果。从图中可以发现，若 b 值由 0（三轴压缩条件下）增加到 0.3~0.4（平面应变条件下），松砂和密砂的内摩擦角会增大 10%~15%，但若继续增大 b 值到 1（三轴拉伸条件下），测定的内摩擦角保持不变或轻微降低。测量内摩擦角随着中主应力的变化而变化，主要是因为不同平均应力和不同中主应力会影响土体剪胀和颗粒重组对总强度的贡献，增大中主应力会增加土颗粒的约束和咬合作用。给定最大主应力和最小主应力时，三轴拉伸的平均有效应力最大，三轴压缩的平均有效应力最小。三轴试验和平面应变试验条件下，对试样的约束作用越大，内摩擦角值就越大。

图 7.59 所示为正常固结黏土在平面应变和三轴压缩状态下内摩擦角的关系统计。其中 $\overline{\phi}_{psc}$ 是平面应变压缩状态下内摩擦角平均值，$\overline{\phi}_{tc}$ 是三轴压缩试验状态下内摩擦角的平均值。$\overline{\phi}_{psc}$ 大概为 $\overline{\phi}_{tc}$ 的 1.1 倍。

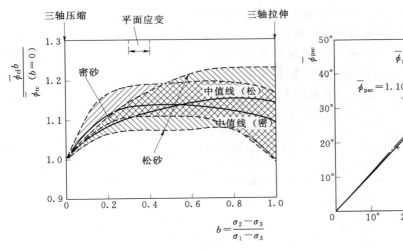

图 7.58 Ham 河砂土的真三轴试验结果

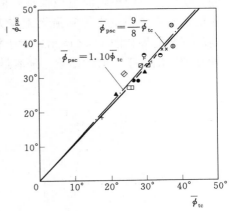

图 7.59 正常固结黏土
不同条件下内摩擦角关系

7.12.2 主应力方向对土强度的影响——土强度的各向异性

土体是一种典型的各向异性体，土体的各向异性包括原生各向异性和应力诱发各向异性。原生各向异性是指土体在风化、堆积、搬运、沉积和固结过程中不可避免地受重力的影响，使土体在各个方向上的特性并不相同的性质。即便是非常均匀的砂土颗粒，长轴比大于 1.4 的颗粒也超过了一半，由于重力作用，颗粒的长轴倾向于水平方向沉积，因此颗粒集合体在竖直向的刚度就会大于水平向的刚度，这即是原生各向异性或内在各向异性。沉积及沉积前组构的各向异性会导致土强度的各向异性。如图 7.60 所示，砂粒的长轴方向基本平行于水平方向，在 AB 方向上滑动的话，颗粒之间很容易产生滑动破坏。若滑动方向沿着竖向的 CD 方向，由于颗粒之间相互咬合，在剪切作用下，发生滑动意味着咬合的颗粒需要发生转动、错动和上下滑移，颗粒间可以产生很大的剪切抗力，此方向上的强度较高。

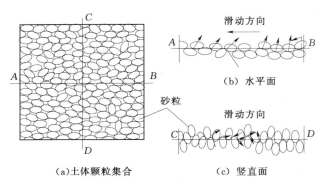

图 7.60　土体在不同方向上的抗滑力

图 7.61 所示为最大主应力方向与 b 值变化的示意图，定义 α 角为最大主应力方向与水平层面法向的夹角。常规三轴压缩试验条件下 $α=0°$，$b=0$；三轴拉伸试验条件下 $α=90°$，$b=1$。在理想情况下，研究 b 值对强度的影响时应保证 α 值不变，研究 α 值的影响时也应保证 b 值不变。Yoshimine（1998）基于空心圆柱体剪切试验研究了中主应力和最大主应力方向对 Toyoura 砂土不排水特性的影响，得到的试验结果如图 7.62 所示。对于相对密度在 30％～41％之间的砂土，内在各向异性的影响大于 b 值的影响。随着最大主应力方向由垂直逐渐变成水平，砂土的强

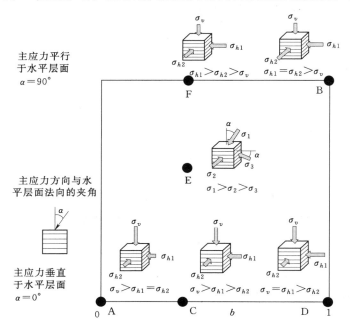

图 7.61　最大主应力方向定义方式

度逐渐降低，同时有效应力路径迂回的程度增大。当加载方向与层理面平行时，需要有更多的颗粒运动以保证能发育稳定的土体组构，由此也会产生很大的超静孔隙水压力，砂土可能会转变为静力液化状态。由图 7.62（b）可知，相对于其他剪切模式，常规三轴压缩试验可以得到相对较高的不排水剪切强度，软化的程度也较低。基于三轴压缩试验结果得到的不排水剪切强度可能是不够保守的。三轴拉伸时会产生很大的超静孔隙水压力，使土体的有效应力大幅度下降。

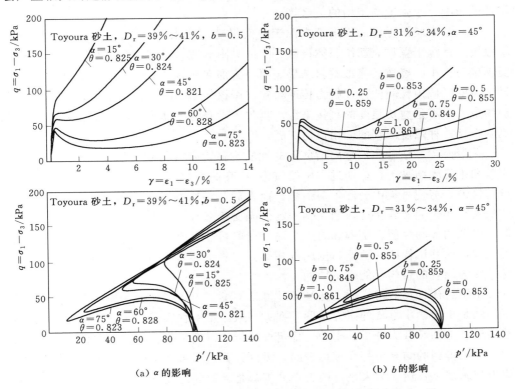

(a) α 的影响　　　　　　　　(b) b 的影响

图 7.62　b 和 α 对 Toyoura 砂土不排水强度特性的影响

图 7.63 所示为模拟天然沉积密砂的试验结果。通过在沉积试样中取不同方向的立方体试样，对试样进行三轴试验得到强度参数结果。可见，随着取样方向的变化，得到的有效内摩擦角并不是不变的。沿沉积面的法线方向得到的有效内摩擦角最大，而沿沉积面平行方向得到的内摩擦角最小。

虽然土的各向异性是一种很基本的特性，但在实际工程中一般不太考虑土强度的各向异性，一般工程中的荷载都是重力荷载，基本是垂直的，常规试验确定的土强度指标可以很好地适用。但在一些特殊工程条件下，土的各向异性可能会对强度参数产生重大影响。

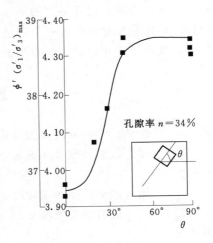

图 7.63　不同主应力方向
得到的强度参数

7.13　本章小结

　　本章主要围绕土的强度理论展开介绍，主要涉及的内容有土抗剪强度的细观组成与来源、莫尔－库仑强度理论与破坏准则、砂土和黏土的抗剪强度特性与抗剪强度指标、应力路径相关概念、土的残余状态与残余强度、相关影响因素对土体强度特性的影响、土强度与组构的关系等。

　　大多数未胶结土体的强度都来源于粒间滑动、剪胀性、颗粒重组、颗粒破碎。摩擦抗力来源于颗粒表面微凸体接触产生的黏附效应。没有胶结作用时，土体的真实黏聚力很小。离散元模拟试验结果表明，施加在颗粒聚集体上的偏差荷载主要通过强力链区域内粒间法向接触力传递。粒间摩擦作用实际上相当于强力链网络的运动约束，并不是剪切强度的直接来源。莫尔－库仑强度理论可以反映这种摩擦黏聚机制，且这种强度准则的应用最为广泛。

　　一般而言，松砂和正常固结黏土的性质类似，密砂与超固结黏土的性质类似。松砂和正常固结黏土在剪切过程中的应力-应变关系属于应变硬化型，不会产生明显的峰值，剪切过程中会产生剪缩势。而密砂与超固结黏土在剪切过程中的应力-应变关系属于应变软化型，当达到一定的应变状态时，其应力随着应变的增加而降低，出现明显的峰值。密砂和超固结黏土在剪切过程中会产生剪胀势。对于砂土来说，即使两种试样的孔隙比与围压都相等，二者的强度与变形特性也可能有差异，这是因为二者的组构可能是不同的。

　　由于土体种类非常广泛，环境条件复杂多变，土体强度的评价、强度特性的分析仍然是土力学中重要的研究课题。在大多数岩土工程实践和研究中，如边坡稳定性分析、地基承载力分析、土动力稳定性分析，得到正确合理的强度特性是最重要的。如果得到的结果不是合理可靠的，无论计算过程多么精细，所用的计算机数值模拟技术多么发达，后来进行的力学分析都是无效的。在选择不同试验条件下的强度指标时，需要注意室内试验的条件、应力水平、应力状态和应力路径应尽量与实际工程条件一致，这样得到的强度指标才是有意义的。同时，应对所选的抗剪强度指标的性质和变化规律有一个清楚的认识，并对各个指标的数值范围有一个大致的了解，只有这样才能对实际问题做出正确的选择和判断。

思　考　题

　　7.1　什么是土的强度与抗剪强度？土的抗剪强度取决于哪些因素？

　　7.2　库仑抗剪强度是如何表达的？黏性土和无黏性土的抗剪强度表达式有何不同？

　　7.3　如何理解滑动摩擦和咬合摩擦对土强度的贡献？

　　7.4　土的抗剪强度指标实质上是土的抗剪强度参数，也就是土的强度指标，为什么？

　　7.5　即使是同种土类，测定的抗剪强度指标也是变化的，为什么？

　　7.6　如何理解屈服、破坏与强度？

7.7　何为莫尔-库仑强度准则？何为极限平衡条件？极限平衡条件与破坏准则的意义是否一致？

7.8　土体中发生剪切破坏的平面是否是剪应力最大的平面？为什么？在何种条件下，破坏面与最大剪应力面一致？

7.9　如何判断土体中某点对应的应力状态是否达到了极限平衡条件？

7.10　测定土抗剪强度指标主要有哪些方法？它们各自的原理、方法是什么？各有什么优、缺点？

7.11　试比较直剪试验条件下和三轴试验条件下土样的应力状态有何不同？

7.12　简要说明直剪试验 3 种方法和三轴压缩试验 3 种方法的异同点及各自的适用范围。

7.13　何为应力路径？试说明土样应力路径的绘制方法。

7.14　影响砂土抗剪强度的因素有哪些？

7.15　试介绍密砂和松砂剪切时的应力-应变特征并解释其中的原因。

7.16　试介绍砂土在不同剪切条件下的强度特性。

7.17　黏土抗剪强度由哪些部分组成？

7.18　试介绍正常固结黏土在 UU、CU、CD 这 3 种试验条件下的应力-应变特征、体变孔隙水压力）-应变特征、应力路径和强度特征。

7.19　试介绍超固结黏土在 UU、CU、CD 3 种试验条件下的应力-应变特征、体变（孔隙水压力）-应变特征、应力路径和强度特征。

7.20　正常固结土和超固结土的总应力强度包线和有效应力强度包线之间有何关系？

7.21　何为土的残余强度与残余状态？

7.22　土组构、中主应力和主应力方向对土的强度有何影响？本质上反映了土强度的何种特征？

习　　题

7.1　已知某黏性土的 $c=0$，$\varphi=36°$，对该土取样并进行试验。

（1）如果施加的大小主应力分别为 400kPa 和 120kPa，试判断试样是否会发生破坏。

（2）如果保持小主应力不变，试判断能否将大主应力增加到 500kPa。

7.2　某土样进行直剪试验，在法向压力为 100kPa、200kPa、300kPa 和 400kPa 条件下分别测定抗剪强度为 54kPa、86kPa、118kPa 和 149kPa。

（1）试通过作图法确定该土样的抗剪强度指标。

（2）如果在土中的某一平面上作用的法向应力为 260kPa，剪应力为 95kPa，判断该平面是否会发生剪切破坏。

（3）若对该类土样施加大小主应力分别为 500kPa 和 210kPa，试求最大剪应力及作用方向，并用两种方法判断该土样是否会发生破坏。

7.3　设地基内某点的大主应力和小主应力分别为 480kPa 和 180kPa，孔隙水压力为 50kPa，土的有效强度指标为 $\varphi'=34°$，$c'=6.4kPa$，判断该点处于何种状态。

7.4　在某地基土的不同深度处进行十字板剪切试验，在 3m、5m 和 7m 深度处对应的最大扭力矩分别为 40kN·m、55kN·m 和 65kN·m。若十字板的高度和宽度分别为 10cm 和 5cm，试求不同深度地基土的抗剪强度。

7.5　某饱和黏性土在无侧限抗压强度试验条件下测定的不排水抗剪强度 c_u＝64kPa，破裂面与水平方向夹角 57°，如果对同一土样进行三轴不固结不排水试验，施加围压 σ_3＝160kPa，试问土样将在多大的轴向应力作用下发生破坏？

7.6　已知某饱和砂土试样的有效内摩擦角为 24°，进行三轴固结排水试验，初始围压 σ_3＝160kPa，若使大主应力和小主应力按 $\Delta\sigma_1$＝$3\Delta\sigma_3$ 的条件增加，试确定试样破坏时的 σ_1。

7.7　对某一饱和正常固结黏土试样进行三轴固结排水剪切试验，测定其有效内摩擦角为 28°。现对同种土样进行三轴固结不排水剪切试验，测定破坏时的围压为 σ_3＝200kPa，轴向应力增量为 $\Delta\sigma_1$＝200kPa。试计算土样在固结不排水剪切条件下破坏时的孔隙水压力。

7.8　某建筑物地基为饱和黏土，取 3 组试样进行三轴固结不排水试验，测定 3 组试样剪切破坏时的试验结果为：

试样①：σ_3＝100kPa，$(\sigma_1-\sigma_3)_f$＝200kPa，u_f＝35kPa。

试样②：σ_3＝200kPa，$(\sigma_1-\sigma_3)_f$＝320kPa，u_f＝70kPa。

试样③：σ_3＝300kPa，$(\sigma_1-\sigma_3)_f$＝460kPa，u_f＝110kPa。

（1）通过作图法确定该黏土试样的有效应力指标（c'，φ'）和总应力指标（c_{cu}，φ_{cu}）。

（2）试求试样③破坏时，破坏面上的有效应力与剪应力。

第 8 章

土的临界状态

8.1　概述

本章主要介绍临界状态土力学的基本理论。一般而言，临界状态土力学理论主要包括土的临界状态理论和剑桥模型，剑桥模型是一种弹塑性本构模型，又称为临界状态模型。临界状态理论和剑桥模型主要是由英国剑桥大学 Roscoe、Schofield 和 Wroth 等在正常固结土、弱超固结土及强超固结土常规三轴试验的基础上建立起来的。基于土的临界状态理论和剑桥模型可以建立起一个描述和预测土的变形和破坏行为的统一理论框架，可将土的弹性变形、塑性变形同土的强度联系起来，建立土的本构关系。基于临界状态理论的剑桥模型在国际上被广泛地接受和应用，目前土的弹塑性本构模型大多是以土的临界状态理论和剑桥模型为基础建立的，因此临界状态土力学是现代土力学的重要基础。

临界状态土力学理论初期发展的主要过程为：①1958 年，剑桥大学 Roscoe、Schofield 和 Wroth 基于物理试验结果提出土的临界状态概念；②1963 年，剑桥大学 Roscoe、Schofield 和 Thurairajah 提出原始剑桥模型；③1968 年，剑桥大学 Burland 基于一种新的能量方程提出了修正剑桥模型；④1968 年，Schofield 和 Wroth 出版了第一本临界状态土力学的专著；⑤1978 年，Atkinson 和 Bransby 出版了一本临界状态土力学的教科书；⑥1990 年，Wood 出版了一本较为详细的临界状态土力学教科书。

土的临界状态理论抓住了土最重要的行为或特征，土的临界状态模型虽然是一种理想的简化模型，但却可以反映土的基本特性。当不能通过足够的土工试验描述土体的力学特性，以及不能预测土体在工程施工期间或使用期间受各种荷载作用的力学响应时，就可以根据土的临界状态模型对土体的响应进行分析预测。

本章主要介绍土临界状态理论的基础，不涉及剑桥模型和修正剑桥模型。主要内容包括土的临界状态线、Roscoe 面、Hvorslev 面的概念及与土体性质的关系，以及土完全状态边界面的概念及由来。此外，还将分别对黏土和砂土的临界状态理论进行介绍和分析。通过本章学习，可以简单地了解土临界状态的基本概念与特征，便于理解、描述和预测土的力学行为。

8.2 临界状态与临界状态线

8.2.1 临界状态的概念

如果将 6 个完全相同的饱和重塑正常固结黏土试样分成 3 组，3 组试样分别在各向同性围压 p_{01}、p_{02} 和 p_{03}（$p_{01} < p_{02} < p_{03}$）条件下进行固结，对每组的两个试样分别进行常规三轴固结排水试验和三轴固结不排水试验，最后都达到破坏状态。可得到 6 个试样的有效应力路径、比体积 v 与平均有效应力（平均有效主应力）p' 之间的关系曲线，如图 8.1（a）、（b）所示。

在常规三轴压缩试验条件下，定义以下参数：

比体积：$v = 1 + e$

平均主应力：$p' = \dfrac{1}{3}(\sigma_1' + 2\sigma_3') = \dfrac{1}{3}(\sigma_a' + 2\sigma_r')$

广义剪应力：$q' = \sigma_1' - \sigma_3' = \sigma_a' - \sigma_r' = \sigma_1 - \sigma_3 = \sigma_a - \sigma_r = q$

其中，e 为孔隙比，假如土中固相的总体积为 1，则孔隙的体积就为 e，土体的总体积就为 $1 + e$；σ_a'、σ_a 分别为轴向有效应力和总应力；σ_r'、σ_r 分别为径向有效应力和总应力。

如图 8.1（a）所示，3 组试样首先进行各向等压固结，固结的应力路径分别为 OC_1、OC_2、OC_3；然后每组试样分别进行常规三轴排水试验和固结不排水试验，排水试验的应力路径分别为 C_1D_1、C_2D_2、C_3D_3，不排水试验的应力路径分别为 C_1U_1、C_2U_2、C_3U_3。

试验发现，当 6 个试样都达到破坏时，其最终的有效应力路径终点都处于一条直线上。这一点是 Roscoe 等人最早通过土的排水和不排水三轴试验发现的。即外荷载作用下的土在其变形发展的过程中，无论初始状态和应力路径如何，最终都会以某种特定的状态结束，他们首先将这种状态定义为土的临界状态。

8.2.2 正常固结线与临界状态线

Schofield（2005）针对临界状态提出，如果土和其他颗粒材料受到连续的剪切作用直到像具有摩擦阻力的流体似地流动时，即进入到临界状态。在 p'-q 平面上，临界状态可用上述的有效应力终点连线表示，即为破坏线，也为 p'-q 平面上的临界状态线 CSL（Critical State Line），可表示为

$$q = Mp' \tag{8.1}$$

式中 M——p'-q 平面上临界状态线的斜率，与土的性质有关。

显然，p'-q 平面上的临界状态直线经过原点，这是因为达到临界状态时，土体达到一种流动状态，处于大应变状态，在这种状态下土颗粒之间的胶结、结合水连接甚至毛细水连接都已经破坏，剪胀作用也完全消失，剪切的抗力完全由摩擦作用提供，所以黏聚力为 0。因此，当临界状态下的 p' 为 0 时，q 也为 0。

如图 8.1（b）所示，完成固结后 3 组试样分别位于正常固结曲线 NCL（Normal Consolidation Line）p_{01}、p_{02} 和 p_{03} 这 3 个应力状态下。在各向等压固结过程

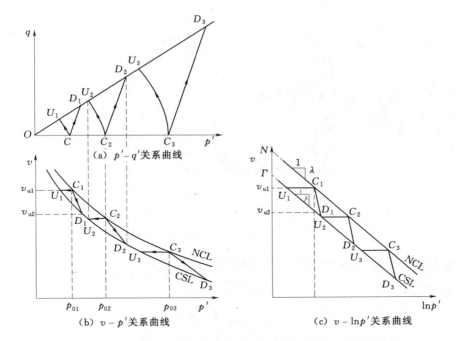

图 8.1　正常固结黏土三轴试验结果（固结曲线与临界状态线）

中，体积只沿着正常固结曲线变化。进行三轴不排水试验时，土体体积不发生变化，破坏发育过程分别为 $C_1 U_1$、$C_2 U_2$、$C_3 U_3$；进行三轴排水试验时，破坏发育过程分别为 $C_1 D_1$、$C_2 D_2$、$C_3 D_3$。饱和重塑正常固结黏土的应力状态与体积状态（或含水量、孔隙率、孔隙比）之间存在着唯一性关系，这一点早已被众多试验证实。如果将破坏时的各点连接成曲线，则对应的是达到破坏或临界状态时比体积 v 与平均有效应力 p' 之间的关系，是 $p'-v$ 平面上的临界状态线，与 $p'-q$ 平面上的破坏直线 $q = Mp'$ 相对应。

如果将图 8.1（b）所示的 $v-p'$ 关系曲线表示在 $v-\ln p'$ 平面上，则正常固结曲线和临界状态曲线都可近似表示为直线，如图 8.1（c）所示。试验结果表明，土体正常固结曲线 NCL 和临界状态线 CSL 在 $v-\ln p'$ 平面上可分别表示为

$$v = N - \lambda \ln p' \tag{8.2}$$
$$v = \Gamma - \lambda \ln p' \tag{8.3}$$

式中，N——NCL 线在 $p' = 1\text{kPa}$ 时对应的比体积；

　　　　Γ——CSL 线在 $p' = 1\text{kPa}$ 时对应的比体积；

　　　　λ——CSL 线和 NCL 线在 $v-\ln p'$ 平面上的斜率。

$v-\ln p'$ 平面上正常固结曲线 NCL 和临界状态线 CSL 斜率相等，因此二者在 $v-\ln p'$ 平面上互相平行。

前述关于饱和重塑正常固结黏土的三轴固结排水试验和三轴固结不排水试验表明，土体在其变形发育过程中，无论其初始状态和达到破坏的应力路径如何，最终都会达到一条共同的破坏轨迹，即以达到临界状态结束。因此，临界状态可定义为：土体在剪切试验的大变形阶段，它趋于最后的临界状态，即体积与应力（总应力和孔隙压力）保持不变，而剪应变还处于不断持续的发展和流动状态，即临界状

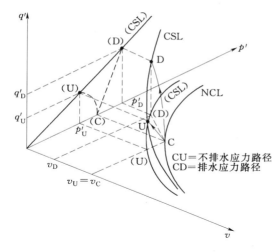

图 8.2　三维空间中的临界状态线 CSL 及其投影

态的出现就意味着土体发生了流动破坏。上述临界状态的定义实际上隐含了式（8.4）成立，即

$$\frac{\partial p'}{\partial \varepsilon_p} = \frac{\partial q}{\partial \varepsilon_p} = \frac{\partial v}{\partial \varepsilon_p} = 0 \qquad (8.4)$$

$p'-q$ 平面和 $v-\ln p'$ 平面上的两条临界状态线实际上是三维 $q-v-p'$ 空间中的同一条空间曲线——临界状态线 CSL 在不同平面上的投影。临界状态线 CSL 在三维空间中的形式如图 8.2 所示。三维 $q-v-p'$ 空间又可称为 Roscoe 空间。

由式（8.1）和式（8.2）可以推导得到平均有效主应力及广义剪应力的关系为

$$p' = \exp\frac{\Gamma - v}{\lambda} \qquad (8.5)$$

$$q = M\exp\frac{\Gamma - v}{\lambda} \qquad (8.6)$$

正常固结线是正常固结试样在各向等压条件下得到的压缩曲线，广义剪应力 q 为 0。因此，在 $p'-q$ 平面上，正常固结的应力路径一定是沿着 p' 轴的路径。在三维 Roscoe 空间中，即为 $v-p'$ 平面上的一条曲线。若在各向等压固结过程中进行卸载，试样将发生回弹，$v-p'$ 平面和 $v-\ln p'$ 平面上的回弹曲线如图 8.3 所示。卸载时的体积变化与 p' 之间的关系可表示为

$$v = v_k - \kappa \ln p' \qquad (8.7)$$

式中　v_k——某一卸载曲线在卸载到 $p'=1\text{kPa}$ 时的比体积；

　　　κ——卸载曲线在 $v-\ln p'$ 平面上的斜率。

如图 8.3 所示，当应力路径处于卸载阶段，土体的变形与沿着正常固结线的塑

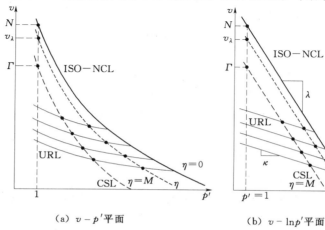

（a）$v-p'$ 平面　　　　　　（b）$v-\ln p'$ 平面

图 8.3　各向等压固结与回弹

性变形不同。$v-\ln p'$ 平面上，卸载段的斜率 κ 小于正常固结线的斜率 λ，其体变也小于正常固结线上的塑性体变。正常固结线在 $v-\ln p'$ 平面上是一条边界线。在正常固结线右侧的土体相对更为疏松，但正常固结土是一种最为疏松状态的土体，所以正常固结线右侧实际上是不可能达到的状态。正常固结线作为边界线也可这样理解：①当平均有效应力固定时，正常固结线上对应的体积是最大的体积，或对应的疏松状态最大；②当体积固定时，正常固结线上对应的平均有效应力是最大的平均有效应力。

8.3　Roscoe 面

8.3.1　Roscoe 空间中的排水与不排水路径

对于常规三轴固结排水试验，加载过程中径向应力保持不变，轴向应力逐渐增大。整个试验过程中必须保证每一级的加载足够慢，以便于孔隙水压力可以有足够的时间消散，保证每一步加载前试样的孔隙水压力为 0，因此可认为试样在试验过程中的有效应力等于总应力。

试样固结完成后的三向应力状态为 $\sigma_1'=\sigma_2'=\sigma_3'=p_{01}$。开始进行试验加载后，径向应力保持不变，即 $\sigma_2'=\sigma_3'=p_{01}$ 保持不变；轴向应力逐渐增加，即 σ_1' 逐渐增加。若轴向应力增量为 $\Delta\sigma'$，则平均有效主应力的增量 $\Delta p'=\dfrac{1}{3}\Delta\sigma'$，广义剪应力的增量 $\Delta q=\Delta\sigma'$。因此，$p'-q$ 平面上排水应力路径的斜率为 $\Delta p'/\Delta q=1/3$，即图 8.1（a）中排水应力路径 C_1D_1、C_2D_2、C_3D_3 的斜率都为 3。因此，从正常固结曲线 NCL 上的 A 点出发到临界状态线 CSL 上的 B 点结束，AB 的路径一定处于 ACB_1A_1 所围成的矩形阴影区域内，如图 8.4 所示。

由于假定了孔隙水和土固体颗粒本身的体积不会发生变化，所以饱和土体整体的体积变化完全由孔隙水的吸入和排出控制。对于三轴固结不排水试验来说，加载过程中试样的体积保持不变，Roscoe 空间中的不排水应力路径必然处于 v 等于常量的平面内。如图 8.5 所示，从正常固结曲线上的 A 点出发，到临界状态曲线上的 B 点结束，其路径必然在 $ACDE$ 所围成的等 v 的矩形阴影区域内，在 $p'-q$ 平面上的投影为 A_1B_1 曲线，在 $v-p'$ 平面上的投影为一平行于 p' 轴的直线。

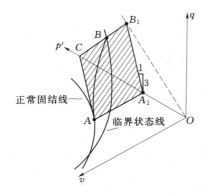

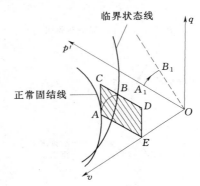

图 8.4　$q-v-p'$ 空间中的排水应力路径　　图 8.5　$q-v-p'$ 空间中的不排水应力路径

8.3.2 Roscoe 面

固结压力不同的正常固结排水三轴试验的应力路径簇在 Roscoe 空间中形成了一个曲面；固结压力不同的正常固结不排水试验的应力路径簇也在 Roscoe 空间中形成了一个曲面，两个曲面都处于临界状态线和正常固结线之间。

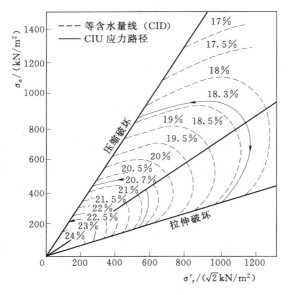

图 8.6 三轴不排水试验和排水试验等含水量线

Rendulic 早在 1936 年就通过三轴试验发现，饱和黏土的有效应力和孔隙比具有唯一的关系。Henkel（1960）进行了饱和 Weald 黏土的固结排水三轴试验，将得到的等含水量线同固结不排水三轴试验的应力路径（即为等含水量线）绘制在一起，发现得到的形状是大体一致的，如图 8.6 所示，这样的图形可称为 Rendulic 图。等含水量线即为等比容（比体积）线。

根据 Rendulic 得到的有效应力与孔隙比关系图可知，饱和黏土的有效应力与孔隙比之间存在唯一的关系，与排水条件无关。后来的试验发现，所有的正常固结土都满足有效应力与孔隙比存在唯一关系的性质。因此，正常固结土试样在试验过程中，从初始状态（正常固结线）到达最终破坏状态（临界状态线）所经历的应力路径必然都在正常固结线和临界状态线之间存在的一个唯一的曲面上，即正常固结土试样在排水或不排水试验过程中所走过的路径都在这个曲面上，这个曲面定义为 Roscoe 面，如图 8.7 所示。

对于任意的孔隙比 e，定义一个等效应力 p'_e（p'_e 为各向等压正常固结条件下达到特定孔隙比时的固结压力）。因此，对于任意比体积 v，p'_e 可通过式（8.8）确定，即

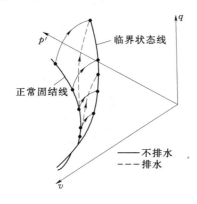

图 8.7 Roscoe 面

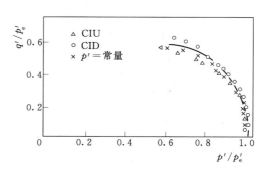

图 8.8 $p'/p'_e - q/p'_e$ 平面上 Roscoe 面

$$p'_e = \exp\left(\frac{N-v}{\lambda}\right) \tag{8.8}$$

在 $p'/p'_e - q/p'_e$ 平面上，Roscoe 曲面可以归一为一条曲线，如图 8.8 所示。

8.4　Hvroslev 面

8.4.1　超固结土的破坏线

正常固结土试样从正常固结线到达临界状态线时将发生破坏，而对于超固结土来说是否仍然成立，本小节将进行讨论。

如图 8.9 所示，一定固结压力 p'_m 下的正常固结土进行卸载，回弹达到 L 点（在 $v-p'$ 平面上位于正常固结线和临界状态线之间），此时的试样即达到弱超固结状态。回弹后对应的固结压力为 p'_0，p'_0 对应的正常固结土的体积更大一些，对应的临界状态时的体积更小一些。在排水加载试验条件下，路径为 L 到 D；而在不排水加载试验条件下，路径则为 L 到 U。排水路径和不排水路径的终点都在临界状态线上。

如图 8.10 所示，一定固结压力 p'_m 下的正常固结土进行卸载，回弹达到 H 点（在 $v-p'$ 平面上位于临界状态线以下），此时的试样即达到强超固结状态。

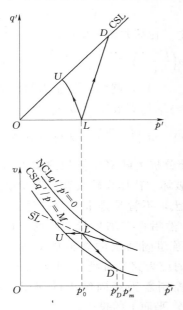

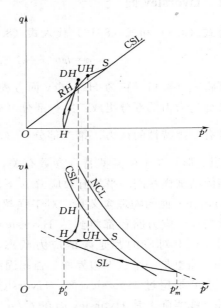

图 8.9　弱超固结土的临界状态图　　　图 8.10　强超固结土的临界状态图

进行排水加载试验时，强超固结土将发生先剪缩后剪胀现象，达到峰值强度后会伴随着软化现象达到残余状态，表明强超固结土处于较为密实的状态，当其达到峰值状态后体积会不断增大。在 $p'-q$ 平面上，其排水应力路径沿着 3 的斜率不断上升，超过临界状态线并达到 DH 点对应的峰值状态（此时对应的广义剪应力最大），达到 DH 点对应的峰值后，伴随着应变软化现象，土体的体积逐渐增大，应力开始下降，达到残余应力状态 RH 点。RH 点可能在临界状态线上，也可能在临界状态线以上。

进行不排水加载试验达到破坏或屈服（峰值状态）时，应力路径为 H 到 UH，UH 对应的即为屈服或破坏状态。在 $p'-q$ 平面上，UH 在临界状态线以上。在达到屈服或破坏后，试样将发生更大的变形，同时产生负的超静孔隙压力，最后在临界状态线上达到 S 点。只有产生了滑裂面才可能达到临界状态线。超固结程度越大，达到临界状态所需发生的应变越大。

那么，强超固结土排水试验对应的破坏点 DH 和不排水试验对应的破坏点 UH 都在临界状态线以上，二者究竟有没有什么意义或关系呢？图 8.11 给出了一系列强超固结土试样排水和不排水试验的结果，根据图示可以发现，在 $p'/p'_e - q/p'_e$ 平面上，强超固结土样的峰值强度点近似为线性关系。如图 8.12 所示，可得到一条近似直线，定义为 Hvorslev 线，其在 $p'/p'_e - q/p'_e$ 平面上的数学表达式为

$$\frac{q}{p'_e} = g + h\left(\frac{p'}{p'_e}\right) \tag{8.9}$$

式中 g——图 8.12 中 q/p'_e 轴的截距；

h——Hvorslev 线的斜率。

该直线最右端点处 (p'_f, q_f, v_f) 在临界状态线上，即

$$q_f = Mp'_f, v_f = \Gamma - \lambda \ln p'_f \tag{8.10}$$

8.4.2　Hvorslev 面

将式 (8.8) 和式 (8.10) 代入式 (8.9) 中，化简并整理后可得

$$q = hp' + (M-h)\exp\left(\frac{\Gamma-v}{\lambda}\right) \tag{8.11}$$

可将式 (8.11) 称为 Hvorslev 面方程。式 (8.11) 阐明，强超固结土破坏时的广义剪应力由两部分组成：第一部分（hp'）与平均有效应力 p' 成比例，可认为其是具有摩擦特性的抗力；第二部分（$(M-h)\exp\left(\frac{\Gamma-v}{\lambda}\right)$）仅与现有的比体积（或体积变形）及土的某些特征参数有关，此部分抗力随着比体积的增大而减小。若两超固结试样在同一平均有效应力 p' 下发生破坏，比体积较大者的强度较低。

Hvorslev 面的物理含义是：对于强超固结土，不管是排水试验条件还是不排水试验条件，应力路径都将到达 Hvorslev 面，然后再向临界状态线的方向发展。Hvorslev 面上对应的都是峰值应力状态，即强超固结土的峰值破坏面。因此，Hvorslev 面也是一个状态边界面。强超固结土的应力路径都处于 Hvorslev 面上或面下，不可能超过 Hvorslev 面，Hvorslev 面控制着强超固结土的屈服和破坏。Hvorslev 线实际上是 Hvorslev 面在 $p'/p'_e - q/p'_e$ 平面上的投影。

实际上，强超固结土达到 Hvorslev 面后会不会朝着临界状态线的方向发展，需要根据试验结果进行验证。常规的试验结果表明，强超固结土达到峰值强度后会出现应变软化，所以临界状态强度要小于 Hvorslev 面的强度。但是，很难论证强超固结土会不会从 Hvorslev 面向临界状态面继续发展，主要有以下两方面的原因。

1) 强超固结土达到临界状态时需要发生较大的应变，而三轴试验条件下试样的几何外形不可能发生较大的改变（即使试样中间不发生鼓肚现象），所以此条件是不能满足的。

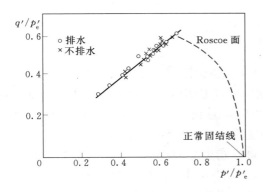

图 8.11　强超固结土的试验破坏点

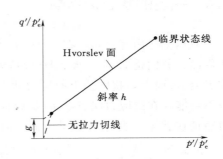

图 8.12　Hvorslev 线（面）和
无拉力切线（面）

2）达到峰值状态后，试样变得很不稳定，产生应变局部化现象，发育应变集中的弱化带，试样就是不均匀的了。此时根据试样边界上的测量值很难确定这种软弱土的应力和应变状态。

根据当前的认识和已有的试验成果，可以认为超固结土最终也会达到临界状态，且对应的临界状态线与正常固结土的临界状态线是同一条线。

通常假定土体不能够承受有效拉应力。三轴试验条件下，有效围压为 0 时，三轴仪中土样的应力状态为：$q = \Delta\sigma_a$，$p' = 1/3\Delta\sigma_a$，则 $q/p' = 3$。由于土体满足不能承受有效拉应力的限制，其应力状态只能在过原点且斜率为 3 的直线以下的区域内，图 8.12 左边过原点的虚线就是这一限制，可称为无拉力切面，也是一个状态边界面。

8.5　根据 CSL 线划分干、湿区域

根据上述内容可知，正常固结土和弱超固结土通常处于较松散的状态，受剪时一般会发生剪缩；而强超固结土通常处于较密实的状态，受剪时一般会发生剪胀。而临界状态相当于一个区分二者的临界的状态，达到临界状态时，土体体积保持不变，既不发生剪胀也不发生剪缩。根据图 8.9 和图 8.10 可知，在 $v - p'$ 平面上，弱超固结土和正常固结土发生剪缩，处于 NCL 线和 CSL 线之间；而强超固结土发生剪胀，处于 CSL 线以下，CSL 线将土分成了两个区域。Roscoe 根据上述两类土的排水特性进行区域的定义：饱和的正常固结土或弱超固结土在排水剪切条件下会因剪缩势而发生排水现象，因此可称之为湿土；饱和的强超固结土在排水剪切条件下会因剪胀势而发生吸水现象，因此可称之为干土。用 CSL 线作交界线划分的干土和湿土区域如图 8.13 所示。

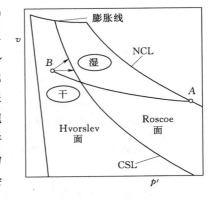

图 8.13　根据临界状态线
划分干、湿区域

8.6 完全的状态边界面

总结上述内容可知，在 $q-v-p'$ 空间中，正常固结土和超固结土存在 3 个状态边界面，分别是 Roscoe 面、Hvorslev 面和无拉力切面。正常固结土的应力路径都在 Roscoe 面上，超固结土的应力状态用 Roscoe 面以下的点表示，Roscoe 面以上是不可能存在的应力状态，所以 Roscoe 面是一个状态边界面。超固结土试样的应力路径在破坏时达到 Hvorslev 面，而在破坏后随着应变的逐渐增大而趋于临界状态，Hvorslev 面以上也是不可能达到的，所以其也是一个状态边界面。同时，土体受到不能承受有效拉应力的限制，不能达到无拉力切面以上的状态。因此，由 3 个状态边界面构成了完全的状态边界面，完全的状态边界面包围的空间中的状态及完全的状态边界面上的状态是可能的状态，除此之外的状态是不可能的状态。$q-v-p'$ 空间中的完全的状态边界面如图 8.14 所示，归一化坐标平面 $p'/p'_e - q/p'_e$ 上完全的状态边界面如图 8.15 所示。

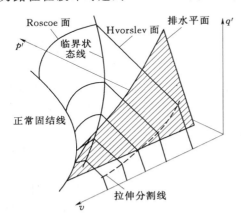

图 8.14 $q-v-p'$ 空间中完全的状态边界面

前面已经得到了 Hvorslev 状态边界面的方程，无拉力切面的方程也很容易得到。由于 Roscoe 状态边界面方程的推导涉及屈服轨迹及塑性理论，这里就不进行介绍了。

正常固结土和超固结土的性质有很大的不同。正常固结土的状态路径总是处于 Roscoe 面上的；而超固结土的状态路径则不在 Roscoe 面上，且随着超固结比的增大越来越远离 Roscoe 面。对于强超固结土来说，其在达到临界状态线之前首先达到 Hvorslev 面，超固结比对其应力状态有很大的影响。

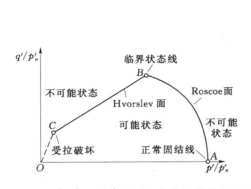

图 8.15 $p'/p'_e - q/p'_e$ 平面上完全的状态边界面

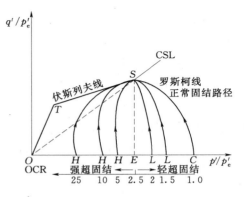

图 8.16 超固结比对不排水路径的影响

不同超固结比的超固结土及正常固结土的不排水应力路径如图 8.16 所示，Roscoe 线（面）与 Hvorslev 线（面）交于 S 点。正常固结土沿着 Roscoe 线达到临界状态线；

弱超固结土应力路径为 $L-S$，仍然是从下面达到临界状态线。对于强超固结土，其应力路径的起点在 O 点和 E 点之间，应力路径的弯曲方向反向，到达临界状态线以上的 Hvorslev 线，并随着应变增加而沿着 Hvorslev 趋于临界状态线上的 S 点。如 8.5 节所述，Roscoe 称强超固结土对应区域为干区，而弱超固结土和正常固结土对应的区域为湿区。如图 8.13 所示，在 $v-p'$ 平面上，干区和湿区的分界线为临界状态线，而在 p'/p'_e $-q/p'_e$ 平面上，干区和湿区的分界线为图 8.16 中的 SE 曲线。

对于强超固结土的排水三轴试验来说，当其应力路径达到 Hvorslev 面时，剪切应力达到峰值，并且伴随着剪胀现象的发生，随后土体发生应变软化，在经过很大的应变之后达到残余应力状态，状态路径接近于 CSL 线。

8.7 黏土的临界状态

临界状态理论最早可由 Bishop 和 Henkel 在 1957 年进行的重塑 Weald 黏土试样的常规三轴压缩试验结果得到，以此为基础推导得到了描述一般黏性土力学响应的 Cam Clay（剑桥黏土）模型。

常规三轴试验一般可得到偏应力（广义剪应力）q 与体积应变 ε_p 的关系曲线或孔隙压力变化 Δu 与轴向应变 ε_a 的关系曲线。如果没有试验设备的限制，轴向应变可以不断增大，不受限制。但对于临界状态理论研究来说，有效应力平面（$p'-q$ 平面）和压缩平面（$v-p'$ 平面）上的关系曲线是最受关注的。

在常规三轴压缩试验中，偏应力 q 可以直接得到。特定加载阶段的有效平均主应力 p' 可以通过式（8.12）计算得到，即

$$p'=p'_i+\frac{q}{3}-\Delta u \tag{8.12}$$

式中 p'_i——初始时的各向相等有效固结围压；

Δu——孔压变化量，对于排水试验来说，Δu 始终为 0。

初始状态时的比体积为

$$v_i=1+G_s w_i \tag{8.13}$$

式中 G_s——土颗粒的相对密度；

w_i——饱和土的含水量。

特定加载阶段的比体积则可通过体积应变计算，即

$$v=v_i(1-\varepsilon_p) \tag{8.14}$$

对于重塑 Weald 黏土来说，$G_s=2.75$。Henkel 得到 Weald 黏土的各向同性压缩和卸载曲线的结果如图 8.17 所示。在试验中，两种正常固结试样 1 和试样 2 首先在各向等压条件下进行压缩，加载达到的平均有效固结压力 $p'=207kPa$；两种超固结试样 3 和试样 4 首先在各向等压条件下进行压缩，加载达到平均有效固结压力 $p'=827kPa$，然后

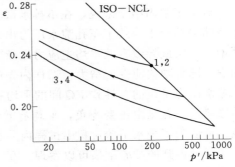

图 8.17 Weald 黏土的各向等压和卸载曲线

进行卸载，回弹达到 $p'=34\text{kPa}$，超固结黏土的超固结比为 24。

对正常固结试样 1 和超固结试样 3 进行排水压缩试验，对正常固结试样 2 和超固结试样 4 进行不排水压缩试验。根据式（8.12）至式（8.14）计算得到试验过程中的相关变量，列于表 8.1 中。由此得到重塑 Weald 黏土试样试验过程中的 $p'\text{-}q$ 曲线和 $v\text{-}p'$ 曲线，如图 8.18 所示。

表 8.1　　　　　　　　　　试验过程中的相关变量

试验	试验点	ω	$\varepsilon_p/\%$	v	q /kPa	Δu /kPa	p' /kPa	备注
1	A	0.232	0	1.640	0		207	
	B		2.0	1.607	138		253	
	C		3.5	1.583	221		281	
	D		4.5	1.566	248		290	破坏
2	E	0.232		1.640	0	0	207	
	F			1.640	90	69	167	
	G			1.640	114	96	148	
	H			1.640	119	114	133	破坏
3	K	0.224	0	1.617	0		34	
	L		0.3	1.612	28		43	
	M		−1.3	1.638	55		53	
	N		−2.7	1.661	45		50	破坏
4	P	0.224		1.617	0	0	34	
	Q			1.617	24	7	36	
	R			1.617	83	−21	83	
	S			1.617	93	−45	110	破坏

在图 8.18（a）中，排水试验有效应力路径（ABCD、KLMN）的斜率为 $\Delta q/\Delta p'=3$。正常固结土的排水应力路径 ABCD 逐渐上升；而超固结土的排水应力路径 KLMN 首先以应力路径 KLM 达到峰值状态，然后以应力路径 MN 下降。正常固结土的比体积逐渐减小，而超固结土的比体积先减小后增大，表现出正常固结黏土剪缩，而超固结黏土先剪缩后剪胀的特性。

对于正常固结土来说，在不排水试验过程中，随着轴向应力的增大，试样内由于剪缩势的产生导致了正孔隙水压力出现，且随着剪胀势的增大，正孔隙水压力逐渐增大，由此导致有效平均主应力逐渐减小。对于超固结土来说，在不排水试验过程中，随着轴向应变的增大，试样内先产生剪缩势，后产生剪胀势，所以初始时的孔隙水压力是正的，导致 PQ 间的平均有效主应力基本保持不变，当剪缩势转变为剪胀势后，孔压由正变为负，平均有效主应力也逐渐增大。对于强超固结黏土来说，可认为不排水试验过程中试样内一直是剪胀势。

根据得到的试验结果可以发现，在 $p'\text{-}q$ 平面上，4 个试验的终点 N、S、H、D 点近似可以得到一条直线；而在 $v\text{-}p'$ 平面上，4 个试验的终点并不能近似得到一条直线或是曲线，但可以得到一个终点所在的近似区域，并可预测试验过程中的

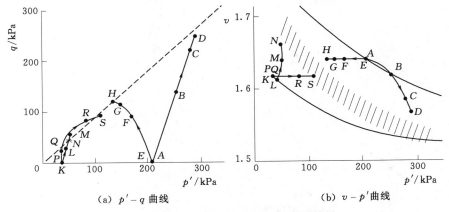

（a）$p'-q$ 曲线　　　　　　　　（b）$v-p'$ 曲线

图 8.18　Weald 黏土的常规三轴试验结果

试样体积或平均有效应力变化规律。

为了得到更为一般性的规律，Roscoe、Schofield 及 Wroth 等总结了大量
Weald 黏土排水和不排水三轴压缩试验的结果。统计结束点的应力及体变，得到不排水试验在 $p'-q$ 平面上的应力路径终点如图 8.19 所示，不排水试验在 $v-p'$ 平面上和 $v-\ln p'$ 平面上的终点如图 8.20（a）、（b）所示；得到排水试验在 $p'-q$ 平面上的应力路径终点如图 8.21 所示，排水试验在 $v-p'$ 平面上的终点如图 8.22 所示。

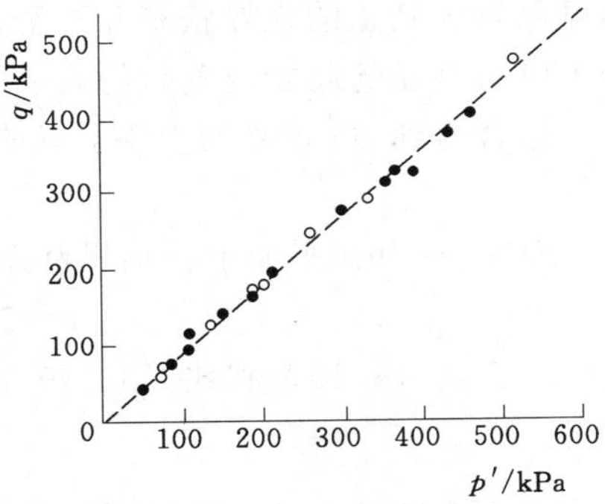

可以发现，在 $p'-q$ 平面上，排水和不排水试验的终点可以得到同一条近似直线，而在 $v-p'$ 平面上可以得到同一条光滑曲线，转

图 8.19　不排水路径在
$p'-q$ 平面上的终点

换到半对数坐标系 $v-\ln p'$ 中，这条光滑曲线转变为直线。因此，可以通过基于有效应力的黏土本构模型预测排水试验和不排水试验的响应，如可通过 Cam Clay（剑桥黏土）模型描述有效应力-应变响应。

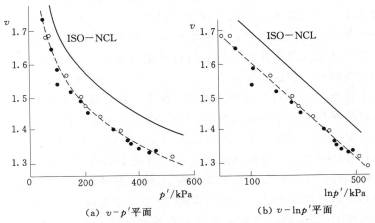

（a）$v-p'$ 平面　　　　　　　　（b）$v-\ln p'$ 平面

图 8.20　不排水路径在 $v-p'$ 平面和 $v-\ln p'$ 平面上的终点

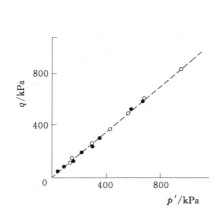 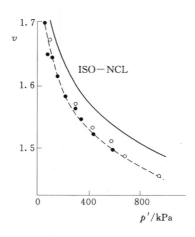

图 8.21 排水路径在 $p'-q$ 平面上的终点　　图 8.22 排水路径在 $v-p'$ 平面上的终点

图 8.19 至图 8.22 所示的结果可以清楚、有效地反映黏土临界状态的存在，并且可以发现黏土的临界状态并不受试验条件、应力路径及固结历史（控制着加载过程中应力路径的起始位置）的影响。

拟合得到 $p'-q$ 平面上临界状态线的表达式为

$$q = 0.872 p' \qquad (8.15)$$

而在 $v-\ln p'$ 平面上，临界状态线的表达式为

$$v = 2.072 - 0.091 \ln p' \qquad (8.16)$$

结合式（8.15）和式（8.16）即可得到 Weald 黏土在 Roscoe 空间中的临界状态线。

前面曾经提到过，当达到临界状态时，意味着应力、比体积、应变满足 $\dfrac{\partial p'}{\partial \varepsilon_p} = \dfrac{\partial q}{\partial \varepsilon_p} = \dfrac{\partial v}{\partial \varepsilon_p} = 0$。意味着达到临界状态时，土体将转变为流态，达到此状态需要发生很大的应变。试样的变形受到常规试验条件的限制，并不能无限发育，因此，在常规试验条件下，试样也许并不能达到真正的临界状态。

Parry（1958）发现，常规三轴压缩试验条件下，超固结 Weald 黏土破坏时并未达到临界状态，而是逐渐趋向临界状态。如图 8.23（a）所示，对于排水试验，当破坏点位于临界状态线右边时，如破坏点 W，其对应的平均有效主应力 p'_f 大于达到临界状态（体积保持不变）时的平均有效主应力 p'_{cs}。在向临界状态发育的过程中，体积逐渐减小。在这种条件下，$p'_{cs}/p'_f < 1$，同时，$(\partial v/\partial \varepsilon_q)_f < 0$。相应地，当破坏点位于临界状态线的左边时，如破坏点 X，其对应的平均有效主应力 p'_f 小于临界状态时的平均有效主应力，对应 $p'_{cs} p'_f > 1$。在向临界状态发育的过程中，体积逐渐增大，对应 $(\partial v/\partial \varepsilon_q)_f > 0$。如图 8.23（b）所示，对于不排水试验，当破坏点位于临界状态线右边时，如破坏点 Y，其对应的平均有效主应力 p'_f 大于达到临界状态（体积保持不变）时的平均有效主应力 p'_{cs}。在向临界状态线发育的过程中，孔隙水压力为正，且逐渐增大，导致平均有效主应力逐渐减小，对应 $(\partial u/\partial \varepsilon_q)_f > 0$，$(\partial p'/\partial \varepsilon_q)_f < 0$。相应地，当破坏点位于临界状态线左边时，如破坏点 Z，其对应的平均有效主应力 p'_f 小于达到临界状态（体积保持不变）时的平均有效主应力

p'_{cs}，对应 $p'_{cs}/p'_f>1$。在向临界状态线发育的过程中，孔隙水压力为负，且逐渐增大，导致平均有效主应力逐渐增大，对应 $(\partial p'/\partial \varepsilon_q)_f>0$。

根据相同分析思路得到排水试验条件下 $(\partial \varepsilon_p/\partial \varepsilon_q)_f$ 与 (p'_{cs}/p'_f) 的关系及不排水试验条件下 $(\partial u/p'\partial \varepsilon_q)_f$ 与 (p'_{cs}/p'_f) 的关系分别如图 8.24（a）、（b）所示。

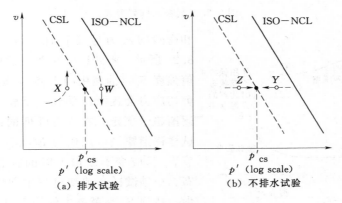

（a）排水试验　　　　　　（b）不排水试验

图 8.23　常规三轴压缩试验的结果

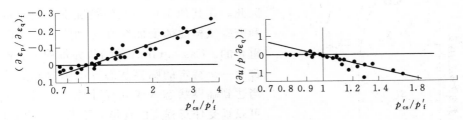

（a）排水试验 $(\partial \varepsilon_p/\partial \varepsilon_q)_f-(p'_{cs}/p'_f)$ 关系　（b）不排水试验 $(\partial u/p'\partial \varepsilon_q)_f-(p'_{cs}/p'_f)$ 关系

图 8.24　Weald 黏土常规三轴压缩试验结束点

8.8　砂土的临界状态

8.8.1　砂土的临界孔隙比

上节基于重塑 Weald 黏土的常规三轴试验结果发现了黏性土临界状态的存在。在特定有效围压作用下，正常固结黏土初始的孔隙比或比体积较大，而超固结黏土的孔隙比或比体积较小，导致正常固结黏土在剪切过程中发生体积收缩，而超固结黏土在剪切过程中发生体积膨胀。

砂土作为一种较为典型的单粒材料，与黏土有着较为类似的剪胀特性。假定砂土按图 8.25（a）所示的松散形式排列，其在剪切过程中会发生体积收缩以达到较为稳定的状态。若砂土按图 8.25（b）所示的密实形式排列，其在剪切过程中会发生体积膨胀。实际情况下砂土的排列形式要远远比图 8.25 所示的排列形式更为不规则，但本质的体变规律是相同的。

Reynolds 最早进行了众多单粒材料的剪切试验，研究了单粒材料的剪胀特性，但未涉及单粒材料强度特性的研究。Casagrande（1936）通过剪切试验研究了松砂

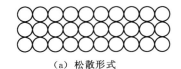
（a）松散形式

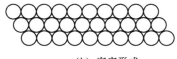
（b）密实形式

图 8.25 圆粒的排列形式

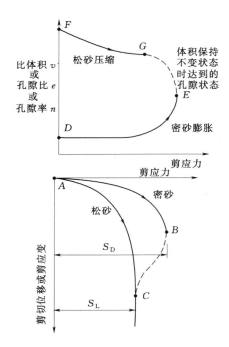

图 8.26 松砂及密砂的应力-
应变特性及体变特性

和密砂的应力应变特性，得到的结果如图 8.26 所示。密砂试样在剪切过程中会达到峰值强度 S_D（曲线中的 B 点），随着变形发育，剪切应力会逐渐降低到一个较小的强度，且逐渐趋于恒定。在强度降低的过程中，密砂试样逐渐膨胀（虚曲线 EG），当达到残余强度 S_L 且应变不断增大时的状态就是临界状态。松砂试样在剪切过程中剪切应力逐渐增大，达到 S_L 后就基本保持不变了，达到临界状态时松砂试样的体积必须与密砂的一致。因此，在其他条件一致的情况下，松砂试样和密砂试样的体变曲线在达到临界状态时是重合的。Cassagrande 总结认为每种无黏性土都有一个特定的临界状态（或临界孔隙比），当达到临界状态（或临界孔隙比）时，土体可以承受任意程度的变形而不发生体积变化。

Wroth（1958）进行了初始孔隙比不同的直径 1mm 钢球集合体的单剪试验，得到的体变演变曲线如图 8.27 所示。将试验结束的状态分布绘制到 $\tau_{yx}-\sigma'_{yy}$ 平面上和 $v-\sigma'_{yy}$ 平面上，得到的结果如图 8.28 所示。

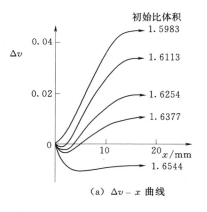
（a）$\Delta v-x$ 曲线

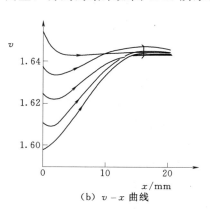
（b）$v-x$ 曲线

图 8.27 直径 1mm 钢球集合体的单剪试验结果（法向应力为 138kPa）

由图 8.27（a）可知，试样的初始孔隙比不同，体变的规律也不同。初始密实试样在剪切过程中发生膨胀，而松散试样在剪切过程中发生收缩。由图 8.27（b）可以明显发现，无论试样的初始密实程度如何，当发生了足够大的位移后，试样最终都会达到一个近似相同的孔隙比。

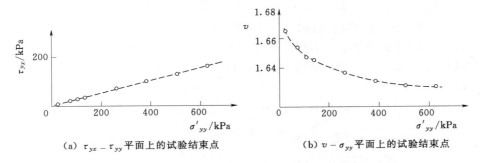

(a) $\tau_{yx} - \tau_{yy}$ 平面上的试验结束点　　(b) $v - \sigma_{yy}$ 平面上的试验结束点

图 8.28　$\tau_{yx} - \sigma'_{yy}$ 平面上和 $v - \sigma'_{yy}$ 平面上的试验结束点

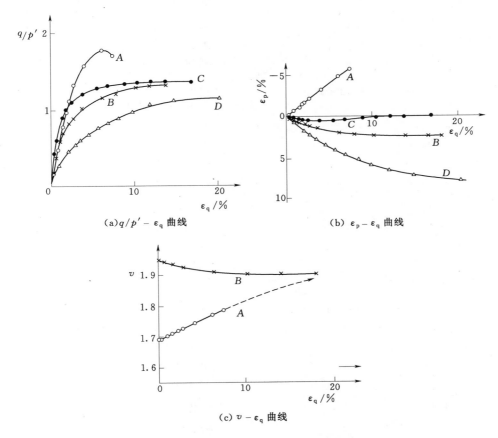

(a) $q/p' - \varepsilon_q$ 曲线　　(b) $\varepsilon_p - \varepsilon_q$ 曲线

(c) $v - \varepsilon_q$ 曲线

图 8.29　Chattahoochee 河砂三轴试验结果

（密实：A：$p'=98$kPa，$v_0=1.69$；C：$p'=2.07$MPa，$v_0=1.72$；D：$p'=34.4$MPa，$v_0=1.69$；
松散：B：$p'=98$kPa，$v_0=2.03$）

还有一些学者基于三轴试验结果研究了砂土的临界状态。但三轴仪有一个缺点，就是不能得到密砂峰值后的软化特性。Vesic 和 Clough 进行了一系列典型的Chattahoochee 河砂的三轴试验，试验过程中保持 p' 不变，得到的结果如图 8.29所示。

由 A、C、D 曲线可知，在孔隙比基本相同的条件下，随着平均有效围压 p' 的变化，密实 Chattahoochee 河砂试样的力学响应会发生变化，且当 p' 最小时，试样会发生软化。结合图 8.27 所示的单剪试验结果可知，初始孔隙比不同而 p' 相同时，砂土试样的响应不同，初始孔隙比相同而 p' 不同时，砂土试样的响应也不同。

在等 p' 的试验条件下，若保证孔隙比相同，是否也存在临界平均有效围压 p' 呢？对比图 8.29（b）、(c) 中的 B 和 D 曲线可知，当平均有效围压 p' 相同而初始孔隙比不同时，两组试样产生了不同的响应，较密实的发生了剪胀，而较松散的发生了剪缩。对比 A 和 D 曲线可知，当初始孔隙比相同而平均有效围压 p' 不同时，两组试样也产生了不同的响应，$p'=98\mathrm{kPa}$ 时发生剪胀，而 $p'=34.4\mathrm{MPa}$ 时则发生可剪缩。初始密实的砂土在较低的围压作用下会发生膨胀，而在较高的围压作用下会发生收缩。当初始孔隙比 v_0 在 1.7 左右，而 $p'=2.07\mathrm{MPa}$ 时，试样的体积基本不发生变化，可以认为 $p'=2.07\mathrm{MPa}$ 即为 $v_0=1.7$ 条件下的临界平均有效围压。临界孔隙比与临界围压的概念是相互的，临界孔隙比是特定围压下的临界孔隙比，临界围压是特定初始孔隙比的临界围压。

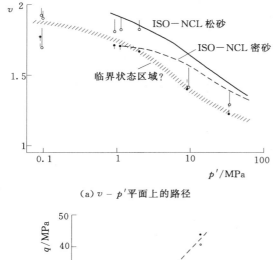

(a) $v-p'$ 平面上的路径

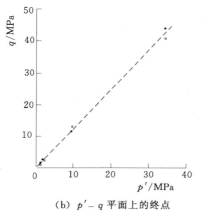

(b) $p'-q$ 平面上的终点

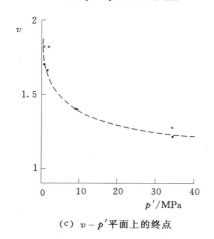

(c) $v-p'$ 平面上的终点

图 8.30　Chattahoochee 河砂试样三轴
等 p' 试验的路径及终点

Chattahoochee 河砂试样三轴等 p' 压缩试验的路径终点如图 8.30 所示。根据图 8.30（a）可以发现，松砂和密砂的试验终点趋向于一个条带的范围内，可认为此条带代表的就是 Chattahoochee 河砂的临界状态。在低围压条件下，松砂和密砂的测量结果有一定偏差，所以正常固结线只显示了较高围压状态下的部分曲线。由图 8.30（b）、(c) 可知，$p'-q$ 平面上的试验终点可以很好地拟合出一条直线，$v-p'$ 平面上的试验终点可近似得到一条曲线。

当砂土达到临界状态时，偏应力（广义剪应力）与有效平均主应力成正比，即 $q=Mp'$。由于达到最终流动破坏状态时，砂土及其他粗粒土的强度完全由摩擦控制，则系数 M 反映了砂土达到临界状态时完全摩擦强度的临界状态摩擦系数。此时，砂土体积不再发生变化，对应的孔隙比即为临界孔隙比。

因此，砂土和黏土一样，不论其初始状态（松散或密实）和应力路径（排水或不排水）如何，最终都会达到类似的临界状态。对砂土来说，临界状态孔隙比是一个非常重要的概念。砂土同黏土一样，也存在类似于正常固结、弱超固结和强超固结的状态。但砂土一般是根据其密实程度来对这些状态进行描述的。砂土在剪应力作用下产生的剪胀或剪缩性质类似于黏土。通常，松散砂土的性质类似于正常固结黏土或弱超固结黏土的性质，即剪缩；而密实砂土的性质类似于超固结黏土的性质，即剪胀。

8.8.2　砂土的稳态变形

Casagrande 在 1975 年重新调整了其提出的临界孔隙比的概念，提出了"稳态强度"（steady state strength）的概念，用以判断砂土的液化破坏。之后很多学者如 Poulos（1981、1985）、Castro（1992）、Ishihara（1993）以及 Bazier 和 Dobry（1995）等在此基础上做了进一步的研究，给出了"稳态变形"（staeady state deformation）、"稳态线"（staedy state line）和"流动结构"（flow structure）等概念用以描述砂土的液化变形机理。其中 Poulos（1981）给出的稳态变形概念最具有代表性。

稳态变形是"任何颗粒物质的稳态变形是常体积、常有效应力、常剪切力、常速度的一种连续变形状态。"这个概念和 Roscoe 等（1958）提出的临界状态的概念（"临界状态是土体在常应力和常孔隙比下的连续变形"）几乎等同。

比较二者，除了常应变速度外，几乎没有什么区别。但 Poulos（1981）指出：临界状态没有指明流动结构是否发生，而流动结构是稳态变形的充要条件；临界状态仅是土体的初始结构的早期破坏阶段，而稳态时已经彻底消灭了初始结构。感兴趣的同学可以查阅关于稳态变形的相关文献。

8.9　本章小结

本章主要介绍了土的临界状态理论，首先介绍了土临界状态的基本概念及意义，对 Roscoe 空间中的 3 个状态边界面（Roscoe 面、Hvorslev 面、无拉力切面）分别进行了介绍。以上述的内容为基础得到了 3 个状态边界面组成的完全的状态边界面。砂土和黏土作为两种最典型的土体，是临界状态理论研究的主要试验对象，本章也对两种土体临界状态的研究进行了介绍。

Weald 黏土的三轴试验结果是 Roscoe 等人发现临界状态与提出临界状态理论的重要基础。黏土存在临界状态，这一点早已被广泛接受。砂土作为一种单粒材料，虽然与黏土有一定的区别，但具有与黏土强超固结、弱超固结、正常固结类似的状态，通常用孔隙比描述。研究发现，砂土和黏土一样，无论初始状态和应力路径如何，最终也会达到临界状态。

因此，无论土体的初始状态如何，应力路径如何，土体最终都会达到临界状态或趋近于临界状态，这是土体的一个基本特性。对于每种特定的土体来说，都存在一个特定的存在于 Roscoe 空间中的临界状态线，临界状态线在 $p'-q$ 应力平面上是一条经过原点的直线，在 $v-p'$ 压缩平面上是一条曲线，在 $v-\ln p'$ 半对数压缩平面上也是一条直线。临界状态线决定了土体最终的发育方向。

正常固结土在加载过程中会沿着 Roscoe 面向临界状态线发育；弱超固结土在加载过程中会在 Roscoe 面以下向临界状态线运动，从下面达到临界状态线；而强超固结土在破坏时会超过临界状态线，达到 Hvorslev 面，再沿着 Hvorslev 面，从上面向临界状态线发育，超固结土同时受到无拉力条件的限制，不可超过无拉力切面。因此，Roscoe 面、Hvorslev 面、无拉力切面构成了土体完全的状态边界面，土体在 Roscoe 空间中的状态路径只能在完全的状态边界面以下或完全的状态边界面上，不能达到完全的状态边界面以上。

土的临界状态理论作为剑桥模型的理论基础，抓住了土的最基本、最重要的特性，二者可以提供一个统一的框架，用以描述和预测土的变形和破坏，可将土的变形与强度有机地联系起来，建立描述土体基本力学响应的本构模型。

思 考 题

8.1 如何理解土的临界状态？

8.2 Roscoe 空间中土的临界状态线和正常固结线如何进行描述？

8.3 如何理解 Roscoe 面、Hvorslev 面和无拉力切面的存在？各自有何物理意义？

8.4 根据临界状态线划分土的干、湿区域的基本原理是什么？

8.5 试描述土的完全状态边界面。

8.6 黏土的临界状态和砂土的临界状态有何区别？

第 9 章

土的动力特性

9.1 概述

传统土力学通常研究土在静荷载作用下的基本性质和土体的稳定性，即认为不论是土体的变形问题还是稳定问题，所受的荷载都是静止的，称为静力问题。即便在土压力和边坡稳定分析评价需要考虑地震力作用时，也把惯性力当作静力处理。严格来说，实际岩土工程中所受的荷载都不是静止的，而是其对被作用工程体系引起的动力效应很小，可忽略不计。通常可将动荷载定义为荷载大小、方向或作用位置等随时间发生变化，且其对作用体系引起的动力效应不能被忽略的荷载。土在动力荷载作用下的响应与特性一般与土在静力条件下的响应与特性有较大区别。因此，土在动力荷载作用下的强度特征、变形特性及应力-应变关系的研究具有重要的意义。

本章主要介绍土在动力荷载作用下的基本物理力学性质，包括土的动强度特性、动变形特性、动孔压演变性质与阻尼特性等。

9.2 土的动强度

9.2.1 动荷载的分类

地基与土工构筑物所受的动荷载有很多种，如车辆行驶的移动荷载、机械运转的惯性力、爆破引起的冲击荷载、风荷载、波浪荷载和地震荷载等。可按动荷载的变化速率、循环次数和作用形式将其分为冲击荷载、周期荷载和不规则荷载三大类。

1. 冲击荷载

冲击荷载是峰值很大，但持续时间很短的动荷载，如图 9.1 所示，如爆破荷载和打桩时的冲击荷载等。峰值荷载可表示为

$$P(t) = P_0 \phi\left(\frac{t}{t_0}\right) \tag{9.1}$$

式中　P_0——冲击荷载的峰值；

$\phi(t/t_0)$——描述冲击荷载形状的无量纲时间函数；

　　t_0——冲击荷载作用时间。

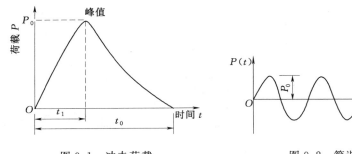

图 9.1 冲击荷载 图 9.2 简谐荷载

2. 周期荷载

周期荷载是以同一振幅按一定周期往复循环作用的动荷载，如常见的简谐荷载，如图 9.2 所示。简谐荷载可用随时间 t 变化的正弦函数和余弦函数表示，即

$$P(t) = P_0 \sin(\omega t + \varphi) \tag{9.2}$$

式中 P_0——简谐荷载的单幅值；

  ω——圆频率；

  φ——初始相位角。

式（9.2）中 ωt 每变化 2π 即为荷载循环一个周期，即一个加载周期，可表示为 $T = (2\pi)/\omega$。单位时间内所完成的循环数为频率，表示为 $f = \omega/(2\pi)$，常用单位为赫兹（Hz）。

工程中许多常见的荷载都可视为简谐荷载，如许多机械的振动以及一般波浪荷载等。因此在实验室动力试验中常采用此种荷载。

有些荷载虽然不是简谐荷载，但其仍是周期性变化的荷载，属于一般的周期荷载。一般的周期荷载可通过傅里叶级数展开为多个简谐荷载的叠加。

3. 不规则荷载

不规则荷载是随时间变化不规则的动荷载，如地震荷载等。图 9.3 所示为 1976 年迁安记录的唐山余震的加速度时程曲线，其是一种典型的不规则荷载。

质点在外力的激励下，围绕平衡位置发生往复运动，称为振动。如果该质点存在于连续介质之间，则质点的振动能量将传给周围的介质，引起周围质点的振动，并且在介质内向远处传播，此现象称为波动。振动和波动是土动力学研究中两个非常重要的概念。

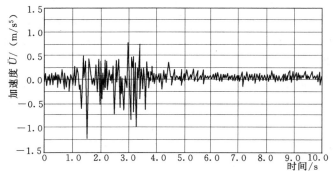

图 9.3 迁安记录的唐山余震加速度时程曲线

9.2.2　土的动强度特性

土在不同类型动荷载作用下的动强度特性不同，本小节将介绍土在上述 3 种动荷载作用下的动强度特性。

1. 冲击荷载作用下土的动强度

冲击荷载是岩土工程实践中最常见的荷载，许多学者就土在冲击荷载作用下的强度特性进行了诸多研究。早在 1948 年，Casagrande 就设计了多种冲击试验仪，以测定土在冲击荷载作用下的动力特性。在此之后，许多学者利用冲击试验仪进行了大量的研究，主要的成果将在本部分进行概括性介绍。

（1）砂土在冲击荷载作用下的动强度。

图 9.4 所示为干砂冲击试验得到的应力-应变关系曲线。若以瞬态破坏荷载的峰值应力 σ_{tp} 与围压 σ_3 的和为最大主应力 σ_1，则可整理出最大主应力比 $(\sigma_1/\sigma_3)_{max}$ 与加载时间 t 的关系，如图 9.5 所示。根据图 9.4 和图 9.5 可知，加载时间对干砂强度的影响不超过 20%，而对模量的影响则更小。

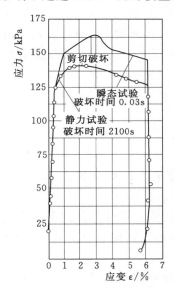

图 9.4　瞬态和静力下干砂应力-应变关系

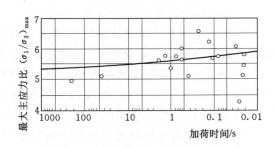

图 9.5　瞬态和静力下干砂最大应力比变化

饱和砂土受冲击荷载作用时，由于加载持续的时间很短，相当于不排水条件。由于砂土的不排水特性取决于其密实度，因此密砂和松砂在冲击荷载作用下的特性有一定差异。如图 9.6 所示，密砂在剪切过程中产生剪胀势，不排水条件下产生负孔隙水压力，砂土的有效应力增大，动强度较静强度有明显提高；松砂在剪切过程中产生剪缩势，不排水条件下产生正孔隙水压力，砂土的有效应力降低，动强度有

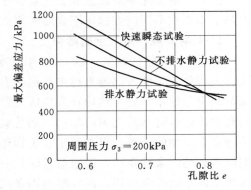

图 9.6　饱和砂最大偏差应力与孔隙比的关系

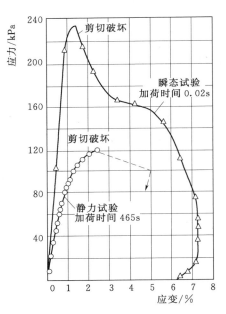

图 9.7　瞬态和静力试验条件下
黏土的应力-应变关系

一定程度的降低。图 9.6 中的纵坐标为最大偏应力，对于冲击试验来说，指的是试样达到剪切破坏时所承受的峰值冲击应力 σ_{tp}。由图中可知，该砂土在 $\sigma_3 = 200\text{kPa}$ 条件下的临界孔隙比近似为 0.79。当孔隙比小于临界孔隙比时，产生剪胀势，冲击荷载作用下的强度大于静荷载作用下的强度；当孔隙比大于临界孔隙比时，产生剪缩势，冲击荷载作用下的强度小于静荷载作用下的强度。

（2）黏土在冲击荷载作用下的动强度。

图 9.7 所示为黏土在冲击荷载作用下和静荷载作用下的应力-应变曲线。可以发现，黏土在冲击荷载作用下的动强度和动模量较在静荷载条件下均有很大程度的提高。加载时间为 0.02s 时的动强度约为加载时间为 465s 时静强度的两倍，模量也近似为两倍。

Richard 认为土动强度的提高是与应变速率相关的，并可表示为

$$(\tau_{\max})_{d} = K(\tau_{\max})_{s} \tag{9.3}$$

式中　$(\tau_{\max})_{d}$——土的动强度；

$(\tau_{\max})_{s}$——土的静强度；

K——应变速率系数。

因此，土在冲击荷载作用下的动强度与应变速率系数 K 有很大关系。根据大量动力试验结果总结应变速率系数的变化规律如下。

1）K 的大小取决于土的性质。对于干砂来说，在一般围压作用下，当应变速率在 $(0.02\% \sim 1000\%)/\text{s}$ 范围内时，K 为 1.1～1.15；饱和黏土的 K 为 1.5～3.0；非饱和黏土的 K 为 1.5～2.0。

2）K 随着围压的增大而增加。例如，对于同种密砂，当围压小于 588kPa 时，$K = 1.07$，而在高围压下 K 可达 1.2。

因此，应变速率对砂土和黏土动强度的影响程度不同，砂土所受的影响较小，而黏土则会在不同应变速率下表现出很大的差异。

2. 周期荷载作用下土的动强度

20 世纪 60 年代以来，以 1964 年日本新潟地震和 1989 年加州大地震为代表的地震灾害频发，使人们越来越重视地震引起的灾害。土木工程中很多灾害是由地震动荷载引起地基等岩土结构物失稳所导致的。地震荷载虽是一种不规则荷载，但在研究中往往可将其简化为简单的周期荷载。近年来，随着海洋资源开发的发展，需建造许多大型的近海、离岸海工建筑物和海底管线，这类建筑物及海床地基会受到波浪荷载的经常性作用，波浪荷载即是一种典型的周期荷载。此外，公路、铁路路基所受的车辆荷载作用、高耸结构物在风荷载作用下地基土所受的往复作用皆可简化为周期荷载。因此，土在周期荷载作用下的动强度是土动力学研究的重点内容。

（1）动强度的试验测试手段。

地震荷载或波浪荷载等动荷载在作用前，土工建筑物或地基处于原有应力状态下。因此，土的动强度受动力荷载作用前应力状态的影响，测定土的动强度必须模拟土的静应力状态。目前最常用的土动力特性室内试验设备是土的动三轴仪。动三轴仪相当于在静三轴仪的基础上增加一套轴向的动力加载装置。

与常规静三轴仪相同，动三轴仪中的土样为圆柱体试样，在进行动力加载前，应先将试样装在压力室内，施加轴向应力 σ_1 和围压 σ_3 模拟土体在振动前的原应力状态。达到原应力状态后，通过动力加载系统对试样施加周期应力，常用的是简谐应力 $\sigma_d = \sigma_{d0} \sin\omega t$，$\sigma_{d0}$ 为周期荷载幅值，如图 9.8 所示。在动力施加的试验过程中，使用传感器测定试样动应力、动应变及孔隙水压力的时程曲线，如图 9.9 所示，即可根据时程曲线，按下述破坏标准确定土样在此种周期荷载作用下的破坏振次 N_f。

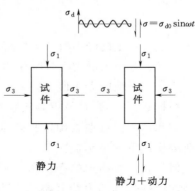

图 9.8　动三轴试验条件下
试样的应力状态

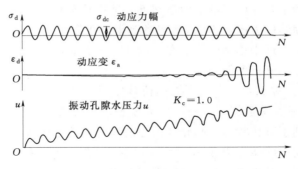

图 9.9　动三轴试验实测的时程曲线

（2）动荷载作用下的破坏标准。

根据动强度试验得到相关结果后，常用以下 3 种破坏标准进行分析。

1）极限平衡标准。假设土的动力试验也满足静力平衡条件，且动荷载作用下的莫尔-库仑强度包线与静荷载作用下的一致，即认为动荷载作用下土的动力有效内摩擦角 φ_d' 和有效黏聚力 c_d' 分别等于静力有效内摩擦角 φ' 和有效黏聚力 c'。

图 9.10 所示为不排水条件下，土样在动力荷载作用下的有效应力状态演变情况。其中，应力圆①表示振动前试样的有效应力状态，应力圆②表示加载过程中的最大应力圆，即在动应力达到幅值时的有效应力状态。在动荷载加载过程中，试样内的孔隙水压力会不断发

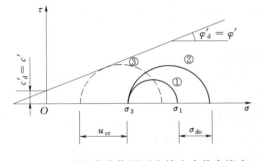

图 9.10　动力荷载作用下有效应力状态演变

展，此时试样的有效应力逐渐降低，应力圆②不断向强度包线移动。当孔隙水压力达到临界孔隙水压力时，有效应力圆与抗剪强度包线相切，即达到应力圆③的状态时，试样达到极限平衡状态，亦即破坏状态。根据图 9.10 中的几何条件可以得到达到极限平衡状态时土样的孔隙水压力为

$$u_{cr} = \frac{\sigma_1 + \sigma_3}{2} - \frac{\sigma_1 - \sigma_3 - \sigma_{d0}(1 - \sin\varphi')}{2\sin\varphi'} + \frac{c'}{\tan\varphi'} \tag{9.4}$$

式中　φ'——土的静力有效内摩擦角；

$\quad\quad c'$——土的静力有效黏聚力；

$\quad\quad \sigma_{d0}$——动应力幅值。

根据式（9.4）计算得到极限平衡状态时的孔隙水压力 u_{cr} 后，可根据试验记录的孔隙水压力时程曲线确定孔隙水压力达到 u_{cr} 时的振动次数，即为土样在此种周期荷载作用下的破坏振次 N_f。

但是，需要指出的是，图 9.10 中达到极限平衡状态（破坏状态）的应力圆③仅是在荷载达到动力荷载幅值时发生的，而实际条件下动应力是随时间不断变化的。因此，在达到动力荷载幅值后，动应力减小，应力圆相对变小。土样若在瞬间不发生破坏，则在动应力减小后又恢复其稳定状态，与静荷载条件下土样的强度特性有很大不同。实际上，在某些情况下土样会发生近似瞬态破坏。例如，固结应力比为 1.0 的饱和砂土，在此标准下即达到近似破坏状态。而在另一些情况下，如土的密实度较大，固结应力比大于 1.0，虽达到瞬时极限平衡状态，但土样仍然能够继续承担荷载作用，远未达到破坏状态。因此，一般而言，根据极限平衡标准确定的土的动强度偏小，安全度偏高。

2）液化标准。对于砂类土，当周期荷载作用下产生的孔隙水压力 $u = \sigma_3$，即 $\sigma_3' = 0$，此时土的强度完全丧失，处于黏滞流态，称为液化状态。若认为达到液化状态的砂土即达到了破坏状态，则此即为土的液化标准。通常只有饱和松散砂土或粉土，且在振动前的固结应力比 K_c 为 1.0 时，才会出现累积孔压 $u = \sigma_3$ 的情况。有关砂土液化的概念及机理将在 9.4 节进行介绍。

3）破坏应变标准。对于不会发生液化破坏的土，随着振动次数的发展，孔隙水压力增长的速率将逐渐减小并趋于一个小于 σ_3 的稳定值，但变形却随振次继续发展。因此，与静力试验一致，动力荷载下也可以一个限定应变作为土样的破坏标准。如图 9.11 所示，在各向等压固结条件下，即 $K_c = 1.0$ 时，常用双幅轴向动应变 $2\varepsilon_d$ 等于 5%或 10%作为破坏标准。$K_c > 1.0$ 时，常以总应变（包括残余应变 ε_r 和动应变 ε_d）达 5%或 10%作为破坏标准。破坏应变标准的取值与建筑物性质等诸多因素有关，目前的规定还不统一。

对于上述三类破坏标准，当土会发生液化时，应使用液化标准作为破坏标准；当土不会发生液化时，常以限定应变值作为破坏标准。

（3）动强度曲线。

在动三轴试验中，常以几个同一土类的土样为一组，在相同的轴向压力 σ_1 和周围压力 σ_3 的固结下达到相同的应力状态，分别施加幅值 σ_{d0} 不同的周期荷载。在各个试样的加载过程中，可记录得到图 9.9 和图 9.11 所示的实测曲线，再根据所采用的破坏标准，从试验曲线上确定与该动力荷载幅值对应的破坏振次 N_f。

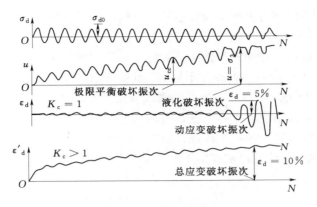

图 9.11　动力试验破坏标准

以 $\lg N_f$ 为横坐标，以试样 $45°$ 面上的动剪应力 τ_d（即动应力幅值 σ_{d0} 的一半）或动应力比 $\sigma_{d0}/(2\sigma_3)$ 为纵坐标绘制得到图 9.12 所示的曲线，可称为土的动强度曲线。根据土的动强度曲线可将土的动强度理解为：在某种静应力状态下，周期荷载使土样在某一预定的振次下发生破坏时，试样在 $45°$ 面上的动剪应力幅值 $\sigma_{d0}/2$ 即为土的动强度。因此，动强度不仅取决于土的性质，且受振动前的应力状态和预定振次的影响。由土的一般试验结果可知，动强度随围压 σ_3 和固结应力 K_c 的增加而增大。但松散且结构不稳定的土，K_c 较大时才会出现动强度随固结应力比增大而降低的现象。

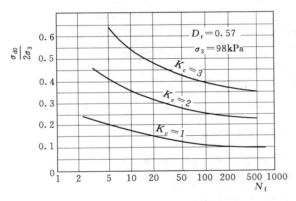

图 9.12　动强度曲线

（4）土的动强度指标 c_d 和 φ_d。

上述动强度的概念及判断标准只适用于判断原处于静力状态下的土单元在一定的动应力作用下是否会发生破坏。在进行土体整体稳定性分析时，在土的抗剪强度指标中需要同时考虑静力和动力的作用，此时可根据上述试验结果求取土的动强度指标 c_d 和 φ_d，方法如下。

将固结应力比 K_c 相同、围压 σ_3 不同的几个动力试验分为一组，根据每个试验中的固结应力比和围压，从图 9.12 所示的动强度曲线上查得与某一规定振次 N_f 对应的动应力幅值 σ_{d0}，在 σ_1 的基础上加上动应力幅值，在 $\tau-\sigma$ 平面上绘制出对应的破坏应力圆，绘制得到这一组内所有试样的破坏应力圆后，即可得到破坏应力圆的公切线，此公切线称为土的动强度包线，根据动强度包线即可确定土的动强度指标 c_d 和 φ_d，如图 9.13 所示。

需要指出的是，一种动强度指标是对应某一特定破坏振次 N_f 和静力固结应力比 K_c 的。图 9.14 所示为某类砂在不同 N_f 值条件下的 $\varphi_d - K_c$ 曲线。在实际应用时，可根据图 9.17 或表 9.1，由地震的震级确定破坏振次。K_c 代表土体整体滑动时滑动面上的平均固结应力比，已进行过应力-应变分析时，可取滑动面上多个土单元的平均固结应力比；未对土体进行应力－应变分析时，可用下述方法根据滑动面的稳定安全系数 F_s 确定滑动面的平均固结应力比。

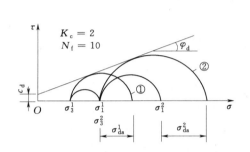

图 9.13　动强度破坏包线

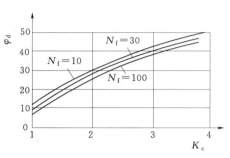

图 9.14　某类砂的 $N_f - \varphi_d - K_c$ 曲线

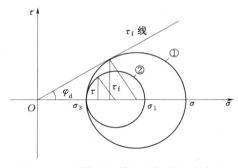

图 9.15　试样破坏前和破坏时的应力圆

以砂土为例，图 9.15 所示为土样破坏前和破坏时的应力圆，其中应力圆①为土的极限状态应力圆，应力圆②为未达到极限应力状态的应力圆，此时的安全系数为

$$F_s = \frac{\tau_f}{\tau} = \frac{\frac{1}{2}(\sigma_{1f} - \sigma_3)\cos\varphi_d}{\frac{1}{2}(\sigma_1 - \sigma_3)\cos\varphi_d} = \frac{\sigma_{1f} - \sigma_3}{\sigma_1 - \sigma_3} = \frac{K_{cf} - 1}{K_c - 1}$$

(9.5)

式中　τ_f——破坏面上的剪应力，即抗剪强度；

τ——当前潜在破坏面上的剪应力；

K_{cf}——破坏时的固结应力比。

根据极限平衡条件可得

$$K_{cf} = \frac{\sigma_{1f}}{\sigma_3} = \frac{1 + \sin\varphi_d}{1 - \sin\varphi_d}$$

(9.6)

将式 (9.6) 代入式 (9.5) 可得

$$K_c = \frac{1}{F_s} \cdot \frac{2\sin\varphi_d}{1 - \sin\varphi_d} + 1$$

(9.7)

当破坏振次 N_f 和静力固结应力比 K_c 确定之后，即可根据图 9.14 确定与此应力状态对应的动力内摩擦角 φ_d。

采用 c_d 和 φ_d 作为抗剪强度指标的方法为总应力法，其考虑了振动产生的孔隙水压力对强度的影响。在动力稳定分析中也可采用有效应力法，在试验中需确定破坏时的孔隙水压力 u_f，绘制扣除孔隙水压力 u_f 的有效应力圆，即可得到有效应力

指标 c_d' 和 φ_d'。诸多研究发现，土的有效应力动强度指标 c_d' 和 φ_d' 与有效应力静强度指标 c' 和 φ' 非常接近，因此采用有效应力静强度指标不会引起很大的误差。

3. 不规则荷载作用下土的动强度

地震荷载是最典型、最常见的不规则荷载，目前室内试验条件下已基本可以重现各类不规则荷载。但是，地震荷载变化规律复杂，想要确定将要发生的地震在土体内所引起的动力过程非常困难，直接研究土在不规则荷载作用下的动力特性具有一定的难度，且是不必要的。在实际工程分析与研究中，通常将不规则荷载简化为简单周期荷载进行分析。

（1）不规则荷载的等价循环周次。

假定每一次应力循环的能量对材料都会起破坏作用，这种破坏作用与能量的大小成正比而与应力循环的先后次序无关。基于此假定即可直接根据动强度曲线将不规则荷载简化为应力幅值为 τ_{eq}，周数为 N_{eq} 的简单周期荷载。

图 9.16（a）所示为一不规则动应力的时程曲线，最大动应力幅值为 τ_{max}，则等效简单周期循环应力的幅值可取作为

$$\tau_{eq} = R\tau_{max} \tag{9.8}$$

式中　　R——任意小于 1 的数值，常取为 0.65。

可将动力时程曲线按幅值的大小分为若干组，分别计算每一种幅值应力波的等价循环周数。例如，在此列不规则应力波中，幅值为 τ_i 的循环周数为 n_i，根据图 9.16（b）所示的动强度曲线确定幅值为 τ_i 时的破坏振次 N_{if}。若取应力波的等效幅值为 $\tau_{eq} = 0.65\tau_{max}$，根据动荷载强度曲线确定幅值为 τ_{eq} 时的破坏振次为 N_{ef}。若认为每一应力循环的能量与应力幅值成正比，则幅值为 τ_i 的一次振动破坏作用相当于幅值为 τ_{eq} 时的 N_{ef}/N_{if}。因此，幅值为 τ_i 的 n_i 次振动相当于幅值为 τ_{eq} 的等价次数为

$$n_{eqi} = \frac{n_i N_{ef}}{N_{if}} \tag{9.9}$$

则整个不规则动应力曲线等价为幅值 τ_{eq} 的简单周期荷载，其等价振动次数为

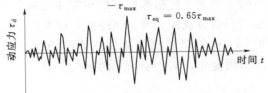

（a）不规则动应力的时程曲线

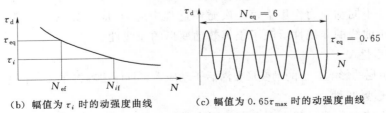

（b）幅值为 τ_i 时的动强度曲线　　　（c）幅值为 $0.65\tau_{max}$ 时的动强度曲线

图 9.16　不规则荷载等效为周期荷载

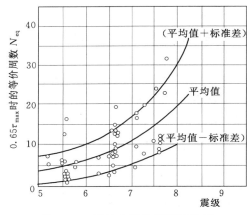

图 9.17　震级和等价周期的关系

$$N_{eq} = \sum_{i=1}^{K} n_{eqi} = \frac{\sum\limits_{i=1}^{K} n_i N_{ef}}{N_{if}}$$

$$(9.10)$$

（2）地震的等价周次。

Seed 和 Idriss 等人统计了一系列地震记录数据，以 $0.65\tau_{max}$ 作为简单周期荷载的幅值，得到振动次数与地震震级的关系如图 9.17 所示。基于图 9.17 所示的结果，他们总结了表 9.1 的简化等价标准。需注意的是，图 9.17 和表 9.1 所确定的等价周期都是以震级为依据的，而不是以烈度为依据的。

表 9.1　　　　　　　　　　地震等效循环周数

震级	等效循环应力幅	等效循环周数
7.0	$0.65\tau_{max}$	12
7.5	$0.65\tau_{max}$	20
8.0	$0.65\tau_{max}$	30

将不规则动应力简化为周期应力后，就可以按上述方法确定土的动强度指标，并可进一步分析土体整体的动力稳定性。

9.3　土的动变形

9.3.1　土的动变形特性

1. 弹塑性

土在动荷载作用下的变形通常包括弹性变形和塑性变形两部分。当动荷载较小时主要表现为弹性变形；当动荷载较大时，塑性变形逐渐产生和发展。因此，当土体在小应变幅条件下时，土体将呈现出近似弹性体的特征。但是，当动应变增大时，动荷载会引起土的结构变化，从而引起土的永久变形。

2. 非线性

土动变形的非线性可由土的骨干曲线（图 9.22）反映，骨干曲线是同一固结应力的土在不同动应力作用下每一次循环过程中应力-应变关系曲线滞回圈顶点的连线，骨干曲线的非线性反映了土等效动变形的非线性。

3. 滞后性

由于阻尼的影响，土的动变形要滞后于动应力，具体内容将在 9.5 节进行介绍。

4. 变形累积性

由于土体在受荷过程中会发育不可恢复的塑性变形，这一部分变形在往返荷载的作用下会逐渐累积。

9.3.2　土的波动变形与残余变形

当土在动应力小，或结构性低的弹性变形条件下，土的动变形不会发育残余变形。此外，土在大多数条件下均会有残余变形发生，且残余变形总是随着动荷载加载过程稳定发展的。在饱和条件下，动应力的往返作用还要在残余变形的上下引起波动的变形，与动应力的往返变形相对应。波动变形可能保持相同的幅值（弹性阶段），可能连续增大（硬化阶段），也可能连续降低（软化阶段），到破坏时基本接近于零。在研究动力变形时，应注意区别变形模量是按残余变形确定的，还是按波动变形确定的，抑或是按残余变形和波动变形的和（综合变形）确定的，它们的含义和用途有一定不同。

9.3.3　土的振密变形与动力蠕变变形

土的振密变形研究动应力作用下引起的动变形与动应力之间的关系，其可反映土的动变形特性，也是使土通过振动密实化以改善土性、防治其上建筑物振陷所必需的。土的动力蠕变变形研究动应力作用下动变形随动应力作用时间变化而变化的关系，其可反映土在长期动荷载作用下的动蠕变变形特性。

1. 振密变形

土的振密变形取决于土的初始密度、初始含水量、初始静应力状态、动荷载作用的强度及持续时间等因素。一般来说，当其他条件保持不变时，其随初始密度的增大而减小，随初始含水量的增大而增大，随初始静应力的增大而减小（但当动应力能够使土结构发生侧向变形或破坏的情况下，较大的初始静应力会使沉降变形增大），随动荷载作用强度和持续时间的增大而增大。需注意的是，存在一个开始发生振密的动应力，称为变形的临界动应力，当动应力小于临界动应力时不会发生任何变形。但当动荷载过大时，振动并不能达到振密的最佳效果。

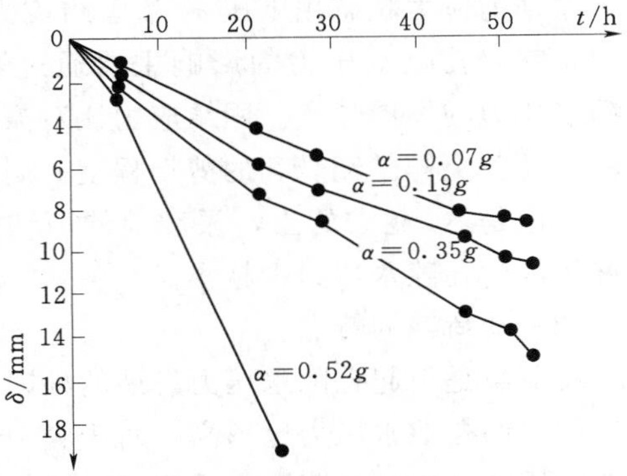

图 9.18　地基土的动力蠕变变形曲线

2. 动力蠕变变形

图 9.18 所示为不同动力加速度条件下试验所得的地基土蠕变变形曲线。由试验曲线可以发现，根据作用加速度大小的不同，地基土可表现出非衰减蠕变和衰减蠕变。

9.4　土的动孔压与砂土液化

9.4.1　土的动孔压

动荷载作用下土中孔隙水压力的发展与消散是土体变形演变和强度变化的根本

原因，也是通过有效应力法分析土体动力稳定性的关键。因此，土体振动过程中孔隙水压力发生增长和消散问题的研究一直是土动力学的重点内容。

如前所述，土在排水剪切条件下将发生剪胀或剪缩，在不排水剪切条件下这种剪胀势或剪缩势表现为超静孔隙水压力的发展，其值可正可负。对于砂性土来说，其剪胀特性取决于密实度。对于黏性土来说，其剪胀特性取决于固结程度。土受周期荷载的作用相当于反复的剪切作用，在不排水条件下必然伴随着孔隙水压力的产生和发展。与静力条件下有所不同的是，不论是松砂还是密砂，每一次应力循环的过程中都会引起正孔隙水压力的增加，密实度越大，增加的速度越慢。

诸多土的动力试验结果发现，振动孔隙水压力的发展主要取决于土的性质、振动前应力状态、动荷载的类型等因素。这三类主要影响因素的影响机制如下。

（1）土的性质。

黏性土由于有黏聚力，即使孔隙水压力等于全部总应力，抗剪强度也不会全部丧失，因而不具备液化的内在条件。粗粒砂土由于透水性好，孔隙水压力易于消散，在周期荷载作用下，孔隙水压力亦不易累积增长，因而一般也不会产生液化。只有没有黏聚力或黏聚力很小的处于地下水位以下的粉细砂或粉土，渗透系数较小不足以在第二次荷载施加之前把孔隙水压力全部消散掉，才具有累积孔隙水压力并使强度完全丧失的内部条件。因此，土的粒径大小是一个重要因素。实测资料表明，粉细砂土、粉土比中、粗砂土容易液化；级配均匀的砂土比级配良好的砂土易发生液化。

（2）振动前应力状态。

振动前应力状态用围压 σ_3 和固结应力比 K_c 表示。围压 σ_3 在土体内不引起剪应力，它对孔隙水压力的影响主要通过影响土的密实度产生，σ_3 越大，土越密，孔隙水压力的发展越慢。固结应力比对振动孔隙水压力发展的影响相对更大，其可反映振动前土样已经受到的剪切程度。周期应力作用下，虽然产生的是正的孔隙水压力，但是 K_c 越大的土，振动前的剪切变形越大，孔隙水压力发展的速度越慢，最终积累的孔隙水压力也越小。

（3）动荷载的特点。

动荷载是引起孔隙水压力发展的外因。显然，动应力的幅值越大，循环次数越多，积累的孔隙水压力也越高。对于频率的影响，试验发现粗粒土的振动孔隙水压力在常用的试验频率范围内受到频率变化的影响很小，一般可不考虑。

到目前为止，国内外学者已经提出了多种考虑不同因素的振动孔隙水压力计算模型，主要包括动孔压的应力模型、动孔压的应变模型、动孔压的能量模型、动孔压的有效应力路径模型及动孔压的内时模型等。本节主要介绍动孔压的应力模型。

饱和砂土振动孔隙水压力计算的应力模型将饱和砂土的振动孔隙水压力与施加的应力联系了起来，通常将振动孔隙水压力表示为往返应力幅值及往返次数的函数，其中较典型的是 Seed - Finn 的反正弦函数公式。Seed 根据饱和砂土试样在各向等压固结不排水条件下的动三轴试验结果，提出了一种计算平均振动孔隙水压力的应力模型，在土体等向固结时（$K_c = 1.0$）可表示为

$$\frac{u}{\sigma_3} = \frac{2}{\pi} \arcsin \left(\frac{N}{N_f} \right)^{\frac{1}{\theta}} \tag{9.11}$$

式中　u——N 次循环所累积的孔隙水压力；

　　　N_f——破坏振次，可根据动应力幅值，从动强度曲线上确定；

　　　θ——土性质试验参数，与土的种类和密实度有关。

在非等向固结时（$K_c > 1.0$），有时无法确定土体初始液化时的破坏振次 N_f。此时，常用平均振动孔隙达到侧向固结应力一半时的振动次数 N_{50} 代替 N_f 进行计算。基于此，Finn 将式（9.11）推广到非等向固结的情况，此时计算公式为

$$\frac{u}{\sigma_3} = \frac{1}{2} + \frac{1}{\pi}\arcsin\left[\beta\left(\frac{N}{N_{50}}\right)^{\frac{1}{\theta}} - 1\right] \tag{9.12}$$

式中　N_{50}——振动孔隙水压力发展曲线（$u-N$ 曲线，图 9.19）上当 $u = 0.5\sigma_3$ 时所对应的振动次数，也是反映应力幅值大小的参数；

　　　β——与土质有关的参数，一般取 1.0；

　　　θ——与固结应力比 K_c 有关的土性参数，可表示为

$$\theta = \alpha_1 + \alpha_2 K_c \tag{9.13}$$

式中　α_1，α_2——与土性有关的系数，可直接通过试验确定。

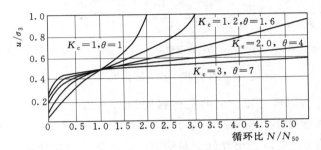

图 9.19　振动孔压发展曲线

动孔压的应力模型是建立在室内等幅应力动三轴试验成果基础上的，而现场条件下动应力幅值的变化是很复杂的，不可能维持等幅应力条件。因此，通过动孔压应力模型计算地震作用下土的动孔压发展是有一定误差的。此外，在排水条件下，该方法只能够计算出孔隙水压力消散后的体积残余变形而无法计算出形状残余变形，且无法解释偏应力卸载时引起孔隙水压力增长的现象，即不能反映土的反向剪缩特性。

9.4.2　砂土液化

振动液化一直是土动力特性研究中的一个特殊问题，美国土木工程师协会岩土工程分会土动力学委员会（1979）对"液化"一词定义为："液化——任何物体转化为液体的行为或过程，就无黏性土而言，这种由固体状态变为液体状态的转化是孔隙水压力增大和有效应力减小的结果"。

很多土，如饱和的、黏粒含量较低的轻亚黏土，粒径级配不良的砂砾石土，尾矿料，粉煤灰，甚至是非饱和的土等都会在一定条件下发生液化。同时，液化也不仅仅会在动力作用下发生，当土在静力作用下发生迅速剪切破坏或在渗透作用下达到悬浮状态，也能发生液化，一般可称之为剪切液化或渗透液化（流土或砂沸现象）。但是，饱和砂土的液化最具有典型性，对工程实际最具威胁。

1. 砂土液化的概念及机理

地震时部分地区会发生喷水冒砂现象，表明该地区地下砂层发生了液化。如图9.20（a）所示，若假定砂土是均匀圆粒的聚集体，振动前处于松散状态。当受到水平方向的振动荷载作用时，颗粒被挤密。在由松到密的过程中，若土是饱和的，孔隙水在很短的振动期间内不能排出，就会出现砂粒之间完全脱离接触，达到悬浮状态的过渡阶段。此时砂样的骨架力为零，荷载完全由孔隙水承担。如图9.20（b）、（c）所示，在饱和砂样内装一测压管，可以监测到容器振动后孔压急剧增长的现象，表明饱和砂土因振动产生了超静孔隙水压力。

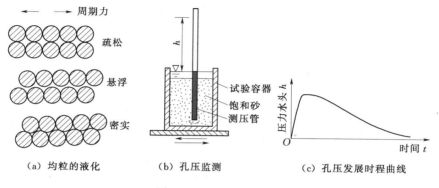

（a）均粒的液化　　　　（b）孔压监测　　　　（c）孔压发展时程曲线

图 9.20　砂土液化机理

根据有效应力原理可知，土的抗剪强度为 $\tau_f = (\sigma - u)\tan\varphi'$。当孔隙水压力 u 增大时，抗剪强度减小。当孔压 u 等于总应力时，即土样总荷载完全由孔隙水承担时，抗剪强度为 0。此时，土样处于黏滞流态，这就是液化现象。

当地基由几层土组成，且较易发生液化的砂层处于不易液化的土层下。在地震荷载作用下，砂层首先发生液化，其内部产生很高的超静孔压，导致自下向上的渗流发生。当上覆土层中的渗流坡降大于临界坡降时，原本未发生振动液化的土层，在渗透力的作用下也会达到悬浮状态，砂层及上覆土层中的土粒随水喷出，此种现象即为渗流液化。渗流液化可能并不能在地震作用的过程中立即发生，而是在液化砂层孔隙水压力渗流消散的过程中发生。

研究表明，饱和砂土液化的机理大致可以分为三类：砂沸（sand boil）、循环活动性（cyclicmobility）和流滑（flow slide）。砂沸是饱和砂土中孔隙水压力超过上覆土体自重时所引起的喷砂冒水现象。循环活动性指在循环剪切过程中，由于土体剪缩和剪胀的交替作用而引起土体中孔隙水压力的反复升降，造成间歇性液化和有限制的流动变形现象。循环活动性主要发生在中密或较密的饱和砂土中。流滑是指饱和松散砂土在单向或循环剪切作用下，土体持续剪缩，呈现出不可逆的体积压缩，引起孔隙水压力的不断增大和有效应力减小，抗剪强度降低，最后导致"无限制"的流动大变形。

2. 砂土液化的主要影响因素

根据现有的试验结果，影响砂土液化性质的主要因素有：土性条件，主要指土的粒度特征、密度特征和结构特征；初始应力条件，指施加动荷载前土体的应力状态。下面就几点主要影响因素分别进行简要介绍。

（1）土性条件。

1）土粒度特征的影响。从土的粒度特征来看，即平均粒径 d_{50}、不均匀系数 C_u 和黏粒含量 p_c 来看，土颗粒越粗，土的动力稳定性越高。在其他条件相同时，粗砂、中砂、细砂、粉砂的液化可能性逐渐增大。不均匀系数越高，土的动力稳定性越高。不均匀系数超过 10 的砂土一般很难发生液化；缺少中间粒径，或卵石、砾石等大颗粒的含量不足以形成稳定的骨架体系，而以细粒为主体的砂砾石土都具有较低的抗液化强度；土中黏粒含量增大到一定程度，土的抗液化能力会明显增强。

2）土密度特征的影响。从土的密度特征来看，即相对密度 D_r、孔隙比 e 及干重度 γ_d 来看，相对密度 D_r 或干重度 γ_d 越大，或孔隙比 e 越小，其抗液化强度越高。同时，当相对密度 D_r 或干重度 γ_d 较大，或孔隙比 e 较小时，对不同的液化破坏标准将有明显的影响。

3）土结构特征的影响。从土的结构特征来看，即土颗粒的排列和胶结情况来看，土的排列结构稳定性和胶结程度越高，土的抗液化能力越强。由于土的结构受沉积年代、应力历史和应变历史等的影响，原状土比重塑土难液化，古砂层比新砂层难液化，遭受过地震的砂土比未遭受过地震砂土难液化（主要体现在结构的变化上）。

（2）初始应力条件。

1）从初始的上覆应力状态来看，有效上覆应力越大，液化的可能性越小。

2）从初始的剪应力状态来看，在动三轴试验条件下初始固结应力比越大时，土的抗液化能力越强。在初始固结应力比 $K_c > 1.0$ 的各向不等应力状态下，土样内产生了一定的初始剪应力，它的动强度反而要比 $K_c = 1.0$ 的各向等压应力状态下高。这是因为 $K_c = 1.0$ 时振动会使剪应力发生反复的方向变化，而 $K_c > 1.0$ 剪应力可能只有大小的变化，或是方向的变化程度很小。但是，需要注意的是，当 K_c 远大于 1.0 时，初始剪应力很大，则在动应力作用下的静、动剪应力可能大于土的抗剪强度，此时土的抗液化能力将进一步降低。

9.5　土的阻尼特性

若将土体视作一个振动体系，此振动体系的质点在运动过程中由于内摩擦作用等会发生一定的能量损失，这种现象称为阻尼。土体在振动过程中的内摩擦，类似于黏滞流体流动中的黏滞摩擦，所以也称为等价黏滞阻尼。在自由振动中，阻尼表现为质点的振幅随着振次逐渐衰减，如图 9.21 所示。在受迫振动中则表现为应变滞后于应力而形成的滞回圈，滞回圈如图 9.22 所示。振幅衰减的速度或滞回圈面积的大小都表示振动中能量损失的大小，即阻尼的大小。

介质所受的黏滞阻尼力与运动的速度成正比，即可表示为

$$F = c\dot{U} \tag{9.14}$$

式中，$\dot{U}$——黏滞介质质点的运动速度；

　　c——黏滞介质的阻尼系数。

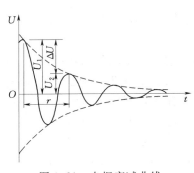
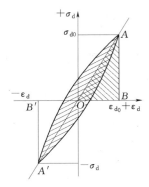

图 9.21　自振衰减曲线　　　　　　图 9.22　滞回圈

当阻尼力很大并导致振动体系不能产生往复运动时，这种阻尼可称为过阻尼；通常将体系可自由振动时的阻尼称为弱阻尼。弱阻尼与过阻尼之间的过渡临界值称为临界阻尼，此时对应的阻尼系数可称为临界阻尼系数 c_{cr}。在进行土体动力反应分析时，土的阻尼常用阻尼比 λ 表示，阻尼比定义为阻尼系数与临界阻尼系数的比值，即

$$\lambda = \frac{c}{c_{cr}} \tag{9.15}$$

可通过试验方法测定土的阻尼比，常用的试验测定方法有两种。

一种是使土样受一个瞬时荷载的作用并发生自由振动，测定振幅的衰减规律，即可通过式（9.16）计算土的阻尼比，即

$$\lambda = \frac{1}{2\pi} \frac{\omega_r}{\omega} \ln \frac{U_k}{U_{k+1}} \tag{9.16}$$

式中　ω——无阻尼时的自振圆频率；

　　　ω_r——有阻尼时的自振圆频率；

　　　U_k——第 k 次循环时的振幅；

　　　U_{k+1}——第 $k+1$ 次循环时的振幅。

一般情况下，振动体系的有阻尼自振圆频率与无阻尼自振圆频率相差很小，即认为 $\omega = \omega_r$，则式（9.16）可简化为

$$\lambda = \frac{1}{2\pi} \ln \frac{U_k}{U_{k+1}} \tag{9.17}$$

另一种是使土样在某一扰动力作用下发生强迫振动，测定动应力-应变时程曲线。取曲线上某一应力循环，在应力-应变平面上绘制滞回圈，确定滞回圈的面积，根据式（9.18）计算阻尼比，即

$$\lambda = \frac{1}{4\pi} \frac{A}{A_L} \tag{9.18}$$

式中　A——滞回圈的面积；

　　　A_L——图 9.22 中三角形 OAB 的面积，其代表的是土作为弹性体时加载到应力幅值时所做的功，或弹性体内所储存的弹性能。

9.6　本章小结

本章简单介绍了土在冲击荷载、周期荷载和不规则荷载这三类动荷载作用下的

动强度特性，土在动荷载作用下的动变形特性、土在动荷载作用下的波动变形与残余变形、土在动荷载作用下的振密变形与动力蠕变变形，土的动孔压演变特征与数学描述方法，砂土的液化机理及土的阻尼特性等内容。土的动力特性理论对于土的静力特性理论是非常重要的补充，具有重要的研究意义。

思　考　题

9.1　土在不同动荷载作用下的动强度如何确定？

9.2　土在动荷载作用下的变形有何基本特征？

9.3　简要介绍 Seed 和 Finn 提出计算土动孔压的应力模型。

9.4　如何理解砂土液化的本质机理？

9.5　土的阻尼特性如何进行描述？

下篇
土力学原理的
工程应用

第 10 章

土的分类与压实性

10.1 概述

土是自然界地质作用的产物。实际条件下，由于自然界内各种地质作用同时发生、相互影响、永不停歇，土的成分、结构和性质也随之不断发生变化，表现为其物理力学性质的明显差异。为了有效地评价与应用工程用土、判断土的工程特性，常将工程性质接近的一些土划归在同一类，选择对土的工程性质影响最大、最能反映土的基本性质且测定方法简易的指标作为评价依据，以便于合理评价土的物理力学性质，在不同土类间进行有效地对比，以期选择合理的方法对土的性质进行研究，指导工程实践。本章主要介绍国内两种常用规范中的土的工程分类方法及土的压实性。

10.2 土的分类

10.2.1 土的分类原则

土的分类原则主要包括两方面内容。

1）简明原则。土的分类体系采用的判定指标既要能综合反映土的主要工程性质，又要求判定指标的测定方法简单、使用方便。

2）工程特性差异的原则。土的分类体系采用的指标要在一定程度上反映不同类型工程用土的差异性。对于无黏性土，颗粒级配对其工程特性起着决定性的作用，因此颗粒级配应是无黏性土工程分类的依据和标准；对于黏性土，由于颗粒与水的作用非常明显，土的工程特性很大程度上由土粒的比表面积和矿物成分决定，而体现土的比表面积和矿物成分的指标主要有液限和塑性指数，故液限和塑性指数应是黏性土工程分类的依据和标准。

目前，国内有两大类土的工程分类标准：一是建筑工程系统的分类体系，其侧重于将土作为建筑地基或环境构成，故以原状土为研究对象，如《建筑地基基础设计规范》（GB 50007—2011）中的地基土分类方法；二是工程材料系统的分类体系，其侧重于将土作为路堤、土坝及填土地基等工程中的材料，故以扰动土为研究对象，如《土的分类标准》（GB/T 50145—2007）及《公路土工试验规程》（JTG

E40—2007）等规范规程中的工程用土分类方法。

本节主要介绍《土的分类标准》（GB/T 50145—2007）和《建筑地基基础设计规范》（GB 50007—2011）中对土的分类方法。不同行业用土应根据对应规范或规程中的分类方法，并根据实际工程应用合理选择分类标准。

10.2.2 《土的分类标准》

目前，国际上广泛采用土的统一分类系统（Unified Soil Classification System，USCS），这种分类方法最早由美国的学者 Casagrande 于 1942 年提出。这种分类系统的主要特点是：其充分考虑了土的粒度成分和塑性指标，且忽略土的结构性，采用扰动土的测试指标。因此，此方法无法考虑土的成因、年代对工程的影响。我国采用与统一分类系统相似的分类原则，制定了《土的分类标准》（GB/T 50145—2007）。此分类体系考虑了土的有机质含量、颗粒组成特征及土的塑性指标。根据此标准，土体总的分类体系如图 10.1 所示。

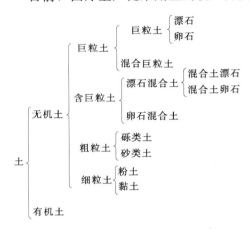

图 10.1 土体总的分类体系

按照此分类体系进行分类时，首先应判断该土是有机土还是无机土。根据该分类标准，有机质含量超过 5% 的土为有机质土。若土的全部或大部分为有机质时，该土就属于有机土；否则就属于无机土。土中有机质主要是指未完全分解的动植物残骸和无定形物质，可通过试验测定。若属于无机土，则应根据表 10.1 判定其粒组。《土的分类标准》（GB/T 50145—2007）按土内各粒组的相对含量，将土分成巨粒土和含巨粒土、粗粒土、细粒土三大类。

表 10.1 无机土粒组划分标准

粒组统称	粒组名称		粒组粒径的范围 d/mm
巨粒组和含巨粒组	漂石（块石）粒		$d>200$
	卵石（碎石）粒		$200 \geqslant d>60$
粗粒组	砾粒	粗砾	$60 \geqslant d>20$
		细砾	$20 \geqslant d>2$
	砂粒		$2 \geqslant d>0.075$
细粒组	粉粒		$0.075 \geqslant d>0.005$
	黏粒		$0.005 \geqslant d$

1. 巨粒土和含巨粒土的分类标准

试样中巨粒组（粒径大于 60mm）含量不小于 15% 的土为巨粒类土，包括巨粒土和含巨粒土。巨粒土和含巨粒土应按其试样中粒径在 60mm 以上的巨粒含量来划分，划分标准见表 10.2。

表 10.2　　　　　巨粒土和含巨粒土的分类标准

土类	粒组含量		土代号	土名称
巨粒土	75%＜巨粒含量≤100%	漂石粒含量＞50%	B	
		漂石粒含量≤50%	Cb	
混合巨粒土	50%＜巨粒含量≤75%	漂石粒含量＞50%	BSl	混合土漂石
		漂石粒含量≤50%	CbSl	混合土卵石
巨粒混合土	15%＜巨粒含量≤50%	漂石含量＞卵石含量	SlB	漂石混合土
		漂石含量≤卵石含量	SlCb	卵石混合土
非巨粒土	巨粒含量＜15%			扣除巨粒，按粗粒土或细粒土的相应规定分类定名

2. 粗粒土的分类标准

试样中粒径大于 0.075mm 的颗粒含量超过全部质量 50% 的土，即细粒组（粒径小于 0.075mm）含量不超过 50% 的土称为粗粒土。粗粒土包括砾类土和砂类土两类，二者的区分标准如表 10.3 所列。

表 10.3　　　　　粗粒土的分类标准

土类		粒组含量	土代号
粗粒土	砾类土	粒径大于 2mm 的颗粒含量大于全部质量的 50%	G
	砂类土	粒径大于 2mm 的颗粒含量不超过全部质量的 50%	S

砾类土和砂类土可根据其中细粒组（粒径小于 0.075mm）的含量、级配指标和所含细粒的塑性高低作进一步细分，分类标准分别见表 10.4 和表 10.5。在表 10.4 和表 10.5 中，细粒土质砾和细粒土质砂的定名应根据粒径小于 0.075mm 部分（细粒部分）土体的液限和塑性指数按塑性图确定，详见下一小节有关细粒土的分类标准。当细粒属于黏粒时，定名为黏土质砾（GC）或黏土质砂（SC）；当细粒属于粉粒时，定名为粉土质砾（GM）或粉土质砂（SM）。

表 10.4　　　　　砾类土的分类标准

土类		粒组含量		土代号	土名称
砾类土	砾	细粒含量＜5%	级配：$C_u \geq 5$ 且 $C_c = 1 \sim 3$	GW	级配良好砾
			级配：不能同时满足 $C_u \geq 5$ 和 $C_c = 1 \sim 3$	GP	级配不良砾
	含细粒土砾	5%≤细粒含量＜15%		GF	含细粒土砾
	细粒土质砾	15%≤细粒含量＜50%	细粒为粘粒	GC	黏土质砾
			细粒为粉粒	GM	粉土质砾

表 10.5　　　　　　　　　砂 类 土 的 分 类 标 准

土 类		粒 组 含 量	土代号	土名称
砂类土	砂	细粒含量<5%		
		级配：$C_u \geqslant 5$ 且 $C_c = 1 \sim 3$	SW	级配良好砂
		级配：不能同时满足 $C_u \geqslant 5$ 和 $C_c = 1 \sim 3$	SP	级配不良砂
	含细粒土砂	5%≤细粒含量<15%	SF	含细粒土砂
	细粒土质砂	15%≤细粒含量<50%		
		细粒为黏粒	SC	黏土质砂
		细粒为粉粒	SM	粉土质砂

3. 细粒土的分类标准

试样中粒径小于 0.075mm 的细粒组含量不小于全部质量 50% 的土称为细粒土。细粒土可按塑性图进行分类。

塑性指数虽能综合反映土的颗粒大小、颗粒矿物和土粒比表面积的大小，但其仅为液限和塑限的差值，塑性指数相同的土可能有不同的液限和塑限。因此，单纯用塑性指数作为细粒土的分类和定名依据存在一定的问题。土的液限的大小可以间接反映细粒土的压缩性。故可采用结合液限指标和塑性指数指标的塑性图作为细粒土的分类和定名依据。塑性图是一个以液限为横坐标，以塑性指数为纵坐标的坐标系得到的图形。不同的细粒土在塑性图中的位置不同，可根据细粒土所在塑性图中的区域进行分类和定名。目前，塑性图经过一定时间的应用和修正，已经成为较普遍的细粒土分类方法。

图 10.2 所示的塑性图是我国《土的分类标准》（GB/T 50145—2007）所采用的典型塑性图，它的横坐标对应的是应用质量 76g、锥角 30°的液限仪以锥尖入土深度为 17mm 的标准测定的液限。表 10.6 所示的细粒土分类及定名方法与图 10.2 对应。此外，还可采用锥尖入土深度为 10mm 标准测定的液限作为塑性图的横坐标，对应的细粒土塑性图及分类定名方法可查看《土的分类标准》（GB/T 50145—2007）。

表 10.6　　　　　　　细粒土的分类定名方法 （17mm 标准液限）

土的塑性指数和液限		土代号	土名称
塑性指数 I_P	液限 ω_L		
$I_P \geqslant 0.73(\omega_L - 20)$ 和 $I_P \geqslant 7$	$\omega_L \geqslant 50\%$	CH	高液限黏土
	$\omega_L < 50\%$	CL	低液限黏土
$I_P < 0.72(\omega_L - 20)$ 或 $I_P < 4$	$\omega_L \geqslant 50\%$	MH	高液限粉土
	$\omega_L < 50\%$	ML	低液限粉土

注　1. 若细粒土内含部分有机质，土代号后加 O，如高液限有机质黏土（CHO）、低液限有机质粉土（MLO）等。

　　2. 若细粒土内粗粒含量为 25%～50%，则该土属含粗粒的细粒土。当粗粒中砂粒占优势，则该土属含砂细粒土，并在土代号后加 S，如 CLS、MHS 等。

如图 10.2 所示，当由液限和塑性指数确定的点位于 B 线右侧、A 线上侧时，土为高液限黏土（CH）或高液限有机质黏土（CHO），而位于 B 线右侧、A 线下侧时，土为高液限粉土（MH）或高液限有机质粉土（MHO）；当由液限和塑性指

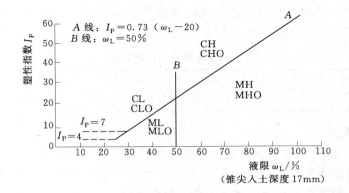

图 10.2 细粒土分类的塑性图

注：虚线之间为黏土粉土过渡区

数确定的点位于 B 线左侧、A 线和 $I_P = 7$ 线以上时，土为低液限黏土（CL）或低液限有机质黏土（CLO），而位于 B 线左侧、A 线和 $I_P = 7$ 线以下时，土为低液限粉土（ML）或低液限有机粉土（MLO）。

若细粒土内粗粒含量在 25%～50% 范围内时，则该土属于含粗粒的细粒土。这类土的分类仍然按上述塑性图划分，并根据粗粒类型进行细分，具体如下。

（1）当粗粒中砾粒占优势时，称为含砾细粒土，在细粒土代号后加上后缀代号 G，如含砾低液限黏土的代号为 CLG。

（2）当粗粒中砂粒占优势时，称为含砂细粒土，在细粒土代号后加上后缀代号 S，如含砾高液限黏土的代号为 CHS。

10.2.3 《建筑地基基础设计规范》

在该分类体系中，对于粗颗粒土，主要考虑其结构和颗粒级配；对于细颗粒土，主要考虑其塑性和成因。此分类方法还给出了岩石的分类标准。它将天然土分为岩石、碎石类土、砂类土、粉土、黏性土和人工填土 6 大类。

1. 岩石

岩石是颗粒间牢固连接，呈整体或具有节理裂隙的岩体。

岩石的分类如下。

（1）根据成因不同，可分为岩浆岩、沉积岩和变质岩。

（2）根据坚硬程度，可分为坚硬岩、较硬岩、较软岩、软岩和极软岩 5 种。分类标准见表 10.7。

表 10.7 岩石坚硬程度的判别标准

坚硬程度类别	坚硬岩	较硬岩	较软岩	软岩	极软岩
饱和单轴抗压强度标准值 f_{rk}/MPa	$f_{rk} > 60$	$60 \geqslant f_{rk} > 30$	$30 \geqslant f_{rk} > 15$	$15 \geqslant f_{rk} > 5$	$f_{rk} \leqslant 5$

（3）按风化程度，可分为未风化、微风化、中风化、强风化和全风化 5 种。其中，未风化和微风化的坚硬岩石为最优良地基；强风化或全风化的软岩石为不良地基。

（4）按完整性可分为完整、较完整、较破碎、破碎和极破碎 5 种。分类标准见

表 10.8。其中，完整性指数为岩体纵波波速与岩块纵波波速之比的平方。测定波速时选定的岩体、岩块应具有代表性。

表 10.8 岩石完整程度的判别标准

完整程度等级	完整	较完整	较破碎	破碎	极破碎
完整性指数	>0.75	0.75～0.55	0.55～0.35	0.35～0.15	<0.15

2. 碎石类土

粒径大于 2mm 的颗粒含量超过总重 50% 的土，称为碎石类土。

根据颗粒形状和粒组含量，碎石类土又可细分为 6 种，分类标准见表 10.9。分类时应根据粒组含量栏由上到下以最先符合者确定。

表 10.9 碎 石 土 的 分 类 标 准

土的名称	颗粒形状	粒 组 含 量
漂石 块石	圆形及亚圆形为主 棱角形为主	粒径大于 200mm 的颗粒含量超过全部质量的 50%
卵石 碎石	圆形及亚圆形为主 棱角形为主	粒径大于 20mm 的颗粒含量超过全部质量的 50%
圆砾 角砾	圆形及亚圆形为主 棱角形为主	粒径大于 2mm 的颗粒含量超过全部质量的 50%

3. 砂类土

粒径大于 2mm 的颗粒含量不超过总重的 50%，且粒径大于 0.075mm 的颗粒含量超过全部质量 50% 的土，称为砂类土。砂类土根据粒组含量的不同又细分为 5 种，分类标准见表 10.10。分类时应根据粒组含量栏由上到下以最先符合者确定。

表 10.10 砂 类 土 的 分 类 标 准

土的名称	粒 组 含 量
砾砂	粒径大于 2mm 的颗粒含量占全部质量的 25%～50%
粗砂	粒径大于 0.5mm 的颗粒含量超过全部质量的 50%
中砂	粒径大于 0.25mm 的颗粒含量超过全部质量的 50%
细砂	粒径大于 0.075mm 的颗粒含量超过全部质量的 85%
粉砂	粒径大于 0.075mm 的颗粒含量超过全部质量的 50%

天然砂土的密实度可按标准贯入锤击数确定，密实度判定标准如表 2.7 所示。一般而言，密实与中密状态的砾砂、粗砂、中砂为优良地基；稍密状态的砾砂、粗砂、中砂为良好地基；密实状态的细砂、粉砂为良好地基；饱和疏松状态的细砂、粉砂为不良地基。

4. 粉土

粒径大于 0.075mm 的颗粒含量不超过总重的 50%，且塑性指数 $I_P \leqslant 10$ 的土，称为粉土。粉土的性质介于砂土和黏性土之间。粉土的密实度一般用天然孔隙比来衡量，分类标准见表 10.11。其中，密实的粉土为良好地基；饱和稍密的粉土在振动荷载作用下，易产生液化，为不良地基。

表 10.11　　　　　　　　　　　　粉土的分类标准

天然孔隙比 e	$e>0.90$	$0.76 \leqslant e<0.90$	$e<0.75$
密实度	稍密	中密	密实

5. 黏性土

粒径大于 0.075mm 的颗粒含量不超过总重 50%，且塑性指数 $I_P>10$ 的土，称为黏性土。黏性土又可细分为黏土和粉质黏土（亚黏土）两种，分类标准详见表 10.12。表中的塑性指数由相应于 76g 圆锥体沉入土样中深度为 10mm 时测定的液限计算而得。

黏性土的工程性质与其密实度和含水量密切相关。密实硬塑态的黏性土为优良地基；疏松流塑态的黏性土为软弱地基。

表 10.12　　　　　　　　　　　　黏性土的分类标准

塑性指数	土的名称	塑性指数	土的名称
$I_P>17$	黏土	$10<I_P \leqslant 17$	粉质黏土

6. 人工填土

由人类活动堆填形成的各类堆积物称为人工填土。根据组成物质可将人工填土细分为 4 种，分类标准见表 10.13。

表 10.13　　　　　　　　　　　　人工填土的分类标准

组成物质	土的名称
碎石土、砂土、粉土、黏性土等	素填土
建筑垃圾、工业废料、生活垃圾等	杂填土
水力冲刷泥沙的形成物	充填土
经过压实或夯实的素填土	压实填土

一般而言，人工填土的工程性质不良，强度低，压缩性大且不均匀。杂填土的工程性质最差，压实填土的工程性质相对较好。

7. 其他类型土

除了上面所分的 6 类岩土外，自然界中还存在许多具有特殊性质的土，如淤泥、淤泥质土、红黏土、湿陷性黄土、膨胀土和冻土等。它们的性质与上述 6 类岩土不同，在工程中需要区别对待或进行特殊处理。

（1）淤泥和淤泥质土。

这类土通常在静水或缓慢的流水环境中沉积，并经生物化学作用形成。其中，天然含水量大于液限、天然孔隙比不小于 1.5 的黏性土称为淤泥；天然含水量大于液限，而天然孔隙比小于 1.5 但大于 1.0 的黏性土或粉土，称为淤泥质土。这类土，压缩性高，强度低，透水性差，是不良地基。

（2）膨胀土。

黏粒成分主要由亲水矿物组成，同时具有显著的吸水膨胀和失水收缩变形特性，自由膨胀率不小于 40% 的黏性土，称为膨胀土。这类土虽然强度高，压缩性低，但遇水膨胀隆起，失水收缩下沉，会引起地基的不均匀沉降，对建筑物危害极大。

（3）红黏土和次生红黏土。

红黏土为碳酸盐岩系的岩石经红土化作用形成的高塑性黏土，其液限一般大于50％。红黏土经再搬运后仍保留其基本特征，但液限大于45％的土为次生红黏土。

以上3类特殊土均属于黏性土的范畴。工程中，特殊土一般都属于不良地质条件，应尽量使工程结构远离特殊土，不可避免时应采取有效的特殊处理措施进行处理。

10.3　土的压实性

工程建设中常会遇到用土料填筑土堤、土坝、路基和地基等，这些填土经常要采用夯打、振动、碾压等方法，使土得到压实，以提高土的强度，减小压缩性和渗透性，从而保证地基和土工建筑物的稳定。

土的压实就是指土体在一定压实功的作用下，土颗粒克服粒间阻力产生位移，使土中的孔隙减小，密度增大，并具有较高的强度。实践经验表明，压实过程中即使采用相同的压实功，对不同种类和含水率的土，压实效果也不相同。如何以最恰当的压实功对土体进行压实，达到最佳效果，必须研究土的压实性。

10.3.1　细粒土的压实性

1. 土的击实（压实）试验及其压实特性

土的击实试验是室内研究土的击实性的基本方法。采用标准击实方法，测定土的干密度和含水率的关系，从击实曲线上确定土的最大干密度 ρ_{dmax} 和相应的最优含水率 ω_{op}，为填土的设计与施工提供依据。

常用的击实试验分轻型和重型两种。轻型击实试验适用于粒径不大于5mm的土，重型击实试验适用于粒径不大于20mm的土。图10.3所示为标准击实仪，左侧为轻型击实仪，右侧为重型击实仪，结构主要包括击实筒、击锤及导筒等。击锤质量分别为2.5kg和4.5kg，落高分别为305mm和457mm。试验时，将含水率 ω 一定的土样分层装入击实筒，每铺一层（共3～5层）后均用击锤按规定的落距和击数锤击土样，达到规定击数后测定被击实土样的含水率和干密度 ρ_d，改变土样的含水率重复上述过程（通常为5次）。将试验结果以含水率为横坐标，干密度为纵坐标，绘制 ω-ρ_d 曲线，该曲线即为击实曲线，如图10.4所示。

图 10.3　标准击实仪

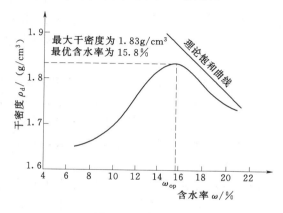

图 10.4　击实曲线

由击实曲线可以看出，土有以下压实特性。

（1）曲线具有峰值。峰值点所对应的纵坐标值为最大干密度 ρ_{dmax}，横坐标值为最优含水率 ω_{op}。最优含水率 ω_{op} 是在一定压实功下，使土最容易压实，并能达到最大干密度的含水率。当 $\omega < \omega_{op}$ 时，击实曲线上的干密度随着含水率的增加而增加。这是由于在含水率较小时，土粒周围的结合水膜较薄，土粒间的结合水的黏结力较大，可以抵消部分压实功的作用，土粒不易产生相对移动而被挤密，所以土的干密度较小。随着含水率增大，结合水膜增厚，土粒间结合水的黏结力减弱，水在土体中起一种润滑作用，摩阻力减小，土粒间易于移动而被挤密，故土的干密度增大。当 $\omega > \omega_{op}$ 时，曲线上的干密度会随着含水率的增加而减小。这是因为随着含水率的过量增加，孔隙中出现了自由水并将部分空气封闭，在击实瞬时荷载作用下，不可能使土中多余的水分和封闭气体排出，从而使得孔隙水压力增大，抵消了部分压实功，击实效果反而下降，结果就是土的干密度减小。随着含水率的继续增大，自由水量越来越多，这种抵消作用越来越强，土的干密度也就越小。只有当 ω 在 ω_{op} 附近时，含水率适当，土粒间的结合水的黏结力和土粒间摩阻力较小，土中孔隙水压力和封闭气体的抵消作用也较小，在相同压实功下，土粒最易排列紧密，可得到较大的干密度，因而击实效果最好。

（2）当含水率低于最优含水率时，干密度受含水率变化影响较大，即含水率变化对干密度的影响在偏干时比偏湿时更加明显，击实曲线的左段（低于最优含水率）比右段的坡度陡。

（3）击实曲线必然位于理论饱和曲线的左下方，而不可能与饱和曲线有交点。这是因为当土的含水率接近或大于最优含水率时，孔隙中的气体越来越处于与大气不连通的状态，击实作用已不能将之排出土体，即土不能被击实到完全饱和状态。

2. 影响土的压实性的因素

（1）土的含水率。

含水率对土的击实效果的影响极大，由土的压实特性可知，只有当含水率 ω 在 ω_{op} 附近时，才能达到最好的击实效果，含水率 ω 过大或过小都不利于土的压实。最优含水率 ω_{op} 一般约为 ω_P，工程上常按 $\omega_{op} = \omega_P + 2$ 选择制备土样含水率。

（2）压实功。

压实功是指击实每单位体积土所消耗的能量。击实试验用击实数反映压实功。同一种土，用不同的功压实，所得到的击实效果是不同的。图 10.5 所示为同一种土不同击数下的击实曲线。由图中可以看出，压实功越大，得到的最优含水率越小，相应的最大干密度也越大。也可以看出，对于同一种土，最优含水率和最大干密度并不是恒定值，而是与压实功有关的值。此外，当含水率超过最优含水率以后，压实功的影响随着含水率的增加而逐渐减弱，击实曲线均靠近于饱和曲线，此时提高压实功是基本无效的。因此，要将填土击实到需要的干密度，必须合理控制击实时的含水率，选用合适的压实功

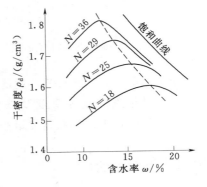

图 10.5　不同击数下的击实曲线

才能达到预期效果。

（3）土类及土粒级配。

当压实功相同时，土颗粒越粗，最大干密度越大，最优含水率越小，土越容易压实；当土中含有较多腐殖质时，最大干密度较小，最优含水率则较大，土不易压实；级配良好的土压实后的最大干密度比级配均匀的土压实后的最大干密度大，而最优含水率要小，也就是说，级配良好的土较容易压实。

3. 黏性填土压实质量

由于黏性填土存在最优含水量，因此施工时应该将填土的含水量控制在最优含水量左右，以期用较小的击实能量获得最好的密度。当含水量小于最优含水量时，击实土的结构常具有凝絮结构的特征：比较均匀，强度较高，较脆硬，不宜压密，但浸水时容易沉降。当含水量高于最优含水量时，土具有分散结构的特征：变形能力强，但强度较低，且具有不等向性。所以，含水量高于或低于最优含水量时，填土的性质各有优、缺点，在设计土料时要根据对填土提出的要求和当地土料的天然含水量，选定合适的含水量，一般含水量要求在 $\omega_{op} \pm (2\% \sim 3\%)$ 范围内。

工程上黏性土压实质量的检验，用压实系数（或压实度）表示，即

$$压实度 = \frac{\gamma_d}{\gamma_{d,max}} \tag{10.1}$$

式中　γ_d——现场测试的干重度；

$\gamma_{d,max}$——标准击实试验的最大干重度。

10.3.2　粗粒土的压实性

砂和砾等粗粒土的压实性也与含水量有关，但不存在一个最优含水量。一般在完全干燥或充分饱和的情况下压实后容易得到较大的干密度，而在潮湿状态，由于毛细压力增加了粒间阻力，击实后的干密度会显著降低。粗砂在含水量为 $4\% \sim 5\%$，中砂在含水量为 7% 左右时，压实干密度最小（图 10.6）。此外，颗粒级配对粗粒土的击实性影响也较大。粗粒土的击实标准一般用相对密度 D_r 控制。以前要求相对密度达到 0.70 以上，根据地震震害资料的分析结果，近年来认为高烈度区的相对密度应当更高。《碾压式土石坝设

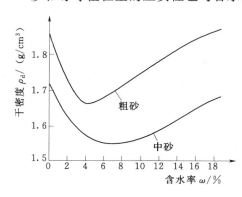

图 10.6　粗粒土的击实曲线

计规范》（DLT 5395—2007）规定：一般土石坝，其相对密度的最小值应为 0.75～0.80；设计地震烈度为 7 度及以上地区的坝，浸润线以上的相对密度应不小于 0.75，浸润线以下的相对密度最小值应为 0.75～0.85。

10.4　本章小结

对于土的分类，不同行业有着不同方法或体系，但都应该注意两点：一是要采

用能综合反映土主要工程性质的指标，且测定简单，使用方便；二是采用的指标要可在一定程度上反映不同土性质的差异。不同行业用土应采用对应的规范或规程的分类方法，应根据实际工程应用情况合理选择分类标准。

土的压实就是指土体在一定压实功的作用下，土颗粒克服粒间阻力产生位移，使土中的孔隙减小，密度增大，并具有较高的强度。最优含水率 ω_{op} 是在一定压实功下，使土最容易压实，并能达到最大干密度的含水率。工程建设中采用夯打、振动、碾压方法使土堤、土坝、路基和地基等得到压实，以提高土的强度，减小压缩性和渗透性，从而保证地基和土工建筑物的稳定。因此，要根据相关条件确定天然含水量，用较小的击实能量获得最好的密度。同时，土的压实特性受到土的含水率、压实功和土颗粒级配的影响。

思　考　题

10.1　为什么要进行土的工程分类？

10.2　按照《土的分类标准》（GB/T 50145—2007）地基土分几大类？各类土划分的标准是什么？

10.3　按照《建筑地基基础设计规范》（GB 50007—2011）地基土分几大类？各类土划分的标准是什么？

10.4　为什么细粒土压实时存在最优含水率？

10.5　影响土压实性的因素有哪些？

10.6　简述细粒土与粗粒土压实性的差异。

习　题

10.1　有一无黏性土样，经筛分后各粒组含量如表 10.14 所示，试确定土的名称。

表 10.14　粒组含量

粒组/mm	<0.1	0.1~0.25	0.25~0.5	0.5~1.0	>1.0
含量/%	6.0	34.0	45.0	12.0	3.0

10.2　某土样的天然含水量为 36.4%，液限为 46.2%，塑限为 34.5%。试分别用《建筑地基基础设计规范》（GB 50007—2011）和《土的分类标准》（GB/T 50145—2007）确定该土的名称。

10.3　将土以不同含水量配制成试样，用标准的夯击能将土样击实，测得其密度，得数据如表 10.15 所列。

表 10.15　测量数据

ω/%	17.2	15.2	12.2	10.0	8.8	7.4
ρ/(g/cm³)	2.06	2.10	2.16	2.13	2.03	1.89

已知土粒相对密度 $G_s=2.65$，试求最优含水量 ω_{op}。

10.4　某土料场为黏性土，天然含水量 $\omega = 20\%$，土料相对密度 $G_s = 2.65$，室内标准击实试验得到的最大干密度 $\rho_{d,max} = 1.85 \text{g/cm}^3$，设计要求压实度为 95%，并要求压实后的饱和度 $S_r \leqslant 0.9$。试问碾压时应该控制多大的含水量？

第 11 章

地基中的应力计算

11.1 概述

地基土体在自重、外荷载及其他因素（如地下水渗流、地震等）作用下，均可产生应力。地基中应力状态的变化会引起地基变形，导致基础发生沉降、倾斜或水平位移。地基的变形过大，往往会影响建筑物或土工构筑物的正常使用。地基土中应力过大，则会导致土体的强度破坏，使建筑物或土工构筑物发生失稳。因此，要研究地基变形及稳定性问题，先研究地基土的应力及其分布规律是十分必要的。

按照成因不同，地基土中的应力可分为自重应力和附加应力。

1) 自重应力。由土体自身重量引起的应力，一般情况下指由土骨架承担的由土体自重引起的有效自重应力。又可分为两种情况：一种是成土年代久远，土体在自重作用下已经完成压缩固结，这种自重应力不会引起土体或地基变形；另一种是成土年代不久，如新近沉积土（第四纪全新世近期沉积的土）、人工填土等，土体在自重作用下尚未完成压缩固结，因此它会引起土体沉降或变形。

2) 附加应力。土体受外荷载或其他因素作用下在地基中产生的应力，它是引起地基变形或土体强度破坏的主要原因，也是导致失稳破坏的重要原因。自重应力和附加应力的产生原因不同，二者的计算方法也不同，分布规律及对工程的影响也不相同。

地基土中的应力大小及其状态主要取决于土体的应力-应变关系（本构关系）、荷载大小及其特性以及土体受力的范围等。其中，确定土的本构关系是地基土应力计算的关键。由于土体是漫长的自然历史产物，具有分散性、多相性等特征，真实土体的本构关系十分复杂，它具有明显的各向异性和非线性特征，这使得精确计算土中应力非常困难。因此，在计算土中应力时，人们根据实际情况和所计算问题的特点做了必要的简化，采用弹性理论公式，将地基土视为均匀、连续、各向同性的半无限体。这些假定是对真实土体的高度简化，但在一定条件下配合以合理的判断，仍可满足工程需要。

常见的地基中的应力状态有以下 3 种类型。

1. 三维应力状态

荷载作用下地基中的应力状态均属三维应力状态。地基中任一点的应力均为 x、y、z 的函数，包含 9 个应力分量，即 σ_{xx}、σ_{yy}、σ_{zz}、τ_{xy}、τ_{xz}、τ_{yx}、τ_{yz}、τ_{zx}、

τ_{zy}，表示为矩阵形式为

$$[\sigma] = \begin{bmatrix} \sigma_{xx} & \tau_{xy} & \tau_{xz} \\ \tau_{yx} & \sigma_{yy} & \tau_{yz} \\ \tau_{zx} & \tau_{zy} & \sigma_{zz} \end{bmatrix}$$

弹性力学中规定，在正面（外法线方向与坐标方向相同）上与坐标方向相同的正应力和剪应力为正，在负面上与坐标方向相反的正应力和剪应力为正。由此可见 τ_{ij} 与 τ_{ji} 的符号相同。根据剪应力互等原理，有 $\tau_{xy} = \tau_{yx}$、$\tau_{xz} = \tau_{zx}$、$\tau_{yz} = \tau_{zy}$，因此地基中任一点的应力状态均可由 σ_{xx}、σ_{yy}、σ_{zz}、τ_{xy}、τ_{xz}、τ_{yz} 共 6 个应力分量表示。

2. 二维应变状态（平面应变状态）

二维应变状态，例如，对于堤坝和挡土墙下的应力状态，基础在一个方向上的尺寸比另一个方向上的尺寸大很多，每个横截面上的应力大小和分布形式均一样，因此地基中任一点的应力仅是两个坐标分量 x、z 的函数，并且沿 y 方向的应变 $\varepsilon_y = 0$，根据对称性，$\tau_{xy} = \tau_{yz} = 0$，这时地基中任一点的应力状态可表示为

$$[\sigma] = \begin{bmatrix} \sigma_{xx} & 0 & \tau_{xz} \\ 0 & \sigma_{yy} & 0 \\ \tau_{zx} & 0 & \sigma_{zz} \end{bmatrix}$$

该状态下，地基中任一点的应力状态均可由 4 个应力分量表示。

3. 侧限应力状态

侧限应力状态是指侧向变形被控制，$\varepsilon_x = \varepsilon_y = 0$ 的应力状态。在该状态下，土体仅发生竖向变形。根据土体的半无限假定，任何竖直面都是对称面，故在任何竖直面和水平面上都不会有剪应力存在，即 $\tau_{xy} = \tau_{xz} = \tau_{yz} = 0$，地基中任一点的应力状态可表示为

$$[\sigma] = \begin{bmatrix} \sigma_{xx} & 0 & 0 \\ 0 & \sigma_{yy} & 0 \\ 0 & 0 & \sigma_{zz} \end{bmatrix}$$

又可由 $\varepsilon_x = \varepsilon_y = 0$ 得到 $\sigma_{xx} = \sigma_{yy}$，并与 σ_{zz} 成正比，地基中任一点的应力状态，均可由两个应力分量表示。

11.2　地基的自重应力计算

一般情况下，土体的覆盖面积很大，在研究地基的自重应力时，可将其视为半无限弹性体。由半无限弹性体的边界条件可知，地基中的自重应力状态属于侧限应力状态，地基内部任一竖直面和水平面上均只有正应力而无剪应力。地基的自重应力计算，就包括竖直方向上的自重应力 σ_{cz} 和水平方向上的自重应力 σ_{cx}、σ_{cy}，且根据对称性有 $\sigma_{cx} = \sigma_{cy}$。

11.2.1　竖向自重应力 σ_{cz}

当地基土体为均质土体时，在深度为 z 的水平面上，单元体竖向自重应力等于其单位面积上土柱的重量，即

$$\sigma_{cz} = \frac{W}{A} = \frac{\gamma z A}{A} = \gamma z \qquad (11.1)$$

式中　σ_{cz}——竖向自重应力，kPa；

　　　W——土柱的有效重量，kN；

　　　A——土柱的截面面积，m²；

　　　γ——土的重度，kN/m³；

　　　z——计算深度（从天然地面算起），m。

从式（11.1）中可以看出，竖向自重应力随深度的增加而增大。在均质地基中，竖向自重应力沿深度的分布是一条向下倾斜的直线，呈三角形分布，如图 11.1 所示。

实际工程中地基土体常常是分层土，不同土层的重度不同。假设各土层的重度为 γ_i，厚度为 h_i，共有 n 层，竖向应力仍为单位面积上土柱的重量，此时土柱的总重量为计算深度 z 以上各层土的重量之和，如图 11.2 所示。竖向自重应力为

$$\sigma_{cz} = \frac{W}{A} = \frac{\gamma_1 h_1 A + \gamma_2 h_2 A + \cdots + \gamma_n h_n A}{A} = \gamma_1 h_1 + \gamma_2 h_2 + \cdots + \gamma_n h_n = \sum_{i=1}^{n} \gamma_i h_i$$

$$(11.2)$$

从式（11.2）中可以看出，由于不同土层的重度往往不同，成层土中竖向自重应力沿深度为分段折线增大，转折点位于不同重度土层的分界面上，如图 11.2 所示。

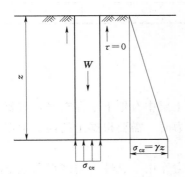 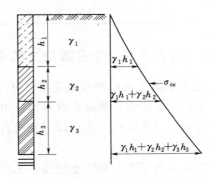

图 11.1　均质土中自重应力分布　　　图 11.2　成层土中竖向自重应力分布

11.2.2　水平向自重应力 σ_{cx}、σ_{cy}

地基土中除了存在竖向自重应力外，还存在水平方向上的自重应力，也称侧向自重应力。根据广义胡克定律，有

$$\begin{cases} \varepsilon_{cx} = \dfrac{\sigma_{cx}}{E} - \dfrac{\mu}{E}(\sigma_{cy} + \sigma_{cz}) \\[2mm] \varepsilon_{cy} = \dfrac{\sigma_{cy}}{E} - \dfrac{\mu}{E}(\sigma_{cx} + \sigma_{cz}) \\[2mm] \varepsilon_{cz} = \dfrac{\sigma_{cz}}{E} - \dfrac{\mu}{E}(\sigma_{cx} + \sigma_{cy}) \end{cases} \qquad (11.3)$$

考虑侧限应力状态：$\varepsilon_{cx} = \varepsilon_{cy} = 0$、$\sigma_{cx} = \sigma_{cy}$ 可得

$$\sigma_{cx} = \sigma_{cy} = \frac{\mu}{1-\mu}\sigma_{cz} = K_0\sigma_{cz} \qquad (11.4)$$

式中　　　　　　E——弹性模量，对于土用变形模量，kPa；

　　　　　　　　μ——土的泊松比；

$K_0 = \mu/(1-\mu)$——土的静止侧压力系数。通常可通过试验测得，当无试验资料时，对于正常固结土可按表 11.1 取值。也可按式（11.5）求得，即

$$K_0 = 1 - \sin\varphi' \qquad (11.5)$$

式中　φ'——土的有效内摩擦角。

表 11.1　　　　　　　　　静止侧压力系数 K_0 与泊松比 μ 值

土的种类和状态		K_0	μ
碎石土		0.18～0.25	0.15～0.20
砂土		0.25～0.33	0.20～0.25
粉土		0.33	0.25
粉质黏土	坚硬状态	0.33	0.25
	可塑状态	0.43	0.30
	软塑及流塑状态	0.53	0.35
黏土	坚硬状态	0.33	0.25
	可塑状态	0.53	0.30
	软塑及流塑状态	0.72	0.42

11.2.3　地下水对土中自重应力的影响

1. 土中有地下水时的自重应力计算

地基的自重应力一般指有效自重应力，当土层中有地下水存在时，需要考虑地下水的影响。当计算地下水位以下土的自重应力时，需要根据土的性质确定是否考虑水的浮力作用。

通常认为水下的无黏性土应当考虑水的浮力作用，黏性土则需视黏性土的性质而定。一般认为，若水下的黏性土的液性指数 $I_L \geq 1$，则土处于流动状态，土颗粒之间存在着大量自由水，此时可认为土体受到浮力作用；若 $I_L \leq 0$，则土处于固体状态，土中自由水受到土颗粒间结合水膜的阻碍不能传递静水压力，故认为土体不受浮力作用；若 $0 < I_L < 1$，土处于塑性状态，土颗粒是否受到浮力作用较难确定，实践中一般按不利状态考虑。

当考虑地下水位以下土层受浮力作用时，水下部分土的重度应按浮重度 γ' 计算。应该注意，即使地下水位面上下土的性质相同，地下水位面也应视为分层界面。当地下水位以下存在不透水层时，在不透水层中的自重应力应按上覆土层的水土柱总重计算，此时地下水位以下部分的土层应按饱和重度 γ_{sat} 计算。

2. 地下水位升降对地基自重应力的影响

自然条件改变或人为因素作用都会导致地下水位发生变化，从而引起地基中自重应力发生变化。筑坝蓄水会使地下水位上升，引起地基自重应力减小，可能引发

湿陷性黄土塌陷现象，造成不良后果。因此，工程中应当注意对地下水位升降的控制，防止发生工程事故。

【例 11.1】　某场地天然土层分布及有关物理性质指标如图 11.3 所示，试计算土中竖向自重应力 σ_{cz} 并绘制 σ_{cz} 沿 z 方向上的分布图。

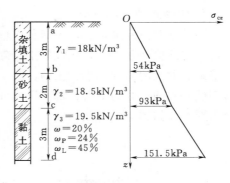

解　第一层土：

a 点：$z=0$，$\sigma_{cz}=0$；

b 点：$h_1=3\mathrm{m}$，$\sigma_{cz}=\gamma_1 h_1=18 \times 3 =54\mathrm{kPa}$；

第二层土：

c 点：$h_2=2\mathrm{m}$，$\sigma_{cz}=\gamma_1 h_1+\gamma_2 h_2=54+ 18.5 \times 2=93\mathrm{kPa}$；

图 11.3　计算简图

第三层土：

第三层土为黏土，因为 $\omega < \omega_P$，有 $I_L < 0$，故该土层不受浮力作用。

d 点：$h_3=3\mathrm{m}$，$\sigma_{cz}=\gamma_1 h_1+\gamma_2 h_2+\gamma_{3\mathrm{sat}} h_3=93+19.5 \times 3=151.5\mathrm{kPa}$。

竖向自重应力 σ_{cz} 沿 z 方向上的分布如图 11.3 所示。

11.3　基底压力的分布及计算

作用于建筑物上的外部荷载、建筑物上部结构和基础的重量，都是通过基础传递给地基的，这样在基础底面与地基接触面上就产生了接触应力。通过基础底面传递给地基的压力称为基础底面压力，简称基底压力。地基反作用于基础底面的压力称为地基反力，两者大小相等、方向相反。基底压力是基础设计和计算地基中附加应力的依据，也是评价地基稳定性的重要依据，因此，研究计算基底压力及其分布规律是十分必要的。

11.3.1　基底压力的分布规律

试验表明，基底压力的分布规律取决于地基与基础的相对刚度、荷载大小及其分布情况、基础埋深以及土的性质等多种因素。因此，精确确定基底压力是一个十分复杂的课题。目前，弹性理论中主要研究不同刚度的基础与弹性半空间体表面的接触压力（基底压力）分布问题。工程中通常根据基础抗弯刚度 EI 的大小，将基础分为柔性基础、刚性基础和有限刚度基础。

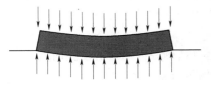

图 11.4　柔性基础下的地基变形和基底压力分布

1. 柔性基础（$EI \to 0$）

柔性基础刚度很小，在荷载作用下，基础的变形与地基土表面的变形协调一致，如土坝、土堤、路基等土工构筑物，其基底压力分布和大小与作用在基底面上的荷载分布和大小相同。如图 11.4 所示，当基底面上的荷载为均匀分布时，基底压力也为均匀分布。当基底面上的荷载不是均匀分布时，若基础不发生挠曲，则基底压力分布也与荷载分布相同。

2. 刚性基础（$EI \to \infty$）

刚性基础的刚度很大，在荷载作用下基础本身几乎不变形，基底始终保持为平面，不能适应地基变形，如混凝土基础和砖石基础。刚性基础基底压力分布与作用在基础底面上的荷载大小、土的性质及基础埋深等因素有关。试验表明，中心受压的刚性基础随荷载的增大，基底压力分别表现为马鞍形、抛物线形、倒钟形等 3 种分布形态，如图 11.5 所示。

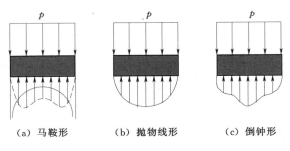

(a) 马鞍形　　　(b) 抛物线形　　　(c) 倒钟形

图 11.5　刚性基础基底压力分布

普列斯（Press，1934）研究指出，刚性基础基底压力的分布形态不仅和荷载大小有关，还与基础埋深及土的性质有关。

3. 有限刚度基础

有限刚度基础又称半刚性基础，此类基础具有一定的刚度，是介于柔性基础和刚性基础之间的基础类型，是工程中最为常见的一类基础。受地基土变形的影响，有限刚度基础将发生一定程度的挠曲变形，使基底压力发生应力重分布，基础两侧超出地基土的极限强度的多余压力自行向中间转移。应力重分布的结果导致基底压力分布呈现出更复杂的形式。例如，形成马鞍形分布（图 11.5（a）的虚线），具体的压力分布形状与地基、基础的材料特性以及基础尺寸、荷载大小和形状等因素有关。

11.3.2　基底压力的简化计算

工程中常见基础的基底压力的分布形式都是非线性的，这种分布特性对计算基底压力造成很大困难。线弹性力学研究表明，基底压力分布对地基土的影响仅在地面以下 1.5～2.0m，超过这一范围，地基土的应力分布与基底压力的分布形状无关，而只取决于荷载合力的大小和位置。因此，为简化计算，对具有一定刚度及基础尺寸较小的常见基础，基底压力分布可视为按线性规律变化。这样，就可以用材料力学的方法来计算基底压力，该类方法广泛应用于基底压力计算中。

1. 中心荷载作用下的基底压力

当基础所受荷载与基础自重的合力作用点通过基础底面的形心位置时，基底压力可假定为均匀分布，如图 11.6 所示。基底平均压力表示为

$$p = \frac{F+G}{A} = \frac{P}{A} \tag{11.6}$$

式中　F——作用在基础顶面的荷载，kN；

G——基础及上部回填土的总重力，kN；

A——基础底面积，m^2。

对于荷载沿长度方向均匀分布的条形基础，可沿长度方向截取一单位长度的基础进行基底平均压力 p 的计算，此时式中的 $A=b$，F 和 G 则为基础单位长度内的相应值。

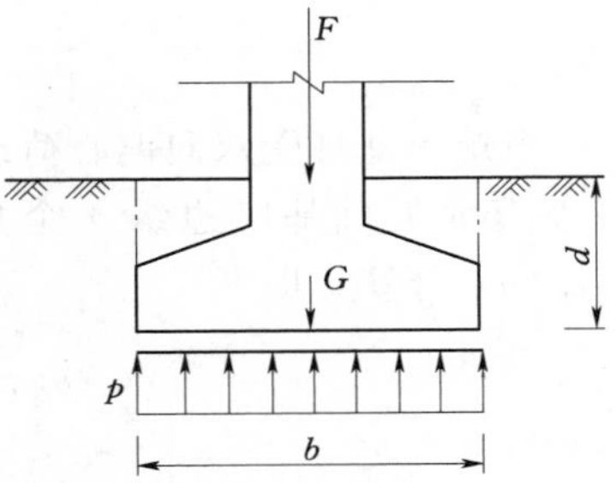

2. 竖向偏心荷载作用下的基底压力

对于单向偏心荷载作用下的矩形基础，计算简图如图 11.7 所示。设计时为了抵抗荷载的偏心作用，通常取长边 l 与偏心方向一致。此时两短边边缘最大压力 p_{max} 与最小压力 p_{min} 可按材料力学短柱偏心受压公式计算，即

$$\left.\begin{array}{c} p_{max} \\ p_{min} \end{array}\right\} = \frac{F+G}{lb} \pm \frac{M}{W} \tag{11.7}$$

式中　M——作用于矩形基底的力矩，kN·m；

W——基础底面的抵抗矩，$W = \dfrac{bl^2}{6}$，m^3；

F、G、l、b 的意义同前。

把偏心荷载的偏心距 $e = \dfrac{M}{F+G}$ 代入式（11.7）得

$$\left.\begin{array}{c} p_{max} \\ p_{min} \end{array}\right\} = \frac{F+G}{lb}\left(1 \pm \frac{6e}{l}\right) \tag{11.8}$$

由式（11.8）可见，承受偏心荷载作用的矩形基础，其基底压力分布根据偏心距的大小不同，有 3 种分布类型，如图 11.7（b）、（c）、（d）所示。基底压力为负值（图 11.7（d）），产生拉应力，由于基底与地基间不能承受拉力，此时基底与地基发生局部脱离，从而使得基底压力发生应力重分布，公式不再适用。这种情况在建筑物结构设计中是不允许的，应改变偏心距或对基础宽度予以调整。

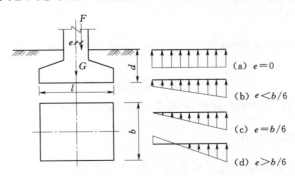

图 11.7　单向偏心荷载作用下矩形基础的
基底压力计算简图

当条形基础受偏心荷载作用时，也可在长度方向上截取长度为 1 的基础进行计算，则基础宽度方向两端的压力为

图 11.6　中心荷载作用下的基底
压力计算简图

$$\left.\begin{matrix} p_{\max} \\ p_{\min} \end{matrix}\right\} = \frac{F+G}{b}\left(1 \pm \frac{6e}{b}\right) \tag{11.9}$$

当矩形基础受双向偏心荷载作用时，如图 11.8 所示。若基底最小压力 $p_{\min} \geqslant 0$，则矩形基础基底边缘 4 个角点处的压力 $p_{\max}$、$p_{\min}$、p_1、p_2 不相等，可按式（11.10）计算，即

$$p(x,y) = \frac{F+G}{lb} \pm \frac{M_x y}{I_x} \pm \frac{M_y x}{I_y} \tag{11.10}$$

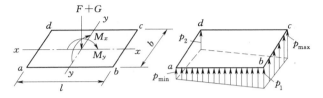

图 11.8　双向偏心荷载作用下矩形基础的
基底压力计算简图

3. 倾斜偏心荷载作用下的基底压力

上述两个问题讨论的是基础受竖向力作用的情况，实际工程中有可能出现基础受倾斜偏心荷载作用的情况，如在水工结构物中常见的垂直荷载加水压力或垂直荷载加地震力的情况。此时求解基底压力可按以下方法进行。

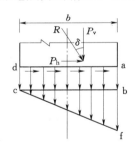

图 11.9　倾斜偏心荷载作用
下基底压力计算简图

如图 11.9 所示，将作用于基础底面的所有力求出合力 R，再将 R 分解为沿竖直方向和水平方向的力（$P_v = R\cos\delta$）和（$P_h = R\sin\delta$），其竖直方向上的基底压力可以 P_v 代替竖向力按式（11.8）式（11.10）计算。δ 为基底法线与 R 的夹角。

水平方向上基底压力的计算，可分为以下 3 种情况。

1）假设水平方向上的基底压力为均匀分布，即

$$p_h = \frac{R\sin\delta}{A} \tag{11.11}$$

2）假设各点水平方向的基底压力 p_h 与该点的竖直方向上的基底压力成正比，即

$$p_h = p_v \tan\delta \tag{11.12}$$

3）用理论上较为精确的弹性接触应力解来确定水平方向的基底压力。

11.3.3　基底附加压力

以上计算所得基底压力为基础底面实际受到的压力，由于一般天然土层在自重作用下的变形早已完成，因而只有超出地基原有竖向应力的那部分基底压力才会在地基中引起新的应力并产生变形，即基底附加压力。基底平均附加压力可按式（11.13）计算，即

$$p_0 = p - \sigma_c = p - \gamma_0 d \tag{11.13}$$

式中　p——基底平均压力，kPa；

σ_c——土中自重应力，基底处 $\sigma_c = \gamma_0 d$，kPa；

γ_0——基础底面标高以上天然土层的加权平均重度，kN/m³。

$$\gamma_0 = \frac{\sum\limits_{i=1}^{n} \gamma_i h_i}{\sum\limits_{i=1}^{n} h_i}$$

n——从天然地面到基底的土层总数，其中地下水位以下土的重度取浮重度；

d——基础埋深，m；必须从天然地面算起，对于新填土场地则应从老天然地面算起。

有了基底附加压力，即可将它视为作用在弹性半空间表面上的局部荷载，由此根据弹性力学计算地基中的附加应力。必须指出，实际上地基附加应力一般作用在地表下一定深度（指浅基础的埋深）处，因此，假设它作用在半空间表面上，运用弹性力学解答所得的结果只是近似的，只不过对一般浅基础而言，这种假设造成的误差可以忽略不计。

【例 11.2】 某矩形基础如图 11.10 所示，埋置深度 $d = 2$m，基础底面边长 $l = b = 2$m，基础自重为 100kN，其余参数见图 11.10。试计算基底压力并绘制地基反力分布图。

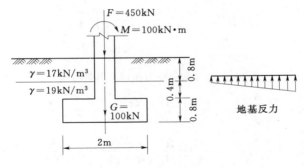

图 11.10 例 11.2 图

解 （1）基础及其台阶上覆土的总重为
$$G = 100 + (17 \times 0.8 + 19 \times 0.4) \times 2 \times 2 = 184.8(\text{kN})$$

（2）基础底面的抵抗矩为
$$W = \frac{bl^2}{6} = \frac{2 \times 2^2}{6} = \frac{4}{3}(\text{m}^3)$$

（3）由式（11.7）计算基底压力为
$$\left.\begin{array}{c} p_{\max} \\ p_{\min} \end{array}\right\} = \frac{F+G}{lb} \pm \frac{M}{W} = \frac{450+184.8}{2 \times 2} \pm \frac{100}{\dfrac{4}{3}} = \left.\begin{array}{c} 233.7 \\ 83.7 \end{array}\right\} \text{kPa}$$

绘制地基反力如图 11.10 所示。

11.4　地基中的附加应力计算

地基中的附加应力是指由建筑物上部结构及其基础自重等新增外部荷载在地基

中引起的应力，是一个附加于地基原有自重应力之上的应力。附加应力是引起地基变形和破坏的主要因素。计算地基中的附加应力时，通常假定基础的刚度为零，同时假定地基土体是连续、均匀、各向同性的半无限弹性体，这样就可以采用弹性力学中关于弹性半空间的理论解答，计算地基土中某点的附加应力。

11.4.1　集中荷载作用下的附加应力计算

1. 布辛奈斯克解

法国学者 J. 布辛奈斯克（Boussinesq，1885）用弹性力学理论推导出了半无限空间弹性体表面作用有竖向集中力 P 时，在弹性体内任意点 $M(x,y,z)$ 引起的应力和位移的解析解。如图 11.11 所示，布辛奈斯克提出，在竖向集中力 P 作用下，弹性体内任意点 $M(x,y,z)$ 处的 6 个应力分量和 3 个位移分量的解答如下。

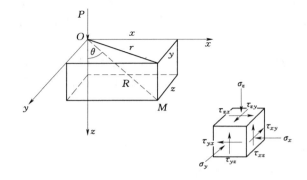

图 11.11　竖向集中力作用下引起的应力

$$\sigma_x = \frac{3P}{2\pi}\left[\frac{x^2 z}{R^5} + \frac{1-2\mu}{3}\left(\frac{R^2 - Rz - z^2}{R^3(R+z)} - \frac{x^2(2R+z)}{R^3(R+z)^2}\right)\right] \tag{11.14a}$$

$$\sigma_y = \frac{3P}{2\pi}\left[\frac{y^2 z}{R^5} + \frac{1-2\mu}{3}\left(\frac{R^2 - Rz - z^2}{R^3(R+z)} - \frac{y^2(2R+z)}{R^3(R+z)^2}\right)\right] \tag{11.14b}$$

$$\sigma_z = \frac{3P}{2\pi} \cdot \frac{z^3}{R^5} = \frac{3P}{2\pi R^2}\cos^3\theta \tag{11.14c}$$

$$\tau_{xy} = \tau_{yx} = -\frac{3P}{2\pi}\left[\frac{xyz}{R^5} - \frac{1-2\mu}{3} \cdot \frac{xy(2R+z)}{R^3(R+z)^2}\right] \tag{11.15a}$$

$$\tau_{yz} = \tau_{zy} = -\frac{3P}{2\pi}\frac{yz^2}{R^5} = -\frac{3Py}{2\pi R^3}\cos^2\theta \tag{11.15b}$$

$$\tau_{zx} = \tau_{xz} = -\frac{3P}{2\pi}\frac{xz^2}{R^5} = -\frac{3Px}{2\pi R^3}\cos^2\theta \tag{11.15c}$$

$$u = \frac{P(1+\mu)}{2\pi E}\left[\frac{xz}{R^3} - (1-2\mu)\frac{x}{R(R+z)}\right] \tag{11.16a}$$

$$v = \frac{P(1+\mu)}{2\pi E}\left[\frac{yz}{R^3} - (1-2\mu)\frac{y}{R(R+z)}\right] \tag{11.16b}$$

$$w = \frac{P(1+\mu)}{2\pi E}\left[\frac{z^2}{R^3} + 2(1-\mu)\frac{1}{R}\right] \tag{11.16c}$$

式中　σ_x，σ_y，σ_z——分别平行于 x、y、z 轴的正应力；

τ_{xy}，τ_{yz}，τ_{zx}——剪应力，前一标号表示与它作用的微面的法线方向平行的坐标轴，后一标号表示与它作用方向平行的坐标轴；

u，v，w——M 点分别沿 x、y、z 轴方向的位移；

P——作用于坐标原点 O 的竖向集中力；

R——M 点到坐标原点 O 的距离：$R = \sqrt{x^2 + y^2 + z^2} = \sqrt{r^2 + z^2}$ $= \dfrac{z}{\cos\theta}$；

θ——R 线与 z 轴的夹角；

r——M 点与集中力作用点的水平距离；

E——弹性模量（或土力学中专用的地基变形模量，以 E_0 代替）；

μ——泊松比。

若用 $R = 0$（M 位于坐标原点）代入以上各式，所得结果均为无限大，因此所选择的计算点不宜过于接近坐标原点（集中力作用点）。

以上公式中，竖向正应力 σ_z 和竖向位移 w 在地基变形计算中经常要用到，有关地基附加应力的计算主要就是针对 σ_z 而言的。为应用方便，式（11.14c）可以写成

$$\sigma_z = \frac{3P}{2\pi} \cdot \frac{z^3}{R^5} = \frac{3P}{2\pi z^2} \cdot \frac{1}{\left[1 + \left(\dfrac{r}{z}\right)^2\right]^{5/2}} = \alpha \frac{P}{z^2} \tag{11.17}$$

其中

$$\alpha = \frac{3}{2\pi} \cdot \frac{1}{\left[1 + \left(\dfrac{r}{z}\right)^2\right]^{5/2}}$$

式中　α 为集中力作用下的地基竖向附加应力分布系数，简称集中应力系数，可由计算得到，也可按表 11.2 取用。

表 11.2　　　　　　　　　　　集中应力系数 α 表

r/z	α	r/z	α	r/z	α	r/z	α
0.00	0.4775	0.65	0.1978	1.30	0.0402	1.95	0.0094
0.05	0.4745	0.70	0.1762	1.35	0.0357	2.00	0.0085
0.10	0.4657	0.75	0.1565	1.40	0.0317	2.05	0.0077
0.15	0.4516	0.80	0.1386	1.45	0.0282	2.10	0.0070
0.20	0.4329	0.85	0.1226	1.50	0.0251	2.15	0.0064
0.25	0.4103	0.90	0.1083	1.55	0.0224	2.20	0.0058
0.30	0.3849	0.95	0.0956	1.60	0.0200	2.25	0.0053
0.35	0.3577	1.00	0.0844	1.65	0.0179	2.30	0.0048
0.40	0.3295	1.05	0.0745	1.70	0.0160	2.35	0.0044
0.45	0.3011	1.10	0.0658	1.75	0.0144	2.40	0.0040
0.50	0.2733	1.15	0.0581	1.80	0.0129	2.45	0.0037
0.55	0.2466	1.20	0.0513	1.85	0.0116	2.50	0.0034
0.60	0.2214	1.25	0.0454	1.90	0.0105	2.55	0.0031

如图 11.12 所示，在集中力作用线上附加应力 σ_z 随深度 z 的增大而减小，离集中力作用点水平距离为 r 时，地表的附加应力 σ_z 为 0，随着 z 的增大，σ_z 从 0 逐渐增大，但到某一深度后又随着 z 的增大而减小。在某一深度 z 的同一水平面上，附加应力 σ_z 随着 r 的增大而减小，随着 z 的增大这一分布趋势保持不变，但附加应力 σ_z 随着 r 的增大而减小的速率变缓。

连接地基剖面上附加应力 σ_z 相同的各点，可以得到图 11.13 所示的等值线图。若在空间上将等值点连接起来，则可得到泡状的等值线图，称为应力泡。应该指出，$z=0$ 的点为奇异点，无法计算附加应力。

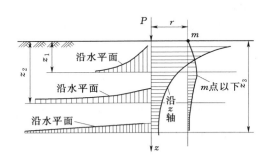 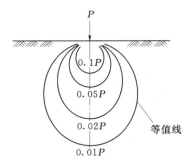

图 11.12 集中力作用下附加
应力 σ_z 的分布

图 11.13 竖向集中力作用下附加
应力 σ_z 的等值线

2. 等代荷载法

建筑物作用于地基上的荷载，总是分布在一定面积上的局部荷载，因此理论上的集中力实际上是没有的。但是，根据弹性力学的叠加原理，利用布辛奈斯克解答，可以通过积分或等代荷载法求得各种局部荷载作用下地基中的附加应力。

如图 11.14（a）所示，若干个竖向集中力 $P_i(i=1,2,\cdots,n)$ 作用在地基表面上时，可按等代荷载法，根据叠加原理，地面下深度为 z 的某点 M 处地基竖向附加应力 σ_z 应为各集中力单独作用时在 M 点所引起的竖向附加应力之和，即

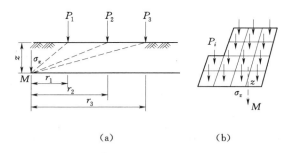

图 11.14 等代荷载法计算附加应力

$$\sigma_z = \sum_{i=1}^{n} \alpha_i \frac{P_i}{z^2} = \frac{1}{z^2} \sum_{i=1}^{n} \alpha_i P_i \tag{11.18}$$

式中　α_i——第 i 个集中应力系数。

当局部荷载的平面形状或分布情况不规则时，可将荷载面分成若干个形状规则的单元面积，如图 11.14（b）所示，每个单元面积上的分布荷载近似地以作用在单元面积形心上的集中力代替，这样就可以利用式（11.18）来计算某点 M 处的竖

向附加应力。

等代荷载法的计算精度取决于单元面积的大小，若单元为矩形单元，当单元面积的长边小于面积形心到 M 点的距离的 1/2、1/3 或 1/4 时，计算所得地基竖向附加应力的误差分别不大于 6%、3% 或 2%。

3. 水平集中力作用下地基中的附加应力——西罗第解

以上论述了竖向集中力作用下地基中的附加应力的计算，实际工程中有时会出现水平集中力作用的情况。西罗第（Cerruti）推导出当地面作用有水平集中力时，在地基内任意点 $M(x,y,z)$ 处引起的附加应力 σ_z 的解析解，即

$$\sigma_z = \frac{3P_h}{2\pi} \cdot \frac{xz^2}{R^5} \tag{11.19}$$

式中各符号如图 11.15 所示。

应当指出，只有当基底与地基表面之间有足够的传力条件，并且将地基土视为连续弹性体时，地基表面水平荷载才能在地基中引起附加应力。

11.4.2 分布荷载作用下的附加应力计算

任何建筑物的荷载都是通过基础传递给地基，而地基具有一定的尺寸，因此作用在地基上的荷载一般不能视为集中荷载处理，而应视为作用在一定面积上的局部荷载，如竖直均布荷载、竖直三角形分布荷载、水平均布荷载等。基底的平面形状和基底压力分布形式各不相同，但都可以利用前述集中荷载引起的应力计算方法和弹性体中应力叠加原理计算地基任意点的附加应力。

1. 矩形基础受竖直均布荷载作用

（1）基础角点下的附加应力。

矩形基础宽度为 b，长度为 l，其上作用有竖直均布荷载 p，求基础角点下任意点 $M(0,0,z)$ 处的附加应力。如图 11.16 所示，在矩形面积上任取微小面单元 $dA = dx \cdot dy$，则作用在该面单元上的荷载可以用集中力 $dP = p dx \cdot dy$ 代替，由式（11.17）可得，该集中力在 $M(0,0,z)$ 点处引起的竖向附加应力为

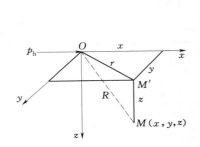
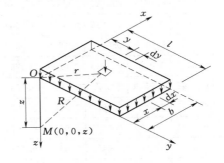

图 11.15 水平集中荷载作用下的地基 　图 11.16 矩形基础受竖直均布荷载作用
　　　　　附加应力计算简图 　　　　　　　　　时角点下的附加应力

$$d\sigma_z = \frac{3dP}{2\pi} \cdot \frac{z^3}{R^5} = \frac{3p}{2\pi} \cdot \frac{z^3}{(x^2+y^2+z^2)^{5/2}} dxdy \tag{11.20}$$

由 11.4.1 小节分析可知，$M(0,0,z)$ 点处的竖向附加应力可由式（11.20）沿 l 和 b 两个方向积分获得，即

$$\sigma_z = \int_0^l \int_0^b \frac{3p}{2\pi} \cdot \frac{z^3}{(x^2 + y^2 + z^2)^{5/2}} \mathrm{d}x \mathrm{d}y$$

$$= \frac{p}{2\pi} \left[\arctan \frac{m}{n \sqrt{1+m^2+n^2}} + \frac{m \cdot n}{\sqrt{1+m^2+n^2}} \left(\frac{1}{m^2+n^2} + \frac{1}{1+n^2} \right) \right] \quad (11.21)$$

其中

$$m = \frac{l}{b}, n = \frac{z}{b}$$

为计算方便，式（11.21）可以改写为

$$\sigma_z = \alpha_c p \quad (11.22)$$

式中　α_c——矩形基础受竖直均布荷载作用时角点下的附加应力分布系数，可由 m 及 n 的值查表 11.3 取得。

表 11.3　矩形基础受竖直均布荷载作用时角点下的附加应力分布系数 α_c

$m=l/b$ $n=z/b$	1.0	1.2	1.4	1.6	1.8	2.0	3.0	4.0	5.0	6.0	10.0
0.0	0.2500	0.2500	0.2500	0.2500	0.2500	0.2500	0.2500	0.2500	0.2500	0.2500	0.2500
0.2	0.2486	0.2489	0.2490	0.2491	0.2491	0.2491	0.2492	0.2492	0.2492	0.2492	0.2492
0.4	0.2401	0.2420	0.2429	0.2434	0.2437	0.2439	0.2442	0.2443	0.2443	0.2443	0.2443
0.6	0.2229	0.2275	0.2300	0.2315	0.2324	0.2329	0.2339	0.2341	0.2342	0.2342	0.2342
0.8	0.1999	0.2075	0.2120	0.2147	0.2165	0.2176	0.2196	0.2200	0.2202	0.2202	0.2202
1.0	0.1752	0.1851	0.1911	0.1955	0.1981	0.1999	0.2034	0.2042	0.2044	0.2045	0.2046
1.2	0.1516	0.1626	0.1705	0.1758	0.1793	0.1818	0.1870	0.1882	0.1885	0.1887	0.1888
1.4	0.1308	0.1423	0.1508	0.1569	0.1613	0.1644	0.1712	0.1730	0.1735	0.1738	0.1740
1.6	0.1123	0.1241	0.1329	0.1436	0.1445	0.1482	0.1567	0.1590	0.1598	0.1601	0.1604
1.8	0.0969	0.1083	0.1172	0.1241	0.1294	0.1334	0.1434	0.1463	0.1474	0.1478	0.1482
2.0	0.0840	0.0947	0.1034	0.1103	0.1158	0.1202	0.1314	0.1350	0.1363	0.1368	0.1374
2.2	0.0732	0.0832	0.0917	0.0984	0.1039	0.1084	0.1205	0.1248	0.1264	0.1271	0.1277
2.4	0.0642	0.0734	0.0812	0.0879	0.0934	0.0979	0.1108	0.1156	0.1175	0.1184	0.1192
2.6	0.0566	0.0651	0.0725	0.0788	0.0842	0.0887	0.1020	0.1073	0.1095	0.1106	0.1116
2.8	0.0502	0.0580	0.0649	0.0709	0.0761	0.0805	0.0942	0.0999	0.1024	0.1036	0.1048
3.0	0.0447	0.0519	0.0583	0.0640	0.0690	0.0732	0.0870	0.0931	0.0959	0.0973	0.0987
3.2	0.0401	0.0467	0.0526	0.0580	0.0627	0.0668	0.0806	0.0870	0.0900	0.0916	0.0933
3.4	0.0361	0.0421	0.0477	0.0527	0.0571	0.0611	0.0747	0.0814	0.0847	0.0864	0.0882
3.6	0.0326	0.0382	0.0433	0.0480	0.0523	0.0561	0.0694	0.0763	0.0799	0.0816	0.0837
3.8	0.0296	0.0348	0.0395	0.0439	0.0479	0.0516	0.0645	0.0717	0.0753	0.0773	0.0796
4.0	0.0270	0.0318	0.0362	0.0403	0.0441	0.0474	0.0603	0.0674	0.0712	0.0733	0.0758
4.2	0.0247	0.0291	0.0333	0.0371	0.0407	0.0439	0.0563	0.0634	0.0674	0.0696	0.0724
4.4	0.0227	0.0268	0.0306	0.0343	0.0376	0.0407	0.0527	0.0597	0.0639	0.0662	0.0696
4.6	0.0209	0.0247	0.0283	0.0317	0.0348	0.0378	0.0493	0.0564	0.0606	0.0630	0.0663
4.8	0.0193	0.0229	0.0262	0.0294	0.0324	0.0352	0.0463	0.0533	0.0576	0.0601	0.0635

续表

$m=l/b$ $n=z/b$	1.0	1.2	1.4	1.6	1.8	2.0	3.0	4.0	5.0	6.0	10.0
5.0	0.0179	0.0212	0.0243	0.0274	0.0302	0.0328	0.0435	0.0504	0.0547	0.0573	0.0610
6.0	0.0127	0.0151	0.0174	0.0196	0.0218	0.0233	0.0325	0.0388	0.0431	0.0460	0.0506
7.0	0.0094	0.0112	0.0130	0.0147	0.0164	0.0180	0.0251	0.0306	0.0346	0.0376	0.0428
8.0	0.0073	0.0087	0.0101	0.0114	0.0127	0.0140	0.0198	0.0246	0.0283	0.0311	0.0367
9.0	0.0058	0.0069	0.0080	0.0091	0.0102	0.0112	0.0161	0.0202	0.0235	0.0262	0.0319
10.0	0.0047	0.0056	0.0065	0.0074	0.0083	0.0092	0.0132	0.0167	0.0198	0.0222	0.0280

（2）地基中任一点的附加应力。

对于地基中任一点的附加应力，可由式（11.22）和应力叠加原理求得。计算时，过 $M(x,y,z)$ 点竖直线与基底交点 $N(x,y,0)$ 处把荷载分为若干个矩形面积，这样 $M(x,y,z)$ 点就称为划分出的若干矩形的公共角点，根据 $M(x,y,z)$ 点的位置可分为图 11.17 所示的 4 种情况（N 点为 M 点在 xOy 坐标面内的投影），然后按式（11.22）计算每个矩形角点处同一深度 z 处的 σ_z，应用应力叠加原理求其代数和，即可求得总的竖向附加应力，这种方法称为"角点法"。应当指出，应用"角点法"计算任一点处的竖向附加应力 σ_z 时，b 指每个矩形的短边长，l 指每个矩形的长边长。

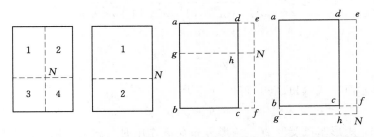

（a）基底内　　（b）基底边缘　　（c）基底边缘外侧　　（d）基底角点外侧

图 11.17　角点法计算矩形基础在竖直均布荷载作用下
任一点的附加应力

1）$M(x,y,z)$ 点在荷载面以内，如图 11.17（a）所示，则
$$\sigma_z = (\alpha_{c1} + \alpha_{c2} + \alpha_{c3} + \alpha_{c4}) \cdot p \tag{11.23a}$$

2）$M(x,y,z)$ 点在荷载面边缘，如图 11.17（b）所示，则
$$\sigma_z = (\alpha_{c1} + \alpha_{c2}) \cdot p \tag{11.23b}$$

3）$M(x,y,z)$ 点在荷载面边缘外侧，如图 11.17（c）所示，则
$$\sigma_z = (\alpha_{c1} + \alpha_{c2} - \alpha_{c3} - \alpha_{c4}) \cdot p \tag{11.23c}$$

其中，下标 1、2、3、4 分别为矩形 $Neag$、$Ngbf$、$Nedh$、$Nhcf$ 的编号。

4）$M(x,y,z)$ 点在荷载面角点外侧，如图 11.17（a）所示，则
$$\sigma_z = (\alpha_{c1} - \alpha_{c2} - \alpha_{c3} + \alpha_{c4}) \cdot p \tag{11.23d}$$

其中，下标 1、2、3、4 分别为矩形 $Neag$、$Ngbf$、$Nedh$、$Nhcf$ 的编号。

2. 矩形基础受竖直三角形分布荷载作用

矩形基础上作用沿宽度 b 方向呈三角形分布的竖直荷载，荷载最大值为 p_t，计算地基中的附加应力 σ_z。

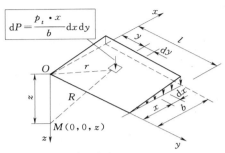

（1）荷载为 0 的角点下的附加应力。

将荷载为 0 的角点作为坐标原点，同样可利用式（11.17）和积分方法求得该角点下点 $M(0,0,z)$ 处的附加应力 σ_z。如图 11.18 所示，同样在矩形受荷面积内取微小面单元 $dxdy$，则作用在该面单元内的分布荷载可以用 $dP = \dfrac{p_t \cdot x}{b} dxdy$ 代替，则 dP 在 $M(0,0,z)$ 点处引起的竖向附加应力 $d\sigma_z$ 为

图 11.18　矩形基础受竖直三角形分布荷载作用时荷载为 0 的角点下的附加应力

$$d\sigma_z = \frac{3p_t}{2\pi b} \cdot \frac{xz^3}{(x^2 + y^2 + z^2)^{5/2}} dxdy \tag{11.24}$$

将式（11.24）分别沿 l 和 b 方向积分，即可得到矩形基础受竖直三角形分布荷载作用下荷载为 0 的角点下的附加应力 σ_z，即

$$\sigma_z = \int_0^l \int_0^b \frac{3p_t}{2\pi b} \cdot \frac{xz^3}{(x^2 + y^2 + z^2)^{5/2}} dxdy$$

$$= \frac{mn}{2\pi}\left[\frac{1}{\sqrt{m^2 + n^2}} - \frac{n^2}{(1+n^2)\sqrt{1+m^2+n^2}} \right] \cdot p_t \tag{11.25}$$

其中

$$m = \frac{l}{b}, n = \frac{z}{b}$$

为计算方便，式（11.25）可以改写为

$$\sigma_z = \alpha_{t1} p_t \tag{11.26}$$

式中　α_{t1}——矩形基础受竖直三角形分布荷载作用时荷载为 0 的角点下的附加应力分布系数，可由 m 及 n 的值查表 11.4 取得。

（2）荷载为 p_t 的角点下的附加应力。

对于荷载为 p_t 的角点下的附加应力 σ_z，可由竖向均布荷载下的附加应力式（11.22）和式（11.26）叠加得到，即有

$$\sigma_z = (\alpha_c - \alpha_{t1}) p_t = \alpha_{t2} p_t \tag{11.27}$$

式中　α_{t2}——矩形基础受竖直三角形分布荷载作用时荷载为 p_t 的角点下的附加应力分布系数，可根据 α_c 和 α_{t1} 求得。

表 11.4　矩形基础受竖直三角形分布荷载作用时的附加应力分布系数 α_{t1}

$n = \dfrac{z}{b}$	$m = l/b$										
	0.2	0.4	0.6	0.8	1.0	1.2	1.4	1.6	1.8	2.0	3.0
0.0	0.0000	0.0000	0.0000	0.0000	0.0000	0.0000	0.0000	0.0000	0.0000	0.0000	0.0000
0.2	0.0223	0.0280	0.0296	0.0301	0.0304	0.0305	0.0305	0.0306	0.0306	0.0306	0.0306
0.4	0.0269	0.0420	0.0487	0.0517	0.0531	0.0539	0.0543	0.0545	0.0546	0.0547	0.0548

$n=\dfrac{z}{b}$	$m=l/b$										
	0.2	0.4	0.6	0.8	1.0	1.2	1.4	1.6	1.8	2.0	3.0
0.6	0.0259	0.0448	0.0560	0.0621	0.0654	0.0673	0.0684	0.0690	0.0694	0.0696	0.0701
0.8	0.0232	0.0421	0.0553	0.0637	0.0688	0.0720	0.0739	0.0751	0.0759	0.0764	0.0773
1.0	0.0201	0.0375	0.0508	0.0602	0.0666	0.0708	Q.0735	0.0753	0.0766	0.0774	0.0790
1.2	0.0171	0.0324	0.0450	0.0546	0.0615	0.0664	0.0698	0.0721	0.0738	0.0749	0.0774
1.4	0.0145	0.0278	0.0392	0.0483	0.0554	0.0606	0.0644	0.0672	0.0692	0.0707	0.0739
1.6	0.0123	0.0238	0.0339	0.0424	0.0492	0.0545	0.0586	0.0616	0.0639	0.0656	0.0697
1.8	0.0105	0.0204	0.0294	0.0371	0.0435	0.0487	0.0528	0.0560	0.0586	0.0604	0.0652
2.0	0.0090	0.0176	0.0255	0.0324	0.0384	0.0434	0.0474	0.0507	0.0533	0.0553	0.0607
2.5	0.0063	0.0125	0.0183	0.0236	0.0284	0.0326	0.0362	0.0393	0.0419	0.0440	0.0504
3.0	0.0046	0.0092	0.0135	0.0176	0.0214	0.0249	0.0280	0.0307	0.0331	0.0352	0.0419
5.0	0.0018	0.0036	0.0054	0.0071	0.0088	0.0104	0.0120	0.0135	0.0148	0.0161	0.0214
7.0	0.0009	0.0019	0.0028	0.0038	0.0047	0.0028	0.0064	0.0073	0.0081	0.0089	0.0124
10.0	0.0005	0.0009	0.0014	0.0019	0.0023	0.0056	0.0033	0.0037	0.0041	0.0046	0.0066

应用均布荷载和三角形分布荷载的角点公式和叠加原理，可以求得矩形基础受三角形分布荷载作用时地基内任一点处的竖向附加应力。

3. 矩形基础受水平均布荷载作用

当矩形面积上作用有水平均布荷载 p_h 时，对比竖直均布荷载作用，可利用式 (11.19) 求出矩形角点下任意深度 z 处的附加应力 σ_z，简化后可表示为

$$\sigma_z = \pm \alpha_h p_h \tag{11.28}$$

式中

$$\alpha_h = \frac{1}{2\pi}\left[\frac{m}{\sqrt{m^2+n^2}} - \frac{mn^2}{(1+n^2)\sqrt{1+m^2+n^2}}\right]$$

为矩形基础受水平均布荷载作用时角点下的附加应力分布系数，可由 m 及 n 的值查表 11.5 取得。

其中

$$m = \frac{l}{b}, n = \frac{z}{b}$$

表 11.5　矩形基础受水平均布荷载作用时角点下的附加应力分布系数 α_h

$n=z/b$＼$m=l/b$	1.0	1.2	1.4	1.6	1.8	2.0	3.0	4.0	6.0	8.0	10.0
0.0	0.1592	0.1592	0.1592	0.1592	0.1592	0.1592	0.1592	0.1592	0.1592	0.1592	0.1592
0.2	0.1518	0.1523	0.1526	0.1528	0.1529	0.1529	0.1530	0.1530	0.1530	0.1530	0.1530

续表

n=z/b \ m=l/b	1.0	1.2	1.4	1.6	1.8	2.0	3.0	4.0	6.0	8.0	10.0
0.4	0.1328	0.1347	0.1356	0.1362	0.1365	0.1367	0.1371	0.1372	0.1372	0.1372	0.1372
0.6	0.1091	0.1121	0.1139	0.1150	0.1156	0.1160	0.1168	0.1169	0.1170	0.1170	0.1170
0.8	0.0861	0.0900	0.0924	0.0939	0.0948	0.0955	0.0967	0.0969	0.0970	0.0970	0.0970
1.0	0.0666	0.0708	0.0735	0.0753	0.0766	0.0774	0.0790	0.0794	0.0795	0.0796	0.0796
1.2	0.0512	0.0553	0.0582	0.0601	0.0615	0.0624	0.0645	0.0650	0.0652	0.0652	0.0652
1.4	0.0395	0.0433	0.0460	0.0480	0.0494	0.0505	0.0528	0.0534	0.0537	0.0537	0.0538
1.6	0.0308	0.0341	0.0366	0.0385	0.0400	0.0410	0.0436	0.0443	0.0446	0.0447	0.0447
1.8	0.0242	0.0270	0.0293	0.0311	0.0325	0.0336	0.0362	0.0370	0.0374	0.0375	0.0375
2.0	0.0192	0.0217	0.0237	0.0253	0.0266	0.0277	0.0303	0.0312	0.0317	0.0318	0.0318
2.5	0.0113	0.0130	0.0145	0.0157	0.0167	0.0176	0.0202	0.0211	0.0217	0.0219	0.0219
3.0	0.0070	0.0083	0.0093	0.0102	0.0110	0.0117	0.0140	0.0150	0.0156	0.0158	0.0159
5.0	0.0018	0.0021	0.0024	0.0027	0.0030	0.0032	0.0043	0.0050	0.0057	0.0059	0.0060
7.0	0.0007	0.0008	0.0009	0.0010	0.0012	0.0013	0.0018	0.0022	0.0027	0.0029	0.0030
10.0	0.0002	0.0003	0.0003	0.0004	0.0004	0.0005	0.0007	0.0008	0.0011	0.0013	0.0014

计算结果表明，在地基同一深度 z 处，4 个角点的附加应力 σ_z 的绝对值相同，但应力符号有正负之分。同样，也可利用角点法和应力叠加原理求得水平均布荷载作用时地基中任一点的附加应力 σ_z。

矩形基础有时还会受到梯形竖直荷载作用，水工建筑物还会受到梯形竖直荷载和水平均布荷载同时作用，此时可将荷载分为水平均布荷载、竖直均布荷载和三角形分布荷载分别计算，再进行叠加，求得地基中任一点处的附加应力 σ_z。

【例 11.3】 某矩形基础甲的尺寸如图 11.19 所示，基础受竖直均布荷载作用。试用角点法分别计算基础中心点垂线下不同深度处的地基附加应力 σ_z 的分布，并考虑两相邻基础乙的影响时地基附加应力 σ_z 的分布（两相邻基础柱距为 6m，荷载同基础甲）。

解 （1）计算基础甲对应于荷载标准值时（用于计算地基变形）的基底平均附加压力。

1）基础及上部回填土的总重：
$$G = \gamma_G A d = 20 \times 5 \times 4 \times 1.5 \text{kN} = 600 \text{kN}$$

2）基底平均压力：
$$p = \frac{F+G}{A} = \frac{1940+600}{5 \times 4} = 127 \text{kPa}$$

3）基底处的土中自重应力：
$$\sigma_c = \gamma_0 d = 18 \times 1.5 \text{kPa} = 27 \text{kPa}$$

4）基底平均附加压力：
$$p_0 = p - \sigma_c = 127 - 27 = 100 \text{kPa}$$

（2）计算基础甲中心点 o 以下由本基础引起的地基附加应力 σ_z。

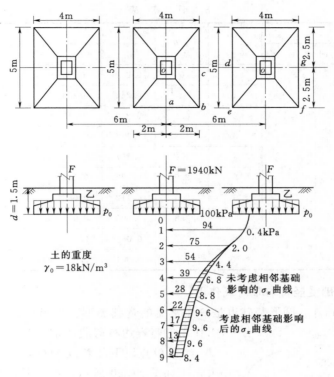

图 11.19　[例 11.3]图

基底中心点可以看成是 4 个相等的小矩形荷载（$oabc$）的公共角点，其长宽比 $l/b=1.25$，取深度 $z=0$、1m、2m、3m、4m、5m、6m、7m、8m、10m 各计算点（从基底算起），应用相应的 z/b 查表 11.3 利用插值法取附加应力分布系数 α_c 值，σ_z 的计算如表 11.6 所列。根据计算结果绘制 σ_z 分布图如图 11.19 所示。

表 11.6 　　　　　　　　　σ_z　计　算　表

计算点	l/b	z/m	z/b	α_c	$\sigma_z=4\alpha_c p_0/kPa$
0	1.25	0	0	0.250	100
1	1.25	1	0.5	0.235	94
2	1.25	2	1	0.187	75
3	1.25	3	1.5	0.135	54
4	1.25	4	2	0.097	39
5	1.25	5	2.5	0.071	28
6	1.25	6	3	0.054	21
7	1.25	7	3.5	0.042	17
8	1.25	8	4	0.032	13
9	1.25	10	5	0.022	9

（3）计算基础甲中心点 o 以下由相邻两基础乙的荷载引起的地基附加应力。

此时中心点 o 可视为 4 个与 Ⅰ（$oafg$）相同的矩形和另外 4 个与 Ⅱ（$oaed$）相同的矩形的公共角点，其长宽比分别为 3.2 和 1.6，同样利用表 11.3 分别查得 $\alpha_{cⅠ}$ 和 $\alpha_{cⅡ}$，σ_z 的计算如表 11.7 所列，根据计算结果绘制 σ_z 分布图如图 11.19 所示。

表 11.7　　　　　　　　　　　　σ_z　计　算　表

计算点	l/b		z/m	z/b	α_c		$\sigma_z = 4(\alpha_{cⅠ} - \alpha_{cⅡ})p_0$/kPa
	Ⅰ (oafg)	Ⅱ (oaed)			$\alpha_{cⅠ}$	$\alpha_{cⅡ}$	
0			0	0	0.250	0.250	0
1			1	0.4	0.244	0.243	0.4
2			2	0.8	0.220	0.215	2.0
3			3	1.2	0.187	0.176	4.4
4	3.2	1.6	4	1.6	0.157	0.140	6.8
5			5	2.0	0.132	0.110	8.8
6			6	2.4	0.112	0.088	9.6
7			7	2.8	0.095	0.071	9.6
8			8	3.2	0.082	0.058	9.6
9			10	4.0	0.061	0.040	8.4

4. 圆形基础受竖直均布荷载作用

除矩形基础外，圆形基础也是一类常见的基础类型。当半径为 r_0 的圆形基础上作用有竖直均布荷载 p 时，以基底圆心为原点 O，计算 O 点以下任意点 $M(0,0,z)$ 处的附加应力 σ_z。如图 11.20 所示，在荷载面积内取微小面积单元 $dA = rd\theta dr$，则作用在该微小面积单元上的分布力可以用集中力 $dP = prd\theta dr$ 代替，与矩形基础受竖直均布荷载作用的分析相同，用积分法可求得 $M(0,0,z)$ 点处的附加应力 σ_z 为

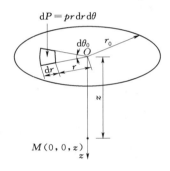

图 11.20　圆形基础受竖直均布荷载
作用时地基中的附加应力

$$\sigma_z = \frac{3pz^3}{2\pi} \int_0^{2\pi} \int_0^{r_0} \frac{rdrd\theta}{(r^2 + z^2)^{5/2}}$$

$$= \left[1 - \frac{z^3}{(r_0^2 + z^2)^{3/2}} \right] \cdot p = \alpha_r p \qquad (11.29)$$

式中　α_r——圆形基础受竖直均布荷载作用时圆心下的附加应力系数，可根据 z 和 r_0 的值查表 11.8 取得。

表 11.8　　　　　圆形基础受竖直均布荷载作用时圆心下的附加应力系数 α_r

z/r_0	α_r	z/r_0	α_r	z/r_0	α_r	z/r_0	α_r	z/r_0	α_r	z/r_0	α_r
0.0	1.000	0.8	0.756	1.6	0.390	2.4	0.213	3.2	0.130	4.0	0.087
0.1	0.999	0.9	0.701	1.7	0.360	2.5	0.200	3.3	0.124	4.2	0.079
0.2	0.992	1.0	0.646	1.8	0.332	2.6	0.187	3.4	0.117	4.4	0.073
0.3	0.976	1.1	0.595	1.9	0.307	2.7	0.175	3.5	0.111	4.6	0.067
0.4	0.949	1.2	0.547	2.0	0.285	2.8	0.165	3.7	0.101	4.8	0.062
0.5	0.911	1.3	0.502	2.1	0.264	2.9	0.155	3.7	0.101	5.0	0.057
0.6	0.864	1.4	0.461	2.2	0.246	3.0	0.146	3.8	0.096	6.0	0.040
0.7	0.811	1.5	0.424	2.3	0.229	3.1	0.138	3.9	0.091	10.0	0.015

5. 条形基础受竖直均布线荷载作用

设在地基表面作用有无限长条形荷载，且荷载在宽度方向上按任意形式分布，而沿长度方向不变，此时地基中的应力状态属于平面问题。工程建筑中虽然没有无限长的条形基础，但是当荷载宽度较小而长度很大（长宽比 $l/b \geqslant 10$）时，地基中的附加应力与按 $l/b = \infty$ 计算所得相差不大。因此，对于条形基础，如墙基、路基、坝基等，常可按平面问题计算附加应力 σ_z 的值。

条形基础受竖直均布线荷载作用是条形受荷面在微小宽度内受均布荷载作用的一种特殊情况，即理论计算宽度趋近于极小数的情况。在这种荷载作用下，垂直于长度方向的任意截面的应力分布都相同，因此只需计算一个截面上的附加应力，其余任意点处的附加应力就是已知的。

如图 11.21 所示，在地表无限长直线上，作用有竖直均布线荷载 p，求在地基中任意点 M 处引起的附加应力。该问题的解答由弗拉曼（Flamant, 1892）给出，故又称弗拉曼解。在线荷载上截取微段 $\mathrm{d}y$，作用在其上的荷载可用集中力 $\mathrm{d}P = p\mathrm{d}y$ 代替，该力在地基中 $M(x, 0, z)$ 点引起的应力按式（11.17）计算可得：$\mathrm{d}\sigma_z = \dfrac{3pz^3}{2\pi R^5}\mathrm{d}y = \dfrac{3pz^3}{2\pi(x^2 + y^2 + z^2)^{5/2}}\mathrm{d}y$，应用积分法，可得总的附加应力为

$$\sigma_z = \int_{-\infty}^{+\infty} \frac{3pz^3}{2\pi(x^2 + y^2 + z^2)^{5/2}}\mathrm{d}y = \frac{2pz^3}{\pi(x^2 + z^2)^2} \tag{11.30}$$

竖直均布线荷载在实际工程中并不存在，但可以将之视为条形基础在宽度趋近于极小值 $\mathrm{d}x$ 时的特殊情况，这样就可以用以上求解方法计算竖直均布条形荷载及竖直三角形分布荷载作用时地基中的附加应力。

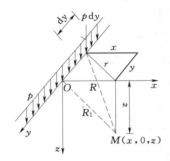

图 11.21　条形基础受竖直均布线
荷载作用时地基中的附加应力

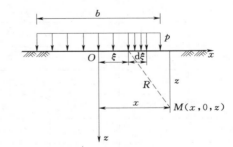

图 11.22　条形基础受竖直均布荷载
作用时地基中的附加应力

6. 条形基础受竖直均布荷载作用

当条形基础受无限长竖直均布荷载作用时，地基中垂直于长度方向截面上的应力分布也完全相同，因此只需要计算任一截面上任意点的附加应力即可。

如图 11.22 所示，条形基础上作用有无限长均布荷载 p，在均布条形荷载的宽度方向截取微段 $\mathrm{d}\xi$，其上作用的荷载可视为均布线荷载 $\mathrm{d}P = p\mathrm{d}\xi$，则 $\mathrm{d}P$ 在 M 点引起的附加应力 $\mathrm{d}\sigma_z$ 可按式（11.31）计算，即

$$\mathrm{d}\sigma_z = \frac{2z^3}{\pi\left[(x-\xi)^2 + z^2\right]^2}p\mathrm{d}\xi \tag{11.31}$$

将式（11.31）沿宽度方向积分，即可得到整个均布条形荷载在 M 点引起的附

加应力，即

$$\sigma_z = \int_0^b \frac{2z^3}{\pi[(x-\xi)^2 + z^2]^2} p\,\mathrm{d}\xi$$

$$= \frac{p}{\pi}\left[\arctan\frac{m}{n} - \arctan\frac{m-1}{n} + \frac{mn}{m^2+n^2} - \frac{n(m-1)}{n^2+(m-1)^2}\right] \tag{11.32}$$

式中

$$m = \frac{x}{b}, n = \frac{z}{b}$$

为简化计算，式（11.32）可写成

$$\sigma_z = \alpha_s p \tag{11.33}$$

式中　α_s——条形基础受竖直均布荷载作用下的附加应力系数，可由 m 和 n 的值查表 11.9 取得。

表 11.9　　　　　　　条形基础受竖直均布荷载作用下的附加应力系数 α_s

$n=z/b$ ＼ $m=x/b$	0.00	0.25	0.50	1.00	1.50	2.00
0.00	1.000	1.000	0.500	0	0	0
0.25	0.959	0.902	0.497	0.019	0.003	0.001
0.50	0.818	0.735	0.480	0.084	0.017	0.005
0.75	0.668	0.607	0.448	0.146	0.042	0.015
1.00	0.550	0.510	0.409	0.185	0.071	0.029
1.25	0.462	0.436	0.370	0.205	0.095	0.044
1.50	0.396	0.379	0.334	0.211	0.114	0.059
1.75	0.345	0.334	0.302	0.210	0.127	0.072
2.00	0.306	0.298	0.275	0.205	0.134	0.083
3.00	0.208	0.206	0.198	0.171	0.136	0.103
4.00	0.158	0.156	0.153	0.140	0.122	0.102
5.00	0.126	0.126	0.124	0.117	0.107	0.095
6.00	0.106	0.105	0.104	0.100	0.094	0.086

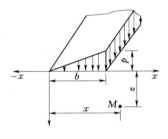

图 11.23　条形基础受竖直三角形分布
荷载作用时的附加应力

7. 条形基础受竖直三角形分布荷载作用

当条形基础受竖直三角形分布荷载作用且最大荷载为 p 时，如图 11.23 所示，地基中的附加应力为

$$\sigma_z = \alpha_z^t p \tag{11.34}$$

式中　α_z^t——条形基础受竖直三角形分布荷载作用下的附加应力系数，可由 m 和 n 的值查表 11.10 取得。

表 11.10　　　　条形基础受竖直三角形分布荷载作用下的附加应力系数 α'_z

$n=z/b$ ＼ $m=x/b$	−1.00	−0.50	−0.25	0.00	0.25	0.50	0.75	1.00	1.25	1.50
0.01	0.000	0.000	0.000	0.003	0.249	0.500	0.750	0.497	0.000	0.000
0.1	0.000	0.000	0.002	0.032	0.251	0.498	0.737	0.468	0.010	0.002
0.2	0.001	0.003	0.009	0.061	0.255	0.489	0.682	0.437	0.050	0.009
0.4	0.003	0.010	0.036	0.110	0.263	0.441	0.534	0.379	0.137	0.043
0.6	0.008	0.030	0.066	0.140	0.258	0.378	0.421	0.328	0.177	0.080
0.8	0.017	0.050	0.089	0.155	0.243	0.321	0.343	0.285	0.188	0.106
1.0	0.025	0.065	0.104	0.159	0.224	0.275	0.286	0.250	0.184	0.121
1.2	0.033	0.070	0.111	0.154	0.204	0.239	0.246	0.221	0.176	0.126
1.4	0.041	0.083	0.114	0.151	0.186	0.210	0.215	0.198	0.165	0.127
2.0	0.057	0.090	0.108	0.127	0.143	0.153	0.155	0.147	0.134	0.115

　　对于条形基础受其他形式的分布力作用的情况，可根据上述条形基础受均布荷载和三角形分布荷载作用的附加应力解答，通过叠加原理求解其在地基中引起的附加应力。

　　【例 11.4】　某条形基础底面宽度 $b=1.4\text{m}$，作用于基底的平均附加压力 $p_0=200\text{kPa}$，要求确定：（1）均布条形荷载中点 O 以下的地基附加应力 σ_z 分布；（2）深度 $z=1.4\text{m}$ 和 2.8m 处水平面上的 σ_z 分布；（3）在均布条形荷载边缘以外 1.4m 处 O_1 点下的 σ_z 分布。

　　解　（1）选取计算深度：$z=0$、0.7m、1.4m、2.1m、2.8m、4.2m、5.6m（从基底算起），确定 z/b，查表 11.9 选用附加应力系数 α_s，σ_z 的计算见表 11.11。

表 11.11　　　　　　　　（1）的 σ_z 计算表

计算点	x/b	z /m	z/b	α_s	$\sigma_z=\alpha_s p_0$ /kPa
0		0	0	1.00	200
1		0.7	0.5	0.82	164
2		1.4	1	0.55	110
3	0	2.1	1.5	0.40	80
4		2.8	2	0.31	62
5		4.2	3	0.21	42
6		5.6	4	0.16	32

表 11.12　　　　　　　　（2）的 σ_z 计算表

计算点	z/b	x /m	x/b	α_s	$\sigma_z=\alpha_s p_0$ /kPa
0		0	0	0.55	110
1		0.7	0.5	0.41	82
2	1	1.4	1.0	0.19	38
3		2.1	1.5	0.07	14
4		2.8	2.0	0.03	6

续表

计算点	z/b	x /m	x/b	α_s	$\sigma_z = \alpha_s p_0$ /kPa
0		0	0	0.31	62
1		0.7	0.5	0.28	56
2	2	1.4	1.0	0.20	40
3		2.1	1.5	0.13	26
4		2.8	2.0	0.08	16

表 11.13 (3) 的 σ_z 计算表

计算点	x/b	z /m	z/b	α_s	$\sigma_z = \alpha_s p_0$ /kPa
0		0	0	0	0
1		0.7	0.5	0.02	4
2		1.4	1	0.07	14
3	1.5	2.1	1.5	0.11	22
4		2.8	2	0.13	26
5		4.2	3	0.14	28
6		5.6	4	0.12	24

（2）和（3）的计算与（1）相似，计算过程分别见表 11.12 和表 11.13，根据计算结果绘制 σ_z 分布图如图 11.24 所示。

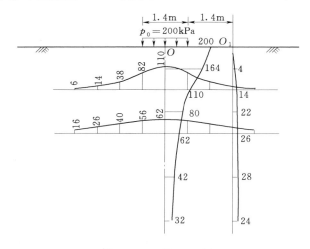

图 11.24 例 11.4 图

11.5 本章小结

本章主要介绍了地基中各种应力的概念及计算方法，包括土体的自重应力、基底压力和附加应力等。

自重应力是指由土体自身重力引起的应力，一般情况下指由土骨架承担的由土体自重引起的有效自重应力。成土年代久远的土体（正常固结土或超固结土），自重应力不会引起地基的沉降。基底压力是基础底面与地基接触面上的压力，又称为接触压力，其分布形式与荷载大小、基础刚度及地基土的类别密切相关。附加应力指的是地基在上部荷载作用下超出自重应力的部分应力。

布辛奈斯克给出了半无限空间体表面作用有集中力时半无限体内任一点的应力，是一个基本解。在布辛奈斯克解的基础上根据叠加原理，可得到半无限体表面作用任意形式荷载时半无限体地基内任一点的应力。

本章介绍的地基中的附加应力计算，都是按弹性理论将地基视为均质、各向同性的线弹性体进行分析。但天然土体既不是均匀的，也不是各向同性的，在实际工程中遇到的地基，常常与理论假设存在不同程度上的差异。因此，理论计算所得到的地基中的附加应力与实际土中的附加应力相比存在一定误差。工程资料表明，当土质较均匀，土颗粒较细且基底压力不是太大时，用上述方法计算得到的附加应力与实测值相比相差不大。但是当地基土不满足以上条件时，误差往往较大，主要表现在以下几个方面。

（1）地基成层分布的影响。天然土体往往具有层状分布特征，同一土层的物理力学性质相差不大，可以认为是均匀的，但不同土层的物理力学性质则可能相差较大，即地基是非均质的。这种情况下地基中的附加应力分布显然会与理想情况存在一定差异。

（2）各向异性的影响。天然沉积的土体往往具有横观各向同性结构，也会影响土层中附加应力的分布。

（3）地基土非线性的影响。土体实质上是一种非线性材料，大量研究表明土体的非线性特性对竖直附加应力 σ_z 影响不太大，但对水平附加应力则有显著影响。

思　考　题

11.1　什么是地基自重应力？地基的自重应力沿深度有何变化规律？

11.2　地基的自重应力在何种情况下会引起地基的沉降？

11.3　地下水对土中自重应力有何影响？

11.4　基底压力有何分布规律？基底压力的计算有何意义？

11.5　如何计算基底压力和基底附加压力？两者在概念上有何不同？

11.6　地基中的附加应力在地基中的传播有何规律？

11.7　地基中的附加应力的影响因素有哪些？

11.8　地基中的附加应力计算的依据是什么？计算时做了哪些假设？

11.9　应用角点法计算地基中的附加应力时应注意哪些问题？

习　题

11.1　某工程土层分布图及其物性指标如图 11.25 所示，试计算土中自重应力。

11.2　某建筑物基础受竖直偏心荷载作用，$F+G=730\text{kN}$，基础几何尺寸如

图 11.26 所示。试求基底压力并绘制地基反力分布图。

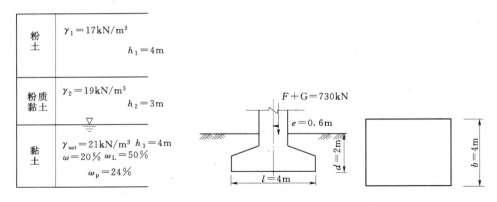

图 11.25　土层分布及物性指标　　　　图 11.26　基础几何尺寸

11.3　某矩形基础底面尺寸为 $4m \times 4m$，埋深 $d = 1.5m$，基础受力情况及地基物性指标如图 11.27 所示。试计算基础中心线以下 2m 深度处（自基底算起）的地基附加应力值。

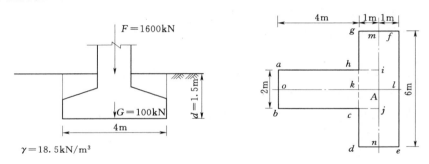

图 11.27　基础受力情况及地基物性指标　　　图 11.28　基础底面尺寸

11.4　某基础底面尺寸如图 11.28 所示，受均布荷载作用：$p_0 = 200kPa$。试求 A 点以下 8m 深度处的附加应力。

11.5　某矩形基础，基底尺寸为 $4m \times 8m$，基底附加应力为 90kPa，基底中心点以下 6m 处的附加应力为 58.28kPa。另一基础，基底尺寸为 $2m \times 4m$，基底附加应力为 100kPa。试问其角点下 6m 处竖向附加应力为多少？

11.6　某路基顶宽 10m，底宽 20m，高 4m，如图 11.29 所示。填土地基 $\gamma = 19kN/m^3$，试求：（1）路基底面中心点以下 5m 处的地基附加应力；（2）路基边缘点以下 5m 处的地基附加应力。

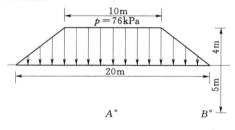

图 11.29　某路基尺寸

第 12 章

土的渗透变形与控制

12.1 概述

在第 4 章中曾经分析了土的渗透特性，水在土孔隙中流动必然会引起土体中应力状态的改变，从而使土的变形和强度特征发生变化。渗流对建筑、交通、水利、矿山等工程的影响或破坏是多方面的。例如，根据世界各国对坝体失事原因的统计，超过 30％ 的垮坝失事是由于渗流和管涌所致。另外，滑坡和裂缝破坏也都和渗流有关。因此，处理不好土的渗流问题将会带来严重的后果。

研究土的渗透性，掌握水在土体中的渗透规律，在土力学研究中不仅具有重要的理论价值，还具有重要的现实意义。实际工程中，主要涉及渗流量、渗透变形破坏和渗流防治 3 个方面的问题。

1. 渗流量

渗流量问题主要包括基坑开挖时坑底涌水量的计算、水井的供水量估算、土坝及沟渠的渗水量计算等，如图 12.1 所示。渗流量是渗流控制的一项重要指标，渗流量的大小将直接关系到工程的安危以及经济效益。

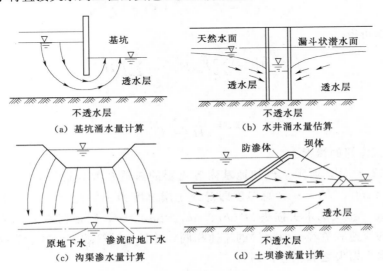

（a）基坑涌水量计算   （b）水井涌水量估算

（c）沟渠渗水量计算   （d）土坝渗流量计算

图 12.1 渗流量问题

2. 渗透变形破坏

流经土体的水流会对土颗粒和土体施加作用力，称为渗透力。由渗透力造成土工建筑物及地基的变形，称为渗透变形，如地面隆起、细颗粒被水带走（流砂及管涌）等现象。渗透变形问题直接关系到建筑物的安全，它是土工建筑物发生破坏的重要原因之一。

3. 渗流防治

当渗流量和渗透变形不能满足工程设计要求时，要采取各种工程措施来加以控制，称为渗流控制，如对流土、管涌的控制设计等。

对于第一个问题，在第 4 章中已经作了初步介绍，本章将进一步介绍采用流网作图法分析渗流场并计算渗流量，后面两个问题是本章重点。首先介绍层状地基的等效渗透系数计算方法，接着给出平面渗流问题的数学描述，并采用流网法求解。最后基于渗透力的概念，着重分析渗透变形的发展过程与工程控制措施，并简单介绍我国国家及行业相关规范对渗流问题的相关规定。

12. 2 层状地基的等效渗透系数

实际的土体是由渗透性系数不同的几层土所组成，宏观上具有各向异性。现在基于一种简单的方式，即把沉积土层看做是等效水平沉积的，相应的渗透系数称为等效渗透系数，考虑下面两种情况。

1. 水平渗流的情况

如图 12.2 （a）所示，已知地基内各土层的渗透系数分别为 k_1、k_2、k_3、$\cdots$，厚度为 H_1、H_2、H_3、$\cdots$，总厚度即等效土层厚度为 H。渗透水流自断面 1—1 流至断面 2—2，距离为 L，水头损失为 Δh。通过等效土层的流量与分别通过各土层的流量之和相等，则有

$$q_x = q_{1x} + q_{2x} + q_{3x} + \cdots = \sum_{i=1}^{n} q_{ix} \tag{12.1}$$

由达西定律可得

$$k_x i H = \sum_{I=1}^{n} k_{ix} i H_i = i \sum_{i=1}^{n} k_i H_i \tag{12.2}$$

从而求得

$$k_x = \frac{1}{H} \sum_{i=1}^{n} k_i H_i \tag{12.3}$$

2. 竖直渗流的情况

如图 12.2 （b）所示，已知地基内各土层的渗透系数分别为 k_1、k_2、k_3、$\cdots$，厚度为 H_1、H_2、H_3、$\cdots$，总厚度即等效土层厚度为 H。流经土层的水头损失为 Δh，流经每一土层的水头损失为 Δh_1、Δh_2、Δh_3、$\cdots$，则根据水流连续原理，流经各土层的流速和流经等效土层的流速相同，并且通过等效土层的水头损失与流经各土层的水头损失之和相等，则有

$$\Delta h = \Delta h_1 + \Delta h_2 + \Delta h_3 + \cdots = \sum_{i=1}^{n} \Delta h_i \tag{12.4}$$

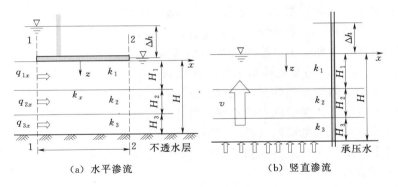

图 12.2　层状土的渗流情况

由达西定律可得

$$v=k_1\frac{\Delta h_1}{H_1}=k_2\frac{\Delta h_2}{H_2}=\cdots=k_i\frac{\Delta h_i}{H_i} \tag{12.5}$$

从而可以求出 Δh_1、Δh_2、$\cdots$、Δh_i，即

$$\Delta h_i=\frac{vH_i}{k_i} \tag{12.6}$$

设竖向等效渗透系数为 k_z，对等效土层，有 $v=k_z\dfrac{\Delta h}{H}$，从而有

$$\Delta h=\frac{vH}{k_z} \tag{12.7}$$

因此 $\dfrac{vH}{k_z}=\sum_{i=1}^{n}\dfrac{vH}{k_i}$，消去 v，就可以得到垂直层面方向的等效渗透系数为

$$k_z=\frac{H}{\sum_{i=1}^{n}\dfrac{H}{k_i}} \tag{12.8}$$

【例 12.1】　不透水基岩上面水平分布的 3 层土，厚度均为 1m，渗透系数分别为 $k_1=0.01\text{m/d}$、$k_2=1\text{m/d}$、$k_3=100\text{m/d}$。试求出等效土层的水平向等效渗透系数和竖直向等效渗透系数。

解　水平向等效渗透系数为：$k_x=\dfrac{1}{H}\sum_{i=1}^{n}k_iH_i=33.67\text{m/d}$

竖直向等效渗透系数为：$k_z=\dfrac{H}{\sum\limits_{i=1}^{n}\dfrac{H_i}{k_i}}=0.03\text{m/d}$

从例题的计算结果可以看出，平行于层面的等效渗透系数 k_x 是各土层渗透系数按厚度的加权平均值；而垂直于层面的等效渗透系数 k_z 则是渗透系数小的土层起主要作用。因此在实际问题中，选用等效渗透系数时，一定要注意渗透水流的方向，选择正确的等效渗透系数。

12.3　二维渗流与流网

对于简单边界条件的一维渗流问题，可以直接利用达西定律进行分析，但工程中涉及的许多渗流问题一般为二维或三维问题，典型如基坑挡土墙、坝基渗流问题。在一些特定条件下，这些问题可以简化为二维问题（平面渗流问题），即假定在某一方向的任一个断面上其渗流特性是相同的。

图 12.3（a）所示为基坑地基平面渗流问题，图 12.3（b）所示为坝基平面渗流问题，对于该类问题可先建立渗流微分方程，然后结合渗流边界条件和初始条件进行求解。一般而言，渗流问题的边界条件往往比较复杂，一般很难给出其严密的数学解析，为此可采用电模拟试验法或图绘流网法，也可以采用有限元法等数值计算手段。其中，图绘流网法直观明了，在工程中有着广泛的应用，而且其精度一般能够满足实际需求。

流网是由流线和等势线两组相互垂直交织的曲线所组成。在稳定渗流情况下，流线表示水质点的运动线路，而等势线表示势能或水头的等值线，即每一条等势线上的测压管水位都是相同的。本节先给出平面渗流基本微分方程的推导，然后介绍流网的性质、绘制方法及其应用。

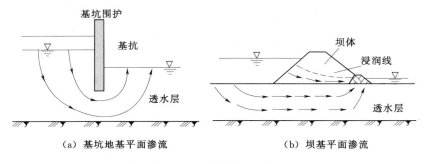

（a）基坑地基平面渗流　　　　　（b）坝基平面渗流

图 12.3　二维渗流示意图

12.3.1　平面渗流基本微分方程

在二维渗流平面内取一微元体（图 12.4），微元体的长度和高度分别为 dx、dz，厚度为 $dy=1$。并作以下假定：

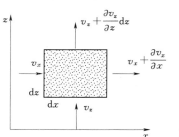

图 12.4　微元体

（1）土体和水都是不可压缩的。

（2）二维渗流平面内（x，z）点处的总水头为 h。

（3）土是各向同性的均质土，即 $k_x=k_z$。

图 12.4 给出了单位时间内从微元体四边流入或流出的流速，单位时间内向微元体流入的流量为

$$dq_e = v_x dz \cdot 1 + v_z dx \cdot 1 \qquad (12.9)$$

单位时间内从微元体四边流出的流量为

$$dq_o = \left(v_x + \frac{\partial v_x}{\partial x}dx\right)dz \cdot 1 + \left(v_z + \frac{\partial v_z}{\partial z}dz\right)dx \cdot 1 \qquad (13.10)$$

根据质量守恒定理，单位时间内流入的水量应该等于单位时间内流出的水量，即

$$dq_e = dq_o \qquad (12.11)$$

从而

$$\frac{\partial v_x}{\partial x}+\frac{\partial v_z}{\partial z}=0 \tag{12.12}$$

式（12.12）即为二维渗流连续方程。

根据达西定律，对于各向异性土，可得

$$v_x=k_x i_x=k_x\frac{\partial h}{\partial x},v_z=k_z i_z=k_z\frac{\partial h}{\partial z} \tag{12.13}$$

式中　　k_x，k_z——分别为 x 和 z 方向的渗透系数；

$\qquad$ h——测管水头。

将式（12.13）代入渗流连续方程，即得

$$\frac{\partial^2 h}{\partial x^2}+\frac{\partial^2 h}{\partial z^2}=0 \tag{12.14}$$

式（12.14）为描述二维稳定渗流的连续方程，即著名的拉普拉斯（Laplace）方程，也叫做调和方程。从上述推导过程可以看出，拉普拉斯方程所描述的渗流问题应该是稳定渗流、满足达西定律、水和土体是不可压缩的、均匀介质或是分块均匀介质。

对于拉普拉斯方程的求解，大致可以分为以下几种方法。

（1）数学解析法。

数学解析法是根据具体边界条件，以解析法求式（12.14）的解。一般通解较易得到。根据流体力学可知，满足拉普拉斯微分方程的是两个共轭调和函数，即势函数 $\Phi(x,z)$ 和流函数 $\Psi(x,z)$，函数描绘出两簇相互正交的曲线即等势线和流线。该法的缺点是边界条件复杂时，定解较难求得，故在实用上常用其他方法代替。

（2）数值解法。

数值解法是一种近似方法。随着计算机的发展，数值解法的精度越来越高，因而数值解法的应用也越来越广。常用的数值解法有差分法和有限元法，可参阅相关书籍。

（3）实验法。

实验法即采用一定比例的模型来模拟真实的渗流场，用实验手段测定渗流场中的渗流要素。例如，应用最广的电比拟法，就是利用渗流和电流现象存在着的比拟关系，来实测渗流等势线簇的一种实验方法，此外还有电网络法、沙槽模型法等。

（4）图解法。

图解法即用绘制流网的方法求解拉普拉斯方程的近似解。该法具有简便、迅速的优点，并且适用于建筑物边界轮廓较复杂的情况。只要满足绘制流网的基本要求，精度就可以得到保证，因而该法在工程上得到广泛应用，下面详细介绍。

12.3.2　流网的性质

如图 12.5 所示，流网由流线和等势线正交绘制而成，一般流线用实线表示，等势线用虚线表示。在稳定渗流情况下流线是流场中的曲线，在这条曲线上所有各质点的流速矢量都和该曲线相切，而等势线表示势能或水头的等值线，即每一条等势线上的测压管水位都是相同的。

对于各向同性的均匀土体，流网的性质有以下几个。

（1）流网中的流线和等势线是正交的。

（2）流网中各等势线间的差值相等，各流线之间的差值也相等，那么各个网格的长宽之比为常数，即 $\Delta l / \Delta s = C$。当取 $\Delta l = \Delta s$ 时，网格应为曲线正方形，这是绘制流网时最常见和最方便的一种流网图形。

（3）流网中流线密度大的部位流速大，等势线密度越大的部位水力坡降越大。

12.3.3　流网的绘制

流网的绘制方法很多，在工程上往往通过模型试验或者数值计算来绘制流网，也可以采用渐近手绘法来近似绘制流网。但是无论采用哪种方法都必须遵守流网的性质，同时也要满足流网的边界条件，以保证解的唯一性。这里主要介绍图解手绘法绘制流网的大致过程。

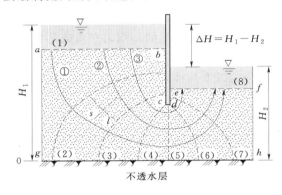

图 12.5　流网的绘制

图解手绘法就是用绘制流网的方法求解拉普拉斯方程的近似解。该方法的最大优点就是简便迅速，能适用于建筑物边界轮廓等较复杂的情况，而且其精度一般不会比土质不均匀性质所引起的误差大，完全可以满足工程的精度要求，下面以图 12.5 为例说明绘制流网的步骤。

（1）根据流网的边界条件确定和绘制出边界流线和等势线。板桩轮廓线 $b-c-d-e$ 和不透水层面 $g-h$ 为流网的边界流线，基坑内外透水地基表面 $a-b$ 和 $e-f$ 为边界等势线。

（2）初步绘制流网。按边界趋势先大致绘制出几条流线，如①、②、③，每条流线必须与边界等势线正交。然后再从中央向两边绘制等势线，如先绘制中线（5），再绘制（4）和（6），依次向两边推进，每条等势线与流线必须正交，并且弯曲成曲线正方形。

（3）对初步绘制的流网进行修改，直至大部分网格满足曲线正方形为止。由于边界条件的不规则，在边界突变处很难绘制成曲线正方形，这主要是由于流网图中流线和等势线的根数有限造成的，只要满足网格的平均长度和宽度大致相等，就不会影响整个流网的精度。

由于流网是用图解法求解拉普拉斯方程，因此流网形状与边界条件有关。一个精度高的流网，需要经过多次修改才能最后完成。

12.3.4　流网的应用

绘制好流网后，即可由流网图计算渗流场内各点的测压管水头、水力坡降、流速以及渗流场的渗流量。下面以图 12.5 为例对流网的应用进行说明。

1. 测压管水头

根据流网的性质可知，任意相邻等势线之间的势能差值相等，即水头损失相

同，那么相邻两条等势线之间的水头损失为

$$\Delta h = \frac{\Delta H}{N} \tag{12.15}$$

式中　ΔH——基坑内外总水头损失；

　　　　N——等势线间隔数。

根据式（12.15）计算出的水头损失和已确定的基准面，就可以计算出渗流场中任意一点的水头。

2. 水力坡降

流网中任意一网格的平均水力坡降为

$$i = \frac{\Delta h}{\Delta l} \tag{12.16}$$

式中　Δl——所计算网格处流线的平均长度。

由此可见，流网中网格越密，其水力坡降越大。流网中最大的水力坡降也叫逸出坡降，是地基渗透稳定的控制坡降。

3. 渗流速度与渗流量

各点的水力坡降确定后，就可以根据达西定律求出各点的渗流速度，即 $v = ki$。流网中任意相邻流线之间的单位渗流量是相同的，那么，单位渗透量为

$$\Delta q = v \Delta A = ki \Delta s = k \frac{\Delta h}{\Delta l} \Delta s = k \frac{\Delta s}{\Delta l} \frac{\Delta H}{N} \tag{12.17}$$

式中　Δl——计算网格的长度；

　　　　Δs——计算网格的宽度。

若假设 $\Delta l = \Delta s$，则

$$\Delta q = k \Delta h = k \frac{\Delta H}{N} \tag{12.18}$$

那么，通过渗流区的总单位渗流量为

$$q = \sum_{m=1}^{M} \Delta q = Mk \Delta h = k \Delta H \frac{M}{N} \tag{12.19}$$

式中　M——流网中的流槽数，即流线数减 1。

计算出了总单位渗流量后，总流量就可求得了。

12.4　渗流破坏类型与条件

12.4.1　土的渗透变形（破坏）的类型

土的渗透变形主要类型有流土（流砂）、管涌、接触流土和接触冲刷。就单一土层来说，渗透变形的主要形式是流土和管涌。

1. 流土

在向上的渗流水作用下，表层土局部范围内的土体或颗粒群同时发生悬浮、移动的现象叫做流土，主要发生在地基或土坝下游渗流溢出处。如图 12.6 所示，基坑下相对不透水层下面有一层强透水砂层，由于不透水层的渗流系数远远小于强透水砂层，当有渗流发生在地基中时，渗流过程中的水头主要损失在坑内水流的溢出

处，而在强透水层中的水头损失很小，因此造成渗流在坑内相对不透水层的渗流坡降较大，局部覆盖层被水流冲溃，砂土大量流出，这就是一个典型的流土现象。

任何类型的土，包括黏性土或砂性土，只要满足水力坡降大于临界水力坡降这一水力条件，流土现象就要发生。发生在非黏性土中的流土，表现为颗粒群同时被悬浮，形成泉眼群、砂沸等现象，土体最终被渗流托起；而在黏性土中，流土表现为土体隆起、浮动、膨胀和断裂等现象。流土一般最先发生在渗流出溢处的表面，然后向土体内部波及，过程很快，往往来不及抢救，对土工建筑物和地基的危害较大。

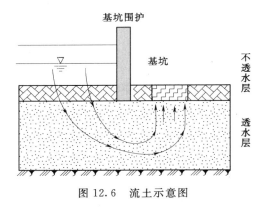

图 12.6　流土示意图

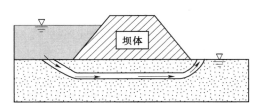

图 12.7　管涌破坏示意图

2. 管涌

在渗透水流作用下，土中的细颗粒在粗颗粒形成的孔隙中移动以至流失，随着土的孔隙不断扩大，渗流速度不断增加，较粗的颗粒也被水流逐渐带走，最终导致土体内形成贯通的渗流管道，造成土体塌陷，这种现象叫管涌，如图 12.7 所示。

管涌一般发生在砂性土中，发生的部位一般在渗流出口处，但也可能发生在土体的内部，管涌现象一般随时间增加不断发展，是一种渐进性质的破坏。

3. 接触流土

接触流土是指渗流垂直于两种不同介质的接触面流动时，把其中一层的细粒带入另一层土中的现象，如反滤层的淤堵。

4. 接触冲刷

接触冲刷是指渗流沿着两种不同介质的接触面流动时，把其中细粒层的细粒带走的现象，一般发生在土工建筑物地下轮廓线与地基土的接触面处。

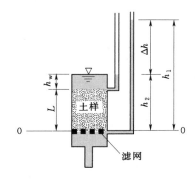

图 12.8　渗流破坏试验示意图

12.4.2　渗流力的概念及计算

如图 12.8 所示，如果土体中任意两点的总水头相同，那么它们之间就没有水头差产生，渗流也就不会发生；如果它们之间存在水头差 Δh，土中将产生渗流。水头差 Δh 是渗流水穿过 L 高度土体时所损失的能量，说明土颗粒对渗流水的阻力；反过来，渗流也必然对每个土颗粒施以推动、摩擦和拖曳作用力，它们是一对大小相等方向相反的作用力和反作用力，称其为渗流力（或称渗透力）。渗流力是一种体积力，一般用 j 表示，其方向与渗流方向一致。

下面讨论渗流力的计算原理。

以图 12.8 为例，设土样截面积为 A，长为 L。从本质上看，渗流力是水流与土颗粒之间的作用力。基于此，将水和土颗粒的受力情况分开考虑。如图 12.9 所示，等号左边为水土整体的受力情况；等号右边的第一项为土颗粒（骨架）的受力情况，第二项为水的受力情况。这时作用在土样上的力如下：

对于水土整体：

（1）流入面内的静水压力为 $P_1 = \gamma_w h_1 A$。

（2）流出面内的静水压力为 $P_2 = \gamma_w h_w A$。

（3）土样重力在流线上的分量为 $W = \gamma_{sat} LA$。

（4）土样底面所受的支承反力为 R。

对于土骨架：

（1）由于土骨架浸入水中，故受浮重力为 $W' = \gamma' LA$。

（2）总渗流力为 $J = jLA$，方向向上。

（3）土样底面所受的支承反力为 R。

对于水：

（1）孔隙水重量加浮力的反力之和为 $W_w = \gamma_w LA$。

（2）流入面和流出面的静水压力为 $p_1 = \gamma_w h_1 A$ 和 $p_2 = \gamma_w h_w A$。

（3）土颗粒对水的阻力作用为 J'，大小与渗流作用相同，方向相反，即 $J' = -J = -jLA$。

以土样中的水为隔离体进行受力分析，在垂直方向满足力的平衡条件，可得

$$\gamma_w h_1 A - \gamma_w LA - \gamma_w h_w A = J' = jLA \tag{12.20}$$

$$jL = \gamma_w (h_1 - L - h_w) \tag{12.21}$$

由 $h_w = h_2 - L$ 得，单位体积土颗粒所受的渗流力为

$$j = \frac{\gamma_w (h_1 - h_2)}{L} = \frac{\gamma_w \Delta h}{L} = \gamma_w i \tag{12.22}$$

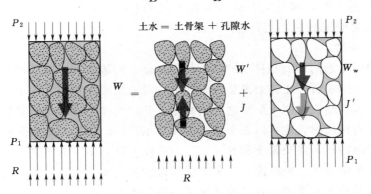

图 12.9　土颗粒和水受力示意图

从式（12.22）可以看出，渗流力表示的是水流对单位体积土颗粒的作用力，是由水流的外力转化为均匀分布的体积力，普遍作用于渗流场中所有的土颗粒上，其量纲与 γ_w 相同，大小与水力梯度成正比，方向与渗流的方向一致，总渗流力为

$$J = \gamma_w \Delta h A \tag{12.23}$$

从上面的分析可以看出，当水的渗透由下向上时，随着渗流力的增加，土样底面所受的支承反力 R 逐渐减小，当水力梯度达到一定数值时，$R=0$，此时的水力梯度称为临界水力梯度。由 $R=W'-J=0$，可得

$$\gamma'L - jL = 0 \tag{12.24}$$

由渗流力的公式可定义临界水力梯度为

$$i_{cr} = \frac{\gamma'}{\gamma_w} \tag{12.25}$$

由土的三相指标换算可知，$\gamma' = \dfrac{(d_s-1)\ \gamma_w}{1+e}$，代入上式后得

$$i_{cr} = \frac{d_s-1}{1+e} \tag{12.26}$$

由此可见，土的临界水力梯度取决于土的物理性质，与其他因素无关。工程上常用临界水力梯度 i_{cr} 与实际水力梯度 i 的大小关系来评价土体是否存在发生渗流破坏的可能。

12.4.3　土的渗流变形（破坏）的条件

土的渗流变形的发生和发展主要取决于 3 个条件，即几何条件、水力条件和出溢条件。

1. 几何条件

土体颗粒在渗流条件下产生松动和悬浮，必须克服土颗粒之间的黏聚力和内摩擦力，土的黏聚力和内摩擦力与土颗粒的组成和结构有密切关系。渗流变形产生的几何条件是指土颗粒的组成和结构等特征。例如，对于管涌来说，只有当土中粗颗粒所构成的孔隙直径大于细颗粒的直径，细颗粒才可以在其中移动，这是管涌发生的必要条件之一。对于不均匀系数 $C_u < 10$ 的土，细颗粒不能迅速通过粗颗粒形成的孔隙，一般情况下不会发生管涌；而对于不均匀系数 $C_u > 10$ 的土，发生流土和管涌的可能性都存在，主要取决于土的级配情况和细粒含量。试验结果表明，当细粒含量小于 25％时，细粒填不满粗颗粒形成的孔隙，产生的渗流变形属于管涌；当细粒含量大于 35％时，则可能产生流土。

2. 水力条件

产生渗流变形的水力条件指的是作用在土体上的渗流力，这是产生渗流变形的外部因素和主动条件。土体要产生渗流变形，只有当渗流水头作用下的渗流力，即水力梯度，大到足以克服土颗粒之间的黏聚力和内摩擦力时，也就是说，水力梯度大于临界水力梯度时，才可以发生渗流变形。表 12.1 给出了发生管涌时的临界坡降。应该指出的是，对于流土和管涌来说，渗流力具有不同的意义。对于流土，指的是作用在单位土体上的渗流力，属于层流范围内的概念；而对于管涌，则指的是作用在单个颗粒上的渗流力，已经超出了层流的界限。

表 12.1　　　　　　　　　　产生管涌的临界坡降

水力梯度	级配连续土	级配不连续土
临界坡降 i_{cr}	0.2～0.4	0.1～0.3
允许坡降 $[i]$	0.15～0.25	0.1～0.2

3. 渗流的出溢条件

渗流出溢处有无适当的保护对渗流变形的产生和发展有着重要的影响。当出溢处直接临空，此处的水力梯度是最大的，同时水流方向也有利于土的松动和悬浮，这种出溢处条件最易产生渗流变形。

12.4.4　土的渗流变形（破坏）的判别

判别渗流变形，首先要根据土的性质（几何条件）来确定是管涌土还是非管涌土，这对于土工建筑物的设计具有重要意义；其次根据水力条件与临界水力梯度的大小关系，判别渗流变形的类型。

1. 根据土的性质确定土的类型

（1）用不均匀系数 C_u 判别。

首先根据土的颗粒级配曲线，确定土的不均匀系数，即

$$C_u = \frac{d_{60}}{d_{10}} \tag{12.27}$$

并给出判别标准：$C_u < 10$，为非管涌土；$10 < C_u < 20$，为管涌土或非管涌土；$C_u > 20$，为管涌土。

研究表明，一般情况下 $C_u < 10$ 的土可以准确判别其是非管涌土；但当 $C_u > 20$ 时，仍然有可能是非管涌土。因此，用土的不均匀系数 C_u 作为判断标准不能完全反映土的渗透性能。

（2）用土体孔隙直径与填料直径之比判别。

巴特拉雪夫的研究表明，可以利用式（12.28）来判定土是否为管涌土，即

$$\frac{d_0}{d} > 1.8（管涌土） \tag{12.28}$$

式中　　d_0——土体平均孔隙直径，mm；

d——土体细颗粒直径，mm。

$$d_0 = 0.026(1 + 0.15C_u)\sqrt{\frac{k}{n}} \tag{12.29}$$

式中　　n——土的孔隙率；

k——土的渗透系数。

2. 根据水力条件确定渗流变形的类型

在实际工程中，可按下面的条件判别流土发生的可能性。

$i < i_{cr}$，土体处于稳定状态。

$i = i_{cr}$，土体处于临界状态。

$i > i_{cr}$，土体发生流土破坏。

由于流土造成的危害很大，故设计时要保证有一定的安全系数，把实际最大坡降限制在允许坡降的范围内，即

$$i \leqslant [i] = \frac{i_{cr}}{K_s} \tag{12.30}$$

式中　　K_s——流土安全系数，一般取 $K_s = 1.5 \sim 2.0$。

目前，国内外对管涌的临界水力梯度的计算方法尚不成熟，还没有一个公认的公式。这主要是由于管涌的渗流机理没有很好地解决，试验数据也难以获得，同时

管涌的渗流力超过渗流的范围，缺乏准确的计算公式。我国学者在对级配连续及级配不连续的土进行理论和试验研究的基础上，提出了土体发生管涌的临界坡降与允许坡降的范围值，如表 12.1 所示。

12.5　土的渗流变形（破坏）的控制

对于渗流变形的控制，可以从以下 3 个方面采取适当的工程措施。

（1）控制渗流水头和浸润线。

（2）降低渗流坡降。

（3）减少渗流量。

根据前面所介绍的流土与管涌发生的条件和特点，在预防渗流破坏时可以从以下几点进行考虑。

（1）预防流土现象发生的关键是控制出溢处的水力梯度，使实际出溢处的水力梯度不超过允许坡降的范围。基于此，可以根据下面几点来考虑采取适当的工程措施，以预防流土现象的发生。

1）切断地基的透水层，如在渗流区域设置一些构造物（防渗墙、灌浆等）。

2）延长渗流路径，降低出溢处的水力梯度，如做水平防渗铺盖。

3）减小渗流压力或者防止土体被渗流力悬浮，如打减压井，在可能发生出溢处设置透水盖重。

（2）预防管涌现象的发生可以从改变水力条件和几何条件这两个方面来采取措施。

1）改变水力条件，可以降低土层内部和溢出处的水力梯度，如做防渗铺盖。

2）改变几何条件，在出溢部位铺设反滤层以保护地基土中的细颗粒不被带走，反滤层应该具有较大的透水性，以保证渗流的畅通，这是防止渗透破坏的有效措施。

12.6　渗流变形（破坏）控制在工程中的应用

12.6.1　基坑底部抗渗稳定性分析

在进行基坑开挖与支护时应进行稳定性验算，其中坑底抗渗稳定性验算可按下述方法进行。

（1）当上部为不透水层，坑底下某深度处有承压水层时，基坑底部抗渗稳定性可按图 12.10 分析，并按式（12.31）计算

$$\frac{\gamma_{\mathrm{m}}(t+\Delta t)}{P_w} \geqslant 1.1 \tag{12.31}$$

式中符号含义见图 12.10。

（2）当基坑内外存在水头差时，粉土和砂土应进行抗渗稳定性验算，渗透的水力坡降不应超过临界水力坡降。

（3）当坑底为碎石及砂土、基坑内排水且作用有渗透水压时，侧向截水的排桩、地下连续墙等嵌固深度设计值应满足式（12.32）的抗渗稳定性要求，即

$$h_d \geqslant 1.2\gamma_0(h-h_{wa}) \tag{12.32}$$

式中符号含义如图 12.11 所示，其中 γ_0 是基坑重要性系数，可查相关规范确定。

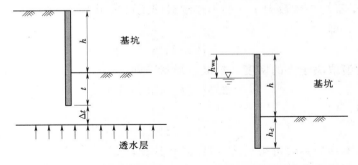

图 12.10　基坑底抗渗稳定　　图 12.11　基坑底抗渗稳定
性示意图　　　　　　　性计算简图

12.6.2　土石坝修建过程中渗透变形分析

土石坝作为我国一种常见的水利设施，在修建过程中必须充分考虑渗透破坏的可能性。例如，我国水利部门对修建碾压式土石坝设计中的渗流计算和渗透稳定计算作了详细规定，可参见《碾压式土石坝设计规范》（SL 274—2001）。而在《水利水电工程地质勘察规范》（GB 50487—2008）中，对土的渗透变形判别进行了详细规定，本节重点介绍这方面的内容。

1. 土的渗透变形判别

（1）土的渗透变形类型的判别。

（2）流土和管涌的临界水力坡降的确定。

（3）土的允许水力坡降的确定。

2. 土的渗透变形判别方法

（1）流土和管涌应根据土的细粒含量，采用下列方法判别。

1）流土，即

$$P_c \geqslant \frac{1}{4(1-n)} \times 100\% \tag{12.33}$$

2）管涌，即

$$P_c \leqslant \frac{1}{4(1-n)} \times 100\% \tag{12.34}$$

式中　　P_c——土的细粒颗粒含量，%；

　　　　n——土的孔隙率。

3）土的细粒含量可按下列方法确定。不连续级配的土，级配曲线中至少有一个以上粒径级的颗粒含量不大于 3% 的平缓段，粗细粒的区分粒径 d_t 以平缓段粒径级的最大和最小粒径的平均粒径区分，或以最小粒径作为区分粒径，相应于此粒径的含量为细粒含量。

连续级配的土，区分粗粒和细粒粒径的界限粒径 d_t 按式（12.35）计算，即

$$d_t = \sqrt{d_{70}d_{10}} \tag{12.35}$$

式中　　d_t——粗细粒的区分粒径，mm；

d_{70}——小于该粒径的含量占总土重 70% 的颗粒粒径，mm；

d_{10}——小于该粒径的含量占总土重 10% 的颗粒粒径，mm。

（2）对于不均匀系数大于 5 的不连续级配土可采用下列方法判别。

1）流土，即

$$P_c > 35\% \tag{12.36}$$

2）过渡型取决于土的密度、粒级、形状，即

$$25\% \leqslant P_c \leqslant 35\% \tag{12.37}$$

3）管涌，即

$$P_c < 25\% \tag{12.38}$$

4）土的不均匀系数可采用式（12.39）计算，即

$$C_u = \frac{d_{60}}{d_{10}} \times 100 \tag{12.39}$$

式中　C_u——土的不均匀系数；

d_{60}——小于该粒径的含量占总土重 60% 的颗粒粒径，mm。

（3）接触冲刷宜采用下列方法判别。对于双层结构的地基，当两层土的不均匀系数均不大于 10 且符合下式规定的条件时，不会发生接触冲刷，即

$$\frac{D_{10}}{d_{10}} \leqslant 10 \tag{12.40}$$

式中　D_{10}，d_{10}——分别代表较粗和较细一层土的颗粒粒径，mm，小于该粒径的土重占总土重的 10%。

（4）接触流失宜采用下列方法判别。对于渗流向上的情况，符合下列条件将不会发生接触流失。

1）不均匀系数不大于 5 的土层，即

$$\frac{D_{15}}{d_{85}} \leqslant 5 \tag{12.41}$$

式中，D_{15}——较粗一层土的颗粒粒径（小于该粒径的土重占总土重的 15%），mm；

d_{85}——较细一层土的颗粒粒径（小于该粒径的土重占总土重的 85%），mm。

2）不均匀系数不大于 10 的土层，即

$$\frac{D_{20}}{d_{70}} \leqslant 7 \tag{12.42}$$

式中　D_{20}——较粗一层土的颗粒粒径（小于该粒径的土重占总土重的 20%），mm；

d_{70}——较细一层土的颗粒粒径（小于该粒径的土重占总土重的 70%），mm。

3. 流土与管涌的临界水力比降确定方法

（1）流土型宜采用式（12.43）计算，即

$$i_{cr} = (d_s - 1)(1 - n) \tag{12.43}$$

式中　i_{cr}——土的临界水力比降；

d_s——土粒相对密度；

n——土的孔隙率，%。

（2）管涌型或过渡型宜采用式（12.44）计算，即

$$i_{cr}=2.2(d_s-1)(1-n)^2\frac{d_5}{d_{20}} \tag{12.44}$$

式中　d_5——小于该粒径的含量占总土重 5% 的颗粒粒径，mm；

　　　d_{10}——小于该粒径的含量占总土重 20% 的颗粒粒径，mm。

（3）管涌型也可采用式（12.45）计算，即

$$i_{cr}=\frac{42d_3}{\sqrt{\dfrac{k}{n^3}}} \tag{12.45}$$

式中　k——土的渗透系数，cm/s；

　　　d_3——小于该粒径的含量占总土重 3% 的颗粒粒径，mm。

（4）土的渗透系数应通过渗透试验测定。若无渗透系数试验资料，可根据式（12.46）计算近似值，即

$$k=6.3C_u^{-3/8}d_{20}^2 \tag{12.46}$$

式中　d_{20}——小于该粒径的含量占总土重 20% 的颗粒粒径，mm。

4. 无黏性土的允许比降确定方法

（1）以土的临界水力坡降除以 1.5～2.0 的安全系数；对水工建筑物的危害较大，取 2.0 的安全系数；对于特别重要的工程也可用 2.5 的安全系数。

（2）无试验资料时，也可根据表 12.2 选用经验值

表 12.2　　　　　　　　　　　　无黏性土允许水力坡降

允许水力坡降	渗透变形形式					
	流　土　型			过渡型	管　涌　型	
	$C_u\leqslant3$	$3\leqslant C_u\leqslant5$	$C_u\geqslant5$		级配连续	级配不连续
i 允许	0.25～0.35	0.35～0.50	0.50～0.80	0.25～0.40	0.15～0.25	0.10～0.20

注　本表不适用于渗流出口有反滤层情况。

思　考　题

12.1　实际工程中主要关心哪些与渗流相关的问题？试举例阐明。

12.2　如何计算层状地基的等效渗透系数？

12.3　简要说明如何绘制流网？如何根据流网计算渗流场内的渗流信息？

12.4　流线和等势线的物理意义是什么？为什么流线和等势线总是正交的？流网中的流线和等势线必须满足什么条件？

12.5　渗透力是怎样引起渗透变形的？渗透变形有哪几种形式？在工程中会有什么危害？防治渗透破坏的工程措施有哪些？

12.6　什么是临界水力梯度？如何对其进行计算？

12.7　发生管涌和流土的机理与条件是什么？与土的类别和性质有什么关系？

12.8　如何判断土是否可能发生渗透破坏？渗透破坏的防治措施有哪些？

习　题

12.1　不透水基岩上面水平分布的 3 层土，厚度分别为 0.7m、0.8m 和 1.0m，渗透系数分别为 $k_1=0.05\text{m/d}$、$k_2=0.5\text{m/d}$、$k_3=50\text{m/d}$。试求出等效土层的水平向等效渗透系数和垂直向等效渗透系数。

12.2　一种黏性土的土粒相对密度是 $G_s=2.70$，孔隙比 $e=0.58$。试求该土的临界水力坡降。

12.3　在常水头渗透试验中，土样 1 和土样 2 分上、下两层装样，其渗透系数分别为 $k_1=0.03\text{cm/s}$ 和 $k_2=0.1\text{cm/s}$，试样截面积为 $A=200\text{cm}^2$，土样的长度分别为 $L_1=15\text{cm}$ 和 $L_2=30\text{cm}$，试验时总水头差为 40cm。试求渗流时土样 1 和土样 2 的水力坡降和单位时间流过土样的流量是多少。

12.4　已知基坑底部有一厚 1.25m 的土层，其孔隙率为 $n=0.35$，土粒相对密度 $G_s=2.65$，假定该层土受到 1.85m 以上渗流水头的影响。问在土层上面至少要加多厚的粗砂才能抵抗流土现象的发生（假定粗砂与基坑底部土层具有相同的孔隙比与相对密度）。

12.5　如图 12.12 所示，有一黏土层位于两砂层之间，上层砂顶面为地面，上层砂、黏土层厚度皆为 3m，地下水位位于黏土层顶面以上 1.5m 处（地面以下 1.5m 深度处）。砂层的湿重度为 17.6kN/m^3，饱和重度为 19.6kN/m^3，黏土层的饱和重度为 20.6kN/m^3。若下砂层中有承压水，要使黏土层发生流土，则下层砂中承压水引起的测压管水头应高出地面多少米？

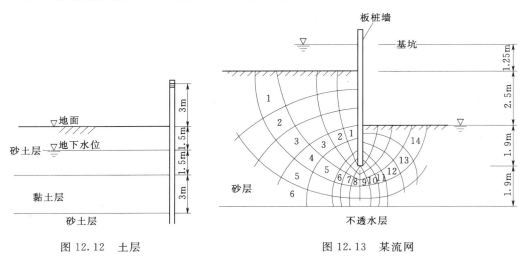

图 12.12　土层　　　　　　　　图 12.13　某流网

12.6　已知某流网如图 12.13 所示。

（1）设砂的渗透系数为 0.018cm/s，试估算沿板桩每延米渗入基坑的流量（m^3/min）。

（2）设砂的饱和重度为 18.5kN/m^3，试判断基坑底是否会发生渗流破坏。

第 13 章

地基的沉降计算与固结过程分析

13.1 概述

在建筑物荷载作用下，地基土主要由于压缩而引起的竖直方向上的位移称为沉降。地基沉降有可能影响到建筑物的正常使用，严重时会导致建筑物破坏。为了保证建筑物的安全，在设计时必须预估可能发生的变形，使其变形量控制在规范允许的范围内。如果超出建筑物所要求的范围，就必须采取措施改善地基条件或修改建筑设计方案，以保证建筑物使用的安全性。

固结是指在恒定荷载作用下土体产生超静孔隙水压力，导致土中的孔隙水逐渐排出，超静孔隙水压力逐渐消散，土骨架的有效应力逐渐增大，直到超静孔隙水压力完全消散的过程。饱和土体的压缩变形都是在固结过程中伴随着孔隙水的排出不断发育的。可认为固结即为压缩量随时间增长的过程。工程中需要研究沉降随时间的变化关系，以及超静孔隙水压力的演变情况。这两个问题的解答即为固结理论的基础。

本章将首先介绍地基最终沉降量的计算问题，主要介绍分层总和法和规范法。接着介绍太沙基一维固结理论的原理及应用，拓展性地介绍 Terzaghi‐Rendulic 固结理论和 Biot 固结理论。通过本章的学习，要求掌握太沙基一维固结理论、地基最终沉降量计算方法，熟悉不同应力历史条件的沉降计算方法。

13.2 地基最终沉降量的计算

13.2.1 地基沉降过程

在相同荷载作用下地基所产生的沉降，将随地基土的性质不同而有所差别，这些差别不仅表现在总沉降，而且也反映在沉降速度上。为了搞清这些差别，对平均沉降应作分析。一般说来，它可分为三部分：当荷载刚加上，在很短时间内产生的沉降 s_1，一般叫瞬时沉降，这是土骨架在 3 个轴向上产生弹性和塑性变形的结果；其次是主固结沉降 s_2（或渗透固结沉降），它是饱和黏土地基在荷载作用下，孔隙水被挤出而产生渗透固结的结果；再其次是次固结沉降 s_3，它是上述地基孔隙水基本停止挤出后，颗粒和结合水之间的剩余应力尚在调整而引起的沉降。

对于不同类型的土，它们的沉降特征也不一样。对于砂土地基，不论是饱和的还是非饱和的，其沉降主要是瞬时沉降，见图 13.1（a）。对于饱和砂土，由于不含结合水，土孔隙也很大，自由水排出很快，故地基下沉很快，不存在固结沉降问题；对于非饱和黏性土，由于土中含有气体，受力后气体体积压缩，部分气体溶解于水，故地基沉降也以瞬时沉降为主。至于含有机质较少的一般饱和黏性土，当荷载刚加上时，由于土骨架的弹塑性变形的结果，地基将产生较小的瞬时沉降 s_1，见图 13.1（b），随后将是大量的随时间而发展的沉降，这里包括主固结沉降和次固结沉降，而以主固结沉降为主；如该黏性土中有机质含量较多，则次固结沉降就起主要作用了。

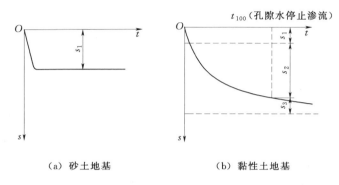

（a）砂土地基　　　　　　　（b）黏性土地基

图 13.1　地基沉降发展过程

关于瞬时沉降的计算，一般都采用弹性理论，对于固结沉降，常采用分层总和法。实际上，分层总和法在经过一定经验修正后，常用来计算各种地基的总沉降。

下面分别介绍地基沉降计算的弹性力学公式法、分层总合法、规范法以及考虑先期固结压力的计算方法。

13.2.2　弹性理论计算公式

1. 柔性荷载下的地基沉降

弹性半空间表面作用着一个竖向集中力 P 时，在半空间内任意点 $M(x,y,z)$ 处产生竖向位移 $w(x,y,z)$ 的解答为

$$w=\frac{P(1+\mu)}{2\pi E}\left[\frac{z^2}{R^3}+2(1-\mu)\frac{1}{R}\right] \tag{13.1}$$

如取 M 点坐标 $z=0$，则所得的半空间表面任意点的竖向位移 $w(x,y,0)$ 就是地基表面的沉降 s（图 13.2），即

$$s=w(x,y,0)=\frac{P(1-\mu^2)}{\pi E_0 r} \tag{13.2}$$

式中　s——竖向集中力 P 作用下地基表面任意点的沉降；

r——地基表面任意点到竖向集中力作用点的距离，$r=\sqrt{x^2+y^2}$；

E_0——地基土的变形模量；

μ——地基土的泊松比。

对于局部柔性荷载（相当于基础抗弯刚度为零时的基底压力）作用下的地基沉降，则可利用式（13.2），根据叠加原理求得。如图 13.3（a）所示，设荷载面 A

内 $N(\xi,\eta)$ 点处的分布荷载为 $p_0(\xi,\eta)$，则该点微面积 $\mathrm{d}\xi\mathrm{d}\eta$ 上的分布荷载可由集中力 $P = p_0(\xi,\eta)\,\mathrm{d}\xi\mathrm{d}\eta$ 代替。于是，地面上与 N 点相距为 $r=\sqrt{(x-\xi)^2+(y-\eta)^2}$ 的 $M(x,y)$ 点的沉降 $s(x,y)$，可按式（13.3）积分求得，即

$$s(x,y)=\frac{1-\mu^2}{\pi E_0}\iint_A \frac{p_0(\xi,\eta)\,\mathrm{d}\xi\mathrm{d}\eta}{\sqrt{(x-\xi)^2+(y-\eta)^2}}$$

(13.3)

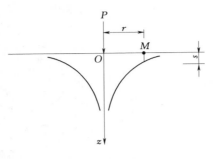

图 13.2　集中力作用下地基表面的沉降曲线

对均布矩形荷载 $p_0(\xi,\eta)=p_0=$ 常数，其角点 C 的沉降按式（13.3）积分的结果为

$$s=\delta_{\mathrm{c}}p_0$$

(13.4)

式中　δ_{c}——单位均布矩形荷载 $p_0=1$ 在角点 C 处引起的沉降，称为角点沉降系数，它是矩形荷载面长度 l 和宽度 b 的函数，即

$$\delta_{\mathrm{c}}=\frac{1-\mu^2}{\pi E_0}\left[l\ln\frac{b+\sqrt{l^2+b^2}}{l}+b\ln\frac{l+\sqrt{l^2+b^2}}{b}\right]$$

(13.5)

以 $m=l/b$ 代入式（13.5），则式（13.5）可写成

$$s=\frac{(1-\mu^2)b}{\pi E_0}\left[m\ln\frac{1+\sqrt{m^2+1}}{m}+\ln(m+\sqrt{m^2+1})\right]p_0$$

(13.6)

令 $\omega_{\mathrm{c}}=\dfrac{1}{\pi}\left[m\ln\dfrac{1+\sqrt{m^2+1}}{m}+\ln(m+\sqrt{m^2+1})\right]$，称为角点沉降影响系数，则式（13.6）改为

$$s=\frac{1-\mu^2}{E_0}\omega_{\mathrm{c}}bp_0$$

(13.7)

利用式（13.7），以角点法容易求得均布矩形荷载下地基表面任意点的沉降。例如，矩形中心点 O 点的沉降是图 13.3（b）中以虚线划分的 4 个相同小矩形的角点沉降量之和，由于小矩形的长宽比 $m=l/b$，所以中心点 O 的沉降为

$$s=4\frac{1-\mu^2}{E_0}\omega_{\mathrm{c}}\left(\frac{b}{2}\right)p_0=2\frac{1-\mu^2}{E_0}\omega_{\mathrm{c}}bp_0$$

即矩形荷载中心点沉降为角点沉降的 2 倍，如令 $\omega_0=2\omega_{\mathrm{c}}$ 为中心沉降影响系数，则

$$s=\frac{1-\mu^2}{E_0}\omega_0 bp_0$$

(13.8)

以上角点法的计算结果和实践经验都表明，柔性荷载下地面的沉降不仅产生于荷载面范围之内，而且还影响到荷载面以外，沉降后的地面呈蝶形［图 13.4（a）］。但一般基础都具有一定的抗弯刚度，因而基底沉降依基础刚度的大小而趋于均匀［图 13.4（b）］，所以中心荷载作用下的基础沉降可以近似地按柔性荷载下基底平均沉降计算，即

$$s=\frac{\left(\displaystyle\iint_A s(x,y)\mathrm{d}x\mathrm{d}y\right)}{A}$$

(13.9)

式中　A——基底面积。

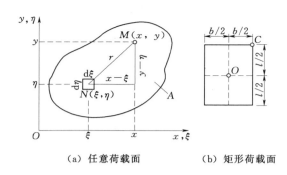

（a）任意荷载面 （b）矩形荷载面

图 13.3 局部荷载下的地面沉降计算

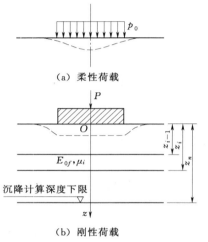

（a）柔性荷载

（b）刚性荷载

图 13.4 局部荷载作用下的地面沉降

对于均布的矩形荷载，式（13.9）积分的结果为

$$s=\frac{1-\mu^2}{E_0}\omega_m b p_0 \qquad (13.10)$$

式中　ω_m——平均沉降影响系数。

通常为了便于查表计算，把式（13.7）、式（13.8）和式（13.10）统一成为地基沉降的弹性力学公式的一般形式，即

$$s=\frac{1-\mu^2}{E_0}\omega b p_0 \qquad (13.11)$$

式中　b——矩形荷载（基础）的宽度或圆形荷载（基础）的直径；

ω——沉降影响系数，按基础的刚度、底面形状及计算点位置而定，由表 13.1 查得。

表 13.1　　　　　　　　　　　　沉降影响系数 ω 值

荷载面形状 计算点位置		圆形	方形	矩形 (l/b)										
				1.5	2.0	3.0	4.0	5.0	6.0	7.0	8.0	9.0	10.0	100.0
柔性基础	ω_c	0.64	0.56	0.68	0.77	0.89	0.98	1.05	1.11	1.16	1.20	1.24	1.27	2.00
	ω_0	1.00	1.12	1.36	1.53	1.78	1.96	2.10	2.22	2.32	2.40	2.48	2.54	4.01
刚性基础	ω_m	0.85	0.95	1.15	1.30	1.52	1.70	1.83	1.96	2.04	2.12	2.19	2.25	3.70
	ω_r	0.785	0.886	1.08	1.22	1.44	1.61	1.72	—	—	—	—	2.12	3.40

注　ω_c、ω_0 和 ω_m 分别为完全柔性基础（均布荷载）角点、中点和平均值的沉降影响系数。ω_r 为刚性基础在轴心荷载下的沉降影响系数。

2. 刚性基础的地基沉降

对于中心荷载下的刚性基础，由于它具有无限大的抗弯刚度，受荷沉降后基础不发生挠曲，因而，基底的沉降量处处相等，即在基底范围内，式（13.3）中，$s(x,y)=s=$ 常数，将该式与基础的静力平衡条件 $\iint_A p_0(\xi,\eta)\mathrm{d}\xi\mathrm{d}\eta=P$ 联合求解后可得基底反力 $p_0(x,y)$ 和沉降 s。其中，s 也可以表达为式（13.11）的形式，但式

中 $p_0 = P/A$（P 和 A 分别为中心荷载合力和基底面积），ω 则取刚性基础的沉降影响系数 ω_r，由表 13.1 查得。

以表 13.1 中的系数计算，所得的均是地基中无限深度土的变形引起的沉降。事实上，由于地基深部附加应力扩散衰减且土质一般更为密实或有基岩埋藏，所以超过基底下一定深度，土的基底变形可忽略不计。这个深度称为地基沉降计算深度（z_n），可按规范法中介绍的方法确定。只考虑有限深度 z 范围内土的变形的沉降影响系数与土的泊松比 μ 有关，表 13.2 只给出了 $\mu = 0.3$ 时，刚性基础沉降影响系数 ω_z 的值，并按基底形状及比值 z/b 查取后仍用式（13.11）计算沉降。

利用沉降影响系数 ω_z 可以作出刚性基础下成层地基沉降的简化计算方法。设地基在沉降计算深度范围内含有 n 个水平天然土层，其中层底深度为 z_i 的第 i 层土（图 13.4（b））的变形引起的基础沉降量为 $\Delta s_i = s_i - s_{i-1}$。$s_i$ 和 s_{i-1} 是相对于计算深度为 z_i 和 z_{i-1} 时的刚性基础沉降。计算 s_i 和 s_{i-1} 时，假定整个弹性半空间是具有与第 i 层土相同的变形参数（E_{0i}，μ_i）的均质地基。于是，利用式（13.11）可得到刚性基础沉降等于各分层竖向变形量之和的算式为

$$s = \sum_{i=1}^{n} \Delta s_i = b p_0 \sum_{i=1}^{n} \frac{1-\mu_i^2}{E_{0i}} (\omega_{zi} - \omega_{zi-1}) \tag{13.12}$$

式中基础沉降影响系数 ω_{zi} 及 ω_{zi-1} 分别按深宽比 z_i/b 及 z_{i-1}/b 查表 13.2。这种计算方法可称为"线性变形分层总和法"。

表 13.2　　　　　　　　刚性基础沉降影响系数 ω_z 值（$\mu = 0.3$）

z/b	圆形基础 $b=$ 直径	矩形基础长宽比 l/b					
		1.0	1.5	2.0	3.0	5.0	∞
0.00	0.00	0.00	0.00	0.00	0.00	0.00	0.00
0.1	0.09	0.09	0.09	0.09	0.09	0.09	0.09
0.25	0.24	0.24	0.23	0.23	0.23	0.23	0.23
0.5	0.48	0.48	0.47	0.47	0.47	0.47	0.47
1.0	0.70	0.75	0.81	0.83	0.83	0.83	0.83
1.5	0.80	0.86	0.97	1.03	1.07	1.08	1.08
2.5	0.88	0.97	1.12	1.22	1.33	1.39	1.40
3.5	0.91	1.01	1.19	1.31	1.45	1.56	1.60
5.0	0.94	1.05	1.24	1.38	1.55	1.72	1.83
∞	1.00	1.12	1.36	1.52	1.78	2.10	∞

3. 刚性基础的倾斜

刚性基础承受偏心荷载时，沉降后基底为一倾斜平面，基底形心处的沉降（即平均沉降）可按式（13.12）计算。对均质弹性半空间上的刚性基础，只考虑地基有限深度范围内土的变形时，基础倾斜可按以下公式表达，其中刚性基础倾斜影响系数 $\bar{k}$ 值已绘成曲线（图 13.5），以备查用。

$$\theta \approx \tan\theta = k \cdot \frac{1-\mu^2}{E_0} \cdot \frac{Pe}{b^3} \tag{13.13}$$

式中　θ——基础倾斜角；

　P，e——基础偏心荷载合力及其偏心距；

　b，l——荷载偏心方向的矩形基底边长（圆形基底直径）；

　　　k——刚性基础倾斜影响系数；

　　E_0——土的变形模量；

　　　μ——土的泊松比。

对水平成层土上的刚性基础，可仿照上述分层总和法得出倾斜计算表达式为

$$\theta = \sum_{i=1}^{n} \Delta\theta_i = \frac{Pe}{b^3} \cdot \sum_{i=1}^{n} \frac{1-\mu_i^2}{E_{0i}}(k_i - k_{i-1}) \tag{13.14}$$

式中，符号下标 i 为地基自上而下的分层编号；倾斜影响系数 k_i 和 k_{i-1} 分别按深宽比 z_i/b、z_{i-1}/b 和矩形的长宽比 l/b 详见图 13.5。

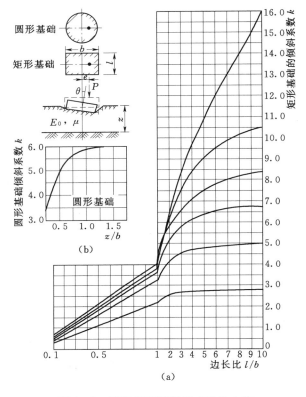

图 13.5　刚性基础倾斜影响系数 k 值

计算地基沉降（含基础倾斜）的弹性力学公式，均以集中力作用于均质弹性半空间表面的竖向位移解答为基础，因而能考虑局部荷载（基础荷载）在地基中引起的三向应力状态，可用于计算地基的最终沉降（采用排水条件下土的变形模量 E_0 和泊松比 μ）以及瞬时沉降（采用不排水条件下土的弹性模量 E 和泊松比 $\mu=0.5$）。

弹性理论方法计算沉降的正确性，往往取决于 E 的选取是否正确。一般都假定 E 在整个地基土层中不变，只有当地基土层比较均匀时才可近似，实际地基土的 E 值是随着深度变化的。弹性理论方法的压缩层厚度理论上是无穷大的，这与

实际不符。但由于它的计算过程简单，所以通常用于一般地基沉降估算或计算瞬时沉降。

13.2.3　分层总和法

按分层总和法计算基础最终沉降量，应在地基压缩层深度范围内划分若干分层，计算分层的压缩量，然后求其总和。地基压缩层深度是指自基础底面向下需要计算变形所达到的深度，该深度以下土层的变形值小到可以忽略不计，亦称地基变形计算深度。土的压缩性指标从固结试验的压缩曲线中确定，即按 $e-p$ 曲线确定。

1. 基本假定

（1）地基土的一个分层为一均匀、连续、各向同性的半无限空间弹性体。在建筑物荷载作用下，土中的应力与应变成直线关系，即服从胡克定律。因此，可应用弹性理论方法计算地基中的附加应力。

（2）地基沉降量计算的部位，取基础中心 O 点土柱体所受附加应力 σ_z 进行计算。实际上这与基础底面边缘或中部各点的附加应力不同，中心点 O 下的附加应力为最大值。计算基础的倾斜时，要以倾斜方向基础两端点下的附加应力进行计算。

（3）地基土的变形条件假定为完全侧限条件，即在建筑物的荷载作用下，地基土层只产生竖向压缩变形，不产生侧向膨胀变形，因而在沉降计算中，可应用实验室测定的完全侧限条件下的压缩指标以及沉降公式，即

$$s=\frac{e_1-e_2}{1+e_1}H \tag{13.15}$$

式中　H——薄压缩土层的厚度；

e_1——根据薄土层顶、底面处自重应力的平均值 σ_c，即原有的土中原始应力 p_1，从土的 $e-p$ 曲线上得到相应的孔隙比；

e_2——根据薄土层顶、底面处自重应力的平均值 σ_c 与附加应力的平均值 σ_z 之和，即现有的土中总应力 p_2，从土的 $e-p$ 曲线上得到相应的孔隙比。

（4）沉降计算深度，理论上应计算至无限深，因附加应力扩散随深度而减小，工程上只要计算至某一深度（称为地基压缩层）即可。受压层以下的土层附加应力很小，所产生的沉降量可忽略不计。若地基压缩层以下尚有软弱土层，则应计算至软弱土层底部。

2. 计算原理

如图 13.6 所示，分层总和法是先将地基土分为若干水平土层，各土层厚度分别为 h_1、h_2、h_3、$\cdots$、h_n。计算每层土的压缩量 s_1、s_2、s_3、$\cdots$、s_n。然后累加起来，即为总的地基沉降量 s，即

$$s=\sum_{i=1}^{n}s_i \tag{13.16}$$

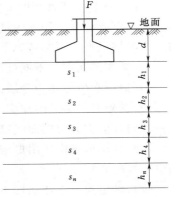

图 13.6　分层总和法计算原理

3. 计算方法与步骤

（1）用坐标纸按比例绘制地基土层分布剖面图，如图 13.7 所示。

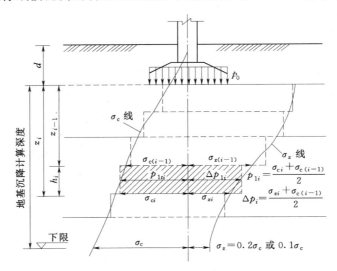

图 13.7 分层总和法计算地基沉降

（2）计算地基土的自重应力 σ_{ci}，土层变化处为计算点。计算结果按力的比例尺绘于基础中心线的左侧。注意：自重应力分布曲线的横坐标只表示该点的自重应力数值，应力方向都是竖直方向。

（3）计算基础底面的接触压力。

中心荷载，即

$$p = \frac{F+G}{A}$$

偏心荷载，即

$$p_{\min}^{\max} = \frac{F+G}{A}\left(1 \pm \frac{6e}{l}\right)$$

（4）计算基底平均附加应力，即

$$p_0 = p - \gamma d$$

式中　p——基础底面接触压力，kPa；

γd——基础埋置深度 d 处的自重应力，kPa。

（5）沉降计算分层。为使地基沉降计算比较精确，除按 $0.4b$（b 为基础宽度）的厚度分层以外，还需考虑下列因素。

1）地质剖面中，不同性质的土层，因压缩性不同应作为分层界面。

2）地下水位应作为分层面。

3）基础底面附近附加应力数值大且曲线变化大，分层厚度应小些，使各计算分层的附加应力分布的曲线以直线代替计算，误差不大。

（6）计算地基中的附加应力分布。按分层情况将附加应力数值按比例尺绘于基础中心线的右侧。

（7）确定地基受压层深度 z_n。由自重应力分布和附加应力分布两条曲线，可以找到某一深度处附加应力 σ_z 为自重应力 σ_c 的 20％或 10％，此深度称为地基受压

层深度 z_n。

对于一般土 $\sigma_z = 0.2\sigma_c$，软土 $\sigma_z = 0.1\sigma_c$。

（8）计算各土层的沉降量 s_i，即第 i 层土的沉降量为

$$s_i = \frac{e_{1i} - e_{2i}}{1 + e_{1i}} h_i = \frac{a_i}{1 + e_{1i}} \bar{\sigma}_{zi} h_i = \frac{\bar{\sigma}_{zi}}{E_{si}} h_i$$

（9）计算地基最终沉降量。将地基受压层 z_n 范围内各土层压缩量相加可得

$$s = \sum_{i=1}^{n} s_i$$

【例 13.1】　某单独基础埋置深度 $d = 2\text{m}$，基础底面尺寸为 $4\text{m} \times 2\text{m}$，上部结构的荷载 $F = 1168\text{kN}$，地基基础剖面及有关计算指标如图 13.8 所示。试用分层总和法计算地基最终沉降量。

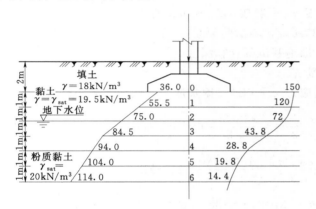

图 13.8　应力分布　　　　　　　图 13.9　压缩曲线

解　（1）地基分层黏土与粉质黏土的分界面及地下水位面须作为计算分层面，同时各分层土厚度均取为 1m。

（2）地基自重应力的计算 σ_{ci} 按 $\sigma_{ci} = \sum \gamma_i h_i$ 分别计算各分层界面处的自重应力。

0 点：$\sigma_c = 18 \times 2 = 36\text{kPa}$

2 点：$\sigma_c = 36 + 19.5 \times 2 = 75\text{kPa}$

4 点：$\sigma_c = 75 + (19.5 - 10) \times 2 = 94\text{kPa}$

各分层界面处自重应力计算结果见表 13.3。

（3）地基附加应力计算 σ_{zi}。

1）计算基底附加压力 p_0

$$p_0 = \frac{F + \gamma_G A d}{A} - \gamma_m d = 150\text{kPa}$$

2）计算地基附加应力 σ_{zi}

0 点：已知 $l/b = 2$，$z/b = 0$，$\alpha = 0.25$；$\sigma_z = 4 \times 0.25 \times 150\text{kPa} = 150\text{kPa}$

2 点：已知 $l/b = 2$，$z/b = 2$，$\alpha = 0.12$；$\sigma_z = 4 \times 0.12 \times 150\text{kPa} = 72\text{kPa}$

4 点：已知 $l/b = 2$，$z/b = 4$，$\alpha = 0.048$；$\sigma_z = 4 \times 0.048 \times 150\text{kPa} = 28.8\text{kPa}$

各分层界面处基础中心点下的地基附加应力计算结果见表 13.3。

表 13.3   地基最终沉降计算表

土层	点号	深度 z_i /m	自重应力 σ_c/kPa	附加应力 σ_z/kPa	层厚 h_i/m	平均自重应力 /kPa	平均附加应力 /kPa	自重应力+附加应力 /kPa	受压前孔隙比 e_{1i}	受压后孔隙比 e_{2i}	s_i /mm	s /mm
黏土	0	0	36	150								
	1	1.0	55.5	120	1.0	46	135	181	0.798	0.733	36.2	
	2	2.0	75	72	1.0	65	96	161	0.790	0.739	28.5	
	3	3.0	84.5	43.8	1.0	80	58	138	0.780	0.748	18	
	4	4.0	94	28.8	1.0	89	36	125	0.775	0.750	14.1	
粉质黏土	5	5.0	104	19.8	1.0	99	24	123	0.895	0.870	13.2	110

注 表中所列深度 z_i 为从基础底面起计算深度。

（4）确定地基沉降计算深度 z_n 一般按 $\sigma_z/\sigma_c \leqslant 0.2$ 的要求确定沉降计算深度。4m 深处，$\sigma_z/\sigma_c = 28.8/94 = 0.3 > 0.2$，不满足要求；5m 深处，$\sigma_z/\sigma_c = 19.8/104 = 0.19 < 0.2$，满足要求。所以，取地基沉降计算深度 $z_n = 5m$。

（5）计算各分层土的变形量 s_i。

1）计算各分层土平均自重应力与平均地基附加应力。例如，第一层土

$$p_1 = \frac{\sigma_{c0} + \sigma_{c1}}{2} = \frac{36 + 55.5}{2} = 46 (kPa)$$

$$\Delta p = \frac{\sigma_{z0} + \sigma_{z1}}{2} = \frac{150 + 120}{2} = 135 (kPa)$$

$$p_2 = p_1 + \Delta p = 46 + 135 = 181 (kPa)$$

其余各层土计算结果列于表 13.3 中。

2）各层土孔隙比的确定。按各分层土 p_1 和 p_2 值从图 13.9 所示的压缩曲线中查取 e_1 和 e_2，结果见表 13.3。

3）各分层土沉降量计算。

$$s_1 = \frac{e_1 - e_2}{1 + e_1} h_1 = \frac{0.798 - 0.733}{1 + 0.798} \times 1000 = 36.2 (mm)$$

其余各分层土沉降量计算结果列于表 13.3 中。

（6）地基最终沉降计算。

$$s = \sum s_i = 36.2 + 28.5 + 18 + 14.1 + 13.2 = 110 (mm)$$

13.2.4 《建筑地基基础设计规范》法

《建筑地基基础设计规范》（GB 50007—2011）提出的地基沉降计算方法（以下简称《规范法》），是一种简化了的分层总和法，对于性质相同的同一土层，只要其压缩性指标相同，只需分为一层即可。它也采用侧限条件 $e-p$ 曲线的压缩性指标，但运用了地基平均附加应力系数 $\bar{\alpha}$ 的新参数，并规定了地基变形计算深度 z_n 的标准，还提出了沉降计算经验系数 ψ_s，使得计算结果接近于实测值。

1. 计算原理

如图 13.10 所示，若基底以下 $z_{i-1}-z_i$ 深度范围第 i 层土的压缩模量为 E_{si}（假设不随深度变化），则可以根据下式计算地基附加应力作用下第 i 层土的沉降量为

$$s_i' = \frac{\bar{\sigma}_{zi}}{E_{si}} h_i$$

式中　$\bar{\sigma}_{zi} h_i$——第 i 层土地基附加应力曲线所包围的面积（图 13.10 中阴影部分），用符号 A_{4356} 表示。

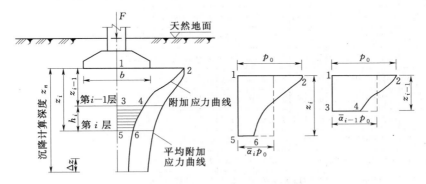

图 13.10　应力面积法计算地基最终沉降量

由图 13.10 可得

$$\bar{\sigma}_{zi} h_i = A_{4356} = A_{2156} - A_{2134} = \int_0^{z_i} \sigma_z \mathrm{d}z - \int_0^{z_{i-1}} \sigma_z \mathrm{d}z$$

而 $\displaystyle\int_0^z \sigma_z \mathrm{d}z = \int_0^z \alpha p_0 \mathrm{d}z = p_0 \left(\frac{1}{z}\int_0^z \alpha \mathrm{d}z\right) z = p_0 \bar{\alpha} z$

式中　α——附加应力系数；

$\bar{\alpha}$——深度 z 范围内的平均附加应力系数，$\bar{\alpha} = \dfrac{1}{z}\displaystyle\int_0^z \alpha \mathrm{d}z$。

因此，$\bar{\sigma}_{zi} h_i = p_0 \bar{\alpha}_i z_i - p_0 \bar{\alpha}_{i-1} z_{i-1} = p_0(\bar{\alpha}_i z_i - \bar{\alpha}_{i-1} z_{i-1})$

$$s' = \sum_{i=1}^n s_i' = \sum_{i=1}^n \frac{\bar{\sigma}_{zi}}{E_{si}} h_i = \sum_{i=1}^n \frac{p_0}{E_{si}}(\bar{\alpha}_i z_i - \bar{\alpha}_{i-1} z_{i-1}) \tag{13.17}$$

式中　n——地基沉降计算深度范围内所划分的土层数；

　　　p_0——基底附加应力，kPa；

　　　E_{si}——基础底面下第 i 层土的压缩模量，kPa 或 MPa；

　　z_i，z_{i-1}——基础底面至第 i 层和第 $i-1$ 层土底面的距离，m；

　$\bar{\alpha}_i$，$\bar{\alpha}_{i-1}$——基础底面至第 i 层和第 $i-1$ 层土底面范围内的平均附加应力系数，可通过查表得出。

必须指出，平均附加应力系数 $\bar{\alpha}$ 表给出的是角点下的平均竖向附加应力系数，见表 13.4 和表 13.5。非角点下的平均附加应力系数 $\bar{\alpha}$ 需采用角点法计算。

表 13.4　　　矩形面积上均布荷载作用下角点的平均附加应力系数ᾱ

z/b \ l/b	1.0	1.2	1.4	1.6	1.8	2.0	2.4	2.8	3.2	3.6	4.0	5.0	10.0
0.0	0.2500	0.2500	0.2500	0.2500	0.2500	0.2500	0.2500	0.2500	0.2500	0.2500	0.2500	0.2500	0.2500
0.2	0.2496	0.2497	0.2497	0.2498	0.2498	0.2498	0.2498	0.2498	0.2498	0.2498	0.2498	0.2498	0.2498
0.4	0.2474	0.2479	0.2481	0.2483	0.2483	0.2484	0.2485	0.2485	0.2485	0.2485	0.2485	0.2485	0.2485
0.6	0.2423	0.2437	0.2444	0.2448	0.2451	0.2452	0.2454	0.2455	0.2455	0.2455	0.2455	0.2455	0.2456
0.8	0.2346	0.2372	0.2387	0.2395	0.2400	0.2403	0.2407	0.2408	0.2409	0.2409	0.2410	0.2410	0.2410
1.0	0.2252	0.2291	0.2313	0.2326	0.2335	0.2340	0.2346	0.2349	0.2351	0.2352	0.2352	0.2353	0.2353
1.2	0.2149	0.2199	0.2229	0.2248	0.2260	0.2268	0.2278	0.2282	0.2285	0.2286	0.2287	0.2288	0.2289
1.4	0.2043	0.2102	0.2140	0.2164	0.2190	0.2191	0.2204	0.2211	0.2215	0.2217	0.2218	0.2220	0.2221
1.6	0.1939	0.2006	0.2049	0.2079	0.2099	0.2113	0.2130	0.2138	0.2143	0.2146	0.2148	0.2150	0.2152
1.8	0.1840	0.1912	0.1960	0.1994	0.2018	0.2034	0.2055	0.2066	0.2073	0.2077	0.2079	0.2082	0.2084
2.0	0.1746	0.1822	0.1875	0.1912	0.1938	0.1958	0.1982	0.1996	0.2004	0.2009	0.2012	0.2015	0.2018
2.2	0.1659	0.1737	0.1793	0.1833	0.1862	0.1883	0.1911	0.1927	0.1937	0.1943	0.1947	0.1952	0.1955
2.4	0.1578	0.1657	0.1715	0.1757	0.1789	0.1812	0.1843	0.1862	0.1873	0.1880	0.1885	0.1890	0.1895
2.6	0.1503	0.1583	0.1642	0.1686	0.1719	0.1745	0.1779	0.1799	0.1812	0.1820	0.1825	0.1832	0.1838
2.8	0.1433	0.1514	0.1574	0.1619	0.1654	0.1680	0.1717	0.1739	0.1753	0.1763	0.1769	0.1777	0.1784
3.0	0.1369	0.1449	0.1510	0.1556	0.1592	0.1619	0.1658	0.1682	0.1698	0.1708	0.1715	0.1725	0.1733
3.2	0.1310	0.1390	0.1450	0.1497	0.1533	0.1562	0.1602	0.1628	0.1645	0.1657	0.1664	0.1675	0.1685
3.4	0.1256	0.1334	0.1394	0.1441	0.1478	0.1508	0.1550	0.1577	0.1595	0.1607	0.1616	0.1628	0.1639
3.6	0.1205	0.1282	0.1342	0.1389	0.1427	0.1456	0.1500	0.1528	0.1548	0.1561	0.1570	0.1583	0.1595
3.8	0.1158	0.1234	0.1293	0.1340	0.1378	0.1408	0.1452	0.1482	0.1502	0.1516	0.1526	0.1541	0.1554
4.0	0.1114	0.1189	0.1248	0.1294	0.1332	0.1362	0.1408	0.1438	0.1459	0.1474	0.1485	0.1500	0.1516
4.2	0.1073	0.1147	0.1205	0.1251	0.1289	0.1319	0.1365	0.1396	0.1418	0.1434	0.1445	0.1462	0.1479
4.4	0.1035	0.1107	0.1164	0.1210	0.1248	0.1279	0.1325	0.1357	0.1379	0.1396	0.1407	0.1425	0.1444
4.6	0.1000	0.1070	0.1127	0.1172	0.1209	0.1240	0.1287	0.1319	0.1342	0.1359	0.1371	0.1390	0.1410
4.8	0.0967	0.1036	0.1091	0.1136	0.1173	0.1204	0.1250	0.1283	0.1307	0.1324	0.1337	0.1357	0.1379
5.0	0.0935	0.1003	0.1057	0.1102	0.1139	0.1169	0.1216	0.1249	0.1273	0.1291	0.1304	0.1325	0.1318
6.0	0.0805	0.0866	0.0916	0.0957	0.0991	0.1021	0.1067	0.1101	0.1126	0.1146	0.1161	0.1185	0.1216
7.0	0.0705	0.0761	0.0806	0.0844	0.0877	0.0904	0.0949	0.0982	0.1008	0.1028	0.1044	0.1071	0.1109
8.0	0.0627	0.0678	0.0720	0.0755	0.0785	0.0811	0.0853	0.0886	0.0912	0.0932	0.0948	0.0976	0.1020
10.0	0.0514	0.0556	0.0592	0.0622	0.0649	0.0672	0.0710	0.0739	0.0763	0.0783	0.0799	0.0829	0.0880
12.0	0.0435	0.0471	0.0502	0.0529	0.0552	0.0573	0.0606	0.0634	0.0656	0.0674	0.0690	0.0719	0.0774
16.0	0.0322	0.0361	0.0385	0.0407	0.0425	0.0442	0.0469	0.0492	0.0511	0.0527	0.0540	0.0567	0.0625
20.0	0.0269	0.0292	0.0312	0.0330	0.0345	0.0359	0.0383	0.0402	0.0418	0.0432	0.0444	0.0468	0.0524

表 13.5　矩形面积上三角形分布荷载作用下的平均附加应力系数 $\bar{\alpha}$

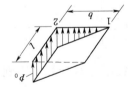

z/b	0.2 点1	0.4 点1	0.4 点2	0.6 点1	0.6 点2	0.8 点1	0.8 点2	1.0 点1	1.0 点2	1.2 点1	1.2 点2	1.4 点1	1.4 点2	1.6 点1	1.6 点2	1.8 点1	1.8 点2	2.0 点1	2.0 点2
0.0	0.0000	0.0000	0.2500	0.0000	0.2500	0.0000	0.2500	0.0000	0.2500	0.0000	0.2500	0.0000	0.2500	0.0000	0.2500	0.0000	0.2500	0.0000	0.2500
0.2	0.0112	0.0140	0.2308	0.0148	0.2333	0.0151	0.2339	0.0152	0.2341	0.0153	0.2342	0.0153	0.2343	0.0153	0.2343	0.0153	0.2343	0.0153	0.2343
0.4	0.0179	0.0245	0.2084	0.0270	0.2153	0.0280	0.2175	0.0285	0.2184	0.0288	0.2187	0.0289	0.2189	0.0290	0.2190	0.0290	0.2190	0.0290	0.2191
0.6	0.0207	0.0308	0.1851	0.0355	0.1966	0.0376	0.2011	0.0388	0.2030	0.0394	0.2039	0.0397	0.2043	0.0399	0.2046	0.0400	0.2047	0.0401	0.2048
0.8	0.0217	0.0340	0.1640	0.0405	0.1787	0.0440	0.1852	0.0459	0.1883	0.0470	0.1899	0.0476	0.1907	0.0480	0.1912	0.0482	0.1915	0.0483	0.1917
1.0	0.0217	0.0351	0.1461	0.0430	0.1624	0.0476	0.1704	0.0502	0.1746	0.0518	0.1769	0.0528	0.1781	0.0534	0.1789	0.0538	0.1794	0.0540	0.1797
1.2	0.0212	0.0351	0.1312	0.0439	0.1480	0.0492	0.1571	0.0525	0.1621	0.0546	0.1649	0.0560	0.1666	0.0568	0.1678	0.0574	0.1684	0.0577	0.1689
1.4	0.0204	0.0344	0.1187	0.0436	0.1356	0.0495	0.1451	0.0534	0.1507	0.0559	0.1541	0.0575	0.1562	0.0586	0.1576	0.0594	0.1585	0.0599	0.1591
1.6	0.0195	0.0333	0.1082	0.0427	0.1247	0.0490	0.1345	0.0533	0.1405	0.0561	0.1443	0.0580	0.1467	0.0593	0.1484	0.0603	0.1494	0.0609	0.1502
1.8	0.0186	0.0321	0.0993	0.0415	0.1153	0.0480	0.1252	0.0525	0.1313	0.0556	0.1354	0.0578	0.1381	0.0593	0.1400	0.0604	0.1413	0.0611	0.1422
2.0	0.0178	0.0308	0.0917	0.0401	0.1071	0.0467	0.1169	0.0513	0.1232	0.0547	0.1274	0.0570	0.1303	0.0587	0.1324	0.0599	0.1338	0.0608	0.1348
2.5	0.0157	0.0276	0.0769	0.0365	0.0908	0.0429	0.1000	0.0478	0.1063	0.0513	0.1107	0.0540	0.1139	0.0560	0.1163	0.0575	0.1180	0.0586	0.1193
3.0	0.0140	0.0248	0.0661	0.0330	0.0786	0.0392	0.0871	0.0439	0.0931	0.0476	0.0976	0.0503	0.1008	0.0525	0.1033	0.0541	0.1052	0.0554	0.1067
5.0	0.0097	0.0175	0.0424	0.0236	0.0476	0.0285	0.0576	0.0324	0.0624	0.0356	0.0661	0.0382	0.0690	0.0403	0.0714	0.0421	0.0734	0.0435	0.0749
7.0	0.0073	0.0133	0.0311	0.0180	0.0352	0.0219	0.0427	0.0251	0.0465	0.0277	0.0496	0.0299	0.0520	0.0318	0.0541	0.0333	0.0558	0.0347	0.0572
10.0	0.0053	0.0097	0.0222	0.0133	0.0253	0.0162	0.0308	0.0186	0.0336	0.0207	0.0359	0.0224	0.0379	0.0239	0.0395	0.0252	0.0409	0.0263	0.0403

2. 沉降计算经验系数 ψ_s

由于 s' 计算公式推导做了近似假定，难以综合反映某些复杂因素的影响。将计算结果与大量沉降观测资料结果比较发现，低压缩性的地基土，s' 计算值偏大；高压缩性地基土，s' 计算值偏小。为此，引入沉降计算经验系数 ψ_s，对式（13.17）进行修正，即

$$s = \psi_s s' = \psi_s \sum_{i=1}^{n} s'_i = \psi_s \sum_{i=1}^{n} \frac{p_0}{E_{si}}(\overline{\alpha_i} z_i - \overline{\alpha_{i-1}} z_{i-1}) \tag{13.18}$$

式中　s——地基最终沉降量，cm 或 mm；

　　　ψ_s——沉降计算经验系数，根据地区沉降观测资料及经验确定，无地区经验时，也可按表 13.6 取用。

表 13.6　　　　　　　　　　　沉降计算经验系数 ψ_s

$\overline{E}_s$/MPa 基底附加压力	2.5	4.0	7.0	15.0	20.0
$p_0 \geqslant f_{ak}$	1.4	1.3	1.0	0.4	0.2
$p_0 \leqslant 0.75 f_{ak}$	1.1	1.0	0.7	0.4	0.2

注　f_{ak} 为地基承载力特征值。

表 13.6 中 $\overline{E}_s$ 为沉降计算深度范围内压缩模量的当量值，由式（13.19）计算，即

$$\overline{E}_s = \frac{\sum \Delta A_i}{\sum \dfrac{\Delta A_i}{E_{si}}} = \frac{p_0 z_n \overline{\alpha_n}}{s'} \tag{13.19}$$

式中　ΔA_i——第 i 层土地基附加应力面积；

　　　z_n——地基沉降计算深度；

　　　$\overline{\alpha_n}$——地基沉降计算深度对应的平均附加应力系数。

3. 沉降计算深度 z_n

《建筑地基基础设计规范》（GB 50007—2011）规定，沉降计算深度 z_n 采用"变形比"法通过试算确定。具体方法如下：由假定的沉降计算深度向上取按表 13.7 规定的计算厚度 Δz，计算 Δz 厚度范围的变形量 $\Delta s'_n$，此变形量应满足

$$\Delta s'_n \leqslant 0.025 \sum_{i=1}^{n} s'_i \tag{13.20}$$

式中　$\Delta s'_n$——自假定的沉降计算深度往上 Δz 厚度范围内的沉降量（包括考虑相邻荷载的影响），cm 或 mm。

表 13.7　　　　　　　　　　　　　Δz 值

b/m	$b \leqslant 2$	$2 < b \leqslant 4$	$4 < b \leqslant 8$	$b > 8$
Δz/m	0.3	0.6	0.8	1.0

在实际工程中，确定沉降计算深度 z_n 应注意以下问题。

（1）如确定的沉降计算深度下仍有较软弱土层时，应继续往下进行计算，直到满足式（13.20）为止。

（2）当无相邻荷载影响，基础宽度在 $1\sim30\mathrm{m}$ 范围内时，地基沉降计算深度也可按式（13.21）计算，即

$$z_n = b(2.5 - 0.4\ln b) \tag{13.21}$$

式中　b——基础宽度，m。

（3）在沉降计算深度 z_n 范围内存在基岩时，z_n 取至基岩表面。

4. 计算步骤

（1）地基土分层。仅取天然土层层面及地下水位处作为土层的分层界面。

（2）计算基底附加压力 p_0。

（3）计算各分层土的沉降量 s_i'。首先，根据地基条件先假设沉降计算深度或按式（13.21）预估沉降计算深度 z_n。然后，按式（13.17）计算各分层土的沉降量 s_i'。

（4）确定地基沉降计算深度 z_n。采用"变形比法"确定，即要满足 $\Delta s_n' \leqslant 0.025\sum\limits_{i=1}^{n} s_i'$。如不满足，再改变沉降计算深度，重复步骤（3），直至满足要求为止。

（5）确定沉降计算经验系数 ψ_s。首先，由式（13.19）计算沉降计算深度范围内压缩模量的当量值 $\overline{E}_s$；然后根据 $\overline{E}_s$ 由表 13.6 确定沉降计算经验系数 ψ_s。

（6）将各分层土的沉降量叠加计算 s'，然后由式（13.18）计算地基的最终沉降量 s。

【例 13.2】　某柱基础已知荷载 $F = 1176\mathrm{kN}$，基础底面尺寸 $4\mathrm{m}\times2\mathrm{m}$，基础埋深 $d = 1.5\mathrm{m}$，地基基础剖面图如图 13.11 所示，试用"规范法"计算地基的最终沉降量。（设 $p_0 = f_{\mathrm{ak}}$）

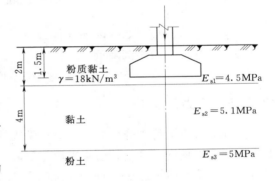

图 13.11　例 13.2 图

解　（1）地基分层按地基土层的天然分层暂将地基土层分为 3 层，即粉质黏土层、黏土层、粉土层。

（2）计算基底附加压力 p_0。

$$p_0 = \frac{F+G}{A} - \gamma_{\mathrm{m}}d = \left(\frac{1176 + 20\times4\times2\times1.5}{4\times2} - 18\times1.5\right)\mathrm{kPa} = 150\mathrm{kPa}$$

（3）计算各分层土的沉降量 s_i'。

1）预估沉降计算深度 z_n

$$z_n = b(2.5 - 0.4\ln b) = [2\times(2.5 - 0.4\ln 2)] \approx 4.5\,(\mathrm{m})$$

按该深度，沉降量计算至黏土层底面。

2）各分层土的沉降量 s_i' 由式 $s_i' = \dfrac{p_0}{E_{si}}(\overline{\alpha}_i z_i - \overline{\alpha}_{i-1} z_{i-1})$ 计算。

对于基础底面下第一层粉质黏土层：$z_1 = 0.5\mathrm{m}$，$z_0 = 0$

$l/b = 2$，$z_1/b = 0.5$，得 $\overline{\alpha}_1 = 4\times0.2468 = 0.9872$

$l/b = 2$，$z_0/b = 0$，得 $\overline{\alpha}_0 = 4\times0.25 = 1.0$

所以，粉质黏土层沉降量为

$$s_i' = \frac{p_0}{E_{s1}}(\bar{\alpha}_1 z_1 - \bar{\alpha}_0 z_0) = \frac{150}{4.5 \times 10^3}(0.9872 \times 0.5 - 1.0 \times 0)\text{mm} = 16.45\text{mm}$$

其他各分层土的沉降量计算见表 13.8。

表 13.8　　　　　　　规范法计算地基最终沉降量

点号	z_i/m	l/b	z_i/b	$\bar{\alpha}_i$	$z_i\bar{\alpha}_i$ /mm	$z_i\bar{\alpha}_i - z_{i-1}\bar{\alpha}_{i-1}$ /mm	s_i' /mm	s' /mm	$\Delta s_n'/s' \leqslant 0.025$
0	0		0	1.000	0				
1	0.5	2	0.5	0.9872	493.60	493.60	16.45		
2	4.2		4.2	0.5276	2215.92	1722.32	50.66		
3	4.5		4.5	0.5040	2268.00	52.0	1.53	68.64	0.022

（4）确定沉降计算深度 z_n。根据规范规定，由 $b=2$ 查表 13.7，查出 $\Delta z = 0.3\text{m}$，计算出 $\Delta s_n' = 1.53\text{mm}$，$\Delta s_n'/s' = 1.53/68.64 = 0.022 \leqslant 0.025$，表明 $z_n = 4.5\text{m}$ 符合要求。

（5）确定沉降经验系数 ψ_s。

$$\overline{E}_s = \frac{\sum \Delta A_i}{\sum \dfrac{\Delta A_i}{E_{si}}} = \frac{p_0 z_n \bar{\alpha}_n}{s'} = \frac{150 \times 4.5 \times 4 \times 0.126}{(16.45 + 50.66 + 1.53) \times 10^{-3}}\text{kPa} = 5\text{MPa}$$

由 $p_0 = f_{ak}$，由表 13.6 内插求得 $\psi_s = 1.2$

（6）计算地基最终沉降量。

$$s = \psi_s s' = 1.2 \times 68.64\text{mm} = 82.4\text{mm}。$$

13.2.5　应力历史法

土按应力历史可划分为 3 类，即正常固结土、超固结土和欠固结土。按应力历史法计算基础最终沉降量，通常采用分层总和法的侧限条件单向压缩公式，但 3 类固结土的压缩性指标由 $e - \lg p$ 曲线确定，即从原始压缩曲线或原始再压缩曲线中确定。

1. 正常固结土的沉降

计算正常固结土的沉降时，由原始压缩曲线确定的压缩指数 C_c，按下列公式计算固结沉降 s_c（图 13.12），即

$$s_c = \sum_{i=1}^{n} \varepsilon_i H_i \qquad (13.22)$$

式中　ε_i——第 i 分层的压缩应变；

H_i——第 i 分层的厚度。

因为

$$\varepsilon_i = \frac{\Delta e_i}{1 + e_{0i}} = \frac{1}{1 + e_{0i}}C_{ci}\lg\frac{p_{1i} + \Delta p_i}{p_{1i}}$$

所以

$$s_c = \sum_{i=1}^{n} \frac{H_i}{1 + e_{0i}}C_{ci}\lg\frac{p_{1i} + \Delta p_i}{p_{1i}}$$

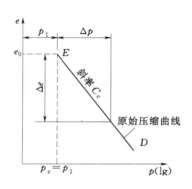

图 13.12　正常固结土的孔隙比变化

$$(13.23)$$

式中　Δe_i——从原始压缩曲线确定的第 i 层土的孔隙比变化；

$\qquad C_{ci}$——从原始压缩曲线上确定的第 i 层土的压缩指数；

$\qquad p_{1i}$——第 i 层土自重应力的平均值，$p_{1i}=(\sigma_{ci}+\sigma_{c(i-1)})/2$；

$\qquad \Delta p_i$——第 i 层土附加应力的平均值，$\Delta p_i=(\sigma_{zi}+\sigma_{z(i-1)})/2$；

$\qquad e_{0i}$——第 i 层土的初始孔隙比。

2. 超固结土的沉降

计算超固结土的沉降时，由原始压缩曲线和原始再压缩曲线分别确定土的压缩指数 C_c 和回弹指数 C_e（图 13.13）。

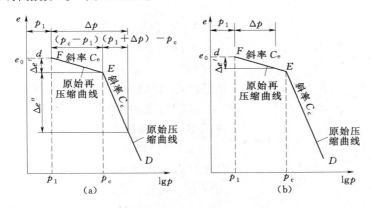

图 13.13　超固结土的孔隙比变化

计算时应按下列两种情况区别对待：

（1）如果某分层土的有效应力增量 $\Delta p>(p_c-p_1)$，则分层土的孔隙比将先沿着原始再压缩曲线 FE 段减少 $\Delta e'$，然后沿着原始压缩曲线 ED 段减少 $\Delta e''$，即相应于 Δp 引起的孔隙比变化 Δe 应等于这两部分之和（图 13.13（a））。其中第一部分的孔隙比变化为

$$\Delta e'=C_e\lg\left(\frac{p_c}{p_1}\right) \qquad (13.24a)$$

式中　C_e——回弹指数。

第二部分的孔隙比变化为

$$\Delta e''=C_c\lg\left[\frac{(p_1+\Delta p)}{p_c}\right] \qquad (13.24b)$$

式中　C_c——压缩指数。

因此，总的孔隙比变化 Δe 为

$$\Delta e=\Delta e'+\Delta e''=C_e\lg\left(\frac{p_c}{p_1}\right)+C_c\lg\left[\frac{(p_1+\Delta p)}{p_c}\right] \qquad (13.24c)$$

所以，对于 $\Delta p>(p_c-p_1)$ 的各分层的固结沉降量的总和 s_{cn} 为

$$s_{cn}=\sum_{i=1}^{n}\frac{H_i}{1+e_{0i}}\left\{C_{ei}\lg\left(\frac{p_{ci}}{p_{1i}}\right)+C_{ci}\lg\left[\frac{(p_{1i}+\Delta p_i)}{p_{ci}}\right]\right\} \qquad (13.25)$$

式中　n——分层计算沉降时，压缩土层中 $\Delta p>(p_c-p_1)$ 的层数；

$\qquad p_{ci}$——第 i 层土的先期固结压力。

（2）如果分层土的有效应力增量 $\Delta p\leqslant(p_c-p_1)$，则分层土的孔隙比变化 Δe 只

沿着再压缩曲线 FE 发生 [图 13.13 （b）]，其大小为

$$\Delta e = C_e \lg\left[\frac{(p_1 + \Delta p)}{p_1}\right] \tag{13.26}$$

因此，对于 $\Delta p \leqslant (p_c - p_1)$ 的各分层的固结沉降量总和 s_{cm} 为

$$s_{cm} = \sum_{i=1}^{m} \frac{H_i}{1 + e_{0i}} \left\{C_{ei} \lg\left[\frac{(p_{1i} + \Delta p_i)}{p_{1i}}\right]\right\} \tag{13.27}$$

式中 m——分层计算沉降时压缩土层中 $\Delta p \leqslant (p_c - p_1)$ 的层数。

综上所述，地基土总的固结沉降 s_c 为上述两部分之和，即

$$s_c = s_{cn} + s_{cm} \tag{13.28}$$

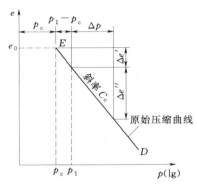

图 13.14 欠固结土的孔隙比变化

3. 欠固结土的沉降

欠固结土的沉降包括由于地基附加应力所引起的沉降，以及原有土自重应力作用下的固结还没有达到稳定的那一部分沉降。

欠固结土的孔隙比变化，可近似地按与正常固结土一样的方法求得原始压缩曲线确定（图 13.14）。因此，这种土的固结沉降等于在土自重应力作用下继续固结的那一部分沉降与附加应力引起的沉降之和，计算公式为

$$s_c = \sum_{i=1}^{n} \frac{H_i}{1 + e_{0i}} \left\{C_{ci} \lg\left[\frac{(p_{1i} + \Delta p_i)}{p_{ci}}\right]\right\} \tag{13.29}$$

式中 p_{ci}——第 i 层土的实际有效压力，小于土的自重应力 p_{1i}。

尽管欠固结土并不常见，在计算固结沉降时，必须考虑土自重应力作用下继续固结所引起的那一部分沉降；否则，若按照正常固结土计算，所得结果将远小于实测的沉降量。

13.2.6 次固结沉降

次固结沉降被认为与土的骨架蠕变有关，它是在超静孔隙水压力已经消散、有效应力增长基本不变之后仍随时间而缓慢增长的压缩。在次固结沉降过程中，土的压缩变化速率与孔隙水从土中流出速率无关，即次固结沉降的时间与土层厚度无关。次固结沉降与固结沉降相比起来是不重要的，可是对于软黏土，尤其是土中含有一些有机质（如胶态腐殖质等），或是在深处可压缩土层中当压力增量比（指土中附加应力与自重应力之比）较小的情况下，次固结沉降必须引起注意。根据曾国熙等在 1994 年的研究成果，次固结沉降在总沉降中所占的比例一般都小于 10%（按 50 年计）。

许多室内试验和现场测试的结果都表明，在主固结完成之后发生的次固结的大小与时间关系在半对数图上接近于一条直线，如图 13.15 所示，因而次固结引起的孔隙比变化可近似的表示为

$$\Delta e = C_a \lg\frac{t}{t_1} \tag{13.30}$$

式中　C_{α}——半对数图上直线段的斜率，称为次固结系数；

　　　　t——所求次固结沉降的时间，从施加荷载瞬时算起，$t > t_1$；

　　　　t_1——相当于主固结度为 100% 的时间，根据 e-$\lg t$ 曲线外推而得（图 13.12）。

地基土层单向压缩的次固结沉降的计算公式为

$$s_{\mathrm{s}} = \sum_{i=1}^{n} \frac{H_i}{1 + e_{0i}} C_{\alpha i} \lg \frac{t}{t_1} \tag{13.31}$$

根据许多室内和现场试验结果，C_{α} 主要取决于土的天然含水量 ω，近似计算时取 $C_{\alpha} = 0.018\omega$。

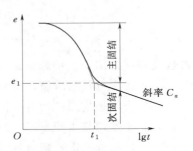

图 13.15　次固结沉降计算时的 e-$\lg t$ 曲线

13.3　土的固结理论

太沙基提出的有效应力原理和一维固结理论是土固结理论的基础，在土力学理论中有很重要的地位。一维固结，就是孔隙水在单向渗流、土体在单向压缩的过程，又称为单向固结。Rendulic（1935）在太沙基一维固结理论的基础上将固结理论推广到二维和三维，但不是精确解。Biot（1940）考虑土体在固结过程中孔隙水压力消散和土骨架变形之间的耦合关系，提出了 Biot 固结理论。Biot 提出的固结理论在原理上更为合理完整，但在计算上较为复杂，通常通过数值方法进行求解。这些固结理论针对的都是饱和土体的固结，土中孔隙水的渗流满足达西定律，土体的变形为弹性小变形。后来，许多学者也开始研究非饱和土体、大变形、非达西渗流等复杂情况下的固结理论。

13.3.1　太沙基一维固结理论

一维固结是指孔隙水渗流和土体压缩都只在一个方向的固结，在实际工程中并不存在一维固结，在室内侧限压缩试验中，试样的固结接近于一维固结问题。

1. 基本假定与固结模型

饱和土的渗透固结模型如图 13.16 所示，图中弹簧单元代表土骨架，水代表孔隙水，活塞上的孔洞代表土的渗透性，容器壁光滑。基于有效应力原理即可建立太沙基一维固结过程，如图 13.17 所示。

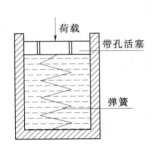

图 13.16　饱和土的渗透固结模型

试样不受外荷载作用时，土骨架承受的有效应力和超静孔隙水压力都为 0。当荷载 p 加到试样上的瞬时，孔隙水还不能被排出，土骨架还未被压缩，此时外荷载全部由孔隙水承担，产生的超静孔隙水压力 $u = p$。在荷载的不断作用下，孔隙水逐渐被排出，孔隙水承担的孔压逐渐降低，土骨架承担的有效应力逐渐增加。在整个过程中模型都满足有效应力原理，施加的总应力等于弹簧承担的有效应力加上孔隙水承担的孔隙水压力，即 $p = u + \sigma'$。当模型中水承担的超静孔隙水压力完全消散，水不

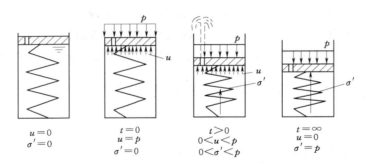

图 13.17　太沙基一维固结模型

再从孔隙中排出，全部外荷载都由有效应力承担，此时 $\sigma'=p$，$u=0$。

为了便于分析与求解，太沙基作出了一系列简化的假定。

（1）土体是均质的，各向同性的，完全饱和的。

（2）土颗粒与水均是不可压缩的介质。

（3）外荷载一次性瞬时加载到土体上，在固结的过程中保持不变。

（4）土体应力与应变存在线性关系，土的压缩系数 a 在固结过程中保持不变。

（5）土中的渗流满足达西定律，土的渗透系数 k 在固结过程中保持不变。

（6）在外荷载的作用下，土体只发生上下方向上的渗流和压缩。

（7）土体的固结变形是小变形，且变形完全是由于孔隙水排出引起的。

基于上述假设和固结模型，太沙基建立了一维固结方程。

2. 太沙基固结方程及求解

根据固结模型，在图 13.18 所示的土层深度 z 处取一单元体 $dxdydz$ 进行分析。

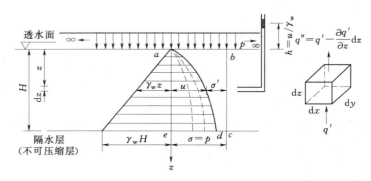

图 13.18　土体单元固结的示意图

不同时刻土体的孔隙水压力是不同的。同时，由于土骨架对孔隙水渗流的阻碍作用，不同深度的孔隙水压力是不同的。所以，认为超静孔隙水压力是深度和时间的函数，定义为

$$u=u(z,t) \tag{13.32}$$

由于固结过程中，单元体 $dxdydz$ 在 dt 时间内在竖直方向上的排水量等于单元体在 dt 时间内的压缩量。单元体在 dt 时间的排水量 dQ 为

$$dQ=\frac{\partial v}{\partial z}dxdydzdt \tag{13.33}$$

根据达西定律，水在土体中的渗流速度可通过式（13.34）计算，即

$$v = ki = \frac{k}{\gamma_w}\frac{\partial u}{\partial z} \tag{13.34}$$

式中　i——水力梯度；

　　　k——渗透系数；

　　　γ_w——水的重度。

将式（13.34）代入式（13.33）中，可得

$$dQ = \frac{k}{\gamma_w}\frac{\partial^2 u}{\partial z^2}dxdydzdt \tag{13.35}$$

单元体 $dxdydz$ 在 dt 时间内的压缩量（体积变化量）为

$$dV = \frac{\partial}{\partial t}\left(\frac{e}{1+e_0}\right)dxdydzdt \tag{13.36}$$

式中　e——t 时刻土体的孔隙比；

　　　e_0——土体的初始孔隙比。

土体孔隙变化量与土体受到的有效应力变化量有关，可通过压缩曲线得到，即

$$a = -\frac{\partial e}{\partial \sigma'} \tag{13.37}$$

式中　a——侧限压缩系数；

　　　σ'——有效应力。

将式（13.37）代入式（13.36），并依据有效应力原理 $\sigma = u + \sigma'$，可得

$$dV = \frac{a}{1+e_0}\left(\frac{\partial u}{\partial t}\right)dxdydzdt \tag{13.38}$$

由 $dQ = dV$ 可得

$$\frac{k}{\gamma_w}\frac{\partial^2 u}{\partial z^2}dxdydzdt = \frac{a}{1+e_0}\left(\frac{\partial u}{\partial t}\right)dxdydzdt \tag{13.39}$$

化简得

$$\frac{k(1+e_0)}{a\gamma_w}\frac{\partial^2 u}{\partial z^2} = \frac{\partial u}{\partial t} \tag{13.40}$$

由于体积压缩系数 $m_V = \dfrac{a}{1+e_0}$，代入可得

$$\frac{k}{m_V\gamma_w}\frac{\partial^2 u}{\partial z^2} = \frac{\partial u}{\partial t} \tag{13.41}$$

定义 $\dfrac{k(1+e_0)}{a\gamma_w}$ 或 $\dfrac{k}{m_V\gamma_w}$ 为固结系数，用 C_V 表示。由于 k 和 γ_w 为常数，C_V 也是常数。式（13.40）和式（13.41）可写为

$$C_V\frac{\partial^2 u}{\partial z^2} = \frac{\partial u}{\partial t} \tag{13.42}$$

式（13.42）即为太沙基一维固结微分方程，反映了超静孔隙水压力 u 与位置 z 和时间 t 的函数关系。基于数学物理方法，根据给定的初始条件和边界条件，可以求解该微分方程表达式。得到的解析解即为超静孔隙水压力随时间和深度的变化

方程。

　　根据图 13.18 可知，土层在顶面排水，底面不排水。则在固结过程中，顶面的超静孔隙水压力一直为 0，而底面的孔隙水压力对深度的系数为零。由此得到边界条件为

$$u = 0 \quad (z = 0, t > 0)$$
$$\frac{\partial u}{\partial z} = 0 \quad (z = H, t > 0)$$

$$(13.43)$$

　　当荷载加到土层上的瞬时时刻，土体的总应力完全由超静孔隙水压力承担。随着孔隙水的排出，超静孔隙水压力逐渐减小，土骨架上的有效应力逐渐增大。到超静孔隙水压力完全消散时，总应力完全由有效应力承担。由此得到初始条件为

$$u = p \quad (t = 0, 0 \leqslant z \leqslant H)$$
$$u = 0 \quad (t = \infty, 0 \leqslant z \leqslant H)$$

$$(13.44)$$

　　采用分离变量法求解一维固结微分方程。令

$$u = F(z) \cdot G(t) \tag{13.45}$$

　　将式（13.45）代入一维固结微分方程中，可得

$$\frac{F''(z)}{F(z)} = \frac{1}{C_V} \frac{G'(t)}{G(t)} \tag{13.46}$$

　　由此可得

$$\frac{F''(z)}{F(z)} = \frac{1}{C_V} \frac{G'(t)}{G(t)} = \text{const} \tag{13.47}$$

　　令常数为 $-A^2$，可得

$$F(z) = C_1 \cos Az + C_2 \sin Az$$
$$G(t) = C_3 \exp(-A^2 C_V t)$$

$$(13.48)$$

　　将式（13.48）代入 $u = F(z) \cdot G(t)$ 可得

$$u = (C_1 \cos Az + C_2 \sin Az) \, C_3 \exp(-A^2 C_V t)$$
$$= (C_4 \cos Az + C_5 \sin Az) \exp(-A^2 C_V t)$$

$$(13.49)$$

　　代入初始条件和边界条件，即可得到超静孔隙水压力的具体形式为

$$u = \frac{4p}{\pi} \sum_{m=1}^{\infty} \frac{1}{m} \left(\sin \frac{m\pi z}{2H} \right) \exp\left(-\frac{m^2 \pi^2 C_V t}{4H^2} \right) \tag{13.50}$$

　　令 $T_V = \dfrac{C_V t}{H^2}$，定义为时间因数，则可得

$$u = \frac{4p}{\pi} \sum_{m=1}^{\infty} \frac{1}{m} \left(\sin \frac{m\pi z}{2H} \right) \exp\left(-\frac{m^2 \pi^2 T_V}{4} \right) \quad m = 1, 3, 5, 7, 9 \cdots \tag{13.51}$$

式中　H——排水最长距离，当土层为单面排水时，H 等于土层的厚度，当土层为双面排水时，H 等于土层的厚度的一半。

　　根据式（13.51）即可求得任意时刻 t、任意深度 z 处的超静孔隙水压力 u。

3. 固结度与平均固结度

　　为了研究土层中超静孔隙水压力消散的程度，常应用固结度概念。固结度指的是土体在特定荷载作用下超静孔隙水压力消散量与初始超静孔隙水压力的比值，可以反映土体固结完成的程度，所以称为固结度。土中 z 深度处的固结度 U_z 可按式

（13.52）计算，即

$$U_z = \frac{u_0 - u}{u_0} = \frac{\sigma - u}{\sigma} = \frac{\sigma'}{\sigma} \tag{13.52}$$

由于初始时的超静孔隙水压力等于总应力，所以固结度也可以转变为有效应力与总应力的比值。

将超静孔隙水压力的解析解代入固结度的计算公式中可得

$$U_z = 1 - \frac{u}{p} = 1 - \frac{4}{\pi} \sum_{m=1}^{\infty} \frac{1}{m} \left(\sin \frac{m\pi z}{2H} \right) \exp\left(-\frac{m^2 \pi^2 T_V}{4} \right) \tag{13.53}$$

由式（13.53）可知，土体的固结度随深度而变化。时间因数 T_V 不同，固结度与深度的关系不同。

对于实际工程更有意义的是整个土层的平均固结度。平均固结度定义为土层在特定荷载作用下，经过时间 t 后所产生的固结变形量 S_{ct} 与最终固结变形量 S_c 的比值。可通过式（13.54）计算，即

$$U = \frac{S_{ct}}{S_c} = \frac{\int_0^H m_V (u_0 - u) \mathrm{d}z}{\int_0^H m_V u \mathrm{d}z} = \frac{Hm_V p - m_V \int_0^H u \mathrm{d}z}{Hm_V p}$$

$$= 1 - \frac{\int_0^H u \mathrm{d}z}{Hp} = 1 - \frac{u_t}{p} \tag{13.54}$$

将超静孔隙水压力的解析解代入式（13.54）可得平均固结度为

$$U = 1 - \frac{8}{\pi^2} \sum_{m=1}^{\infty} \frac{1}{m^2} \exp\left(\frac{-m^2 \pi^2 T_V}{4} \right) \tag{13.55}$$

式（13.55）的级数收敛很快，通常只需取前几项近似计算。一般情况下，当平均固结度大概在 30% 以上时，可以只考虑第一项，即只取 $m=1$ 进行计算，可得

$$U = 1 - \frac{8}{\pi^2} \exp\left(\frac{-\pi^2 T_V}{4} \right) \tag{13.56}$$

由此得到土层的平均固结度是时间因数 T_V 的单值函数，即

$$U = f(T_V) \tag{13.57}$$

由式（13.57）可知，若两层土体的性质相同（固结系数 C_V 相同），附加应力的分布形式相同，排水条件也相同，但土层的厚度不同。两层土体要达到相同的固结度时，时间因数 T_V 相等即可。由于时间因数只与土层厚度和固结时间有关，所以两土层达到相同的固结度所需的时间一定是不同的。

4. 附加应力分布不同的情况

厚度为 H 的土层内附加应力并不一定都是相等的，而可能是以其他形式分布的，图 13.19 所示为几种常见线性分布形式。

定义线性分布形式的特征参数 α 为顶面透水层的附加应力 σ_z' 与底面不透水层的附加应力 σ_z'' 的比值，即

$$\alpha = \frac{\sigma_z'}{\sigma_z''} \tag{13.58}$$

土层附加应力分布形式不同，α 值不同，超静孔隙水压力的解析解也不同，由此计算的土层的平均固结度也不相同。前面超静孔隙水压力和固结度的解答对应的

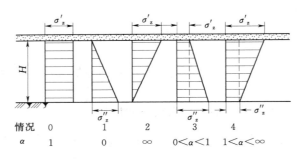

图 13.19　附加应力的线性分布形式

即为图 13.19 第一种分布（情况 0）的结果。附加应力分布形式的不同间接导致的是初始超静孔隙水压力的分布形式不同。造成的影响是孔隙水压力的初始值 u_0 并不等于常数，而是与深度有关的函数，太沙基一维固结微分方程的初始条件改变。以图 13.19 中情况 1 为例，此时的边界条件不变，初始条件变为

$$u = \sigma_z'' \frac{z}{H} \quad (t=0, 0 \leqslant z \leqslant H)$$
$$u = 0 \qquad (t=\infty, 0 \leqslant z \leqslant H)$$

(13.59)

根据初始条件和边界条件对一维固结微分方程［式（13.42）］求解，解答的过程在这里略去。可得到平均固结度的结果为

$$U = 1 - \frac{32}{\pi^3} \sum_{n=1}^{\infty} \frac{(-1)^{n-1}}{(2n-1)^3} \exp\left[-(2n-1)\frac{2\pi^2 T_V}{4}\right] \quad n=1,2,3,4,\cdots$$

(13.60)

实际上，附加应力不以线性形式分布，而以半正弦、正弦、半圆、折线的形式分布时，也可以按照相同的思路进行求解。只需把初始时超静孔隙水压力用深度 z 的函数表示，改变初始条件，对一维固结微分方程进行求解即可。

由于固结微分方程是线性函数，因此它们的解可以进行叠加。即在某种分布形式附加应力作用下，任一历时内均质土层的压缩变形量等于由此附加应力分布图形组成部分在相同时间内引起压缩变形量的代数和。例如，图 13.19 中情况 0 引起的沉降量等于情况 1 和情况 2 引起的沉降量的和，或情况 2 引起的沉降量等于情况 0 与情况 1 引起的沉降量的差值。图 13.19 中各种分布形式附加应力作用下的平均固结度均可用情况 0 和情况 1 的平均固结度表示，即

$$U = \frac{(1-\alpha)U_T + 2\alpha U_R}{1+\alpha}$$

(13.61)

式中　U_R——均匀分布附加应力下的土层平均固结度，可通过式（13.56）求解；

　　　U_T——三角形分布附加应力下的土层平均固结度，可通过式（13.60）求解。

5. 固结系数 C_v 的确定方法

固结系数是求解固结问题的重要参数。土层厚度确定后，时间因数只与固结系数和时间有关。土的固结度则由固结系数控制，固结系数越大土的固结越快，确定固结系数具有重要的意义。定义固结系数的表达式为

$$C_V = \frac{k(1+e_0)}{a\gamma_w} = \frac{k}{m_V\gamma_w} \tag{13.62}$$

式中，压缩系数和体积压缩系数的值不是确定的，按式（13.62）确定固结系数会有一定的困难，引入的误差也较大。

土单向固结情况下，当固结度 $U < 0.6$ 时，理论固结曲线近似为抛物线，因此可以通过半图解法直接从一级荷载作用下的试验固结曲线得到 C_V 的值，广泛使用的方法有时间平方根拟合法和时间对数拟合法。

（1）时间平方根拟合法。

在一维固结条件下，当固结度 $U < 0.6$ 时，固结度与时间因数之间的关系近似为抛物线，可近似表示为

$$T_V = \frac{\pi}{4}U^2 \tag{13.63}$$

式（13.63）两边开方可得

$$U = \sqrt{\frac{4}{\pi}T_V} = 1.128\sqrt{T_V} \tag{13.64}$$

因此，固结度与时间因数的平方根成线性关系。

以固结度 U 为纵坐标，以时间因数的开方 $\sqrt{T_V}$ 为横坐标，将式（13.55）和式（13.64）在同一张图上绘制出来，如图 13.20（a）所示。图中，直线 OA_1 代表式（13.64），而曲线 OA 代表式（13.55）。当 $U < 0.6$，两条直线可以很好地吻合。当固结度 $U = 0.9$ 时，式（13.64）计算出 $T_V = 0.636$，$\sqrt{T_V} = 0.798$；由式（13.55）计算出 $T_V = 0.848$，$\sqrt{T_V} = 0.921$。通过原点分别作经过点（0.921，0.9）和点（0.798，0.9）的两条直线，一条与 OA_1 重合，另一条为曲线 OA 经过点 O 和点（0.921，0.9）的割线。两条直线斜率的比值为 $0.921/0.798 = 1.15$。当 $U = 0.9$ 时，理论固结曲线对应的横坐标值 $\sqrt{T_{V90}}$ 是近似固结曲线对应横坐标值的 1.15 倍。

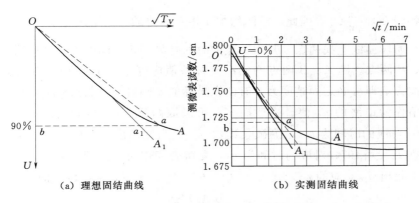

图 13.20　时间平方根拟合法计算示意图

在坐标系上绘制出压缩试验实测的试样高度与 $\sqrt{t}$ 的关系曲线，如图 13.20（b）所示。实测固结曲线前段近似直线，延长与纵轴交于 O' 点，坐标为（0，d_0），这里的 d_0 即为理想直线与实测固结曲线在初始时的差值，对应的就是初始时的瞬时变形。过 O' 点作一条斜率为试验曲线直线段斜率 1.15 倍的直线。直线与试验固结

曲线交于点 a。读出点 a 的横坐标值即为固结度为 0.9 时的时间开方 $\sqrt{t_{90}}$。

由 $T_V = \dfrac{C_V t}{H^2}$ 可得

$$C_V = \frac{T_V H^2}{t} \tag{13.65}$$

代入 $T_{V90} = 0.848$ 和 t_{90} 即可求解出固结系数的值，计算式为

$$C_V = \frac{0.848 H^2}{t_{90}} \tag{13.66}$$

（2）时间对数拟合法。

常规压缩试验过程中，在某级荷载作用下，测微表的读数 d 与时间 t 的对数的关系如图 13.21 所示。基于此类压缩变形与时间对数关系曲线确定固结系数的方法，即为时间对数拟合法。

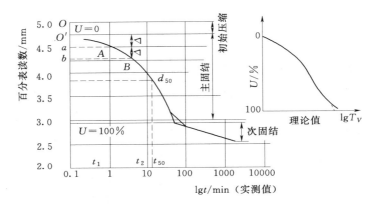

图 13.21　时间对数拟合法计算示意图

图 13.21 中的曲线大概可以分成 3 段，第一段为曲线段，中间段和第三段为直线段，两个直线段间存在一过渡曲线段。由上述可知，固结度小于 0.6 时，曲线近似为抛物线 $T_V = \dfrac{\pi}{4} U^2$。因此，沉降增加 1 倍，需要的时间增加 3 倍。

在初始段曲线上找两点，其中一点的时间是另一点时间的 4 倍，如图 13.21 所示的 A、B 两点。则 A、B 两点间的纵坐标差值应等于 A 点与初始点的纵坐标差值。依此方法即可确定固结度为 0 时的纵坐标值 d_{01}。按相同方法确定 d_{02}、d_{03} 等，取平均值作为最终的 d_0 值。一般而言，可以取两条直线段的交点为充分固结点（$U=1$），对应的时间为 t_{100}，测微表读数 d_{100}。当固结度 $U=0.5$ 时，计算得到的时间因数 $T_V = 0.197$，对应的时间为 t_{50}，测微表读数为 d_{50}。取 $d_{50} = (d_0 + d_{100})/2$，在曲线上找出 d_{50} 对应的 t_{50}，代入式（13.67）即可求解固结系数，即

$$C_V = \frac{0.197 H^2}{t_{50}} \tag{13.67}$$

6. 一维固结的复杂情况

太沙基一维固结理论是在很多假设的基础上建立起来的。实际工程条件与假设的情况会有一定的差别，一般称为复杂情况。复杂情况下的结果一般都十分复杂，大多数都需要应用数值方法进行求解。常用简化方法或半经验方法进行解答。本小

节主要研究成层土的固结、土层厚度随时间变化时的固结以及荷载随时间变化时的固结。

（1）荷载随时间变化时的固结。

上述分析过程假定土体上的荷载都是瞬时施加上的，但是实际工程中荷载可能是渐渐增加的。在这里，考虑施工期间荷载随时间线性增长，施工完成后荷载就保持不变的情况。一次性施工完成条件下，荷载随时间的变化情况如图 13.22（a）所示；若施工期间有停歇，则荷载随时间的关系如图 13.22（b）所示。

在实际计算时，将逐步加载的过程简化为在加载起讫时间中点的一次瞬时加载，基于太沙基一维固结理论计算固结度。

若加载过程如图 13.22（a）所示，则 t 时刻的固结度为

$$\begin{cases} U_t = U_{\frac{t_1}{2}} \cdot \dfrac{p_t}{p} & 0 < t < t_1 \\ U_t = U_{t-\frac{t_1}{2}} & t \geqslant t_1 \end{cases} \tag{13.68}$$

式中　　p_t——$0 < t < t_1$ 时 t 时刻的荷载；

$U_{\frac{t}{2}}$，$U_{t-\frac{t_1}{2}}$——瞬时荷载 p 作用下在 $\dfrac{t_1}{2}$ 时刻和 $t-\dfrac{t_1}{2}$ 时刻的固结度；

U_t——t 时刻对线性变化荷载 p 的固结度。

若为多级加载过程，如图 13.22（b）所示，则可采用叠加法计算 t 时刻的固结度，即

$$U_t = U_{t_1} \cdot \frac{p_1}{\sum p} + U_{t_2} \cdot \frac{p_2}{\sum p} + \cdots \tag{13.69}$$

式中　　$\sum p$——各级加载量的和；

U_{t_i}——t 时刻对荷载 p_i 的固结度，可根据式（13.68）进行计算；

U_t——t 时刻对荷载 $\sum p$ 的固结度。

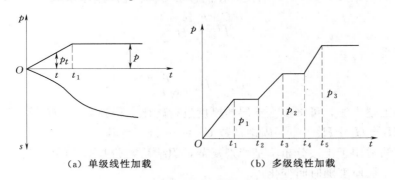

（a）单级线性加载　　　　　　（b）多级线性加载

图 13.22　荷载随时间变化时的固结

（2）成层土的一维固结。

天然的土体都是成层土，一般可根据实际土层剖面将土体分成若干个水平层，各个分层的土体视为各向同性的均匀体。成层土的固结问题求解十分复杂。工程中常用的是平均指标法和化引当量层法。

1）平均指标法。Gray 建议成层土的固结问题可采用平均固结指标仍按单层进行计算。

设第 i 层土体的厚度、体积压缩系数、渗透系数和固结系数分别为 h_i、m_{vi}、

k_i、C_{Vi}。整体土层达到某个固结度时对应一个时间因数 T_V，对应的时间为

$$t = \frac{H^2}{\overline{C_V}} T_V \tag{13.70}$$

式中　H——整个土层的厚度，即 $H = \sum h$；

　　　$\overline{C_V}$——整个土层的平均固结系数，可按式（13.71）计算；即

$$\overline{C_V} = \frac{\overline{k}}{\overline{m_V} \gamma_w} \tag{13.71}$$

式中的 $\overline{k}$ 和 $\overline{m_V}$ 可进一步按式（13.72）进行求解，即

$$\overline{k} = \frac{\sum h_i}{\sum \dfrac{h_i}{k_i}}$$

$$\overline{m_V} = \frac{\sum m_{Vi} h_i}{\sum h_i} \tag{13.72}$$

代入式（13.70）可得

$$t = \sum \frac{h_i}{m_{Vi} C_{Vi}} \sum m_{Vi} h_i T_V \tag{13.73}$$

2）化引当量层法。Palmer 建议从各个分层中选择一个固结系数 C_{Vc} 作为整个土层的标准参数，同时按此参数调整其他土层的厚度，将改变后的厚度总和化引当量层 H_c，实际的固结即可按固结系数 C_{Vc} 和厚度 H_c 进行计算。

设有一个双层地基，上、下两层的固结系数和厚度分别为 C_{V1}、C_{V2} 和 H_1、H_2。以第一层的固结系数 C_{V1} 为标准参数，即 $C_{Vc} = C_{V1}$。

在某个时刻 t，第二层的时间因数为

$$T_V = \frac{C_{V2} \, t}{H_2^2} \tag{13.74}$$

将其固结系数取为 C_{Vc}，欲使其在同样的时间内达到同样的固结度，即

$$\frac{C_{V2} \, t}{H_2^2} = \frac{C_{V1} \, t}{H'^2_2} \tag{13.75}$$

求解得

$$H'_2 = H_2 \cdot \sqrt{\frac{C_{V1}}{C_{V2}}} \tag{13.76}$$

基于上述方法，可将多个土层的厚度进行转化，得到 H'_3、H'_4 等，采用土层厚度 $H_c = H_1 + H'_2 + H'_3 + \cdots$，固结系数 $C_{Vc} = C_{V1}$ 进行计算。

此方法适用于土层分布不是特别复杂，固结系数相差不大的情况。

（3）土层厚度随时间变化。

天然土在静水中沉积的过程是典型的厚度随时间变化的情况。土坝和土堤的施工进程也是土层厚度随时间变化的实例。对于此类沉积问题，太沙基一维固结微分方程可以转变为

$$C_V \frac{\partial^2 u}{\partial z^2} = \frac{\partial u}{\partial t} - \gamma' \frac{\partial H}{\partial t} \tag{13.77}$$

式中，土层厚度 $H = f(t)$ 为时间的函数。

Gibson 基于单层排水固结模型，提出了针对以下两种情况下的解答。

1）土层厚度与时间的平方根成正比。土层的厚度 $H = R\sqrt{t}$，代入沉积条件下

的一维固结微分方程，基于边界条件和初始条件求解得到

$$u = \gamma' R \sqrt{t} \left[1 - \frac{\exp\left(-\frac{z^2}{4C_V t}\right) + \frac{z}{2}\left(\frac{\pi}{C_V t}\right)^{\frac{1}{2}} \mathrm{erf}\left(\frac{z}{2\sqrt{C_V t}}\right)}{\exp\left(-\frac{R^2}{4C_V}\right) + \frac{R}{2}\left(\frac{\pi}{C_V}\right)^{\frac{1}{2}} \mathrm{erf}\left(\frac{R}{2\sqrt{C_V}}\right)} \right] \tag{13.78}$$

式中，$\mathrm{erf}(x) = \dfrac{2}{\sqrt{\pi}} \displaystyle\int_0^x e^{-u^2} du$，为误差函数。

2）土层的厚度与时间成正比。土层的厚度 $H = Qt$，此种情况更接近实际情况。将厚度代入沉积条件下的一维固结微分方程，基于边界条件和初始条件，Gibson 求解得到

$$u = \gamma' Qt - \gamma' (\pi C_V t)^{-\frac{1}{2}} \exp\frac{-z^2}{4C_V t} \int_0^\infty \xi \tanh\frac{Q\xi}{2C_V} \cosh\frac{z\xi}{2C_V t} \exp\frac{-\xi^2}{4C_V t} d\xi \tag{13.79}$$

式中　ξ——满足边界条件中 $\dfrac{\partial u}{\partial z} = 0 (z = H, t > 0)$ 需要选定的某函数。

通常用数值法计算式（13.79）的积分结果。

土层的平均固结度可按式（13.80）计算，即

$$U = 1 - \frac{\displaystyle\int_0^H u\, \mathrm{d}z}{\gamma' \displaystyle\int_0^H (H - z)\, \mathrm{d}z} \tag{13.80}$$

7. 利用 $U\text{-}T_V$ 曲线求解沉降问题

基于图 13.23 所示的 $U\text{-}T_V$ 曲线即可求解以下两类沉降问题。

（1）已知土层的最终的沉降量 s，求解某一固结历时 t 的沉降 s_t。

针对此类问题，由土层的 k、α、e_1、H 和给定的时间 t 计算土层的平均固结系数 C_V（也可以通过固结试验结果直接得到），根据单、双面的排水条件求出对应的时间因数 T_V，然后根据 T_V 和 α 利用图 13.23 中的曲线找出相应的固结度 U，再由式 $U = \dfrac{s_t}{s}$ 求出 s_t（图 13.23 所示为单层排水的情况）。

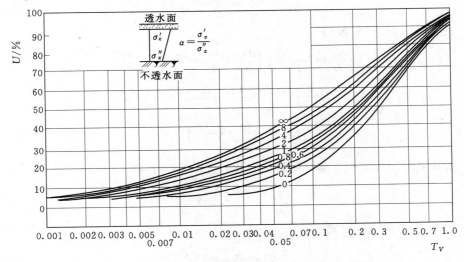

图 13.23　不同 α 值平均固结度与时间因数的关系曲线

（2）已知土层的最终沉降量 s，求解完成某一沉降 s_t 所需的固结历时 t。

针对此类问题，首先利用式 $U=\dfrac{s_t}{s}$ 求出土层的平均固结度，根据相应的条件计算 α，根据 α 和 U 利用图 13.23 中的曲线找出相应的时间因数 T_V，根据式 $t=\dfrac{H^2 T_V}{C_V}$，进行计算即可得到时间（图 13.23 所示为单层排水的情况）。

13.3.2　Terzaghi‐Rendulic 固结理论（扩散方程）

Rendulic 推广得到的扩散方程与 Terzaghi 一维固结理论的基础是一致的，都来源于水流连续性条件，即饱和土中任意单元体的体积变化率与流经该单元体表面的水量变化率相等。可得

$$\frac{k}{\gamma_{\mathrm{w}}}\nabla^2 u = -\frac{\partial \varepsilon_V}{\partial t} \tag{13.81}$$

式中，$\nabla^2 u=\dfrac{\partial^2 u}{\partial x^2}+\dfrac{\partial^2 u}{\partial y^2}+\dfrac{\partial^2 u}{\partial z^2}$，$\nabla^2$ 为拉普拉斯算子。

假设土体受到 3 个方向的有效主应力作用，则其体变应为 3 个有效主应力的函数，即

$$\varepsilon_V = f(\sigma_1',\sigma_2',\sigma_3') \tag{13.82}$$

因此可得

$$\frac{\partial \varepsilon_V}{\partial t}=\frac{\partial \varepsilon_V}{\partial \sigma_1'}\frac{\partial \sigma_1'}{\partial t}+\frac{\partial \varepsilon_V}{\partial \sigma_2'}\frac{\partial \sigma_2'}{\partial t}+\frac{\partial \varepsilon_V}{\partial \sigma_3'}\frac{\partial \sigma_3'}{\partial t} \tag{13.83}$$

根据有效应力原理可得

$$\sigma_1'=\sigma_1-u,\ \sigma_2'=\sigma_2-u,\ \sigma_3'=\sigma_3-u \tag{13.84}$$

将式（13.84）代入式（13.83），可得

$$\frac{\partial \varepsilon_V}{\partial t}=\frac{\partial \varepsilon_V}{\partial \sigma_1'}\frac{\partial \sigma_1}{\partial t}+\frac{\partial \varepsilon_V}{\partial \sigma_2'}\frac{\partial \sigma_2}{\partial t}+\frac{\partial \varepsilon_V}{\partial \sigma_3'}\frac{\partial \sigma_3}{\partial t}-\frac{\partial u}{\partial t}\left(\frac{\partial \varepsilon_V}{\partial \sigma_1'}+\frac{\partial \varepsilon_V}{\partial \sigma_2'}+\frac{\partial \varepsilon_V}{\partial \sigma_3'}\right) \tag{13.85}$$

根据广义胡克定律可知，体积应变对各主应力的变化率相等，即

$$\frac{\partial \varepsilon_V}{\partial \sigma_1'}=\frac{\partial \varepsilon_V}{\partial \sigma_2'}=\frac{\partial \varepsilon_V}{\partial \sigma_3'}=\frac{1-2\mu'}{E'} \tag{13.86}$$

代入式（13.85）可得

$$\begin{aligned}\frac{\partial \varepsilon_V}{\partial t}&=\frac{1-2\mu'}{E'}\left[\left(\frac{\partial \sigma_1}{\partial t}+\frac{\partial \sigma_2}{\partial t}+\frac{\partial \sigma_3}{\partial t}\right)-3\frac{\partial u}{\partial t}\right]\\[4pt]&=\frac{1-2\mu'}{E'}\left[\frac{\partial\,(\sigma_1+\sigma_2+\sigma_3)}{\partial t}-3\frac{\partial u}{\partial t}\right]\\[4pt]&=\frac{1-2\mu'}{E'}\left(\frac{\partial \Theta}{\partial t}-3\frac{\partial u}{\partial t}\right)\end{aligned} \tag{13.87}$$

太沙基假定外荷载不随时间发生变化，即 $\dfrac{\partial \Theta}{\partial t}=0$，则

$$\frac{\partial \varepsilon_V}{\partial t}=-3\frac{1-2\mu'}{E'}\frac{\partial u}{\partial t} \tag{13.88}$$

代入式（13.81）可得

$$\frac{k}{\gamma_{\mathrm{w}}}\nabla^2 u = 3\frac{1-2\mu'}{E'}\frac{\partial u}{\partial t} \tag{13.89}$$

即

$$C_{V3} \nabla^2 u = \frac{\partial u}{\partial t} \tag{13.90}$$

式中　$C_{V3} = \dfrac{kE'}{3\gamma_w(1-2\mu')}$——三向固结压缩系数。

若土体在 3 个坐标轴方向上的渗透系数不同，则式（13.89）可写为

$$\frac{1}{\gamma_w}\left(k_x\frac{\partial^2 u}{\partial x^2}+k_y\frac{\partial^2 u}{\partial y^2}+k_z\frac{\partial^2 u}{\partial z^2}\right)=3\frac{1-2\mu'}{E'}\frac{\partial u}{\partial t} \tag{13.91}$$

在二向固结条件下，类似可得

$$C_{V2}\left(\frac{\partial^2 u}{\partial x^2}+\frac{\partial^2 u}{\partial z^2}\right)=\frac{\partial u}{\partial t} \tag{13.92}$$

式中　$C_{V2}=\dfrac{kE'}{2\gamma_w(1-2\mu')(1+\mu')}$——二向固结压缩系数。

在一维固结条件下，类似可得

$$C_{V1}\frac{\partial^2 u}{\partial z^2}=\frac{\partial u}{\partial t} \tag{13.93}$$

式中　$C_{V1}=\dfrac{kE'(1-\mu')}{\gamma_w(1-2\mu')(1+\mu')}=\dfrac{kE_s}{\gamma_w}$——一维固结压缩系数；

　　　　E_s——压缩模量。

一维固结条件下得到的固结系数与太沙基一维固结系数是完全一致的，表明太沙基一维固结理论是精确解。

一维、二维、三维条件下的固结系数满足

$$C_{V1}=2(1-\mu')C_{V2}=3\frac{1-\mu'}{1+\mu'}C_{V3} \tag{13.94}$$

当泊松比 $\mu'=0.5$ 时，$C_{V1}=C_{V2}=C_{V3}$；当 $\mu'=0$ 时，$C_{V1}=2C_{V2}=3C_{V3}$。

对于多维固结方程常采用有限元法或有限差分法求解。

13.3.3　Biot 固结理论

Biot 固结理论是 Biot 从连续基本方程出发建立的固结理论，一般被认为是真三向固结理论。

理论假设有一均质、各向同性的饱和土体单元 $dxdydz$，受外力作用满足平衡条件。三维条件下的平衡方程为

$$\begin{cases}\dfrac{\partial \sigma_x}{\partial x}+\dfrac{\partial \tau_{yx}}{\partial y}+\dfrac{\partial \tau_{zx}}{\partial z}=0\\[2mm]\dfrac{\partial \tau_{xy}}{\partial x}+\dfrac{\partial \sigma_y}{\partial y}+\dfrac{\partial \tau_{zy}}{\partial z}=0\\[2mm]\dfrac{\partial \tau_{xz}}{\partial x}+\dfrac{\partial \tau_{yz}}{\partial y}+\dfrac{\partial \sigma_z}{\partial z}+\gamma_{sat}=0\end{cases} \tag{13.95}$$

若以土骨架为隔离体，根据有效应力原理则有

$$\sigma'=\sigma-p_w \tag{13.96}$$

式中　p_w——该点的水压力，由静水压力和超静水压力两部分组成，即

$$p_w=(z_0-z)\gamma_w+u \tag{13.97}$$

式（13.95）可表示为

$$\begin{cases} \dfrac{\partial \sigma'_x}{\partial x} + \dfrac{\partial \tau_{yx}}{\partial y} + \dfrac{\partial \tau_{zx}}{\partial z} + \dfrac{\partial p_w}{\partial x} = 0 \\[2mm] \dfrac{\partial \tau_{xy}}{\partial x} + \dfrac{\partial \sigma'_y}{\partial y} + \dfrac{\partial \tau_{zy}}{\partial z} + \dfrac{\partial p_w}{\partial y} = 0 \\[2mm] \dfrac{\partial \tau_{xz}}{\partial x} + \dfrac{\partial \tau_{yz}}{\partial y} + \dfrac{\partial \sigma'_z}{\partial z} + \dfrac{\partial p_w}{\partial z} = -\gamma_{sat} \end{cases} \tag{13.98}$$

或表示为

$$\begin{cases} \dfrac{\partial \sigma'_x}{\partial x} + \dfrac{\partial \tau_{yx}}{\partial y} + \dfrac{\partial \tau_{zx}}{\partial z} + \dfrac{\partial u}{\partial x} = 0 \\[2mm] \dfrac{\partial \tau_{xy}}{\partial x} + \dfrac{\partial \sigma'_y}{\partial y} + \dfrac{\partial \tau_{zy}}{\partial z} + \dfrac{\partial u}{\partial y} = 0 \\[2mm] \dfrac{\partial \tau_{xz}}{\partial x} + \dfrac{\partial \tau_{yz}}{\partial y} + \dfrac{\partial \sigma'_z}{\partial z} + \dfrac{\partial u}{\partial z} = -\gamma' \end{cases} \tag{13.99}$$

式中　$\dfrac{\partial u}{\partial x}$、$\dfrac{\partial u}{\partial y}$、$\dfrac{\partial u}{\partial z}$——作用在骨架上的渗透力在 3 个方向的分量，与 γ' 一样为体积力。

考虑位移与变形的关系，设土骨架在 3 个方向上的位移分别为 u^s、v^s、w^s，则满足几何方程（以压缩为正）

$$\begin{cases} \varepsilon_x = -\dfrac{\partial u^s}{\partial x}, \varepsilon_y = -\dfrac{\partial v^s}{\partial y}, \varepsilon_z = -\dfrac{\partial w^s}{\partial z} \\[2mm] \gamma_{xy} = -\left(\dfrac{\partial u^s}{\partial y} + \dfrac{\partial v^s}{\partial x} \right) \\[2mm] \gamma_{yz} = -\left(\dfrac{\partial v^s}{\partial z} + \dfrac{\partial w^s}{\partial y} \right) \\[2mm] \gamma_{zx} = -\left(\dfrac{\partial w^s}{\partial x} + \dfrac{\partial u^s}{\partial z} \right) \end{cases} \tag{13.100}$$

式中　ε_x，ε_y，ε_z——分别为 x、y、z 这 3 个方向的正应变；

$\quad\quad\gamma_{xy}$，γ_{yz}，γ_{zx}——分别为 xy、yz、zx 平面内的剪应变。

假设材料为均质弹性体，则应力分量与应变分量间满足广义胡克定律的物理方程，即

$$\begin{cases} \varepsilon_x = \dfrac{1}{E'}\left[\sigma'_x - \mu'(\sigma'_y + \sigma'_z) \right] \\[2mm] \varepsilon_y = \dfrac{1}{E'}\left[\sigma'_y - \mu'(\sigma'_x + \sigma'_z) \right] \\[2mm] \varepsilon_z = \dfrac{1}{E'}\left[\sigma'_z - \mu'(\sigma'_x + \sigma'_y) \right] \\[2mm] \gamma_{xy} = \dfrac{\tau_{xy}}{G'} = \dfrac{\tau_{xy} \cdot 2(1+\mu')}{E'} \\[2mm] \gamma_{yz} = \dfrac{\tau_{yz}}{G'} = \dfrac{\tau_{yz} \cdot 2(1+\mu')}{E'} \\[2mm] \gamma_{zx} = \dfrac{\tau_{zx}}{G'} = \dfrac{\tau_{zx} \cdot 2(1+\mu')}{E'} \end{cases} \tag{13.101}$$

式中　E'，G'，μ'——分别为排水条件下得到的弹性模量、剪切模量和泊松比。

$$G' = \frac{2(1+\mu')}{E'}$$

将几何方程代入到上述物理方程中，即可得到位移与应力之间的关系。首先将式 (13.101) 转变为应力用应变表示的形式，即

$$
\begin{cases}
\sigma'_x = 2G'\left(\varepsilon_x + \dfrac{\mu'}{1-2\mu'}\varepsilon_V\right) \\[2mm]
\sigma'_y = 2G'\left(\varepsilon_y + \dfrac{\mu'}{1-2\mu'}\varepsilon_V\right) \\[2mm]
\sigma'_z = 2G'\left(\varepsilon_z + \dfrac{\mu'}{1-2\mu'}\varepsilon_V\right) \\[2mm]
\tau_{xy} = G'\gamma_{xy}, \tau_{yz} = G'\gamma_{yz}, \tau_{zx} = G'\gamma_{zx}
\end{cases}
\tag{13.102}
$$

式中　$\varepsilon_V = \varepsilon_x + \varepsilon_y + \varepsilon_z$——体积应变。

将式 (13.102) 和式 (13.100) 代入平衡方程中，可得

$$
\begin{cases}
-\nabla^2 u^s - \dfrac{\lambda'+G'}{G'}\dfrac{\partial \varepsilon_V}{\partial x} + \dfrac{1}{G'}\dfrac{\partial u}{\partial x} = 0 \\[2mm]
-\nabla^2 v^s - \dfrac{\lambda'+G'}{G'}\dfrac{\partial \varepsilon_V}{\partial y} + \dfrac{1}{G'}\dfrac{\partial u}{\partial y} = 0 \\[2mm]
-\nabla^2 w^s - \dfrac{\lambda'+G'}{G'}\dfrac{\partial \varepsilon_V}{\partial z} + \dfrac{1}{G'}\dfrac{\partial u}{\partial z} = -\gamma'/G'
\end{cases}
\tag{13.103}
$$

式中，$\lambda' = \dfrac{\mu'E'}{(1+\mu')(1-2\mu')}$；$\nabla^2 u = \dfrac{\partial^2 u}{\partial x^2} + \dfrac{\partial^2 u}{\partial y^2} + \dfrac{\partial^2 u}{\partial z^2}$。

式 (13.103) 中包括 4 个未知量，即 3 个位移分量 u^s、v^s、w^s 和超静水压力 u，但只有 3 个方程，若想进行求解需要补充一个方程。由饱和土中任意单元体的体积变化率与流经该单元体表面的水量变化率相等，可得水流连续方程为

$$
\frac{k}{\gamma_w}\nabla^2 u = -\frac{\partial \varepsilon_V}{\partial t}
\tag{13.104}
$$

联立式 (13.103) 的 3 个方程和式 (13.104) 即可求解 4 个未知量。

可以发现，求解得到的解析解既满足弹性材料的平衡条件和本构关系，又满足变形协调条件和水流连续方程。因此，Biot 固结理论是三向固结的精确表达式。

根据式 (13.104)，考虑有效应力原理 $\sigma' = \sigma - p_w$，且静水压力为常数，可得

$$
\begin{aligned}
\frac{\partial \varepsilon_V}{\partial t} &= \frac{1-2\mu'}{E'}\left[\left(\frac{\partial \sigma_1}{\partial t} + \frac{\partial \sigma_2}{\partial t} + \frac{\partial \sigma_3}{\partial t}\right) - 3\frac{\partial u}{\partial t}\right] \\
&= \frac{1-2\mu'}{E'}\left(\frac{\partial \Theta}{\partial t} - 3\frac{\partial u}{\partial t}\right)
\end{aligned}
\tag{13.105}
$$

将式 (13.105) 求解可得

$$
C_{V3}\nabla^2 u = \frac{\partial u}{\partial t} - \frac{1}{3}\frac{\partial \Theta}{\partial t}
\tag{13.106}
$$

式中，$\Theta = \sigma_x + \sigma_y + \sigma_z$。

$$
C_{V3} = \frac{kE'}{3\gamma_w(1-2\mu')}
\tag{13.107}
$$

式 (13.107) 的 C_{V3} 即为三向固结条件下的固结系数。

对于二维固结问题，将与 y 方向有关的变量去掉后也可按相同的思路进行求解，可得

$$
C_{V2}\nabla^2 u = \frac{\partial u}{\partial t} - \frac{1}{2}\frac{\partial \Theta_2}{\partial t}
\tag{13.108}
$$

$$C_{V2} = \frac{kE'}{2\gamma_{w}(1+\mu')(1-2\mu')} \tag{13.109}$$

式中，$\nabla^2 u = \dfrac{\partial^2 u}{\partial x^2} + \dfrac{\partial^2 u}{\partial z^2}$，$\Theta = \sigma_x + \sigma_z$。

对于一维固结条件，也可有弹性理论得到

$$C_{V1}\frac{\partial^2 u}{\partial z^2} = \frac{\partial u}{\partial t} - \frac{\partial \sigma_z'}{\partial t} \tag{13.110}$$

$$C_{V1} = \frac{kE'(1-\mu')}{\gamma_{w}(1-2\mu')(1+\mu')} \tag{13.111}$$

可以发现，由 Biot 固结理论得到的 3 种固结条件下的固结系数与 Terzaghi - Rendulic 固结理论得到的固结系数完全一致。

13.4　本章小结

本章主要介绍了太沙基一维固结理论和地基最终沉降量的计算方法。

地基变形发展过程包括瞬时沉降、固结沉降及次固结沉降 3 个部分。地基最终沉降量的计算方法主要有弹性理论法、分层总和法、规范法、应力历史法，其中分层总和法较为方便实用，该方法采用侧限条件下的压缩性指标，计算地基压缩层深度（地基变形计算深度）范围内的各分层（近似取薄分层地基附加应力分布是线性的）的压缩量，再加以求和。规范法运用了简化的平均附加应力系数，规定了合理的地基变形计算深度，计算结果最接近实测值。应力历史法计算基础最终沉降量，也采用分层总和的侧限条件单向压缩公式，但土的压缩性指标根据原始压缩曲线以及原始再压缩曲线确定，优于直接按 $e - p$ 曲线而不考虑应力历史的影响得到的指标。黏性土层瞬时沉降可按弹性力学公式计算。

分析饱和土体的渗透固结过程通常采用太沙基一维固结理论。其适用条件为荷载面积远大于可压缩土层的厚度，地基中孔隙水主要沿竖向渗流。一维固结微分方程不仅适用于单面排水的边界条件，也可用于双面排水的边界条件。土的固结系数是反映土体固结快慢的一个重要指标。在其他条件相同的情况下，固结系数越大，土体内孔隙水排出速度也越快。固结系数的确定方法有时间平方根拟合法和时间对数拟合法。

太沙基一维固结理论可以推广到二维和三维的情况，称为 Terzaghi - Rendulic 固结理论，又称为准三维固结理论。Biot 固结理论考虑土体固结过程中孔隙水压力消散与土骨架变形之间的耦合作用。Biot 固结理论与 Terzaghi - Rendulic 理论的主要区别在于：Biot 固结理论考虑了在固结过程中土体平均总应力随时间的变化，而扩散方程假定了在固结过程中土体平均总应力保持不变，扩散方程对孔隙水压力消散和土骨架变形是分别计算的。因此 Biot 固结理论比 Terzaghi - Rendulic 理论更为精确。

思　考　题

13.1　成层土地基可否采用弹性力学公式计算基础的最终沉降量？

13.2　地基土的最终沉降量计算中，土中附加应力是指有效应力还是总应力？

13.3　一维固结微分方程的基本假设有哪些？如何得出解析解？

13.4　何谓土层的平均固结度？如何确定一次瞬时加载的地基平均固结度？

13.5　土层固结过程中，孔隙水压力与有效应力是如何转化的？它们之间有何关系？

13.6　固结系数 C_v 的大小反映了土体的压缩性的大小吗？

习　题

13.1　设基础底面尺寸为 4.8m×3.2m，埋深为 1.5m，传至地面的中心荷载 $F=1800kN$，地基的土层分层及各层土的侧限压缩模量如图 13.24 所示，持力层的地基承载力为 $f_k=180kPa$，用规范法计算基础中心的最终沉降。

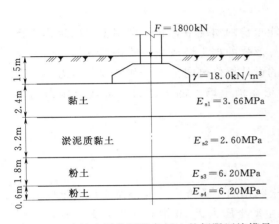

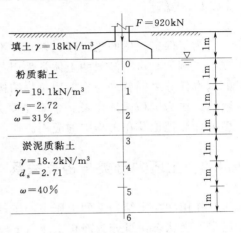

图 13.24　地基土层分层及各层土的侧限压缩模量　　　图 13.25　矩形基础

13.2　如图 13.25 所示的矩形基础，基底面积为 4m×2.5m，基础埋深 1m，地下水位位于基底标高处，室内压缩试验结果如表 13.9 所示。用分层总和法计算基础中点的最终沉降量。

表 13.9　　　　　　　　　　　　　　室内压缩试验 $e\text{-}p$ 关系

土类　　　e　　p	0	50	100	200	300
粉质黏土	0.942	0.889	0.855	0.807	0.773
淤泥质	1.045	0.925	0.891	0.848	0.823

13.3　某超固结黏土层厚 2m，先期固结压力 $p_c=300kPa$，现有自重应力 $p_0=100kPa$，建筑物对该土层产生的平均附加应力为 400kPa，已知土层的压缩指数为 $C_c=0.4$，回弹指数 $C_e=0.1$，初始孔隙比 $e_0=0.8$。求该土层的最终沉降量。

第 14 章

土工构筑物上的土压力

14.1 概述

为了保证土体的稳定性，在土体不能自稳的情况下，必须利用土工构筑物进行支护。例如，对于倾斜的土体常采用各种形式的挡土墙或板桩墙进行支挡。土力学的基本任务之一就是为土工构筑物结构的设计提供侧向土压力和周围土压力的合理数值，作为工程设计参考。本章主要介绍在挡土墙上的土压力，包括土压力的类型、计算理论及在工程中的应用。

14.2 土压力分类与相互关系

作用在挡土结构上的土压力，按挡土结构的位移方向、大小及土体所处的 3 种极限平衡状态，可分为静止土压力 E_0、主动土压力 E_a 和被动土压力 E_p 3 种，如图 14.1 所示。

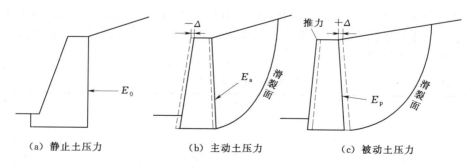

（a）静止土压力　　　　（b）主动土压力　　　　（c）被动土压力

图 14.1　挡土墙上的 3 种土压力

14.2.1 土压力分类

1. 静止土压力 E_0

如果挡土结构在土压力作用下静止不动，其本身不发生变形和任何位移（滑动或转动），墙后土体处于弹性平衡状态，此时作用在墙背上的土压力称静止土压力。例如，地下室外墙、地下水池侧壁、涵洞的侧壁以及其他不产生位移的挡土构筑物均可按静止土压力计算。

2. 主动土压力 E_a

如果挡土结构在土压力作用下向着背离填土方向移动或沿墙根发生转动，随着位移的增大，作用在挡土结构上的土压力将从静止土压力逐渐减小，直至土体达到极限平衡状态，形成剪切滑动面。此时作用在墙背上的土压力称为主动土压力。实际工程中的挡土墙，绝大多数情况下属于主动土压力问题，是研究的重点。

3. 被动土压力 E_p

如果挡土结构在土压力作用下向墙背方向移动或转动，墙挤压土体，作用在墙背的土压力逐渐增大，当达到某一位移量时，墙后土体处于被动极限平衡状态，形成滑动剪切面。此时作用在墙背上的土压力称为被动土压力。例如，当桥台受到桥上荷载推向土体达到极限状态时，土对桥台产生被动土压力。

4. 影响土压力的因素

土压力是土体与挡土结构物之间相互作用的结果。实际工程中，大部分的土压力介于主动极限平衡状态和被动极限平衡状态之间。试验研究表明，影响土压力大小的因素可归纳为以下几个方面。

1）挡土结构的位移。挡土结构位移的方向和位移量的大小是影响土压力的主要因素。如前所述，挡土结构位移方向不同，土压力的种类就不同。由试验和计算可知，产生被动土压力所需要的位移量大大超过了产生主动土压力所需要的位移量。因此，在进行挡土结构设计时，首先应考虑墙体可能产生的位移方向和位移量的大小，参考表 14.1。

2）挡土结构的形状。挡土结构的墙背形状为直立式、仰斜式或俯斜式，墙背为光滑的或粗糙的，这些都关系到采用何种计算理论公式，影响土压力计算结果。

3）挡土结构墙后土体的性质。挡土结构墙后土体的强度指标、松密程度、干湿程度等均会对土压力产生一定的影响。

表 14.1　产生主动土压力和被动土压力所需的墙顶水平位移量

填土类型	应力状态	运动形式	所需位移
砂土	主动	平行于墙体	$0.001H$
		绕墙趾转动	$0.001H$
		绕墙顶转动	$0.02H$
	被动	平行于墙体	$0.05H$
		绕墙趾转动	$>0.1H$
		绕墙顶转动	$0.05H$
黏土	主动	平行于墙体	$0.004H$
		绕墙趾转动	$0.004H$

注　表中 H 为挡土结构的高度。

14.2.2　3 种土压力的相互关系

为了验证 3 种土压力之间的关系，人们先后进行过多次多种挡土结构模型试验、原型观测和理论研究。试验结果表明，在相同的条件下，主动土压力小于静止土压力，而静止土压力又小于被动土压力，即 $E_a < E_0 < E_p$。而且产生被动土压力

所需的位移量 Δ_p 大大超过产生主动土压力所需的位移量 Δ_a，如图 14.2 所示。

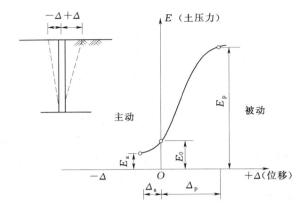

图 14.2 墙身位移与土压力的关系

14.3 静止土压力计算

14.3.1 墙背竖直时的静止土压力计算

静止土压力只发生在挡土结构为刚性且静止不动的情况下。静止土压力计算比较简单，土体的受力状态与自重应力状态相似，根据弹性半无限体的应力和变形理论，z 深度处的静止土压力为

$$p_0 = K_0 \gamma z \tag{14.1}$$

式中 γ——土的重度；

K_0——静止土压力系数，可由泊松比 μ 来确定，$K_0 = \dfrac{\mu}{1-\mu}$。

土的静止侧压力系数 K_0 与土的种类有关，同一种土的 K_0 与孔隙比、含水量和应力历史等因素有关，可在室内由三轴仪或在现场由原位自钻式旁压仪等测试手段和方法得到。由于测定 K_0 的设备和方法还不够完善，故在缺乏试验资料的情况下，可根据经验公式确定 K_0，即

对砂性土，有

$$K_0 = 1 - \sin\varphi' \tag{14.2a}$$

对黏性土，有

$$K_0 = 0.95 - \sin\varphi' \tag{14.2b}$$

对超固结土，有

$$K_0 = \sqrt{\mathrm{OCR}}(1 - \sin\varphi') \tag{14.2c}$$

式中 φ'——土的有效内摩擦角；

OCR——土的超固结比。

注意到，静止土压力系数 K_0 与土体黏聚力 c 大小无关。原因是因为土体静止时无位移，无位移则黏聚力不能发挥出来。

表 14.2　　　　　　　　　**几类土的 K_0 参考值**

土类名	松砂	密砂	压实黏土	正常固结黏土	超固结黏土
K_0 参考值	0.40~0.45	0.45~0.50	0.80~1.50	0.50~0.60	1.00~4.00

由式（14.1）可知，静止土压力沿挡土结构高度呈三角形分布，如图 14.3（a）所示。

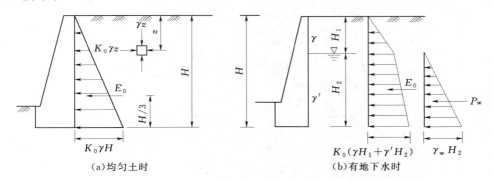

（a）均匀土时　　　　　　　　　　　　　（b）有地下水时

图 14.3　墙背竖直时的静止土压力分布

作用于单位墙长上的静止土压力合力 E_0 为

$$E_0 = \frac{1}{2}\gamma K_0 H^2 \tag{14.3}$$

式中　E_0——单位墙长上的静止土压力，kN/m；

　　　H——挡土墙的高度，m。

总的静止土压力 E_0 为应力分布图的面积，合力作用点位于 $H/3$ 墙高处，方向水平指向墙背。

如果墙后填土中有地下水，在计算静止土压力时，水下土的重度应取为浮重度 γ'（有效重度），其分布规律如图 14.3（b）所示。

作用于单位墙长上的静止土压力合力 E_0 为

$$E_0 = \frac{1}{2}\gamma K_0 H_1^2 + \gamma K_0 H_1 H_2 + \frac{1}{2}\gamma' K_0 H_2^2 \tag{14.4}$$

E_0 作用点位于土压力分布图形的形心处，方向水平指向墙背。此时对挡土结构进行受力分析时，还应考虑水压力作用。作用于单位墙长上的总水压力 P_w 为

$$P_w = \frac{1}{2}\gamma_w H_2^2 \tag{14.5}$$

水压力作用点位于 $H_z/3$ 高度处，方向水平指向墙背。因此，作用于墙体上的总压力是土压力与水压力的矢量和。

对于成层土或有超载的情况，第 n 层土底面处静止土压力分布大小按以下公式计算，即

$$p_0 = K_{0n}\left(\sum_{i=1}^{n}\gamma_i h_i + q\right) \tag{14.6}$$

式中　γ_i——计算点以上第 i 层土的重度（$i=1, 2, \cdots, n$）；

　　　h_i——计算点以上第 i 层土的厚度；

　　　K_{0n}——第 n 层土的静止土压力系数；

q——填土面上的均布荷载。

【**例 14.1**】 如图 14.4（a）所示，挡土墙后作用有无限均布荷载 $q=40\text{kPa}$，填土的物理力学指标为 $\gamma=18\text{kN/m}^3$，$\gamma_{\text{sat}}=19\text{kN/m}^3$，$c=0$，$\varphi'=30°$。试计算作用在挡土墙上的静止土压力分布值及其合力 E_0。

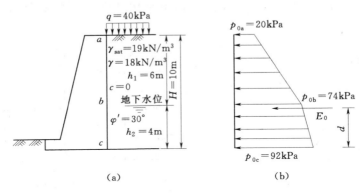

图 14.4　例 14.1 图

解　静止土压力系数为

$$K_0=1-\sin\varphi'=1-\sin30°=0.5$$

土中各点静止土压力值分别为

a 点：　　　　$p_{0a}=K_0q=0.5\times40=20(\text{kPa})$

b 点：　　　　$p_{0b}=K_0(q+\gamma h_1)=0.5\times(40+18\times6)=74(\text{kPa})$

c 点：　　　　$p_{0c}=K_0(q+\gamma h_1+\gamma' h_2)=0.5\times[40+18\times6+(19-9.81)\times4]$

　　　　　　　$=92.4(\text{kPa})$

于是可得静止土压力合力为

$$E_0=\frac{1}{2}(p_{0a}+p_{0b})h_1+\frac{1}{2}(p_{0b}+p_{0c})h_2$$

$$=\frac{1}{2}(20+74)\times6+\frac{1}{2}(74+92.4)\times4=614.8(\text{kN/m})$$

静止土压力 E_0 的作用点距离墙底的距离 d 为

$$d=\frac{1}{E_0}\left[p_{0a}h_1\left(\frac{h_1}{2}+h_2\right)+\frac{1}{2}(p_{0b}-p_{0a})h_1\left(h_2+\frac{h_1}{3}\right)+p_{0b}\times\frac{h_2^2}{2}+\frac{1}{2}(p_{0c}-p_{0b})\frac{h_2^2}{3}\right]$$

$$=\frac{1}{614.8}\left[6\times20\times7+\frac{1}{2}\times54\times6\times6+74\times\frac{4^2}{2}+\frac{1}{2}(92.4-74)\frac{4^2}{3}\right]=3.99(\text{m})$$

此外，作用在墙上的静水土压力合力 E_w 为

$$E_w=\frac{1}{2}\gamma_w h_2^2=\frac{1}{2}\times9.81\times4^2=78.5(\text{kN/m})$$

静止土压力的分布如图 14.4（b）所示。

14.3.2　墙背倾斜时的静止土压力计算

对于墙背倾斜的情况（图 14.5），作用在单位长度上的静止土压力可根据土楔体 ABB' 静力平衡条件求得。作用在土楔体 ABB' 上的力有 3 个。

（1）作用在 AB' 面上的静止土压力 E_0' 可按式（14.3）求得，作用方向水平向左。

（2）土体自重 $W_0 = \dfrac{1}{2} \gamma H^2 \tan\varepsilon$，作用方向竖直向下，式中，$\varepsilon$ 为墙背倾角（°）。

（3）作用在墙背 AB 上的土反力 E_0。

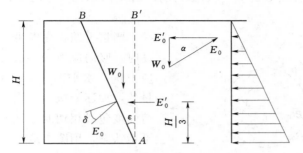

图 14.5　墙背倾斜时的静止土压力

根据土楔体 ABB' 的静力平衡条件可得

$$E_0 = \frac{1}{2} \gamma H^2 \sqrt{K_0 + \tan^2\varepsilon} \tag{14.7}$$

E_0 与水平方向的夹角 α 由式（14.8）求得，即

$$\tan\alpha = \frac{W_0}{E_0'} = \frac{\tan\varepsilon}{K_0} \tag{14.8}$$

再通过三角关系可求得 E_0 与 AB 面法线之间的夹角 δ 为

$$\delta = \arctan \frac{(1 - K_0)\tan\varepsilon}{K_0 + \tan^2\varepsilon} \tag{14.9}$$

E_0 的作用点在距墙底 $\dfrac{H}{3}$ 处。

14.4　朗肯土压力理论

14.4.1　基本原理

朗肯土压力理论是由英国学者朗肯于 1857 年提出，根据半空间的应力状态和土的极限平衡条件而得出的土压力计算方法。

在半无限土体中取一竖直平面 AB，如图 14.6 所示，在 AB 平面上深度 z 处的 M 点取一单元体，其上作用有法向应力 σ_x、σ_z。因为 AB 面为半无限体的对称面，

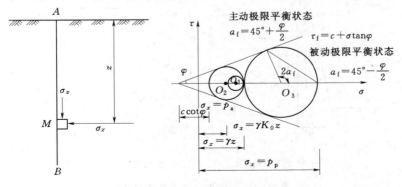

图 14.6　朗肯主动和被动状态图

所以该面无剪力作用，σ_x、σ_z 均为主应力。

当挡土结构物不发生位移时，土体静止不动，墙背土压力为静止土压力，此时墙后 z 处土体单元所处的应力状态可用图 14.7 所示的摩尔应力圆 I 表示，$\sigma_1 = \sigma_z$，$\sigma_3 = \sigma_x = K_0 \sigma_z$。

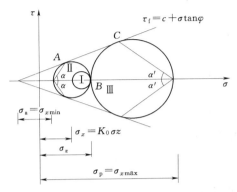

图 14.7 摩尔应力圆和朗肯状态关系

当挡土结构物发生离开土体方向的移动时，竖向应力 σ_z 保持不变，始终为大主应力 σ_1，水平向应力 σ_x（σ_3）随墙体位移量的增加逐渐减少，当应力圆减小到与抗剪强度包线相切时，该土体达到主动极限平衡状态，用图中应力圆 II 表示，此时作用在墙背上的土压力 σ_x 达到最小值 σ_{xmin}，即主动土压力。此后土压力将不随位移量减小，而是形成一系列滑裂面，滑裂面位于应力圆 II 的 A 点处，方向与大主应力作用面 B 点夹角为 $\alpha = 45° + \varphi/2$，滑动土体此时的应力状态称为朗肯主动极限平衡状态。

当挡土结构物向填土方向挤压土体时，竖向应力 σ_z 仍保持不变，水平向应力 σ_x 随位移量的增加逐渐增大，逐渐超过竖向应力 σ_z 变为大主应力 σ_1，σ_z 变为小主应力 σ_3。当应力圆增加到与抗剪强度包线相切时，该土体达到被动极限平衡状态，由图中应力圆 III 表示，此时作用在墙背上的土压力达到最大值 σ_{xmax}，即被动土压力。此后土压力将不随位移量增大而增大，土体将形成一系列滑裂面，滑裂面位于应力圆 III 的 C 点处，方向与水平面 B 点夹角为 $\alpha' = 45° - \varphi/2$，滑动土体此时的应力状态称为朗肯被动极限平衡状态。

将以上理论应用于挡土结构的土压力计算中，需满足以下基本假定。

1）墙背垂直光滑，不考虑墙背与填土之间的摩擦力。

2）墙本身是刚性的，不考虑墙身的变形。

3）墙后填土表面水平并无限延伸。

14.4.2 朗肯主动土压力计算

如图 14.8（a）所示，刚性挡土墙墙背光滑、直立，填土面为水平面，如果挡

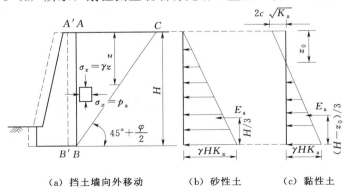

（a）挡土墙向外移动　　（b）砂性土　　（c）黏性土

图 14.8 朗肯主动土压力计算

土墙向着离开墙后土体的方向发生平移，墙背由原来的位置 AB 移动到 $A'B'$，当墙后填土达到主动极限平衡状态时，墙后土体单元受到的竖向应力 $\sigma_1 = \gamma z$ 为大主应力，水平方向应力 σ_3 为小主应力，也即为所求的主动土压力强度 p_a。

当土体某点处于极限平衡状态时，大主应力 σ_1 和小主应力 σ_3 之间应满足

对无黏性土，有

$$\sigma_3 = \sigma_1 \tan^2\left(45° - \frac{\varphi}{2}\right) \tag{14.10}$$

对黏性土，有

$$\sigma_3 = \sigma_1 \tan^2\left(45° - \frac{\varphi}{2}\right) - 2c\tan\left(45° - \frac{\varphi}{2}\right) \tag{14.11}$$

将 $\sigma_1 = \gamma z$ 和 $\sigma_3 = p_a$ 代入上面两式就可得到朗肯主动土压力强度，即

对无黏性土，有

$$p_a = \gamma z \tan^2\left(45° - \frac{\varphi}{2}\right) = \gamma z K_a \tag{14.12}$$

对黏性土，有

$$p_a = \gamma z \tan^2\left(45° - \frac{\varphi}{2}\right) - 2c\tan\left(45° - \frac{\varphi}{2}\right)$$
$$= \gamma z K_a - 2c\sqrt{K_a} \tag{14.13}$$

式中　c——土的黏聚力，kPa；

φ——土的内摩擦角，(°)；

K_a——主动土压力系数，$K_a = \tan^2\left(45° - \frac{\varphi}{2}\right)$。

由主动土压力计算公式可以看出，无黏性土主动土压力 p_a 沿墙高呈线性分布，如图 14.8（b）所示，作用在单位长度挡土墙上的土压力 E_a 为 p_a 分布图形的面积，即

对无黏性土，有

$$E_a = \frac{1}{2}\gamma H^2 K_a \tag{14.14}$$

E_a 作用点在距墙底面 $\frac{H}{3}$ 处，方向水平。

黏性土中的土压力强度由两部分组成：一部分是由土体自重引起的土压力 $\gamma z K_a$；另一部分是由黏聚力 c 引起的负侧压力 $2c\sqrt{K_a}$，此值为一常量，不随深度而变。两部分叠加结果如图 14.8（c）所示。从图中可以看出，在距离填土表面一定深度范围 z_0 内 p_a 为负值，也就是说，墙背和墙后土体之间产生拉应力，在该范围内将产生拉裂缝，但实际上土体不能够承受拉应力，故计算中这部分应忽略不计，仅计算图示阴影部分；在 z_0 以下 p_a 为正值；在 z_0 深度处，p_a 为 0，该深度称为临界深度或直壁高度。

由式（14.13）及条件 $p_a = 0$，得 z_0、E_a 为

$$z_0 = \frac{2c}{\gamma\sqrt{K_a}} = \frac{2c}{\gamma}\tan\left(45° + \frac{\varphi}{2}\right) \tag{14.15}$$

$$E_a = \frac{1}{2}(H - z_0)(\gamma H K_a - 2c\sqrt{K_a}) = \frac{1}{2}\gamma(H - z_0)^2 K_a \tag{14.16}$$

其作用点位置在距墙底面 $\dfrac{H-z_0}{3}$ 处，方向水平。

【例 14.2】 有一挡土墙，高 5m，墙背直立、光滑、填土面水平。填土的物理力学性质指标如下：$c=10$kPa，$\varphi=20°$，$\gamma=18$kN/m³。试求主动土压力及其作用点，并绘出主动土压力分布图。

解 在墙底处的主动土压力强度按朗肯土压力理论为

$$p_a = \gamma H \tan^2\left(45°-\frac{\varphi}{2}\right) - 2c\tan\left(45°-\frac{\varphi}{2}\right)$$

$$= 18\times5\times\tan^2\left(45°-\frac{20°}{2}\right) - 2\times10\times\tan\left(45°-\frac{20°}{2}\right) = 30.1(\text{kPa})$$

主动土压力为

$$E_a = \frac{1}{2}\gamma H^2\tan^2\left(45°-\frac{\varphi}{2}\right) - 2cH\tan\left(45°-\frac{\varphi}{2}\right) + \frac{2c^2}{\gamma} = 51.4(\text{kN/m})$$

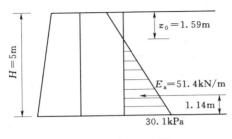

图 14.9 例 14.2 图

临界深度

$$z_0 = \frac{2c}{\gamma}\frac{1}{\sqrt{K_a}} = \frac{2\times10}{18}\tan\left(45°+\frac{20°}{2}\right)$$

$$\approx 1.59(\text{m})$$

主动土压力 E_a 作用点离墙底的距离为

$$d = \frac{H-z_0}{3} = \frac{5-1.59}{3} = 1.14(\text{m})$$

主动土压力分布图如图 14.9 所示。

14.4.3 朗肯被动土压力计算

当挡土墙向着墙后土体的方向发生位移时，若墙后土体达到被动极限平衡状态，墙背深度 z 处的最小主应力为 $\sigma_3 = \gamma z$，水平方向应力 σ_1 为大主应力，也即为所求的被动土压力强度 p_p。

当土体某点处于极限平衡状态时，大主应力 σ_1 和小主应力 σ_3 之间应满足
对无黏性土，有

$$\sigma_1 = \sigma_3\tan^2\left(45°+\frac{\varphi}{2}\right) \tag{14.17}$$

对黏性土，有

$$\sigma_1 = \sigma_3\tan^2\left(45°+\frac{\varphi}{2}\right) + 2c\tan\left(45°+\frac{\varphi}{2}\right) \tag{14.18}$$

将 $\sigma_1 = p_a$ 和 $\sigma_3 = \gamma z$ 代入上面两式就可得到朗肯被动土压力强度，即
对无黏性土，有

$$p_p = \gamma z\tan^2\left(45°+\frac{\varphi}{2}\right) = \gamma z K_p \tag{14.19}$$

对黏性土，有

$$p_p = \gamma z\tan^2\left(45°+\frac{\varphi}{2}\right) + 2c\tan\left(45°+\frac{\varphi}{2}\right)$$

$$= \gamma z K_p + 2c\sqrt{K_p} \tag{14.20}$$

式中 c——土的黏聚力，kPa；

$\quad\quad\varphi$——土的内摩擦角，(°)；

$\quad\quad K_p$——被动土压力系数，$K_p = \tan^2\left(45° + \dfrac{\varphi}{2}\right)$。

根据 K_a 和 K_p 的表达式以及三角函数关系可得 $K_p = \dfrac{1}{K_a}$。

由被动土压力计算公式可以看出，无黏性土，当 $z_0 = 0$ 时，被动土压力强度 $p_p = 0$，被动土压力强度沿深度呈三角形分布 [图 14.10 (b)]；黏性土，当 $z_0 = 0$ 时，被动土压力强度 $p_p \neq 0$，被动土压力强度呈梯形分布 [图 14.10 (c)]。

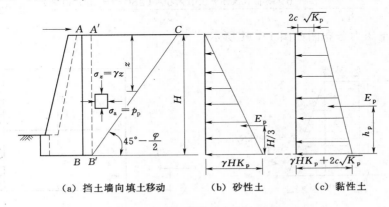

图 14.10　朗肯被动土压力计算

作用在单位长度挡土墙上的被动土压力 E_p 可按以下各式计算，即

对无黏性土，有

$$E_p = \frac{1}{2}\gamma H^2 K_p \tag{14.21}$$

E_p 作用点在距墙底面 $\dfrac{H}{3}$ 处，方向水平。

对黏性土，有

$$E_p = \frac{1}{2}\gamma H^2 K_p + 2cH\sqrt{K_p} \tag{14.22}$$

E_p 作用点位置通过梯形形心，即

$$h_p = \frac{\left(\frac{1}{6}\gamma H K_p + c\sqrt{K_p}\right)H^2}{E_p} \tag{14.23}$$

【例 14.3】 有一挡土墙，高 6m，墙背直立、光滑、填土面水平。填土的物理力学性质指标如下：$c = 19\text{kPa}$，$\varphi = 20°$，$\gamma = 18.5\text{kN/m}^3$。试求被动土压力及其作用点，并绘出被动土压力分布图。

解　在墙顶处（$z = 0$）的被动土压力强度按朗肯土压力理论为

$$p_p = \gamma z \tan^2\left(45° + \frac{\varphi}{2}\right) + 2c\tan\left(45° + \frac{\varphi}{2}\right)$$

$$= 0 + 2 \times 19 \times \tan\left(45° + \frac{20°}{2}\right) = 54.3\,(\text{kPa})$$

在墙底处（$z = 6$）的被动土压力强度按朗肯土压力理论为

$$p_p = \gamma z \tan^2\left(45° + \frac{\varphi}{2}\right) + 2c\tan\left(45° + \frac{\varphi}{2}\right)$$

$$= 18.5 \times 6 \times \tan^2\left(45° + \frac{20°}{2}\right) + 2 \times 19 \times \tan\left(45° + \frac{20°}{2}\right) = 280.7(\text{kPa})$$

被动土压力 E_p 为

$$E_p = \frac{1}{2}\gamma H^2 \tan^2\left(45° + \frac{\varphi}{2}\right) + 2cH\tan\left(45° + \frac{\varphi}{2}\right) = 1005(\text{kN/m})$$

被动土压力 E_p 作用点在离墙底的距离为

$$h_p = \frac{E_{p1}\frac{H}{2} + E_{p2}\frac{H}{3}}{E_p} = \frac{6 \times 54.3 \times 3 + 0.5 \times 6 \times (280.7 - 54.3) \times 2}{1005} = 2.32(\text{m})$$

被动土压力分布图如图 14.11 所示。

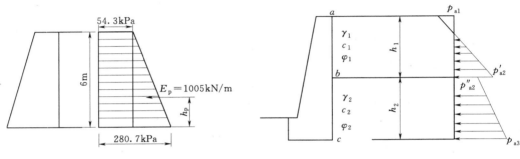

图 14.11　例 14.3 图　　　　　图 14.12　成层填土中的土压力

14.4.4　几种情况下朗肯土压力的计算

1. 填土为成层土的情况

当墙后是由多种不同类型水平分布的土层组成时，仍可用朗肯理论计算土压力，但计算中应注意，需采用计算点所在地层的指标参数，任意 z 处土单元所受的竖向应力为其上覆土自重应力之和，即 $\sum_{i=1}^{n}\gamma_i h_i$，$\gamma_i$、$h_i$ 为第 i 层土的重度和厚度。由于各层填土的重度、黏聚力和内摩擦角不同，土压力强度分布在不同土层分界面可能出现转折或突变。如图 14.12 所示，各点的土压力强度分别为

a 点：$p_{a1} = -2c_1\sqrt{K_{a1}}$

b 点上（在第一层中）：$p'_{a2} = \gamma_1 h_1 K_{a1} - 2c_1\sqrt{K_{a1}}$

b 点下（在第二层中）：$p''_{a2} = \gamma_1 h_1 K_{a2} - 2c_2\sqrt{K_{a2}}$

c 点：$p_{a3} = (\gamma_1 h_1 + \gamma_2 h_2)K_{a2} - 2c_2\sqrt{K_{a2}}$

如果是无黏性土，其土压力无需减去相应的负侧向压力 $2c\sqrt{K_a}$

【例 14.4】 挡土墙高 5m，墙背直立、光滑、墙后填土水平，且分两层。各层土的物理性质指标如图 14.13 所示。试求主动土压力合力 E_a，并绘出土压力的分布图。

解 各层土上、下面的 p_a

$$p_{a0} = \gamma_1 z \tan^2\left(45° - \frac{\varphi}{2}\right) = 0$$

$$p_{a1上} = \gamma_1 h_1 \tan^2\left(45° - \frac{\varphi_1}{2}\right) = 17 \times 2 \times \tan^2\left(45° - \frac{32°}{2}\right) = 10.4(kPa)$$

$$p_{a1下} = \gamma_1 h_1 \tan^2\left(45° - \frac{\varphi_2}{2}\right) - 2c_2\tan\left(45° - \frac{\varphi_2}{2}\right)$$

$$= 17 \times 2 \times \tan^2\left(45° - \frac{16°}{2}\right) - 2 \times 10 \times \tan\left(45° - \frac{16°}{2}\right) = 4.2(kPa)$$

$$p_{a2} = (\gamma_1 h_1 + \gamma_2 h_2)\tan^2\left(45° - \frac{\varphi_2}{2}\right) - 2c_2\tan\left(45° - \frac{\varphi_2}{2}\right)$$

$$= (17 \times 2 + 19 \times 3) \times \tan^2\left(45° - \frac{16°}{2}\right) - 2 \times 10 \times \tan\left(45° - \frac{16°}{2}\right) = 36.6(kPa)$$

主动土压力合力为

$$E_a = \frac{1}{2}p_{a1上}h_1 + \frac{1}{2}(p_{a1下} + p_{a2})h_2$$

$$= \frac{1}{2} \times 10.4 \times 2 + \frac{1}{2}(4.2 + 36.6) \times 3 = 71.6(kN/m)$$

主动土压力分布图如图 14.13 所示。

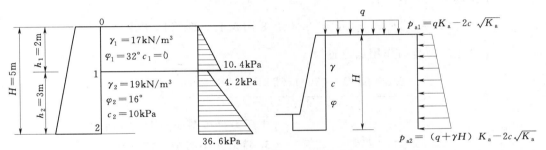

图 14.13　例 14.4 图　　　　图 14.14　墙后土体表面超载 q
作用下的土压力计算

2. 墙后填土表面有均布荷载作用

当挡土墙后填土面上有连续均布荷载 q 时（图 14.14），均布荷载 q 在土中产生的上覆压力沿墙体方向呈矩形分布，分布强度为 q。这时的主动土压力由两部分组成：一是由均布荷载引起的，与深度无关；二是由土自重引起的，与深度成正比，沿墙高呈三角形分布。土压力的计算方法如下。

对无黏性土，有

$$p_a = K_a(\gamma z + q) \tag{14.24}$$

对黏性土，有

$$p_a = K_a(\gamma z + q) - 2c\sqrt{K_a} \tag{14.25}$$

作用在墙背上的主动土压力的合力大小按梯形分布图的面积计算，即
对无黏性土，有

$$E_a = \frac{1}{2}\gamma H^2 K_a + qHK_a \tag{14.26}$$

对黏性土，有

$$E_a = \frac{1}{2}\gamma H^2 K_a + qHK_a - 2cH\sqrt{K_a} \tag{14.27}$$

【例 14.5】 挡土墙高 6m，填土的物理力学性质指标如下：$\varphi = 34°$，$c = 0$，$\gamma = 19\text{kN/m}^3$，墙背直立、光滑，填土面水平并有均布荷载 $q = 10\text{kPa}$。试求挡土墙的主动土压力合力 E_a 及作用点位置，并绘出土压力分布图。

解 将地面均布荷载换算成填土的当量厚度

$$h = \frac{q}{\gamma} = \frac{10}{19} = 0.526(\text{m})$$

求主动土压力：

在填土顶面处，有

$$p_{a1} = \gamma H \tan^2\left(45° - \frac{\varphi}{2}\right) = q\tan^2\left(45° - \frac{\varphi}{2}\right) = 10 \times \tan^2\left(45° - \frac{34°}{2}\right) = 2.8(\text{kPa})$$

在墙底处，有

$$p_{a2} = (q + \gamma H)\tan^2\left(45° - \frac{\varphi}{2}\right) = (10 + 19 \times 6) \times \tan^2\left(45° - \frac{34°}{2}\right) = 35.1(\text{kPa})$$

求主动土压力合力：

$$E_a = \frac{1}{2}(p_{a1} + p_{a2})H = \frac{1}{2} \times (2.8 + 35.1) \times 6 = 113.8(\text{kN/m})$$

主动土压力合力作用点位置为

$$z = \frac{2.8 \times 6 \times 3 + (35.1 - 2.8) \times \frac{1}{2} \times 6 \times 2}{113.8} = 2.15(\text{m})$$

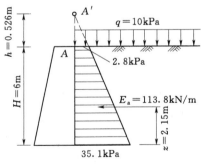

图 14.15 [例 14.5] 图

土压力分布图如图 14.15 所示。

3. 墙后土体有地下水存在

当墙后土体有地下水存在时，墙体除受到土压力的作用外，还将受到水压力的作用。具体表现在：①地下水位以下填土重量将因受到浮力而减小，计算土压力时用浮重度 γ'；②由于地下水的存在将使土的含水量增加，抗剪强度降低，而使土压力增大；③地下水对墙背产生静水压力。

在实际工程中计算墙体上的侧压力时，考虑到土质的影响，可采用"水土分算"或"水土合算"的计算方法。

（1）水土分算法。

此方法是将土压力和水压力分别计算后再叠加的方法，适用于渗透性大的砂土层。

对砂性土，有

$$p = \gamma' h K_a' + \gamma_w h_w \tag{14.28}$$

对黏性土，有

$$p = \gamma' h K_a' - 2c'\sqrt{K_a'} + \gamma_w h_w \tag{14.29}$$

式中 γ'——土的有效重度；

K_a'——有效应力强度指标计算的主动土压力系数，$K_a'=\tan^2\left(45°-\dfrac{\varphi'}{2}\right)$；

c'——有效内聚力，实际中常用内聚力 c 代替，kPa；

φ'——有效内摩擦角，实际中常用内摩擦角 φ；

γ_w——水的重度，kN/m^3；

h_w——以墙底起算的地下水位高度，m。

（2）水土合算法。

此方法是在计算土压力时将地下水位以下的土体重度取为饱和重度，水压力不再单独计算叠加，适用于渗透性小的黏性土层。

地下水位以下总的水土压力为

$$p=(\gamma h_1+\gamma_{sat}h_2)K_a+2c\sqrt{K_a} \tag{14.30}$$

式中　γ_{sat}——土的饱和重度。

【例 14.6】　挡土墙高度 $H=10m$，填土为砂土，墙后有地下水位存在，填土的物理力学性质指标如图 14.16 所示。试计算挡土墙上的主动土压力及水压力的分布及其合力。

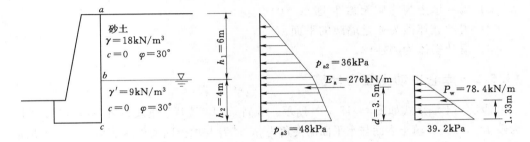

图 14.16　填土的物理力学性质

解　填土为砂土，按水土分算法原则进行。主动土压力系数

$$K_a=\tan^2\left(45°-\frac{\varphi}{2}\right)=\tan^2\left(45°-\frac{30°}{2}\right)=0.333$$

于是可得挡土墙上各点的主动土压力分别为

a 点：　　　　　　　$p_{a1}=\gamma_1 zK_a=0$

b 点：　　　　$p_{a2}=\gamma_1 h_1 K_a=18×6×0.333=36.0$

由于水下土的 φ 值与水上土的 φ 值相同，故在 b 点处的主动土压力无突变现象。

c 点：　　$p_{a3}=(\gamma_1 h_1+\gamma'h_2)K_a=(18×6+9×4)×0.333=48.0kPa$

主动土压力分布如例图 14.16 所示，同时可求得其合力 E_a 为

$$E_a=\frac{1}{2}×36×6+36×4+\frac{1}{2}×(48-36)×4=276kN/m$$

合力 E_a 作用点距墙底 d 为

$$d=\frac{1}{276}×\left(108×6+144×2+24×\frac{4}{3}\right)=3.5m$$

此外，c 点水压力为

$$p_w=\gamma_w h_2=9.8×4=39.2kPa$$

作用在墙上的水压力合力 P_w 为

$$P_w = \frac{1}{2} \times 39.2 \times 4 = 78.4 \text{kN/m}$$

水压力合力 P_w 作用在距墙底 $\frac{h_2}{3} = \frac{4}{3} = 1.33\text{m}$ 处。

14.5 库仑土压力理论

14.5.1 基本原理

库仑土压力理论是由法国学者库仑于 1776 年提出的，该理论根据刚性极限平衡的概念，认为墙后土体处于极限平衡状态会形成一滑动楔体，通过分析滑动楔体的静力平衡条件，建立土压力计算公式。

在进行挡土墙模拟试验时，墙后填土为无黏性土，无地下水。库仑土压力理论的关键是破坏面的形状和位置的确定，一般假定破坏面为平面。

将库仑土压力理论应用于挡土结构的土压力计算中，需满足以下基本假定。

1）墙后填土为均质无黏性土（$c=0$）。

2）滑动破坏面为通过墙踵的平面。

3）滑动楔体为刚性体。

14.5.2 库仑主动土压力计算

假设挡土墙形式如图 14.17（a）所示，墙高为 H，墙背与垂线夹角为 α，墙后填土为砂土（$c=0$），填土表面与水平面的夹角为 β，墙背与填土间的外摩擦角为 δ，滑动面 BC 与水平面夹角为 θ。沿墙的长度方向取 1m 进行分析。当土楔体 ABC 向下滑而处于主动极限平衡状态时，作用在土楔体 ABC 上的作用力有以下几部分。

（1）土楔体 ABC 的自重 W，只要破坏面 BC 的位置确定，W 的大小就能确定，其方向向下。

在 $\triangle ABC$ 中，利用正弦定理得

$$BC = AB \frac{\sin(90° - \alpha + \beta)}{\sin(\theta - \beta)}$$

因为

$$AB = \frac{H}{\cos\alpha}$$

所以

$$BC = \frac{H\cos(\alpha - \beta)}{\cos\alpha\sin(\theta - \beta)}$$

在 $\triangle ADB$ 中，有

$$AD = AB\cos(\theta - \alpha) = \frac{H\cos(\theta - \alpha)}{\cos\alpha}$$

因此，可求得土楔体 ABC 的自重 W 为

$$W = \gamma V_{ABC} = \frac{1}{2}\gamma \cdot BC \cdot AD$$

$$= \frac{1}{2}\gamma H^2 \frac{\cos(\alpha-\beta)\cos(\theta-\alpha)}{\cos^2\alpha\sin(\theta-\beta)} \tag{14.31}$$

（2）滑裂面 BC 上的反力 R。反力 R 与破坏面 BC 的法线 N_1 之间的夹角等于土的内摩擦角 φ，方向斜向上，大小未知。

（3）墙背对土楔体的反力 E。其方向必与墙背的法线 N_2 成 δ 角，δ 角为墙背与填土之间的摩擦角，方向斜向上，大小未知。

土楔体在以上三力作用下处于静力平衡状态，可闭合形成一力矢三角形（图 14.17（b））。

由正弦定理得

$$E = \frac{W\sin(\theta-\varphi)}{\sin(90°+\varphi+\delta+\alpha-\theta)} \tag{14.32}$$

将式（14.31）中 W 的表达式代入式（14.32）得

$$E = \frac{1}{2}\gamma H^2 \frac{\cos(\alpha-\beta)\cos(\theta-\alpha)\sin(\theta-\varphi)}{\cos^2\alpha\sin(\theta-\beta)\sin(90°+\varphi+\delta+\alpha-\theta)} \tag{14.33}$$

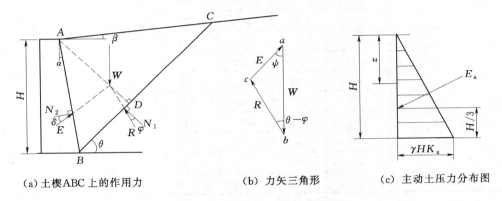

（a）土楔ABC上的作用力　　　　（b）力矢三角形　　　　（c）主动土压力分布图

图 14.17　库仑主动土压力的计算

在式（14.33）中，γ、H、β、α、φ、δ 均为已知，土压力大小仅取决于滑裂面倾角 θ，运用微积分学中求极值的方法便可求出式（14.33）的 E_{max}，即令 $\mathrm{d}E/\mathrm{d}\theta=0$，解得 θ_{cr}，代入式（14.33）可得库仑主动土压力的一般公式为

$$E_a = E_{max} = \frac{1}{2}\gamma H^2 K_a \tag{14.34}$$

$$K_a = \frac{\cos^2(\varphi-\alpha)}{\cos^2\alpha\cos(\alpha+\delta)\left[1+\sqrt{\dfrac{\sin(\varphi+\delta)\sin(\varphi-\beta)}{\cos(\alpha+\delta)\cos(\alpha-\beta)}}\right]^2} \tag{14.35}$$

式中　K_a——库仑主动土压力系数，K_a 与角 α、β、δ、φ 有关，而与 γ、H 无关；按式（14.35）计算或查表 14.3 确定；

　　　H——挡土墙的高度；

　　　α——墙背倾斜角，（°），俯斜时取正号，仰斜时取负号；

　　　β——墙后填土表面与水平面的倾角，（°），水平面以上为正，水平面以下为负；

　　　γ——土的重度，kN/m^3；

　　　φ——墙后填土内摩擦角，（°）；

δ——填土对挡土墙背的摩擦角，δ 取决于墙背面粗糙程度、填土性质、墙背面倾斜形状等，可查表 14.4 确定。

表 14.3　　　　　库仑主动土压力系数 K_a（$\beta=0$）

墙背倾斜情况	墙背与竖直线间夹角 $\varepsilon/(°)$	填土与墙背摩擦角 $\delta/(°)$	主动土压力系数 K_a 土的内摩擦角 $\varphi/(°)$					
			20	25	30	35	40	45
仰斜	-15	$\varphi/2$	0.357	0.274	0.208	0.156	0.114	0.081
		$2\varphi/3$	0.346	0.266	0.202	0.153	0.112	0.079
	-10	$\varphi/2$	0.385	0.303	0.237	0.184	0.139	0.104
		$2\varphi/3$	0.375	0.295	0.232	0.180	0.139	0.104
	-5	$\varphi/2$	0.415	0.334	0.268	0.214	0.168	0.131
		$2\varphi/3$	0.406	0.327	0.263	0.211	0.168	0.131
竖直	0	$\varphi/2$	0.447	0.367	0.301	0.246	0.199	0.160
		$2\varphi/3$	0.438	0.361	0.297	0.244·	0.200	0.162
俯斜	$+5$	$\varphi/2$	0.482	0.404	0.338	0.282	0.234	0.193
		$2\varphi/3$	0.450	0.398	0.335	0.282	0.236	0.197
	$+10$	$\varphi/2$	0.520	0.444	0.378	0.322	0.273	0.230
		$2\varphi/3$	0.514	0.439	0.377	0.323	0.277	0.237
	$+15$	$\varphi/2$	0.564	0.489	0.424	0.368	0.318	0.274
		$2\varphi/3$	0.559	0.486	0.425	0.371	0.325	0.284
	$+20$	$\varphi/2$	0.615	0.541	0.476	0.463	0.370	0.325
		$2\varphi/3$	0.611	0.540	0.479	0.474	0.381	0.340

表 14.4　　　　　土对挡土墙墙背的摩擦角

挡土墙情况	墙背光滑 排水不良	墙背粗糙 排水不良	墙背光滑 排水良好	墙背粗糙 排水良好
摩擦角 δ	$(0\sim0.33)\varphi_k$	$(0.33\sim0.50)\varphi_k$	$(0.50-0.67)\varphi_k$	$(0.67-1.00)\varphi_k$

注　φ_k 为墙背填土的内摩擦角的标准值。

当墙面垂直（$\alpha=0$）、光滑（$\delta=0$）、填土面水平（$\beta=0$）时，式（14.35）为

$$K_a=\tan^2\left(45°-\frac{\varphi}{2}\right) \tag{14.36}$$

可见在上述条件下，库仑公式与朗肯公式是相同的。可以说朗肯理论是库仑理论的特殊情况。

由式（14.34）可知，主动土压力 E_a 与墙高的平方成正比，将 E_a 中的 H 以 z 表示，并对其求导可得离墙顶任意深度 z 处的主动土压力强度 p_a，即

$$p_a=\frac{\mathrm{d}E_a}{\mathrm{d}z}=\frac{\mathrm{d}}{\mathrm{d}z}\left(\frac{1}{2}\gamma z^2 K_a\right)=\gamma z K_a$$

由此可知，主动土压力强度沿墙高呈三角形分布，主动土压力的作用点在离墙底 $H/3$ 处，方向仍然位于墙背法线的上方，并与法线成 δ 角，或与水平面成 $\alpha+\delta$ 角。

14.5.3 库仑被动土压力计算

如图 14.18 所示，挡土墙在外力作用下向填土方向移动或转动，当墙后土体达到被动极限状态时，根据静力平衡条件，自重 W、反力 R 和 E，形成闭合的力矢三角形。

$$E_p = E_{\min} = \frac{1}{2} \gamma H^2 K_p \tag{14.37}$$

令

$$K_p = \frac{\cos^2(\varphi + \alpha)}{\cos^2\alpha\cos(\alpha - \delta)\left[1 - \sqrt{\dfrac{\sin(\varphi + \delta)\sin(\varphi + \beta)}{\cos(\alpha - \delta)\cos(\alpha - \beta)}}\right]^2} \tag{14.38}$$

式中 E_p——库仑被动土压力合力，kN/m；

K_p——库仑被动土压力系数；

其他符号含义同前。

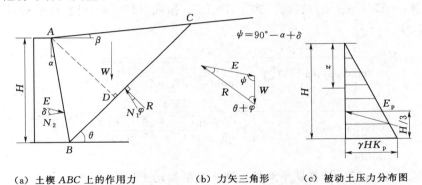

(a) 土楔 ABC 上的作用力   (b) 力矢三角形   (c) 被动土压力分布图

图 14.18 库仑被动土压力的计算

当墙面垂直（$\alpha = 0$）、光滑（$\delta = 0$）、填土面水平（$\beta = 0$）时，式（14.38）为

$$K_p = \tan^2\left(45° + \frac{\varphi}{2}\right) \tag{14.39}$$

可见在此条件下，库仑公式与朗肯公式是相同的。

被动土压力强度 p_p 可由下式计算，即

$$p_p = \frac{\mathrm{d}E_p}{\mathrm{d}z} = \frac{\mathrm{d}}{\mathrm{d}z}\left(\frac{1}{2}\gamma z^2 K_p\right) = \gamma z K_p$$

由此可知，被动土压力强度沿墙高呈三角形分布，土压力的作用点在离墙底 $H/3$ 处，方向位于墙背法线的下方，并与法线成 δ 角，或与水平面成 $\delta - \alpha$ 角。

【例 14.7】 某一挡土墙墙高 $h = 6\text{m}$，墙背与竖直线之间的夹角 $\alpha = 15°$，墙后填土为无黏性土，填土表面为一向上倾斜的斜坡面，与水平面的夹角 $\beta = +10°$，填土的重度 $\gamma = 16.5\text{kN/m}^3$，内摩擦角 $\varphi = 30°$，填土与墙背的摩擦角 $\delta = 15°$。计算填土对挡土墙的库仑主动土压力和被动土压力。

解 （1）主动土压力的计算。

根据 $\alpha = 15°$、$\beta = +10°$、$\varphi = 30°$、$\delta = 15°$，按式（14.35）计算库仑被动土压力系数 K_a 为

$$K_a = \frac{\cos^2(\varphi-\alpha)}{\cos^2\alpha\cos(\alpha+\delta)\left[1+\sqrt{\dfrac{\sin(\varphi+\delta)\sin(\varphi-\beta)}{\cos(\alpha+\delta)\cos(\alpha-\beta)}}\right]^2}$$

$$= \frac{\cos^2(30°-15°)}{\cos^2 15°\cos(15°+15°)\left[1+\sqrt{\dfrac{\sin(30°+15°)\sin(30°-10°)}{\cos(15°+15°)\cos(15°-10°)}}\right]^2}$$

$$=0.4836$$

根据式（14.34）计算填土对挡土墙产生的被动土压力 E_a 为

$$E_a = \frac{1}{2}\gamma h^2 K_a = \frac{1}{2}\times16.5\times6^2\times0.4836 = 143.6(\text{kN/m})$$

主动土压力作用点距墙踵的高度为 $y_a = \dfrac{h}{3} = \dfrac{6}{3} = 2.0$（m）。

主动土压力作用线与墙背法线成 $\delta=15°$ 角，在法线的上方。

（2）被动土压力计算。

根据 $\alpha=15°$、$\beta=+10°$、$\varphi=30°$、$\delta=15°$，按式（14.38）计算库仑被动土压力系数 K_p 为

$$K_p = \frac{\cos^2(\varphi+\alpha)}{\cos^2\alpha\cos(\alpha-\delta)\left[1-\sqrt{\dfrac{\sin(\varphi+\delta)\sin(\varphi+\beta)}{\cos(\alpha-\delta)\cos(\alpha-\beta)}}\right]^2}$$

$$= \frac{\cos^2(30°+15°)}{\cos^2 15°\cos(15°-15°)\left[1-\sqrt{\dfrac{\sin(30°+15°)\sin(30°+10°)}{\cos(15°-15°)\cos(15°-10°)}}\right]^2}$$

$$=5.0865$$

根据式（14.37）计算填土对挡土墙产生的被动土压力 E_p 为

$$E_p = \frac{1}{2}\gamma h^2 K_p = \frac{1}{2}\times16.5\times6^2\times5.0865 = 1510.7(\text{kN/m})$$

被动土压力作用点距墙踵的高度为 $y_p = \dfrac{h}{3} = \dfrac{6}{3} = 2.0$（m）。

被动土压力作用线与墙面法线成 $\delta=15°$ 角，在法线的下方。

14.5.4　几种情况下库仑土压力的计算

1. 成层土中的库仑土压力计算

当墙后填土成层分布且具有不同物理力学性质时，常用近似方法分层计算土压力。如图 14.19 所示，假设各层土的分界面与土体表面平行，自上而下按层计算土压力。在求下层土的土压力时可将上面各层土的重量当作均布荷载对待。

现对图 14.19 分析如下。

在第一层层面处，有

$$p_{a0}=0$$

在第一层底，有

$$p_{a1}=\gamma_1 h_1 K_{a1}$$

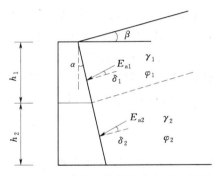

图 14.19　成层土中的库仑主动土压力

在第二层顶面，将 $\gamma_1 h_1$ 的土重换算为第二层土的当量土厚度，即

$$h'_1 = \frac{\gamma_1 h_1}{\gamma_2} \frac{\cos\alpha\cos\beta}{\cos(\alpha-\beta)}$$

故第二层的顶面处土压力强度为

$$p_{a2} = \gamma_2 h'_1 K_{a2}$$

第二层层底的土压力强度为

$$p_{a2} = \gamma_2 (h'_1 + h_2) K_{a2}$$

式中　K_{a1}，K_{a2}——第一、第二层土的库仑主动土压力系数；

　　　　γ_1，γ_2——第一、第二层土的重度，kN/m³。

每层土的总压力 E_{a1}、E_{a2} 的大小等于土压力分布图的面积，作用方向与 AB 法线方向成 δ_1、δ_2 角（δ_1、δ_2 分别为第一、第二层土与墙背之间的摩擦角），作用点位于各层土压力分布图的形心高度处。

2. 地面连续均布荷载作用下的库仑土压力

对于墙背倾斜、墙后填土表面作用有均布荷载的情况，如图 14.20 所示，通常土压力的计算方法是将均布荷载换算成当量的土重，即用假想的土重代替均布荷载。

如图 14.20 所示，当量土层厚度 $h = \dfrac{q}{\gamma}$，假想的填土面与墙背 AB 的延长线交于 A' 点，故以 $A'B$ 为假想墙背计算主动土压力，由于填土面和墙背面倾斜，假想的墙高应为 $h' + H$，再根据无荷载时的情况求出土压力强度和总压力。

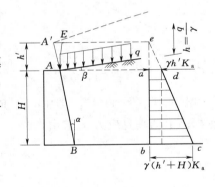

图 14.20　填土面有连续均布荷载

在 $\triangle A'AE$ 中，由几何关系可得

$$h' = h \frac{\cos\beta\cos\alpha}{\cos(\alpha-\beta)}$$

在实际考虑墙背土压力的分布时，只计墙背高度范围，不计墙顶以上 h' 范围上的土压力。其计算情况如下。

墙顶 A 点土压力为

$$p_a = \gamma h' K_a$$

墙底 B 点土压力为

$$p_a = \gamma(H + h') K_a$$

实际墙背 AB 上的土压力为 H 高度上压力图的面积，即

$$E_a = \gamma H \left(\frac{1}{2} H + h' \right) K_a \tag{14.40}$$

E_a 作用点位置在梯形面积的形心处，与墙背法线成 δ 角。

3. 黏性土中的库仑土压力计算

式（14.34）和式（14.37）都是按无黏性填土推导得到的。若填土是黏性土，可用以下 3 种方法计算土压力。

1）认为黏性土的黏聚力是其抗剪强度的一部分，并在土楔体滑动时起了抵抗

滑动的作用，且沿着滑动面上假定为均匀分布。对于墙背垂直、光滑、填土表面水平与墙齐高的情况，作用在墙背上的主动和被动土压力计算如下。

$$E_a = \frac{1}{2}\gamma H^2 \tan^2\left(45° - \frac{\varphi}{2}\right) - 2cH\tan\left(45° - \frac{\varphi}{2}\right) + \frac{2c^2}{\gamma} \tag{14.41}$$

$$E_p = \frac{1}{2}\gamma H^2 \tan^2\left(45° + \frac{\varphi}{2}\right) + 2cH\tan\left(45° + \frac{\varphi}{2}\right) \tag{14.42}$$

式中　c——总黏聚力，等于单位黏聚力与滑动长度的乘积。

2) 把填土的黏聚力折算成等值内摩擦角 φ_D。如设挡土墙的边界条件是墙背垂直、光滑，填土表面水平并与墙齐高，则

按黏聚力计算时，有

$$E_{a1} = \frac{1}{2}\gamma H^2 \tan^2\left(45° - \frac{\varphi}{2}\right) - 2cH\tan\left(45° - \frac{\varphi}{2}\right) + \frac{2c^2}{\gamma}$$

按等值内摩擦角计算时，有

$$E_{a2} = \frac{1}{2}\gamma H^2 \tan^2\left(45° - \frac{\varphi_D}{2}\right)$$

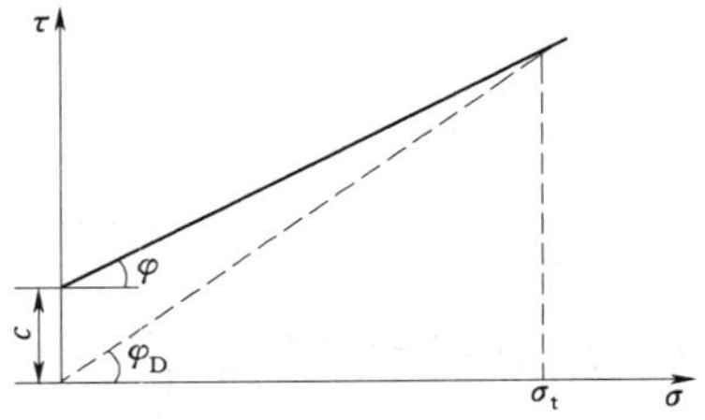

令 $E_{a1} = E_{a2}$，求得

$$\tan\left(45° - \frac{\varphi_D}{2}\right) = \tan\left(45° - \frac{\varphi}{2}\right) - \frac{2c}{\gamma H}$$

$$\varphi_D = 2\left\{45° - \arctan\left[\tan\left(45° - \frac{\varphi}{2}\right) - \frac{2c}{\gamma H}\right]\right\} \tag{14.43}$$

图 14.21　等效内摩擦角的计算

3) 根据抗剪强度相等的原理，等效内摩擦角 φ_D 可根据土的抗剪强度曲线，通过作用在墙底标高上的垂直应力 σ_t 求出（图 14.21）。

$$\varphi_D = \arctan\left(\tan\varphi + \frac{c}{\sigma_t}\right) \tag{14.44}$$

14.6　朗肯土压力理论与库仑土压力理论的讨论

14.6.1　朗肯理论和库仑理论的比较

朗肯理论和库仑理论都是研究土压力问题的简单计算方法，均是针对墙后土体处于极限平衡状态得到墙背上的土压力，属于极限状态土压力理论。两种理论根据不同的假设，从不同的途径，以不同的分析方法计算土压力，只有在 $\alpha=0$、$\beta=0$、$\delta=0$ 的状态下，两种理论计算结果才一致。

朗肯土压力理论是从研究半无限土体中一点的应力状态出发，推导出土压力计算公式，公式简单，便于记忆，对于黏性土和无黏性土朗肯公式均适用。为了使墙后土体处于半空间应力状态，朗肯理论需假设填土表面水平、墙背垂直、墙背光滑，3 个条件缺一不可。朗肯理论在计算时首先求出作用在土中竖直面上的土压力 p_a 或 p_p 的分布形式，然后再计算作用在墙背上的土压力合力 E_a 或 E_p。

库仑土压力理论是根据挡土墙后滑动土楔体的静力平衡条件推导出土压力计算公式的。在计算中实际考虑了墙背与土之间的摩擦力，但库仑理论假设墙后填土为

无黏性土，因而对于黏性土挡土墙，库仑理论不能直接使用。库仑理论根据静力平衡条件首先求出作用在墙背上的土压力合力 E_a 或 E_p，然后确定土压力 p_a 或 p_p 的分布形式。

14.6.2　朗肯理论和库仑理论的计算误差

朗肯理论和库仑理论均是建立在某些假设条件的基础上，计算结果必然存在一定的误差。朗肯理论假定竖直的墙背完全光滑（$\delta=0$），忽略了墙与土之间摩擦对土压力的影响，因此计算的主动土压力系数 K_a 偏大，根据试验分析差别并不很大；被动土压力系数 K_p 偏小，特别是当 δ 和 φ 都比较大时，严格的理论较朗肯土压力理论的被动土压力系数大 2～3 倍及以上。库仑理论考虑了墙背与填土的摩擦作用，但假定土中的滑裂面是通过墙踵的平面，与实际情况和理论解不相符。这种平滑裂面假定使得破坏楔体平衡时所必须满足的力系对任一点的力矩之和等于零的条件得不到满足，这是库仑理论计算土压力，特别是被动土压力产生很大误差的关键原因。库仑理论算得的主动土压力偏小，被动土压力则偏大，当 δ 和 φ 都比较大时，库仑理论算得的被动土压力系数较精确的理论解大 2～4 倍。

综上所述，对于计算主动土压力，两种理论的误差都不大，朗肯土压力理论公式简单，且能建立起土体处于极限平衡状态时理论破裂面形状和概念。这一概念对于分析许多土体破坏问题，如板桩墙的受力状态、地基的滑动区等都很有用，所以得到工程人员的广泛应用，不过在具体实用中，要注意边界条件是否符合朗肯理论的规定，以免得到错误的结果。库仑理论可适用于比较广泛的边界条件，包括墙背倾斜、填土面倾斜及墙背与土之间有摩擦等，在工程中广泛应用。对于被动土压力的计算，当 δ 和 φ 较小时，这两种土压力理论尚可采用；而当 δ 和 φ 较大时，误差都很大，均不宜采用。

【例 14.8】　某挡土墙如图 14.22 所示。已知墙高 $H=5\text{m}$，墙背倾角 $\alpha=10°$，填土为细砂，填土面水平 $\beta=0$，$\gamma=19\text{kN/m}^3$，$\varphi=30°$，$\delta=\varphi/2=15°$。分别按朗肯理论和库仑理论计算作用在墙上的主动土压力 E_a。

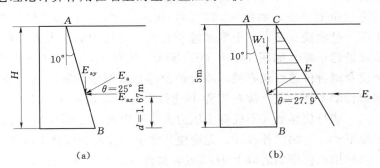

图 14.22　[例 14.8] 图

解　（1）按库仑主动土压力公式计算。

当 $\beta=0$，$\alpha=10°$，$\varphi=30°$，$\delta=15°$ 时，由表 12.3 查得主动土压力系数 $K_a=0.378$。由此可得作用在每延米挡土墙上的主动土压力为

$$E_a=\frac{1}{2}\gamma H^2 K_a=\frac{1}{2}\times 19\times 5^2\times 0.378=89.78(\text{kN/m})$$

$$E_{ax} = E_a \cos\theta = 89.78 \times \cos(15° + 10°) = 81.36 \text{(kN/m)}$$

$$E_{ay} = E_a \sin\theta = 89.78 \times \sin(15° + 10°) = 37.94 \text{(kN/m)}$$

E_a 的作用点位置距墙脚 $d = \dfrac{H}{3} = \dfrac{5}{3} = 1.67$ （m）

（2）按朗肯土压力理论计算。

前述朗肯主动土压力公式适用于填土为砂土，墙背直立（$\alpha = 0$）、墙背光滑（$\delta = 0$）和填土面水平（$\beta = 0$）的情况。在本例中挡土墙 $\alpha = 10°$、$\delta = 15°$，不符合上述情况。现从墙脚 B 点作竖直面 BC，用朗肯主动土压力公式计算作用在 BC 面上的主动土压力 E_a，近似地假定作用在墙背 AB 上的主动土压力是 E_a 与土体 ABC 重力 W_1 的合力，如图 14.22（b）所示。

当 $\varphi = 30°$ 时，求得主动土压力系数 $K_a = 0.333$。作用在 BC 面上的主动土压力 E_a 为

$$E_a = \frac{1}{2}\gamma H^2 K_a = \frac{1}{2} \times 19 \times 5^2 \times 0.333 = 79.09 \text{(kN/m)}$$

土体 ABC 重力 W_1 为

$$W_1 = \frac{1}{2}\gamma H^2 \tan\alpha = \frac{1}{2} \times 19 \times 5^2 \times \tan10° = 41.88 \text{(kN/m)}$$

作用在墙背 AB 上的合力 E 为

$$E = \sqrt{E_a^2 + W_1^2} = \sqrt{79.09^2 + 41.88^2} = 89.49 \text{(kN/m)}$$

合力 E 与水平面夹角 θ 为

$$\theta = \arctan\frac{W_1}{E_a} = \arctan\frac{41.88}{79.09} = 27.9°$$

可以看出，用近似方法求得的土压力合力 E 值与库仑公式的结果还是比较接近的。

14.6.3 计算土压力与实际土压力分布的差异

当填土表面水平、墙背垂直光滑时，朗肯土压力的分布和库仑土压力的分布完全相同，均为三角形分布，如图 14.23（a）所示。然而，试验观测结果表明，刚性墙背的土压力呈曲线分布，其上半部近于直线，土压力的最大值出现在下半部，并在接近墙踵处趋于零，如图 14.23（b）所示。实际上，土压力的大小、分布形式与墙身刚度及墙身位移形式有关，墙身的位移形式有绕墙踵转动、绕墙顶转动、平移、平移加转动 4 种形式，故在工程中进行设计时常取图 14.23（c）所示的土压力分布形式。墙身位移形式不仅对土压力大小有影响，还影响土压力的分布。当挡土墙的下端不动，上端向外移动，无论位移多少，作用在墙背上的压力都按直线分布，总压力作用点位于墙底以上 $H/3$ 处，如图 14.23（d）所示。当挡土墙的上端不动，下端向外移动，无论位移多少，都不能使土体发生主动破坏，压力为曲线分布，总压力作用点位于墙底以上 $H/2$ 处，如图 14.23（e）所示。当挡土墙的上端和下端都向外移动，且位移的大小未达到足以使填土发生主动破坏时，压力也是按曲线分布，总压力作用点位于墙底以上 $H/2$ 附近；当位移超过某一值后填土中将发生主动破坏，压力呈直线分布，总压力作用点降至墙高的 $H/3$ 处，如图 14.23（f）所示。

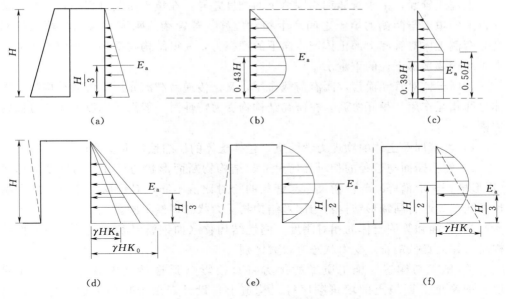

图 14.23　土压力的分布形式

14.7　填埋式管涵上的土压力

14.7.1　填埋式管涵上土压力的特点

　　水利、市政、交通及能源工程中的坝下埋管、给排水管、煤气管、输油管、公路涵洞等埋地管涵是土木工程中常见的一类结构物。按其埋设方式，有两种典型形式：①沟埋式，如图 14.24（a）所示，管涵埋置于开挖的沟槽中，管涵以上及两侧用土回填；②上埋式，如图 14.24（b）所示，管涵直接敷设在原有地基上，或敷设于浅沟中，然后在管涵上部及两侧填土，土坝下的管涵大多属于此类。

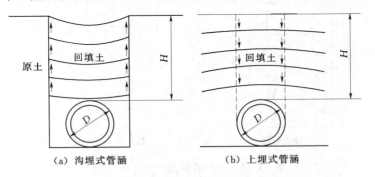

（a）沟埋式管涵　　　　　（b）上埋式管涵

图 14.24　管涵埋设方式分类

　　沟埋式管涵，由于回填土在压缩变形过程中受到两侧沟壁的牵制作用，回填土形成向下的弯曲面，回填土对管涵的压力的一部分由两侧沟壁的摩擦力承担，即作用于结构物顶部的竖向土压力 σ_z 小于结构物上的土柱压力 γh。若沟槽的宽度超过某一限度，两侧土体的摩阻力对管涵竖向土压力的影响即不存在。

上埋式管涵，由于管涵和周围填土的刚度差异，在填土压实过程中，直接在管涵以上的填土与两侧的填土之间产生相对位移。若管涵的刚度大于周围填土的刚度，两侧土体对管涵上部土体产生向下的摩擦力，使得结构物受到的竖向土压力 σ_z 大于结构物顶部土柱的重量 γh。

管周土体对管涵而言，既有荷载作用，又是传递荷载的介质。管涵结构物与土体之间相互作用、相互协调。在研究结构物受力特性时一般需考虑以下 4 个方面的因素。

1）埋管周围土体的物理力学性质，包括土体的压缩性、强度等。

2）沟槽断面与管径的相对几何尺寸、结构物断面形状与尺寸。沟槽断面形式（矩形槽、梯形槽等）与沟槽尺寸与管径的相对比值不同，对管周土体应力的影响也不同，矩形、马蹄形结构物与圆形结构物受力状态显然不同。

3）管涵和管周土体的相对刚度。刚性结构物（如钢筋混凝土涵洞）与柔性结构物（如大直径钢管）受力状态有较大区别。

4）施工与构造。施工质量的优劣将直接影响到管涵土压力的大小，如回填土的密度、回填土的填筑顺序等；构造上，设计者出于某种考虑，造成管周填土的空间几何形状的不规则与填土的多样性，都会使得管涵土压力分布趋于复杂化。

14.7.2　沟埋式涵管上的土压力计算

马斯顿（A. Marston，1913）根据散体极限平衡理论提出一个计算沟埋式结构物上竖直土压力的计算公式，至今仍得到广泛的应用。如图 14.25 所示的沟埋式结构物，沟槽宽度为 B，填土在自重作用下向下沉陷，在两侧沟壁上产生向上的剪切力 τ，并假定它等于土的抗剪强度 τ_f。

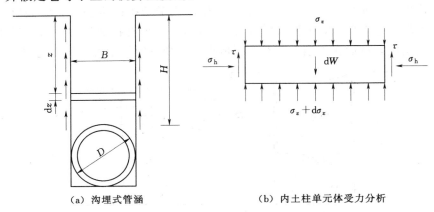

(a) 沟埋式管涵　　　　　　　　　(b) 内土柱单元体受力分析

图 14.25　沟埋式管涵竖向土压力计算

在填土面下深度 z 处，取厚度 dz 的土层作为隔离体进行受力分析。土层重量 $dW = \gamma B dz$，侧向土压力 $\sigma_h = K\sigma_z$，则侧壁抗剪强度 $\tau_f = c + \sigma_h \tan\varphi$。根据力的平衡条件有

$$\gamma B dz - B d\sigma_z - 2(c + K\sigma_z \tan\varphi) dz = 0 \tag{14.45}$$

式中　γ——填土重度；

c，φ——填土与沟壁之间的黏聚力和内摩擦角；

　　B——沟槽宽度；

　　K——土压力系数，一般介于主动土压力系数 K_a 与静止土压力系数 K_0 之间，马斯顿采用主动土压力系数。

式（14.45）可写成

$$\frac{\mathrm{d}\sigma_z}{\mathrm{d}z}=\gamma-\frac{2c}{B}-2K\sigma_z\frac{\tan\varphi}{B} \tag{14.46}$$

根据边界条件 $z=0$ 时，$\sigma_z=0$，解微分方程式（14.46），可得结构物顶部 $z=H$ 处的压力分布为

$$\sigma_z=\frac{B\left(\gamma-\dfrac{2c}{B}\right)}{2K\tan\varphi}(1-\mathrm{e}^{-2K\frac{H}{B}\tan\varphi}) \tag{14.47}$$

需要指出，沟槽宽度 B 值的大小对作用在结构物上的土压力有较大影响。一般而言，随 B/D 值的增大，沟壁摩阻力对结构物上的土压力的影响将逐渐减少，当 B/D 达到某一值时，作用在结构物上的土压力等于 γH。

14.7.3　上埋式涵管上的土压力计算

如图 14.26（a）所示，马斯顿假定上埋式结构物上的土柱与周围土体发生相对位移的滑动面为竖直平面 aa'、bb'。采用与沟埋式结构物类似的方法，可得到作用在上埋式结构物顶部的竖直土压力计算公式为

$$\sigma_z=\frac{B\left(\gamma+\dfrac{2c}{B}\right)}{2K\tan\varphi}(\mathrm{e}^{2K\frac{H}{B}\tan\varphi}-1) \tag{14.48}$$

式中符号意义同前。

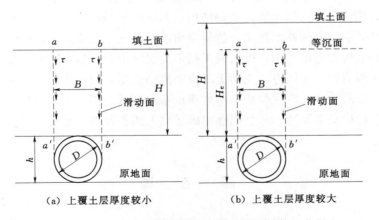

（a）上覆土层厚度较小　　　　　（b）上覆土层厚度较大

图 14.26　上埋式管涵竖向土压力计算

式（14.48）适用于结构物顶部填土厚度较小的情况。若填土厚度 H 较大，则在填土面以下存在一等沉面。在等沉面之上，土柱内外无相对位移，而等沉面之下将产生相对位移，其厚度为 H_e，滑动面为 aa'、bb'（图 14.26（b））。这时，作用在结构物顶部的竖直土压力为

$$\sigma_z = \frac{B\left(\gamma + \frac{2c}{B}\right)}{2K\tan\varphi}\left(e^{2K\frac{H_e}{B}\tan\varphi} - 1\right) + \gamma(H - H_e)e^{2K\frac{H_e}{B}\tan\varphi} \tag{14.49}$$

式中 H_e——等沉面厚度。

需要指出，上述土压力计算公式是建立在结构物顶部土柱与两侧土体产生竖直向滑动面的假设基础上，即在土的抗剪强度得到完全发挥的条件下得出的，与实际情况并不完全相符，其计算值可能会偏大，所以应用时应结合具体情况和已有的资料进行修正。对于重要的工程，可采用土的非线性应力应变关系，通过有限元法等数值计算手段进行分析，以考虑复杂的边界条件和土体性质。

14.7.4 结构物顶部土压力的减荷措施

在高填土条件下，作用于大型结构物上的垂直土压力往往远大于结构物顶部土柱的重量，即会产生较大的应力集中现象。可采取一些减荷措施来减小竖直土压力，其中一个有意义的思路是，在上埋式结构物顶部填筑一定厚度变形较大的柔性材料代替原有的填土材料，有目的地形成类似于沟埋式结构物的埋设条件，以减轻结构物顶部的土压力。常用的柔性材料有压缩性大的黏土、锯末、火山灰、泥炭、草垫、煤灰等。采用压缩性大但又有一定结构强度的聚苯乙烯泡沫塑料块体或颗粒作为柔性填料是近年来发展起来的一种新技术，并得到较好的应用。

14.8 本章小结

本章介绍了土压力的分类和墙体位移与墙后土压力的关系，介绍了两类计算土压力的基本理论，即朗肯土压力理论和库仑土压力理论，给出了几种实际情况下的土压力计算方法，并讨论了朗肯土压力理论和库仑土压力理论的异同点与计算误差。土压力理论是研究挡土墙、支护结构、基坑围护结构以及地基承载力和地基稳定性问题时必须掌握的基本理论。值得指出的是，在工程实践中由于对作用于支挡结构物后的土压力考虑不当，带来的工程事故屡见不鲜，值得警惕。通过本章的学习，学生应明确静止土压力、主动土压力和被动土压力的概念，理解墙体位移与墙后土压力分布的关系；掌握静止土压力理论基本原理、朗肯土压力理论基本原理和库仑土压力理论基本原理，并且能够熟练运用上述各种理论解决工程实践中土压力的计算问题。

思 考 题

14.1 什么是静止土压力、主动土压力以及被动土压力？三者的关系如何？

14.2 什么条件下采用"水土分算"和"水土合算"？

14.3 如何理解主动极限平衡状态和被动极限平衡状态？

14.4 试比较朗肯土压力理论和库仑土压力理论的基本假定及适用条件。

14.5 朗肯土压力理论和库仑土压力理论各采用了什么假定？分别会带来什么样的误差？

14.6 填埋式结构物上的土压力有什么特点？它与结构物的刚度有什么关系？

习 题

14.1 已知某挡土墙墙高为 $H=6.0\mathrm{m}$，墙背竖直光滑，墙后填土表面水平，填土的重度 $\gamma=18.5\mathrm{kN/m^3}$，$\varphi=20°$，$c=19\mathrm{kPa}$，如图 14.27 所示。试求：作用在此挡土墙上的静止土压力、主动土压力和被动土压力并绘出土压力分布图。

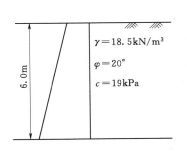

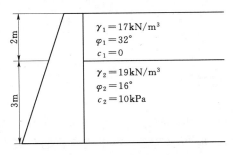

图 14.27 某挡土墙   图 14.28 挡土墙各层物理力学指标

14.2 挡土墙高 5m，墙背竖直、光滑，填土水平，共有两层，各层物理力学性质指标如图 14.28 所示。试求主动土压力 P_a 及作用点并画出土压力分布图。

14.3 挡土墙高度 $H=10\mathrm{m}$，填土为砂土，墙后有地下水位存在，填土的物理力学性质指标如图 14.29 所示。试计算挡土墙上的主动土压力及水压力的分布及其合力。

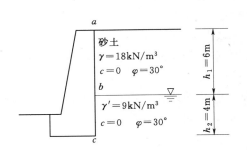

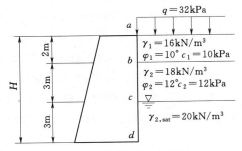

图 14.29 某挡土墙填土的物理力学指标   图 14.30 某挡土墙各填土层物理力学指标

14.4 如图 14.30 所示的挡土墙，墙背竖直、光滑，墙后填土面水平，各填土层物理力学性质指标如图中所示。试计算作用在该挡土墙墙背上的主动土压力和水压力合力，并绘出侧压力分布图。

14.5 某挡土墙墙高 4m，墙背倾斜角 $\alpha=20°$，填土面倾角 $\beta=10°$，填土重度 $\gamma=20\mathrm{kN/m^3}$，$\varphi=30°$，$c=0$，填土与墙背的摩擦角 $\delta=15°$，如图 14.31 所示。试按库仑理论求：（1）主动土压力大小、作用点位置和方向；（2）主动土压力强度沿墙高的分布。

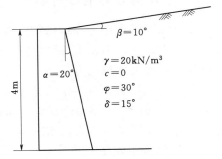

图 14.31 某挡土墙填土物理力学指标

第 15 章

地基承载力

15.1 概述

地基承载力是指地基土单位面积上所能承受荷载的能力，是评价地基稳定性的重要指标。地基承受建筑物或构筑物的荷载作用后，一方面产生地基变形，另一方面引起地基土中应力增大。荷载增大，地基变形随之增大。当荷载较小时，地基土仍保持弹性平衡状态，此时地基土处于安全承载状态。当荷载增大至地基土中某点破坏面上的剪应力达到土的抗剪强度时，该点处于极限平衡状态。若荷载继续增大，地基中将出现若干剪切破坏区，称塑性区。当地基土中将要出现但尚未出现塑性区时，地基所承受的相应荷载称为临塑荷载，用 p_{cr} 表示。局部的塑性区会随着荷载的增大而逐渐发展，当塑性区发展到某一深度时，相应荷载称为临界荷载。当塑性区充分发展成为连续贯穿到地表的整体滑动面，地基土体将沿整体滑动面产生滑动，此时地基失稳。通常将地基丧失稳定时所能承受的最大荷载称为极限荷载或地基极限承载力，用 p_u 表示。考虑一定安全储备后的地基承载力称为地基承载力容许值，用 p_a 表示。工程设计中必须确保地基有足够的稳定性，因此必须限制建筑物基底压力，使其不超过地基承载力容许值。

本章主要介绍地基的破坏模式，对地基的临塑荷载和临界荷载进行讨论，阐述了确定地基极限承载力的方法，最后介绍了地基承载力的计算方法。

15.2 地基破坏模式

15.2.1 地基破坏的 3 种模式

地基土不能满足上部结构物强度或变形要求，或由于动力荷载作用产生液化、失稳，使上部结构物发生急剧沉降、倾斜，从而失去使用功能，这种状态称为地基破坏或地基丧失承载能力。

大量的现场试验与工程经验表明，地基土因承载能力不足引起的地基破坏是由剪切破坏引起的。地基剪切破坏通常分为 3 种模式，即整体剪切破坏、局部剪切破坏、冲剪破坏（又称刺入剪切破坏）。

1. 整体剪切破坏

如图 15.1 中 1 所示，整体剪切破坏的特征是：当基础上荷载较小时，基础下形成一个三角形压密区 I。三角形压密区 I 随同基础压入土中，这时 p-s 曲线成直线关系。随着荷载增大，三角形压密区 I 挤压两侧土体，土中产生塑性区，塑性区首先在基础边缘处产生，而后逐渐发展，形成塑性区 II、III。此时基础的沉降增长率较前一阶段大，p-s 曲线呈曲线状。当荷载达到极限承载力，土中形成连续滑动面并延伸到地面，土从地面两侧挤出并隆起，基础沉降急剧增加，地基产生失稳破坏。整体剪切破坏通常发生在密实坚硬地基中。

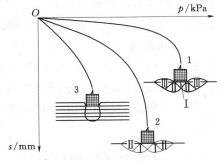

图 15.1　地基的破坏形式
1—整体剪切破坏；2—局部剪切
破坏；3—冲剪破坏

2. 局部剪切破坏

如图 15.1 中 2 所示，局部剪切破坏的特征是：随着荷载的增大，基础下也产生三角形压密区 I 和塑性区 II，但塑性区仅仅发展到地基某一范围内，土中滑动面并不延伸到地面。基础两侧地面微微隆起，未产生明显的裂缝。p-s 曲线也有一个拐点，但不如整体剪切破坏那么明显。p-s 曲线在拐点后，其沉降增长率较前一阶段有所增大，但不像整体剪切破坏那样急剧增大。局部剪切破坏常发生于中等密实砂土地基中。

3. 冲剪破坏

如图 15.1 中 3 所示，冲剪破坏的特征是：随着荷载增大，基础下土体发生压缩变形，基础随之下沉。当荷载继续增大，基础周围土体发生竖向剪切破坏，使基础刺入土中。该破坏模式下基础周围土体几乎不隆起，往往还会随基础的"刺入"微微下沉，地基内部无连续滑动面，p-s 曲线无直线段和拐点，其斜率比局部剪切破坏模式更大。冲剪破坏常发生于松砂及软土地基中。

15.2.2　整体剪切破坏的 3 个阶段

根据荷载试验结果，格尔谢万诺夫进一步提出地基的整体剪切破坏经历了图 15.2 所示的 3 个阶段。

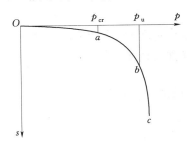

图 15.2　p-s 地基破坏过程的三个阶段

1. 压密阶段

压密阶段又称直线变形阶段，对应于 p-s 曲线上的 Oa 段。在该阶段，p-s 曲线接近于直线，土中各点的剪应力均小于土的抗剪强度，土体处于弹性平衡状态。此时，荷载板的沉降主要是由土体的压密变形引起的。压密阶段的终点（a 点）荷载即为临塑荷载 p_{cr}。

2. 剪切阶段

剪切阶段对应于 p-s 曲线上的 ab 段。在该阶段 p-s 曲线不再是线性关系，沉降增长率随荷载增大而增加。此时，地基土局部区域剪应力达到土的抗剪强度，土体发生剪切破坏而出现塑性区。塑性区首先在基础边缘处出现，随着荷载继续增大，土中塑性区范围逐步扩大，直至形成连续的滑动面，由荷载板两侧挤出而破坏。可见，剪切阶段也就是地基中塑性区的产生与发展阶段，剪切阶段的终点（b 点）荷载对应极限荷载 p_u。

3. 破坏阶段

破坏阶段对应于 $p-s$ 曲线上的 bc 段。荷载超过极限荷载后，荷载板急剧下沉，即使荷载不再增大，沉降也不能稳定，$p-s$ 曲线陡直下降。该阶段中，土体中塑性区不断发展，在土中形成连续的滑动面，土从荷载板四周挤出隆起，地基土失稳破坏。

15.2.3　破坏模式的判别因素

地基的破坏形式除了与地基土的性质、荷载大小有关外，还与基础埋置深度、加载方式、加载速率、基础形状等有关。通常，当基础埋深较浅、荷载施加较为缓慢时，可能发生整体剪切破坏；当基础埋深较深、荷载快速增大或受冲击荷载作用时，可能发生局部剪切破坏或冲剪破坏；密实坚硬地基常发生整体剪切破坏，中等密实的砂土地基常发生局部剪切破坏，松软砂土地基及软土地基常发生冲剪破坏。但对于密实砂土地基，若基础埋深很深或地基土受到冲击荷载作用，也可能发生局部剪切破坏或冲剪破坏。对于正常固结饱和黏土，也可能发生整体剪切破坏。

可见，地基的剪切破坏形式与多种因素有关，目前尚无统一的理论作为判别标准。魏锡克通过考虑土的压缩性，引入临界刚度比作为判别土体破坏形式的标准。地基土的刚度指标表示为

$$I_r = \frac{E}{2(1+\mu)(c+q\tan\varphi)} \tag{15.1}$$

式中　E——地基土的变形模量，kPa；

　　　μ——地基土的泊松比；

　　　c——地基土的黏聚力，kPa；

　　　φ——地基土的内摩擦角，（°）；

　　　q——基础的旁侧荷载，$q=\gamma_0 d$，d 为基础埋置深度，γ_0 为基础埋置深度范围内土的重度。

由式（15.1）可知，基础埋置深度越小，土越硬，刚度越大。魏锡克还提出临界刚度指标 $I_{r(cr)}$ 的概念，用以判别整体剪切破坏和局部剪切破坏的临界值，即

$$I_{r(cr)} = \frac{1}{2}\exp\left[\left(3.30-0.45\frac{b}{l}\right)\cot\left(45°-\frac{\varphi}{2}\right)\right] \tag{15.2}$$

式中　b——基础的宽度，m；

　　　l——基础的长度，m。

当刚度指标 I_r 小于临界刚度指标 $I_{r(cr)}$ 时，土是相对可压缩的，地基将会发生局部剪切破坏或冲剪破坏；反之，当刚度指标 I_r 大于临界刚度指标 $I_{r(cr)}$ 时，地基将会发生整体剪切破坏。但在实际工程中，除了几种典型情况，具体可能发生的破坏模式需考虑各方面的因素综合分析确定。

15.3　地基的临塑荷载和临界荷载

15.3.1　地基临塑荷载

地基土在基础边缘处有剪应力集中。当荷载较小时，地基土处于弹性平衡阶段，对应的 $p\text{-}s$ 曲线成线性关系。当荷载增大到某一值时，基础边缘处地基土的剪应力首先达到土的抗剪强度，处于极限平衡状态，对应于 $p\text{-}s$ 曲线直线段的终点（图 15.2 中的 a 点），a 点对应的荷载称为临塑荷载，或称比例界限荷载，用 p_{cr} 表示。临塑荷载即为地基土中即将出现塑性区时所对应的荷载。

如图 15.3（a）所示，当地表作用均布条形荷载 p_0 时。基底附加应力在地表下任意 M 处引起的附加大、小主应力分别为

$$\begin{cases} \sigma_1 = \dfrac{p_0}{\pi}(\beta_0 + \sin\beta_0) \\[2mm] \sigma_3 = \dfrac{p_0}{\pi}(\beta_0 - \sin\beta_0) \end{cases} \tag{15.3}$$

式中　β_0——任意点 M 到均布荷载两端点的夹角，rad。

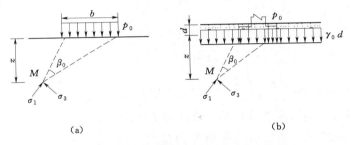

图 15.3　均布条形荷载下地基主应力计算

如图 15.3（b）所示，一般情况下基础都有一定的埋置深度 d，在均匀荷载作用下地基中任一点 M 的应力通常包括 3 个方面：①基底附加应力（$p-\gamma_0 d$）；②基础底面以下深度 z 处土的自重应力 γz；③由基础埋深 d 构成的旁载 $\gamma_0 d$。

在推导临塑荷载公式时，为简化计算，假定在塑性区土的静止土压力系数 K_0 =1，即由土重引起的法向应力在各个方向上都相等。于是点 M 处的总应力为

$$\begin{cases} \sigma_1 = \dfrac{p-\gamma_0 d}{\pi}(\beta_0 + \sin\beta_0) + (\gamma z + \gamma_0 d) \\[2mm] \sigma_3 = \dfrac{p-\gamma_0 d}{\pi}(\beta_0 - \sin\beta_0) + (\gamma z + \gamma_0 d) \end{cases} \tag{15.4}$$

式中　γ_0——基底以上土的平均重度，kN/m^3；

　　　γ——基底以下地基土的平均重度，kN/m^3。

当点 M 处达到极限平衡状态时，该点将满足极限平衡条件，即

$$\sigma_1 = \sigma_3 \tan^2\left(45° + \frac{\varphi}{2}\right) + 2c \cdot \tan\left(45° + \frac{\varphi}{2}\right) \tag{15.5}$$

将式（15.4）代入式（15.5）整理可得

$$z = \frac{p - \gamma_0 d}{\pi \gamma} \left(\frac{\sin\beta_0}{\sin\varphi} - \beta_0 \right) - \frac{c}{\gamma \cdot \tan\varphi} - \frac{\gamma_0}{\gamma} d \qquad (15.6)$$

式中　c——基底以下地基土的黏聚力，kPa；

　　　φ——基底以下地基土的内摩擦角，(°)。

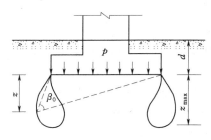

图 15.4　塑性区边界计算简图

式（15.6）即为基础边缘下塑性区的边界方程，表示塑性区边界任意一点 M 的深度 z 与夹角 β_0 之间的关系。假设基础底面接触压力 p、基础埋深 d、地基土的平均重度 γ、地基土的黏聚力 c 和地基土的内摩擦角 φ 全部已知，就可以利用式（15.6）绘制塑性区的边界线，如图 15.4 所示。

塑性区开展的最大深度 z_{max} 可由 $\frac{\mathrm{d}z}{\mathrm{d}\beta_0} = 0$ 求得，即

$$\frac{\mathrm{d}z}{\mathrm{d}\beta_0} = \frac{p - \gamma_0 d}{\pi \gamma} \left(\frac{\cos\beta_0}{\sin\varphi} - 1 \right) = 0 \qquad (15.7)$$

由于 $\frac{p - \gamma_0 d}{\pi \gamma} \neq 0$，故 $\frac{\cos\beta_0}{\sin\varphi} - 1 = 0$，得

$$\beta_0 = \frac{\pi}{2} - \varphi \qquad (15.8)$$

将式（15.8）代入式（15.6）可得

$$z_{max} = \frac{p - \gamma_0 d}{\pi \gamma} \left(\cot\varphi + \varphi - \frac{\pi}{2} \right) - \frac{c}{\gamma \cdot \tan\varphi} - \frac{\gamma_0}{\gamma} d \qquad (15.9)$$

荷载 p 越大，塑性区发展越快，该区最大深度也越大；当 $z_{max} = 0$ 时，说明地基处于塑性区临界状态，相应的荷载即为临塑荷载 p_{cr}。令式（15.9）中 $z_{max} = 0$，可得临塑荷载的计算公式为

$$p_{cr} = \frac{\pi(c \cdot \cot\varphi + \gamma_0 d)}{\cot\varphi + \varphi - \frac{\pi}{2}} + \gamma_0 d \qquad (15.10)$$

或

$$p_{cr} = N_q \gamma_0 d + N_c c \qquad (15.11)$$

式中　N_q，N_c——承载力系数，可根据式（15.12）、式（15.13）计算或查表 15.1 确定。

$$N_q = \frac{\cot\varphi + \frac{\pi}{2} + \varphi}{\cot\varphi - \frac{\pi}{2} + \varphi} \qquad (15.12)$$

$$N_c = \frac{\pi\cot\varphi}{\cot\varphi - \frac{\pi}{2} + \varphi} \qquad (15.13)$$

从式（15.10）、式（15.11）中可以看出，地基的临塑荷载 p_{cr} 主要受地基土黏聚力 c、内摩擦角 φ、基础埋深 d 和基础旁侧荷载的影响，并随着这些指标的增大而增大。

表 15. 1　　　　　　　　　　　　地 基 承 载 力 系 数 表

$\varphi/(°)$	$N_{1/4}$	$N_{1/3}$	N_c	N_q	$\varphi/(°)$	$N_{1/4}$	$N_{1/3}$	N_c	N_q
0	0	0	3. 14	1. 00	22	0. 61	0. 81	6. 05	3. 44
2	0. 03	0. 04	3. 32	1. 12	24	0. 72	0. 96	6. 45	3. 87
4	0. 06	0. 08	3. 51	1. 25	26	0. 84	1. 12	6. 90	4. 37
6	0. 10	0. 13	3. 71	1. 39	28	0. 98	1. 31	7. 40	4. 93
8	0. 14	0. 18	3. 93	1. 55	30	1. 15	1. 53	7. 95	5. 59
10	0. 18	0. 25	4. 17	1. 73	32	1. 34	1. 78	8. 55	6. 35
12	0. 23	0. 31	4. 42	1. 94	34	1. 55	2. 07	9. 22	7. 21
14	0. 29	0. 39	4. 69	2. 17	36	1. 81	2. 41	9. 97	8. 25
16	0. 36	0. 48	5. 00	2. 43	38	2. 11	2. 81	10. 80	9. 44
18	0. 43	0. 57	5. 31	2. 72	40	2. 46	3. 28	11. 73	10. 84
20	0. 51	0. 69	5. 66	3. 06	42	2. 88	3. 84	12. 79	12. 51

15. 3. 2　地基临界荷载

大量工程实践表明，用临塑荷载作为地基承载力特征值时，安全系数将会很高，不能充分发挥地基的承载能力，取值偏于保守。这是因为在临塑荷载作用下，地基处于压密状态，如果控制地基发生少量局部剪切破坏，使塑性区控制在一定范围内，不会影响建筑的安全使用，从而达到优化设计、减少基础工程量、节约投资的目的，符合经济合理的原则。

允许地基土塑性区范围的大小与建筑物的重要性、荷载性质和大小、基础形式和特性、地基土的物理力学性质等有关。土中塑性区开展到不同深度时对应的荷载称为临界荷载，常用的临界荷载有

当 $p_{1/4}$ 时，有

$$z_{\max}=\frac{b}{4}$$

当 $p_{1/3}$ 时，有

$$z_{\max}=\frac{b}{3}$$

将 $z_{\max}=\dfrac{b}{4}$ 代入式（15.9），整理可得中心荷载作用下地基的临界荷载为

$$p_{1/4}=\frac{\pi\left(\gamma_0 d+\frac{1}{4}\gamma b+c\cdot\cot\varphi\right)}{\cot\varphi+\varphi-\frac{\pi}{2}}+\gamma_0 d \tag{15.14}$$

或

$$p_{1/4}=N_{1/4}\gamma b+N_q\gamma_0 d+N_c c \tag{15.15}$$

式中　b——基础底面宽度，m，矩形基础取短边，圆形基础采用 $b=\sqrt{A}$，A 为圆形基础底面积；

　　$N_{1/4}$——承载力系数，根据基础底面下 φ 值，按式（15.18）计算或查表 15.1

确定。

同理，将 $z_{max} = \dfrac{b}{3}$ 代入式（15.9）整理可得

$$p_{1/3} = \frac{\pi\left(\gamma_0 d + \dfrac{1}{3}\gamma b + c \cdot \cot\varphi\right)}{\cot\varphi + \varphi - \dfrac{\pi}{2}} + \gamma_0 d \tag{15.16}$$

或

$$p_{1/3} = N_{1/3}\gamma b + N_q \gamma_0 d + N_c c \tag{15.17}$$

式中　$N_{1/3}$——承载力系数，根据基础底面下 φ 值，按式（15.19）计算或查表 15.1 确定。

承载力系数为

$$N_{1/4} = \frac{\pi}{4\left(\cot\varphi - \dfrac{\pi}{2} + \varphi\right)} \tag{15.18}$$

$$N_{1/3} = \frac{\pi}{3\left(\cot\varphi - \dfrac{\pi}{2} + \varphi\right)} \tag{15.19}$$

需要指出，上述公式都是在条形荷载作用下推导得到的，对于矩形和圆形基础，也可采用上述公式计算，但结果偏于安全。地基土的静止土压力系数 $K_0 \neq 1$，但可以简化计算。此外，在计算时，地基土中已出现塑性区，但推导中仍采用弹性力学计算土中应力，这显然与实际情况不一致。但由于塑性区范围不大，由此引起的误差在工程上是允许的。

【例 15.1】 某条形基础，宽度 $b = 3\text{m}$，埋深 $d = 3\text{m}$，地基土的 $\varphi = 14°$，$c = 16\text{kPa}$，$\gamma = 20\text{kN/m}^3$。试求该地基的 p_{cr}、$p_{1/4}$ 及 $p_{1/3}$。

解　由 $\varphi = 14°$ 查表 15.1 可得地基承载力系数为

$$N_{1/4} = 0.29, N_{1/3} = 0.39, N_c = 4.69, N_q = 2.17$$

将地基承载力系数代入临塑荷载计算公式，可得

$$p_{cr} = N_q \gamma_0 d + N_c c = 2.17 \times 20 \times 3 + 4.69 \times 16 = 205.24(\text{kPa})$$

将地基承载力系数代入临界荷载计算公式，可得

$$p_{1/4} = N_{1/4}\gamma b + N_q \gamma_0 d + N_c c = 0.29 \times 20 \times 3 + 2.17 \times 20 \times 3 + 4.69 \times 16 = 222.64(\text{kPa})$$

$$p_{1/3} = N_{1/3}\gamma b + N_q \gamma_0 d + N_c c = 0.39 \times 20 \times 3 + 2.17 \times 20 \times 3 + 4.69 \times 16 = 228.64(\text{kPa})$$

15.4　地基极限承载力的计算

地基的极限承载力是指地基丧失稳定时所能承受的最大荷载，又称地基极限荷载，用 p_u 表示。主要的求解方法有两种：①根据土体的极限平衡理论和已知边界条件，计算土中各点达到极限平衡时的应力和滑动方向，求得基底极限承载力，该方法所得结果较为精确，但数学要求高，计算难度大，仅仅适用于简单边界条件的求解；②通过基础模型试验，研究地基的滑动面形状并进行简化，根据滑动土体的静力平衡条件求得极限承载力。该方法事先假定了滑动面形状，计算较简单，目前在工程实践中大多采用这种方法进行计算。

15.4.1　普朗特尔地基极限承载力公式

1. 普朗特尔基本解

普朗特尔（L. Prandtl，1920）根据塑性力学理论，研究了坚硬物体压入较软均匀各向同性介质的过程，导出了介质破坏时滑动面的形状及极限承载力公式。人们将他的研究应用于解决地基承载力问题上，根据实际情况作了进一步修正，在工程上加以利用。

假定条形基础置于地基表面（$d=0$），地基无重量（$\gamma=0$）且基础底面光滑无摩擦力时，基础下形成连续的塑性区而处于极限平衡状态时，根据塑性力学得到的地基滑动面形状如图 15.5 所示。地基的极限平衡区可分为 3 个区：基底下的三角形 ABC 划为 I 区，为主动极限平衡区；三角形 BEG 和 ADF 划为 III 区，为被动极限平衡区；介于 I 区和 III 区之间的是 II 区，为过渡区。滑动面 CE 和 CD 为对数螺旋线：$r=r_0 \mathrm{e}^{\theta\tan\varphi}$。

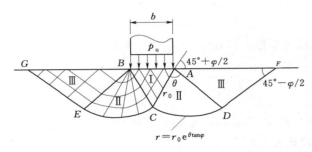

图 15.5　普朗特尔极限承载力公式的滑动面

对以上情况，普朗特尔得出条形基础的极限荷载公式为

$$p_\mathrm{u}=c\left[\mathrm{e}^{\pi\tan\varphi}\tan^2\left(\frac{\pi}{4}+\frac{\varphi}{2}\right)-1\right]\cot\varphi \tag{15.20}$$

或

$$p_\mathrm{u}=cN_c \tag{15.21}$$

式中　N_c——承载力系数，可根据土的内摩擦角 φ 按式（15.22）或查表 15.2 确定，即

$$N_c=\left[\mathrm{e}^{\pi\tan\varphi}\tan^2\left(\frac{\pi}{4}+\frac{\varphi}{2}\right)-1\right]\cot\varphi \tag{15.22}$$

表 15.2　　　　　　　　　普朗特尔公式的承载力系数表

$\varphi/(°)$	0	5	10	15	20	25	30	35	40	45
N_γ	0	0.62	1.75	3.82	7.71	15.2	30.1	62.0	135.5	322.7
N_q	1.00	1.57	2.47	3.94	6.40	10.7	18.4	33.3	64.2	134.9
N_c	5.14	6.49	8.35	11.0	14.8	20.7	30.1	46.1	75.3	133.9

2. 莱斯纳对普朗特尔公式的补充

普朗特尔公式假定基础设置于地表，但实际工程中基础均有一定的埋置深度，若埋置深度较浅，为简化计算，可忽略基础底面以上土的抗剪强度，而将这部分土

作为分布在基础两侧的均布荷载 $q=\gamma_0 d$ 作用在 GF 面上，如图 15.6 所示。莱斯纳在普朗特尔公式假定的基础上，得到了包含埋置深度的极限承载力公式，即

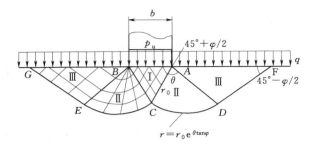

图 15.6　莱斯纳对普朗特尔公式的补充图示

$$p_u = q e^{\pi\tan\varphi} \tan^2\left(\frac{\pi}{4}+\frac{\varphi}{2}\right) \tag{15.23}$$

或

$$p_u = q N_q \tag{15.24}$$

式中　N_q——承载力系数，可根据土的内摩擦角 φ 按式（15.25）或查表 15.2 确定，即

$$N_q = e^{\pi\tan\varphi} \tan^2\left(\frac{\pi}{4}+\frac{\varphi}{2}\right) \tag{15.25}$$

将式（15.21）和式（15.24）相加，可得到不考虑土重力时埋深为 d 的条形基础的极限荷载公式为

$$p_u = q N_q + c N_c \tag{15.26}$$

普朗特尔公式及莱斯纳对普朗特尔公式的补充，均假定土的重度 $\gamma=0$，但由于土的强度很小，同时内摩擦角 φ 又不等于 0，因此不考虑土的重力显然是不合适的。若考虑土的重力，其滑动面形状就变得复杂，目前尚无方法按极限平衡理论求得其解析值，只能采用数值方法求得。

3. 泰勒对普朗特尔公式的补充

当考虑土的重力时，尚无方法按极限平衡理论求得解析值，许多学者在普朗特尔公式的基础上作了一些近似计算。泰勒提出，若考虑土的重力，假定滑动面形状与普朗特尔公式相同，则图 15.5 中的滑动土体的重力将使滑动面上土的抗剪强度增加。泰勒假定其增加值可用一个换算黏聚力 $c'=\gamma t \cdot \tan\varphi$ 来表示，其中 γ、φ 为土的重度及内摩擦角，t 为滑动土体的换算高度，假定 $t=\frac{b}{2}\tan\left(\frac{\pi}{4}+\frac{\varphi}{2}\right)$，用 $(c+c')$ 代替式（15.26）中的 c，即可得考虑滑动土体重力时的普朗特尔极限承载力计算公式为

$$p_u = q N_q + c N_c + \gamma\frac{b}{2}\tan\left(\frac{\pi}{4}+\frac{\varphi}{2}\right)\left[e^{\pi\tan\varphi}\tan^2\left(\frac{\pi}{4}+\frac{\varphi}{2}\right)-1\right] \tag{15.27}$$

或

$$p_u = \frac{1}{2}\gamma b N_\gamma + q N_q + c N_c \tag{15.28}$$

式中　N_γ——承载力系数，可根据土的内摩擦角 φ 按式（15.29）或查表 15.2 确

定，即

$$N_\gamma = \tan\left(\frac{\pi}{4}+\frac{\varphi}{2}\right)\left[e^{\pi\tan\varphi}\tan^2\left(\frac{\pi}{4}+\frac{\varphi}{2}\right)-1\right] = (N_q-1)\tan\left(\frac{\pi}{4}+\frac{\varphi}{2}\right) \tag{15.29}$$

15.4.2　斯肯普顿地基极限承载力公式

对于饱和软黏土地基（$\varphi=0$），连续滑动面 II 区的对数螺旋线变成圆弧（$r=r_0 e^{\theta\tan\varphi}=r_0$），其连续滑动面如图 15.7 所示。其中，$\overset{\frown}{CD}$ 及 $\overset{\frown}{CE}$ 为圆周弧长，取 $OCDI$ 为脱离体，OA 面上作用着极限荷载 p_u，OC 面上受到的主动土压力为

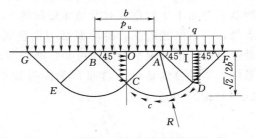

$$p_a = p_u\tan^2\left(\frac{\pi}{4}-\frac{\varphi}{2}\right)-2c\tan\left(\frac{\pi}{4}-\frac{\varphi}{2}\right)$$

$$= p_u - 2c \tag{15.30}$$

DI 面上受到的被动土压力为

图 15.7　斯肯普顿极限承载力公式的滑动面

$$p_p = p_u\tan^2\left(\frac{\pi}{4}+\frac{\varphi}{2}\right)+2c\tan\left(\frac{\pi}{4}+\frac{\varphi}{2}\right)=p_u+2c \tag{15.31}$$

在上述计算主动、被动土压力时，没有计算地基土重力的影响，因为 $\varphi=0$ 时，主动土压力和被动土压力系数均为 1，土体重力在 OC 面和 DI 面上产生的主动、被动土压力大小和作用点相同，方向相反，对地基的稳定性没有影响。

CD 面上还存在黏聚力 c，各力对 A 点取力矩，可得

$$(p_u-2c)\frac{1}{2}\left(\frac{b}{2}\right)^2+p_u\frac{1}{2}\left(\frac{b}{2}\right)^2 = c\frac{\sqrt2}{4}\pi b\frac{\sqrt2}{2}b+(p_u+2c)\frac{1}{2}\left(\frac{b}{2}\right)^2+\frac{q}{2}\left(\frac{b}{2}\right)^2$$

整理得

$$p_u = (\pi+2)c+q = 5.14c+q = 5.14c+\gamma_0 d \tag{15.32}$$

这就是饱和软黏土地基的斯肯普顿极限承载力公式，它是普朗特尔-莱斯纳极限承载力公式在 $\varphi=0$ 时的特例。

对于矩形基础，斯肯普顿给出的地基极限承载力公式为

$$p_u = 5c\left(1+\frac{b}{5l}\right)\left(1+\frac{d}{5b}\right)+\gamma_0 d \tag{15.33}$$

式中　c——地基土黏聚力，kPa，取基底以下 0.707b 深度范围内的平均值；考虑饱和软黏土与粉土在不排水条件下的短期承载力时，黏聚力应采用土的不排水抗剪强度指标 c_u；

b，l——基础的宽度和长度，m；

γ_0——基础埋置深度 d 范围内的土的重度，kN/m³。

工程实践表明，斯肯普顿地基极限承载力公式与实际情况比较接近，安全系数 K 可取 1.10～1.30。

15.4.3　太沙基地基极限承载力公式

太沙基（Terzaghi）认为，从实用考虑，当基础的埋置深度 $d \leqslant b$ 时，就可视为条形浅基础，基底以上的土体看作是作用在基础两侧的均布荷载 $q=\gamma_0 d$，由此提出了确定条形浅基础的极限荷载公式。

太沙基假定基础底面形态分为完全光滑、完全粗糙及既非完全光滑又非完全粗糙 3 种情况，本节以完全粗糙为例，如图 15.8 所示。滑体也分为 3 个区：①位于基底下的土楔 ABC 为 I 区。由于基底完全粗糙，具有很大的摩擦力，因此 ABC 不会发生剪切位移，I 区内土体处于弹性压密状态，它与基础底面一起移动。太沙基假定滑动面 AC（或 BC）与水平面成 ψ 角；②II 区的假定与普朗特尔公式相同，滑动面一组是通过 A、B 点的辐射线，另一组是对数螺旋线 CD、CE。相似地，太沙基也忽略了土的重度对滑动面形状的影响，是一种近似解。由于在土楔的尖端 C 点处，左右两侧的曲线滑动面必与铅垂线 CM 相切，故对数螺旋线在 C 点的切线是竖直的。按极限平衡理论可知，两组滑动线的夹角 $\angle ACM$ 为 $\pi/2+\varphi$。根据几何条件，不难得到 $\psi=\varphi$；③III 区为朗肯被动状态区，滑动面 AD 及 BE 与水平面成 $(\pi/4-\varphi/2)$ 角。

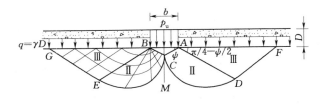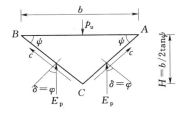

（a）滑动面形态　　　　　　　　（b）脱离体力的分析简图

图 15.8　太沙基极限承载力公式的滑动面

若作用在基底的极限荷载为 p_u，假设此时发生整体剪切破坏，则基底下的弹性压密区将贯入土中，向两侧挤压土体达到被动破坏。因此，在 AC 及 BC 面上将作用被动力 E_p，E_p 与作用面的法线方向成 δ 角，当 $\delta=\varphi$ 时，被动土压力 E_p 是竖直方向的，如图 15.8（b）所示，取脱离体 ABC，考虑单位长度基础，根据平衡条件可得

$$p_u b = 2C_1 \sin\varphi + 2E_p - W \tag{15.34}$$

式中　C_1——AC 及 BC 面上土黏聚力的合力，$C_1 = c \cdot AC = c \cdot \dfrac{b}{2\cos\varphi}$；

　　　W——土楔体 ABC 的重力，$W = \dfrac{1}{2}\gamma Hb = \dfrac{1}{4}\gamma b^2 \tan\varphi$。

由此式（15.34）可表示为

$$p_u = c \cdot \tan\varphi + \frac{2E_p}{b} - \frac{1}{4}\gamma b \tan\varphi \tag{15.35}$$

其中被动力 E_p 是由土的重度 γ、黏聚力 c 及超载 q 这 3 个因素引起的总值，很难精确地确定。太沙基认为可以根据工程实际，用下述方法简化计算被动力 E_p：①土无质量，有黏聚力和内摩擦角，无超载，即 $\gamma=0$，$c\neq0$，$\varphi\neq0$，$q=0$；②土无质量，无黏聚力，有内摩擦角，有超载，即 $\gamma=0$，$c=0$，$\varphi\neq0$，$q\neq0$；③土有质量，无黏聚力，有内摩擦角，无超载，即 $\gamma\neq0$，$c=0$，$\varphi\neq0$，$q=0$。最后代入式（15.35），可得太沙基极限承载力公式为

$$p_{\mathrm{u}} = \frac{1}{2}\gamma b N_{\gamma} + q N_q + c N_c \tag{15.36}$$

式中　N_{γ}，N_q，N_c——承载力系数，可根据土的内摩擦角 φ 按表 15.3 查得。

表 15.3　　　　　　　　　太沙基公式承载力系数表

$\varphi/(°)$	0	5	10	15	20	25	30	35	40	45
N_{γ}	0	0.5	1.2	2.6	5.0	10.0	20.0	43.0	130.0	326.0
N_q	1.00	1.64	2.69	4.45	7.42	12.1	22.5	41.4	81.3	173.3
N_c	5.71	7.32	9.58	12.9	17.6	25.1	37.2	57.7	95.1	172.2

需要注意的是，式（15.36）仅适用于条形基础。在应用于圆形或矩形基础时，计算结果偏于安全。由于圆形或矩形基础属于三维问题，因数学上的困难，至今未得到其解析解，太沙基提出了半经验的极限荷载公式。

对圆形基础，有

$$p_{\mathrm{u}} = 0.6\gamma R N_{\gamma} + q N_q + 1.2 c N_c \tag{15.37}$$

式中　R——圆形基础的半径；

其余符号含义同前。

对方形基础，有

$$p_{\mathrm{u}} = 0.4\gamma b N_{\gamma} + q N_q + 1.2 c N_c \tag{15.38}$$

式（15.37）和式（15.38）只适用于地基土是整体剪切破坏的情况，即地基土密实，其 $p\text{-}s$ 曲线有明显的拐点，破坏前沉降不大。对于松软土质，地基破坏是局部剪切破坏或冲剪破坏，沉降较大，其极限荷载较小，太沙基建议在该情况下采用较小的 φ'、c' 值代入上述各式计算极限荷载，即令

$$\tan\varphi' = \frac{2}{3}\tan\varphi;\; c' = \frac{2}{3}c \tag{15.39}$$

根据 φ' 值从表 15.3 中查承载力系数，并将 c' 代入太沙基极限荷载承载力公式计算极限承载力时，其安全系数应取 3。

15.4.4　魏锡克地基极限承载力公式

魏锡克极限承载力基本公式为

$$p_{\mathrm{u}} = \frac{1}{2}\gamma b N_{\gamma} S_{\gamma} d_{\gamma} i_{\gamma} + c N_c S_c d_c i_c + q N_q S_q d_q i_q \tag{15.40}$$

式中　S_{γ}，S_c，S_q——基础形状系数，计算见表 15.4；

$\quad\quad i_{\gamma}$，i_c，i_q——荷载倾斜系数，计算见表 15.4；

$\quad\quad d_{\gamma}$，d_c，d_q——基础埋深系数，计算见表 15.4；

$\quad\quad N_{\gamma}$，N_c，N_q——承载力系数，可根据内摩擦角 φ 按式（15.41）或查表 15.5
　　　　　　　确定。

$$\begin{cases} N_{\gamma} = 2(N_q + 1)\tan\varphi \\ N_c = (N_q - 1)\cot\varphi \\ N_q = \exp(\pi\tan\varphi)\cdot\tan^2\left(45 + \dfrac{\varphi}{2}\right) \end{cases} \tag{15.41}$$

表 15.4　　　　　　　　　　　　魏锡克公式修正系数

	基础形状系数	荷载倾斜系数	基础埋深系数
矩形	$S_c=1+\dfrac{bN_q}{lN_c}$ $S_q=1+\dfrac{b}{l}\tan\varphi$ $S_\gamma=1-0.4\dfrac{b}{l}$	当 $\varphi>0$ 时， $i_q=\left(1-\dfrac{Q}{p+b'l'c\times\cot\varphi}\right)^2$ $i_c=i_q-\dfrac{1-i_q}{N_c\tan\varphi}$	当 $\dfrac{d}{b}\leqslant1$ 时，$d_r=1.0$ $d_q=1+2\tan\varphi(1-\sin\varphi)^2\dfrac{d}{b}$ $d_c=d_q-\dfrac{1-d_q}{N_c\tan\varphi}(\varphi>0$ 时$)$ 或 $d_c=1+0.4d/b(\varphi=0$ 时$)$
方形或圆形	$S_c=1+\dfrac{N_q}{N_c}$ $S_q=1+\tan\varphi$ $S_\gamma=0.60$	当 $\varphi=0$ 时， $i_c=1-\dfrac{2Q}{b'l'cN_c}$ $i_q=\left(1-\dfrac{Q}{p+b'l'c\times\cot\varphi}\right)^3$	当 $\dfrac{d}{b}\leqslant1$ 时，$d_\gamma=1.0$ $d_q=1+2\tan\varphi(1-\sin\varphi)^2\arctan\dfrac{d}{b}$； $d_c=d_q-\dfrac{1-d_q}{N_c\tan\varphi}(\varphi>0$ 时$)$ 或 $d_c=1+0.4d/b(\varphi=0$ 时$)$

注　b'、l'—基础折算长度与宽度，$l'=1-2e_l$，$b'=b-2e_b$，e_l、e_b 为荷载在长与宽方向的偏心距。

表 15.5　　　　　　　　　　　　魏锡克公式承载力系数

$\varphi/(°)$	N_c	N_q	N_γ	$\varphi/(°)$	N_c	N_q	N_γ
0	5.14	1	0	26	22.25	11.85	12.54
1	5.38	1.09	0.07	27	23.94	13.2	14.74
2	5.63	1.22	0.15	28	25.8	14.72	16.72
3	5.9	1.31	0.24	29	27.86	16.44	19.34
4	6.19	1.43	0.34	30	30.14	18.4	22.4
5	6.49	1.57	0.45	31	32.67	20.63	25.99
6	6.81	1.72	0.57	32	35.49	23.18	30.22
7	7.16	1.88	0.71	33	38.64	26.09	35.19
8	7.53	2.06	0.86	34	42.16	29.44	41.06
9	7.92	2.25	1.03	35	46.12	33.3	48.03
10	8.35	2.47	1.22	36	50.59	37.75	56.31
11	8.8	2.71	1.44	37	55.63	42.92	66.19
12	9.28	2.97	1.68	38	61.35	48.93	78.03
13	9.81	3.26	1.97	39	67.87	55.96	92.25
14	10.37	3.59	2.29	40	75.31	64.2	109.4
15	10.98	3.94	2.65	41	83.86	73.9	130.2
16	11.63	4.64	3.66	42	93.71	85.38	155.6
17	12.34	4.77	3.53	43	105.1	99.02	186.5
18	13.1	5.26	4.07	44	118.4	115.3	224.6
19	13.93	5.8	4.68	45	133.9	134.9	271.8
20	14.83	6.4	5.39	46	152.1	158.5	330.4
21	15.82	7.07	6.2	47	173.6	187.2	403.7
22	16.88	7.82	7.13	48	199.3	222.3	496
23	18.05	8.66	8.2	49	229.9	265.5	613.2
24	19.32	9.6	9.44	50	266.9	319.1	762.9
25	20.72	10.66	10.88	51			

利用魏锡克极限承载力公式计算地基承载力设计值时，根据建筑物的性质、破坏的概率和后果以及对地基土的勘察详细程度取安全系数，具体取值见表 15.6。

表 15.6　　　　　　　　　　魏锡克公式安全系数

种类	典型建筑物	所属的特征	土的勘察程度	
			完全的	有限的
A	铁路桥、仓库、高炉、水工建筑、土工建筑	最大设计荷载极可能经常出现，破坏的结果是灾难性的	3.0	4.0
B	公路、桥、轻工业和公共建筑	最大设计荷载可能偶然出现，破坏的结果是严重的	2.5	3.5
C	住宅和办公大楼	最大设计荷载不可能出现	2.0	3.0

注　1. 对于临时建筑物，可将表中数值降低 75%，但不得使安全系数低于 2.0。

　　2. 对于非常高的建筑，如烟囱和塔，表中数字将增加 20%～50%。

15.4.5　汉森地基极限承载力公式

汉森提出对于均质地基，基底完全光滑，在中心倾斜荷载作用下不同基础形状及不同埋置深度时的极限承载力计算公式为

$$p_u = \frac{1}{2}\gamma b N_\gamma S_\gamma d_\gamma i_\gamma + c N_c S_c d_c i_c + q N_q S_q d_q i_q \tag{15.42}$$

式中　S_γ，S_c，S_q——基础形状修正系数，$S_\gamma = 1 - 0.4b/l$，$S_c = S_q = 1 + 0.2b/l$，对于条形基础，$S_\gamma = S_c = S_q = 1$；

　　　　i_γ，i_c，i_q——荷载倾斜修正系数，计算见表 15.7；

　　　　d_γ，d_c，d_q——基础埋深修正系数，$d_\gamma = d_c = d_q = 1 + 0.35d/b$，$d$ 为基础埋深，如在埋深范围内存在强度小于持力层的弱土层时，应将此层厚度扣除；

　　　　N_γ，N_c，N_q——承载力系数，可根据内摩擦角 φ 按式（15.43）确定，即

$$\begin{cases} N_\gamma = 1.5(N_q - 1)\tan\varphi \\ N_c = (N_q - 1)\cot\varphi \\ N_q = \exp(\pi\tan\varphi) \cdot \tan^2\left(45° + \dfrac{\varphi}{2}\right) \end{cases} \tag{15.43}$$

表 15.7　　　　　　　　　荷 载 倾 斜 修 正 系 数

$\tan\delta$	0.1			0.2			0.3			0.4		
φ ⟍ i	i_γ	i_c	i_q	i_γ	i_c	i_q	i_γ	i_c	i_q	i_γ	i_c	i_q
6	0.643	0.526	0.802	—	—	—	—	—	—	—	—	—
7	0.689	0.638	0.830	—	—	—	—	—	—	—	—	—
8	0.707	0.691	0.841	—	—	—	—	—	—	—	—	—
9	0.719	0.728	0.848	—	—	—	—	—	—	—	—	—
10	0.724	0.750	0.851	—	—	—	—	—	—	—	—	—
11	0.728	0.768	0.853	—	—	—	—	—	—	—	—	—

$\tan\delta$ $\quad$ i / φ	0.1			0.2			0.3			0.4		
	i_γ	i_c	i_q	i_γ	i_c	i_q	i_γ	i_c	i_q	i_γ	i_c	i_q
12	0.729	0.780	0.854	0.369	0.441	0.629	—	—	—	—	—	—
13	0.729	0.791	0.854	0.426	0.501	0.653	—	—	—	—	—	—
14	0.731	0.798	0.855	0.444	0.537	0.666	—	—	—	—	—	—
15	0.731	0.806	0.855	0.456	0.565	0.675	—	—	—	—	—	—
16	0.729	0.810	0.854	0.462	0.583	0.680	—	—	—	—	—	—
17	0.728	0.814	0.853	0.466	0.600	0.683	0.202	0.304	0.449	—	—	—
18	0.726	0.817	0.852	0.469	0.611	0.685	0.234	0.362	0.484	—	—	—
19	0.724	0.820	0.851	0.471	0.621	0.686	0.250	0.397	0.500			
20	0.721	0.821	0.849	0.472	0.629	0.687	0.261	0.420	0.510	—	—	—
21	0.719	0.822	0.848	0.471	0.635	0.686	0.267	0.438	0.517	—	—	—
22	0.716	0.823	0.846	0.469	0.637	0.685	0.271	0.451	0.521	0.100	0.217	0.317
23	0.712	0.824	0.844	0.468	0.643	0.684	0.275	0.462	0.524	0.122	0.266	0.350
24	0.711	0.824	0.843	0.465	0.645	0.682	0.276	0.470	0.525	0.134	0.291	0.365
25	0.706	0.823	0.840	0.462	0.648	0.680	0.277	0.477	0.526	0.140	0.310	0.374
26	0.702	0.823	0.838	0.460	0.648	0.678	0.276	0.481	0.525	0.145	0.324	0.381
27	0.699	0.823	0.836	0.456	0.649	0.675	0.275	0.485	0.524	0.148	0.334	0.384
28	0.694	0.821	0.833	0.452	0.648	0.672	0.274	0.488	0.523	0.149	0.341	0.386
29	0.691	0.820	0.831	0.448	0.648	0.669	0.273	0.489	0.520	0.150	0.348	0.387
30	0.686	0.819	0.828	0.444	0.646	0.666	0.268	0.490	0.518	0.150	0.352	0.387
31	0.682	0.817	0.826	0.438	0.645	0.662	0.265	0.490	0.515	0.150	0.356	0.387
32	0.676	0.814	0.822	0.434	0.643	0.659	0.262	0.490	0.512	0.148	0.357	0.385
33	0.672	0.813	0.820	0.428	0.640	0.654	0.258	0.489	0.508	0.146	0.358	0.382
34	0.668	0.811	0.817	0.422	0.638	0.650	0.254	0.486	0.504	0.144	0.358	0.380
35	0.663	0.808	0.814	0.417	0.635	0.646	0.250	0.485	0.500	0.142	0.358	0.377
36	0.658	0.806	0.811	0.411	0.631	0.641	0.245	0.482	0.495	0.140	0.357	0.374
37	0.653	0.803	0.808	0.404	0.628	0.636	0.240	0.478	0.490	0.137	0.355	0.370
38	0.646	0.800	0.804	0.398	0.624	0.631	0.235	0.474	0.485	0.133	0.352	0.365
39	0.642	0.797	0.801	0.392	0.619	0.626	0.230	0.470	0.480	0.130	0.349	0.361
40	0.635	0.794	0.797	0.386	0.615	0.621	0.226	0.466	0.475	0.127	0.346	0.356
41	0.629	0.790	0.793	0.377	0.609	0.614	0.219	0.461	0.468	0.123	0.342	0.351
42	0.623	0.787	0.789	0.371	0.605	0.609	0.213	0.456	0.462	0.119	0.337	0.345
43	0.616	0.783	0.785	0.365	0.600	0.604	0.208	0.451	0.456	0.115	0.333	0.339
44	0.610	0.779	0.781	0.356	0.594	0.597	0.202	0.444	0.449	0.111	0.327	0.333
45	0.602	0.775	0.776	0.349	0.588	0.591	0.195	0.438	0.442	0.107	0.322	0.327

最后需要指出，所有极限承载力公式，都是在土体刚塑性假定下推导出来的，实际上土体在荷载作用下不但会产生压缩变形，也会产生剪切变形，这是目前极限承载力公式所共同存在的主要问题。因此，对于地基变形较大的情况，用极限承载力计算公式计算的结果有时不能准确地反映地基土的实际情况。

【例 15.2】 某条形基础，宽度 $b=1.5\text{m}$，埋置深度 $d=1.5\text{m}$，地基土的重度 $\gamma=19\text{kN/m}^3$，试验测得土的抗剪强度指标 $c=19\text{kPa}$，$\varphi=20°$。试求：①太沙基公式计算地基极限承载力；②当基础宽度 $b=2\text{m}$，其他条件不变时，试用普朗特尔公式求考虑滑动土体重力时的地基极限承载力。

解　①由 $\varphi=20°$，查表 15.3 可得：$N_\gamma=5.0$，$N_c=17.6$，$N_q=7.42$

代入太沙基极限承载力公式可得

$$p_u=\frac{1}{2}\gamma bN_\gamma+qN_q+cN_c=0.5\times19\times1.5\times5.0+19\times1.5\times7.42+19\times17.6$$

$$=617.12(\text{kPa})$$

②由 $\varphi=20°$，查表 15.2 可得

$$N_\gamma=7.71,N_q=6.40,N_c=14.8$$

代入考虑滑动土体重力时的普朗特尔极限承载力公式可得

$$p_u=\frac{1}{2}\gamma bN_\gamma+qN_q+cN_c=0.5\times19\times2\times7.71+19\times1.5\times6.40+19\times14.8$$

$$=610.09(\text{kPa})$$

15.5　地基承载力的确定

15.5.1　原位测试方法确定地基承载力

1. 载荷试验

载荷试验往往能提供较为合理、准确的结果，所以在重要建筑物的设计中，常用载荷试验来确定地基承载力。《建筑地基基础设计规范》（GB 50007—2011）及《公路桥涵地基与基础设计规范》（JTG D63—2007）等规范中都将载荷试验结果作为确定地基承载力的依据。

载荷试验的基本原理是在选定的基础位置处开挖，在坑底放置载荷板（尺寸通常为 70.7cm×70.7cm），然后在载荷板上逐级加荷，同时测定各级载荷下地基沉降稳定后载荷板的沉降，重复该过程直至接近或达到极限荷载，将所得的数据绘制成荷载与沉降关系曲线，即 p-s 曲线，如图 15.9 所示。由该曲线确定地基承载力特征值，具体方法如下。

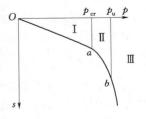

图 15.9　地基载荷试验曲线

1）当 p-s 曲线有比例界限时，取比例界限对应的荷载值作为地基承载力特征值。

2）当 p-s 曲线上极限荷载 p_u 可以确定，且该值小于对应比例界限的荷载值的 2 倍时，取极限荷载的一半作为地基承载力特征值。

3）当不能按上述两种方法确定时，若载荷板面积为 $0.25\sim0.5\text{m}^2$，可取 $s/b=$

0.01～0.015 所对应的荷载作为地基承载力特征值，但其值不应大于最大荷载的 1/2。

同一土层参与统计的试验点不应少于 3 个，当试验实测值的极差不超过平均值的 30％时，取平均值作为该土层的地基承载力特征值 f_{ak}。在此基础上根据实际基础的宽度和埋深进行修正，得到修正后的地基承载力特征值 f_a。

2. 静力触探试验

静力触探是指利用压力装置将有触探头的触探杆压入试验土层的一种原位测试方法。它使用的仪器称为静力触探仪，静力触探仪有很多种，根据探头形式的不同，可分为单桥探头和双桥探头。利用单桥探头可以测得比贯入阻力 p_s 为

$$p_s = \frac{P}{A} \tag{15.44}$$

式中　P——总贯入阻力，kN；

　　　A——探头锥底面积，m^2。

单桥探头测得的阻力是锥尖阻力和侧壁摩阻力之和，为了区分这两种阻力，可使用双桥探头替代单桥探头。双桥探头在锥头上接有一段可以独立上下移动的摩擦筒，这样就可以测得探锥受到的端阻力 q_c 及侧壁摩阻力 f_s，即

$$\begin{cases} q_c = \dfrac{Q_c}{A} \\[2mm] f_s = \dfrac{P_f}{F} \end{cases} \tag{15.45}$$

式中　Q_c——探锥受到的贯入阻力，kN；

　　　A——锥底面积，m^2；

　　　P_f——作用于套筒侧壁的总摩擦力，kN；

　　　F——摩擦筒的表面积，m^2。

图 15.10 给出了单桥探头静力触探试验结果。可见，由于土层的物理力学性质不同，不同深度处探头的阻力也不相同。

就静力触探试验的机理而言，地基容许承载力的理论公式尚难与静力触探之间建立起准确的联系，当前世界各国的研究趋于在实践基础上建立近似的经验公式，运用于实践中。

在大量工程经验基础上，我国建立起一套地基容许承载力 $[R]$ 与比贯入阻力 p_s 之间的关系，见表 15.8。

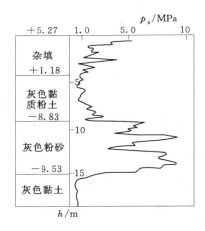

图 15.10　单桥探头曲线

表 15.8　　　　　　　　地基容许承载力与比贯入阻力之间的关系

编号	经验公式	适用范围和土层	公式来源
1	$[R] = 10.4 p_s + 26.9$	$300 \leqslant p_s \leqslant 6000$ 淤泥、淤泥质黏土、一般黏性土及老黏性土（碎石含量＜20％）	武汉静探联合研究组（基本为 TJ 21—77 规范采用）

续表

编号	经验公式	适用范围和土层	公式来源
2	$[R_0]=5.8\sqrt{p_s}-46$	$350\leqslant p_s\leqslant 5000$ 淤泥、淤泥质黏土、一般黏性土及砂土	铁道部第三勘测设计院
3	$[R]=\dfrac{p_s}{\alpha},\alpha=14.47p_s^{0.584}$	$p_s<5000$ 淤泥、淤泥质黏土及一般黏性土	交通部第一航务工程局
4	$[R]=7.88p_s+120$	$p_s=300\sim3500$ 一般黏性土	湖北水利电力勘测设计院

需要指出，当 $p_s<1500\text{kPa}$ 时，各经验公式结果相差不大；当 $p_s>1500\text{kPa}$ 时，各式的结果相差很大。造成这一结果的原因需要进一步研究发现。

3. 标准贯入试验

标准贯入试验将质量为 63.5kg 的重锤以 76cm 的落距通过钻杆打入土中，贯入器打入土中 30cm 时所需要的锤击数称为标准贯入锤击数，用 $N_{63.5}$ 表示。由于贯入器中空，可以取土样直接观察或用于各类试验，对不易取样的砂土，这种试验方法有其独到之处。

标准贯入试验适用于砂土、粉土及一般黏性土，是评价地基承载力的重要原位测试手段。

4. 旁压试验

旁压试验是在现场钻孔中进行的一种水平向荷载试验。具体试验方法是将一个圆柱形的旁压器放到钻孔内设计标高，加压使得旁压器横向膨胀。根据试验的读数可以得到钻孔横向扩张的体积－压力关系曲线，据此可用来估计地基承载力。图15.11 所示为典型的旁压曲线，该曲线可以划分为 3 段。

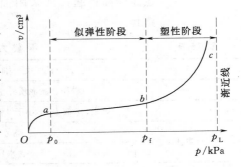

图 15.11　典型旁压曲线

Ⅰ段（Oa 段）：初步阶段。

Ⅱ段（ab 段）：似弹性阶段，压力与体积变化关系大致成线性关系。

Ⅲ段（bc 段）：塑性阶段，随着压力增大，体积变化率急剧增大。

初步阶段与似弹性阶段的界限压力相当于初始水平应力 p_0，似弹性阶段与塑性阶段的界限压力相当于临塑压力 p_f，塑性阶段的尾部渐近线的压力相当于极限压力 p_L。

利用旁压试验结果确定地基承载力，《岩土工程勘察规范》（GB 50021—2009）推荐的方法如下。

1）根据当地经验，直接取用 p_f 或 p_f-p_0 作为地基承载力。

2）根据当地经验，取 p_L-p_0 除以安全系数作为地基承载力。

15.5.2　按规范确定地基承载力

我国有关行业在大量试验及工程资料的基础上，编制了不同的地基承载力表，供各行业查用。在按规范确定地基承载力时，应按相应行业规范查找对应地基承载力进行设计。下面介绍《建筑地基基础设计规范》（GB 50007—2011）中确定地基承载力的方法。

《建筑地基基础设计规范》（GB 50007—2011）采用地基承载力特征值方法，规定地基承载力特征值可由载荷试验、其他原位试验、公式计算及结合工程实践经验等方法综合确定。

当基础宽度大于 3m 或埋置深度大于 0.5m 时，从载荷试验或其他原位试验、经验方法等确定的地基承载力特征值应按式（15.46）修正，即

$$f_a = f_{ak} + \eta_b \gamma (b-3) + \eta_d \gamma_0 (d-0.5) \tag{15.46}$$

式中　f_a——修正后的地基承载力特征值，kPa；

f_{ak}——按原位试验等方法确定的地基承载力特征值，kPa；

η_b，η_d——分别为基础宽度和埋深的地基承载力修正系数，按基底以下土的类别查表 15.9 取值；

γ——基础底面下土的重度，kN/m^3，水面以下用浮重度；

γ_0——基础底面以上土的加权平均重度，kN/m^3，水面以下用浮重度；

b——基础底面宽度，m，当宽度小于 3m 时取 3m，大于 6m 时取 6m；

d——基础埋深，一般自室外地面标高算起。在填方整平地区，可自填土地面标高算起，但填土在上部结构施工完成时，应从天然地面标高算起；对于地下室，如采用箱形基础或筏基时，基础的埋置深度自室外地面标高算起；当采用独立基础或条形基础时，应从室内地面标高算起。

表 15.9　　　　　　　　　　　承 载 力 修 正 系 数

土 的 类 别		η_b	η_d
淤泥、淤泥质黏土		0	1.0
人工填土、e 或 I_L 不小于 0.85 的黏性土		0	1.0
红黏土	含水比大于 0.8	0	1.2
	含水比不大于 0.8	0.15	1.4
大面积压实填土	压实系数大于 0.95、黏粒含量 $\rho_c \geqslant 10\%$ 的粉土	0	1.5
	最大干密度大于 $2.1t/m^3$ 的级配砂石	0	2.0
粉土	黏粒含量 $\rho_c \geqslant 10\%$ 的粉土	0.3	1.5
	黏粒含量 $\rho_c < 10\%$ 的粉土	0.5	2.0
e 及 I_L 均小于 0.85 的黏性土		0.3	1.6
粉砂、细砂（不包括很湿与饱和时的稍密状态）		2.0	3.0
中密砂、粗砂、砾石和碎石土		3.0	4.4

注　1. 强风化和全风化的岩石，可参照所风化成的相应土类取值，其他状态下的岩石不修正。

　　2. 地基承载力特征值按深层平板载荷试验确定时 η_d 取 1.0。

　　3. 含水比是指土的天然含水率与其液限的比值。

【例 15.3】　某基础宽度 $b = 5m$，埋置深度 $d = 3m$，基础底面以上为杂填土，$\gamma = 18kN/m^3$，基础底面以下为粉细砂，$\gamma = 18.5kN/m^3$。深层平板载荷试验测得地基承载力特征值 $f_{ak} = 225kPa$，试按《建筑地基基础设计规范》（GB 50007—2011）

确定地基承载力特征值。

　　解　由基底以下土的类别查表 15.9 可得

$$\eta_b = 2.0, \eta_d = 1.0$$

代入地基承载力特征值修正公式可得

$$f_a = f_{ak} + \eta_b \gamma (b - 3) + \eta_d \gamma_0 (d - 0.5) = 225 + 2.0 \times 18.5 \times (5 - 3)$$
$$+ 1.0 \times 18 \times (3 - 0.5) = 344 (\text{kPa})$$

15.6　本章小结

　　地基承载力是指单位面积地基土上所能承受荷载的能力。地基承载力的研究是土力学的主要课题之一。地基承载力是一个较为复杂的问题，其大小除了与地基土的性质有关外，还受到基础形状、荷载作用方式及建筑物对沉降控制的要求等因素的影响。

　　1）典型的 p-s 曲线由压密阶段、剪切阶段和破坏阶段 3 个阶段组成，地基土破坏有整体剪切破坏、局部剪切破坏和冲剪破坏 3 种模式。

　　2）地基土的荷载计算主要包括临塑荷载、临界荷载和极限荷载 3 种。其中极限荷载计算目前常用的方法为先假定滑动面形状，而后根据极限平衡条件和边界条件推导极限荷载公式，几种地基极限承载力计算公式中，要注意各自的适用条件和范围。

　　3）原位试验确定地基承载力的方法主要包括载荷试验、静力触探试验、标准贯入试验和旁压试验等。

　　4）按规范方法确定地基承载力，要了解各类方法在工程中的应用范围，注意修正公式的应用。

思　考　题

　　15.1　地基破坏的模式有哪几种？破坏模式与土的性质有何关系？如何判别？

　　15.2　发生整体剪切破坏时 p-s 曲线有何特点？

　　15.3　什么是地基塑性变形区？如何根据地基塑性区确定地基的临塑荷载和临界荷载？并说明地基临塑荷载和临界荷载的物理概念。

　　15.4　试比较几种极限承载力公式的异同点，说明各自的适用性和局限性。

　　15.5　确定地基承载力的方法有哪些？

习　题

　　15.1　某条形基础，基础宽度 $b = 3.5\text{m}$，埋深 $d = 4\text{m}$，地基土重度 $\gamma = 18.5\text{kN/m}^3$，抗剪强度指标为：$c = 10\text{kPa}$，$\varphi = 20°$。试求地基临界荷载 $p_{1/4}$ 和 $p_{1/3}$。

　　15.2　某条形基础，基础宽度 $b = 3\text{m}$，埋深 $d = 3\text{m}$，作用在基础底面上的均布荷载为 $p = 150\text{kPa}$，地基土的重度 $\gamma = 18.5\text{kN/m}^3$，抗剪强度指标为：$c = 18\text{kPa}$，$\varphi = 15°$。试求地基中塑性区的开展范围。

15.3 某方形基础，基础底面尺寸为 4m×4m，基础埋深为 2m，地基土为粉土，$\gamma=18kN/m^3$，抗剪强度指标为：$c=25kPa$，$\varphi=20°$，基础上作用有竖直均布荷载，若地基发生整体剪切破坏，试根据太沙基公式及汉森公式计算地基极限承载力。

15.4 某柱下独立基础，基础底面尺寸为 2.5m×2m，基础埋深为 2m，地基土为粉土，$\gamma=18.5kN/m^3$，抗剪强度指标为：$c=28kPa$，$\varphi=15°$，黏粒含量 $\rho_c=15\%$，深层平板载荷试验测得地基承载力特征值 $f_{ak}=300kPa$。试根据《建筑地基基础设计规范》（GB 50007—2011）确定地基承载力特征值。

第 16 章

地基与土坡稳定性分析

16.1 概述

土坡是指具有倾斜坡面的土体，根据形成原因，可分为天然土坡和人工土坡。由自然地质作用形成的土坡称为天然土坡（如土质山坡、江河的岸坡等）；由人工开挖或填筑形成的土坡称为人工土坡（如土坝、路堤边坡等）。也可根据组成土坡的材质，将土坡分为无黏性土坡和黏性土坡两类。

土坡表面倾斜，土体在自重及周围其他外力作用下，存在自上而下滑动的趋势。当受到人为或自然因素的作用而破坏了土坡土体的力学平衡时，若土体内部某个薄弱面上的滑动力超过该面上土体的抗滑力，土体就会沿着该薄弱面发生滑动，这就是滑坡现象。

土坡滑动失稳的原因一般有两种。

1) 外力作用破坏了土体内部原有应力平衡。例如，基坑的开挖，由于地基内自身重力发生变化，又如路堤的填筑、土坡顶面上作用外荷载、土体内水的渗流、地震力的作用等。

2) 土的抗剪强度由于受到外界各种因素的影响而降低，促使土坡失稳破坏。例如，由于外界气候等自然条件的变化，使土体处于干湿交替状态，使土体变松，强度降低。

滑坡是土坡失稳破坏最常见的类型，一旦土坡发生滑坡，就可能造成严重的后果，如导致交通中断、工程中断、河道堵塞形成堰塞湖等。因此，对土坡进行稳定性分析是十分必要的，土坡稳定性分析也是土力学的一项重要研究内容。

土坡稳定性分析是指用土力学相关理论来研究发生滑坡时滑动面可能的位置和形状、滑动面上的剪应力和抗剪强度的大小，抵抗下滑的因素分析以及采用何种措施预防或处理滑坡等。土坡稳定性分析是保证土坡安全稳定，使其正常发挥应有效能的重要前提。

一般土坡的长度（垂直于纸面）远大于其宽度，故分析土坡稳定性时，可按平面问题来考虑，即沿长度方向取单位长度来计算。在工程实践中，分析土坡稳定性的目的，在于验算土坡断面是否稳定、合理，或根据土坡预定高度、土的性质等已知条件，设计出合理的土坡断面。

地基稳定性是指地基岩土体在承受建筑或构筑物荷载时产生的沉降变形、深层滑动等对工程建设安全稳定的影响程度。地基稳定性分析通常包含两项内容，即沉降变形分析和深层滑动分析。其中沉降变形分析通常以容许承载力表征，是第15章地基承载力的内容，本章不再讨论。地基稳定性分析中的深层滑动分析，通常是指土石坝基、路基等土体的抗滑稳定性分析，以安全系数表征。该部分内容的分析方法与土坡稳定性分析相同。

16.2　无黏性土坡的稳定性分析

由砂、卵砾石及风化砾石等无黏性土组成的边坡，其滑动面近似于平面，故按平面滑动面假定（滑动剖面为直线），采用直线滑动法分析其稳定性。无黏性土颗粒间无黏聚力，即 $c=0$，土坡失稳时是单个土颗粒的滑动。对于无黏性土坡，只要坡面的土颗粒能够保持稳定，整个土坡就是稳定的。

无黏性土坡稳定性分析通常分为两种情况，即无渗流作用时和稳定渗流作用时。对全干或全部淹没的均质土坡来说，土坡中无渗流作用，按无渗流作用时土坡的稳定性分析方法进行分析。水库蓄水或水库水位突然下降，都会使坝体受到一定渗流力的作用，给坝体安全带来不利影响，稳定性分析中则需要引入渗流作用的影响。

16.2.1　简单无黏性土坡

图 16.1 是一坡角为 α 的简单无黏性土坡。对于该种情况，无论是在干坡还是在完全浸水条件下，由于无黏性土土粒间无黏聚力，只有摩擦力，因此只要位于坡面上的土单元能保持稳定，则整个土坡就是稳定的。

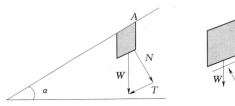

图 16.1　无渗透力作用的无黏性土坡沿平面滑动的受力分析

现从坡面上任取一侧面垂直、底面与坡面平行的土单元体，假设不考虑单元体侧表面上各种应力和摩擦力对单元体的影响。设单元体所受重量为 W，无黏性土的内摩擦角为 φ，则使单元体下滑的滑动力就是 W 沿坡面的分力 T，即 $T=W\sin\alpha$。

阻止单元体下滑的力是该单元体与它下面土体之间的摩擦力，也称抗滑力，它的大小与法向分力 N 有关，抗滑力的极限值也就是最大静摩擦力值，即 $R=N\tan\varphi=W\cos\alpha\tan\varphi$。

定义安全系数 F_s 为抗滑力与滑动力之比，即

$$F_s=\frac{抗滑力}{下滑力}=\frac{W\cos\alpha\tan\varphi}{W\sin\alpha}=\frac{\tan\varphi}{\tan\alpha} \tag{16.1}$$

式中　α——土坡的坡角，（°）；

　　　　φ——土的内摩擦角，（°）。

由式（16.1）可知，当 $\alpha=\varphi$ 时，$F_s=1.0$，抗滑力等于滑动力，土坡处于极限平衡状态；当 $\alpha<\varphi$ 时，$F_s>1.0$，土坡处于安全稳定状态。因此，土坡稳定的极限坡角等于无黏性土的内摩擦角 φ，此坡角也称为自然休止角，自然休止角的值等于

砂土在松散状态时的内摩擦角。如果是经过压密后的无黏性土，内摩擦角增大，稳定坡角也随之增大。

式（16.1）表明，均质无黏性土坡的稳定性与坡高、土容重无关，而仅与坡角 α 有关，坡内任一点或平行于坡的任一滑裂面上安全系数都相等。只要 $\alpha < \varphi$，则必有 $F_s > 1.0$，满足此条件的土坡在理论上就是稳定的。φ 值越大，则土坡安全坡角就越大。为了保证土坡具有足够的安全储备，可取 $F_s = 1.1 \sim 1.5$。

16.2.2　有渗流作用时的无黏性土坡

土坡（或土石坝）在很多情况下，会受到由于水位差的改变所引起的水力坡降或水头梯度（图 16.2），从而在土坡内形成渗流场，对土坡稳定性带来不利影响。

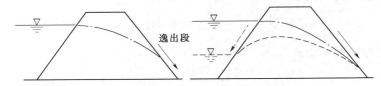

图 16.2　土石坝因水位下降产生渗流示意图

如图 16.3 所示。假设水流方向顺坡而下并与水平面夹角为 θ，这时 $\theta = \alpha$，则沿着水流方向作用在单位体积土骨架上的渗透力为 $j = \gamma_w i$。在下游坡面上取体积为 V 的土骨架为隔离体，其实际重量 W 为 $\gamma' V$，T 为重力沿坡面的分量，作用在土骨架上的渗透力为 $J = jV = \gamma_w iV$，

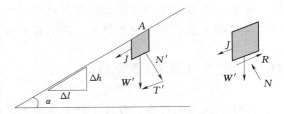

图 16.3　渗透力作用下无黏性土坡受力分析

则沿坡面上的下滑力为 $T + J = \gamma' V \sin\alpha + \gamma_w iV \cos(\alpha - \theta)$。

坡面的正压力由 $\gamma' V$ 和 J 共同引起，将 $\gamma' V$ 和 J 分解，可得 $N = \gamma' V \cos\alpha - \gamma_w iV \sin(\alpha - \theta)$。抗滑力 R 来自于摩擦力，为 $R = N\tan\varphi$，则土体沿坡面滑动的稳定安全系数为

$$F_s = \frac{R}{T} = \frac{N\tan\varphi}{T} = \frac{[\gamma' V \cos\alpha - \gamma_w iV \sin(\alpha - \theta)]\tan\varphi}{\gamma' V \sin\alpha + \gamma_w iV \cos(\alpha - \theta)} \qquad (16.2)$$

式中　i——计算点处渗透水力坡降；

γ'——土体的浮重度，kN/m^3；

γ_w——水的重度，取 $\gamma_w = 9.81 kN/m^3$；

φ——土的内摩擦角，(°)。

当 $\theta = \alpha$ 时，水流顺坡溢出。这时，顺坡流经路径 Δs 的水头损失为 Δh，则必有

$$i = \frac{\Delta h}{\Delta s} = \sin\alpha \qquad (16.3)$$

将式（16.3）代入式（16.2），得

$$F_s = \frac{\gamma' \cos\alpha\tan\varphi}{\gamma' \sin\alpha + \gamma_w \sin\alpha} = \frac{\gamma' \cos\alpha\tan\varphi}{\gamma_{sat} \sin\alpha} = \frac{\gamma' \tan\varphi}{\gamma_{sat} \tan\alpha} \qquad (16.4)$$

对比式（16.4）和式（16.1）可见，当溢出段为顺坡渗流时，安全系数降低了 γ'/γ_{sat}，通常 γ'/γ_{sat} 近似等于 0.5；所以安全系数降低了近一半。

若要使 $F_s=1.1\sim1.5$，以保证土坡稳定和足够的安全储备，则 $\tan\alpha=\dfrac{\gamma'\tan\varphi}{1.5\gamma_{sat}}$ $\sim\dfrac{\gamma'\tan\varphi}{1.1\gamma_{sat}}$。可见，有渗透力作用时所要求的安全坡角要比无渗透力作用时的相应坡角平缓得多。

【例 16.1】　一均质无黏性土坡，土的饱和重度为 20.2kN/m^3，内摩擦角为 $30°$，若要求这个土坡的稳定安全系数为 1.2，试问在干坡或完全浸水条件下及沿坡面有顺坡渗流时，土坡的安全坡角分别是多少？

解　干坡或完全浸水时，由式（16.1）得

$$\tan\alpha=\frac{\tan\varphi}{F_s}=\frac{0.557}{1.2}=0.464，所以\ \alpha=24°54'$$

有顺坡渗流时，由式（16.4）得

$$\tan\alpha=\frac{\gamma'\tan\varphi}{\gamma_{sat}F_s}=\frac{9.5\times0.557}{20.2\times1.2}=0.218，所以\ \alpha=12°18'$$

上述计算结果表明，在稳定安全系数相同的条件下，有顺坡渗流作用的土坡稳定坡角要比无渗流作用时的稳定坡角小得多。也就是说，在相同坡角的情况下，有顺坡渗流的土坡，其安全系数小，需引起重视。

16.3　黏性土坡的稳定性

由于黏聚力的存在，黏性土坡不会像无黏性土坡那样沿坡面表面滑动（滑动面是平面），黏性土坡的危险滑动面深入土体内部。基于实际破坏情况和极限平衡理论推导，均质黏性土坡发生滑坡时，其滑动面形状为对数螺旋线曲面，形状近似于圆柱面，在断面上的投影则近似为一圆弧面，如图 16.4（a）所示。通过对现场土坡滑坡、失稳实例的调查表明，实际滑动面也与圆弧面相似。因此，工程设计中常把滑动面假定为圆弧面来进行稳定性分析。整体圆弧滑动法、条分法、瑞典条分法、毕肖甫法等均基于滑动面是圆弧这一假定。当然实际发生滑坡的滑动面一般是非圆弧的，因此人们又发展了非圆弧滑动面的土坡稳定性分析方法，如江布的普遍条分法和不平衡推理传递法等。

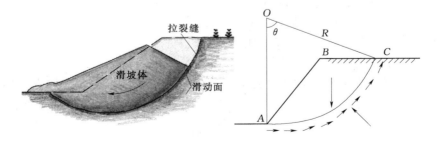

（a）实际的滑坡体　　　　（b）假设滑动面投影是圆弧的滑动体

图 16.4　均质黏性土坡滑动面

16.4　黏性土坡的稳定性分析——整体圆弧滑动分析

　　整体圆弧滑动法是最常用的方法之一，又称瑞典圆弧法，是由瑞典人彼得森（K. E. Petterson）于 1915 年提出，此法广泛应用于实际工程中。

　　整体圆弧滑动法将滑动面以上土体视为刚体，并分析在极限平衡条件下它的整体受力情况，以整个滑动面上的平均抗剪强度 τ_f 与平均剪应力 τ 之比来定义土坡的安全系数，即

$$F_s = \frac{\tau_f}{\tau} \tag{16.5}$$

　　对于均质的黏性土坡，其实际滑动面与圆柱面接近。计算时一般假定滑动面为圆柱面，在土坡断面上投影即为圆弧。其安全系数也可用滑动面上的最大抗滑力矩与滑动力矩之比来定义，其最终结果与式（16.5）定义完全相同，即

$$F_s = \frac{M_f}{M_s} = \frac{\tau_f L_{AC} R}{\tau L_{AC} R} \tag{16.5a}$$

式中　τ_f——滑动面上的平均抗剪强度，kPa；

　　　τ——滑动面上的平均剪应力，kPa；

　　M_f——滑动面上的最大抗滑力矩，kN·m；

　　M_s——滑动面上的滑动力矩，kN·m；

　　L_{AC}——圆弧 AC 长度，m；

　　　R——滑弧半径，m。

　　对于图 16.5（a）所示的简单黏性土土坡，根据式（16.5a）可以写出更具体的 F_s 计算公式。AC 为假定的圆弧，O 点为其圆心，半径为 R。滑动土体 ABC 可视为刚体，在自重作用下，将绕圆心 O 点沿 AC 圆弧转动下滑，如果假设滑动面上的抗剪强度完全发挥，即 $\tau = \tau_f$，则其抗滑力矩 $M_f = \tau_f L_{AC} R$，滑动力矩 $M_s = Wd$，将 M_f、M_s 代入式（16.5a），可得

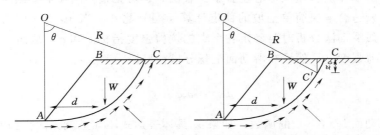

　　（a）整体圆弧法的计算简图　　　（b）存在拉裂缝的整体圆弧法计算简图

图 16.5　均质黏性土土坡的整体圆弧滑动

$$F_s = \frac{M_f}{M_s} = \frac{\tau_f L_{AC} R}{Wd} \tag{16.5b}$$

式中　L_{AC}——圆弧 AC 长度，m；

　　　d——滑动土体重心到滑弧圆心 O 点的水平距离，m；

　　　W——滑动土体自重力，kN。

根据摩尔-库仑强度理论，黏性土的抗剪强度 $\tau_f = c + \sigma\tan\varphi$。因此，对于均质黏性土坡，其 c、φ 虽然是常数，但滑动面上法向应力 σ 却是沿滑动面不断改变的，并非是常数。所以只要 $\sigma\tan\varphi \neq 0$，式（16.5b）中的 τ_f 就不是常数，所以式（16.5b）只能给出一个定义式，并不能确定 F_s 的大小，至少对于整体圆弧法是这样的。

但对于饱和软黏土，在不排水条件下，其内摩擦角 $\varphi = 0$，$\tau_f = c$，即黏聚力 c 就是土的抗剪强度，此时，抗滑力就剩 $\tau_f L_{AC} R$ 一项，于是，式（16.5b）可写为

$$F_s = \frac{cL_{AC}R}{F_w d} \tag{16.5c}$$

用式（16.5c）可直接计算边坡稳定的安全系数，这种方法通常称为 $\varphi = 0$ 的分析方法。或者说式（16.5c）仅适用于 $\varphi = 0$ 的饱和软黏土土坡稳定性计算。

黏性土坡在发生滑坡前，坡顶常出现竖向裂缝，并存在开裂深度 z_0，如图 16.5（b）所示。根据土压力理论，$z_0 = 2c/(\gamma\sqrt{K_a})$，$\gamma$ 表示土坡土质的天然重度，K_a 表示主动土压力系数。当 $\varphi = 0$ 时，$z_0 = 2c/\gamma$。裂缝的出现使滑弧长度由 AC 减小到 AC'，AC' 段的稳定性分析仍可用式（16.5c）计算。

以上求出的 F_s 是与任意假定的某个滑动面相对应的安全系数，而土坡稳定性分析要求的是与最危险滑动面相对应的最小安全系数。为此，通常需要假定一系列滑动面进行多次试算，才能找到所需要的最危险滑动面所对应的安全系数。随着计算机技术的广泛应用和数值方法的普及，通过大量计算，快速确定最危险滑动面的问题已得到了很好地解决。

16.5 黏性土坡的稳定性分析——条分法

16.5.1 条分法基本原理

整体圆弧滑动法的一个缺陷就是对于外形比较复杂，特别是土坡由多层土构成时，要确定滑动体的自重及形心位置就比较困难，可见整体圆弧滑动法的应用存在局限性，比较适合解决简单土坡的稳定计算问题。此外，当 $\sigma\tan\varphi \neq 0$ 或土质变化时，采用圆弧滑动法分析时要确定各个点的抗剪强度指标 c 和 φ，从而计算滑动面上各点的抗剪强度 τ_f，然后在滑动面上积分求得抗滑力为

$$R = \int_0^l \sigma_n \varphi \, \mathrm{d}l \tag{16.6}$$

σ_n 是滑动面 $l(x, y)$ 的函数，如果 σ_n 具体表达式不知道就无法得到 F_s 的解析解。正是基于整体圆弧法存在上述的一些不足，瑞典的费兰纽斯（英文名）等人在整体圆弧法的基础上，提出了基于刚体极限平衡理论的条分法。采用这种方法，法向应力 σ 就可以用极限平衡分析法中的条分法进行计算，其本质就是将上述积分式离散成求和形式，从而求得积分式的近似值。

条分法的具体做法是，如图 16.6 所示，将滑动体分为若干个垂直土条，把土条视为刚体，分别计算各土条上的力对滑弧中心的滑动力矩和抗滑力矩，而后按式（16.5c）求土坡的稳定安全系数。

图 16.6（a）所示为一均质黏性土坡，设滑动面为 AC，对应的滑弧圆心为 O，半径

为 R，将滑动体 ABC 分成了 n 个垂直土条，取其中第 i 个土条并分析其受力状况，如图 16.6（b）所示。下面分析土条所受的力及整个滑动体上的未知数的个数。

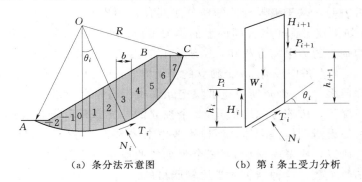

（a）条分法示意图　　　　（b）第 i 条土受力分析

图 16.6　条分法计算图式

1. 重力 W_i

$W_i = \gamma_i b_i h_i$，γ_i、b_i、h_i 分别为第 i 条土的重度、宽度、和高度，为已知量，所以 W_i 已知。

2. 土条底面上的法向反力切向反力

假设法向反力 N_i 作用在土条底面中点，切向反力 T_i 作用线平行于土条的底面，即滑动面。考虑滑动面的受力时，一个土条含两个未知数 N_i 和 T_i，则 n 个土条有 $2n$ 个未知数。

如果假设土条滑动安全系数为 F_s，按照莫尔-库仑强度理论，N_i 和 T_i 的关系为

$$T_i = \frac{c_i l_i + N_i \tan \varphi_i}{F_s} \quad i = 1, 2, 3, \cdots, n \tag{16.7}$$

可见，在确定了土性参数 c_i、φ_i 和指定某一安全系数的条件下，同一土条上的法向反力 N_i 和切向反力 T_i 是线性相关的，即二者不相互独立。所以，考虑滑动面的受力时，n 个土条实际上共有 n 个独立的未知数。

3. 土条间法向作用力 P_i 和 P_{i+1}

土条间法向作用力 P_i 和 P_{i+1} 的大小和作用点均为未知量，所以原则上每个土条有 4 个未知量。但是，由于相邻的两个土条间的法向作用力大小相等、方向相反；所以未知量的个数减少一半，即 n 个土条有 $2n+2$ 个未知量。

但必须注意，图 16.6（a）中对于土条 7 的右侧和出坡土条 -3 的左侧面，其上作用力为 0 或已知。因此，考虑土间法向作用力大小和作用点时，实际上 n 个土条共有 $2n-2$ 个独立未知数。

4. 土条间的切向作用力 H_i 和 H_{i+1}

分析方法同法向力情况。但由于切向力无作用点，所以 n 个土条未知量数目共有 $n-1$ 个。

5. 安全系数 F_s

当滑动面确定，土体抗剪强度指标已知，外力及自重确定时，滑动面上的剪应力和抗剪强度均可确定，从而可以计算各个土条的安全系数。为方便起见，假定各

个土条安全系数相等并等于整个滑动面的安全系数。所以，安全系数 F_s 是一个独立的未知数。

以上分析表明，基于极限理论的条分法共有 $n+(2n-2)+(n-1)+1$，即 $4n-2$ 个未知数。如果仅考虑土条在断面上的静力平衡条件，那么每个土条可分别列出两个方向互相垂直的力平衡方程和一个绕圆心的力矩平衡方程，共计 3 个独立平衡方程。所以，n 个土条应该有 $3n$ 个独立的平衡方程。可见，对于整个滑动体而言，未知数比方程数多 $n-2$ 个，所以土坡稳定问题属于超静定问题。

在这种情况下，应该考虑增加 $n-2$ 个独立的补充条件问题才能解决。但由于极限平衡方法假设滑动体是刚体，所以不考虑土体的变形特征，而只考虑土体的静力平衡条件。所以，应考虑增加 $n-2$ 个附加的假设条件作为补充条件，使方程数恰好等于未知数个数，这种结果才是比较严格的。当然如果增加多于 $n-2$ 个假设条件，问题会更容易解决。根据假设条件或补充方程不同，条分法具体又分为瑞典条分法、毕肖甫法、简化毕肖甫法、普遍条分法（N. Janbu 条分法）等多种，下面将分别叙述。

16.5.2 瑞典条分法

瑞典条分法是条分法中最简单、最古老的一种，是由瑞典的贺尔汀（H. Hultin）和彼得森（Petterson）于 1916 年首先提出，后经费兰纽斯（W. Fellenius）等人不断修改，在工程上得到了广泛应用。我国《建筑地基基础设计规范》（GB 50007—2011）推荐使用该法进行地基稳定性分析。

如图 16.7（a）所示，瑞典条分法假设滑动面为圆弧面，将滑动体分为若干个竖向土条，并忽略各土条间的相互作用力。按照这一假设，任意土条只受自重力 W_i、滑动面上的剪切力 T_i 和法向力 N_i，如图 16.7（b）所示。将 W_i 分解为沿着滑动面切向方向分力和垂直于切向的法向分力，并由第 i 条土的静力平衡条件可得：$N_i = W_i \cos \theta_i$，其中 $W_i = b_i h_i \gamma_i$。

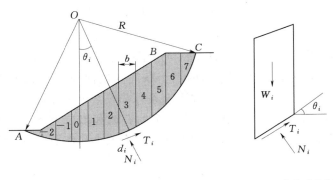

（a）土坡分条　　　　　　　　　（b）第 i 条土受力分析

图 16.7 瑞典条分法的一般计算图式

设土坡安全系数为 F_s，它等于第 i 个土条的安全系数，由库仑强度理论有

$$T_i = \frac{c_i l_i + N_i \tan \varphi_i}{F_s} \quad i = 1, 2, 3, \cdots, n \tag{16.8a}$$

式中　T_i——土条 i 在其滑动面上的下滑力；

　　　F_s——土坡和土条的安全系数。

按整体力矩平衡条件，滑动体 ABC 上所有外力对圆心的力矩之和应为 0。在各土条上作用的重力产生的滑动力矩之和为

$$\sum_{i=1}^{n} W_i d_i = \sum_{i=1}^{n} W_i R \sin\theta_i \tag{16.8b}$$

式中　d_i——圆心 O 至 W_i 作用线的水平距离，$d_i = R\sin\theta_i$。

滑动面上的法向力 N_i 通过圆心，不引起力矩，滑动面上的剪力 T_i 产生的滑动力矩为

$$\sum_{i=1}^{n} T_i R = \sum_{i=1}^{n} \frac{c_i l_i + N_i \tan\varphi_i}{F_s} R \tag{16.8c}$$

按照安全系数的定义，即

$$F_s = \frac{\sum_{i=1}^{n}(c_i l_i + N_i \tan\varphi_i)}{\sum_{i=1}^{n} W_i \sin\theta_i} \tag{16.8}$$

式（16.8）是瑞典条分法的计算公式。由于忽略了土条之间的相互作用力，所以由土条的 3 个力 W_i、T_i 和 N_i 组成的力多边形不闭合，因此瑞典条分法不满足静力平衡条件，只满足滑动土体的整体力矩平衡条件。尽管如此，由于计算结果偏于安全且积累了较多的工程经验，目前仍有广泛的应用。

需要指出的是，使用瑞典条分法仍然要假设很多滑动面并通过试算分析，才能找到最小的 F_s 值，从而找到相应的最危险滑动面。

下面分析有孔隙水压力作用时采用瑞典条分法计算土坡的稳定性。

当已知第 i 个土条在滑动面上的孔隙水压力为 u_i 时，要用有效指标 c_i' 及 φ_i' 代替原来的 c_i 和 φ_i。考虑土的有效强度，根据摩尔-库仑强度理论，有

$$\tau_{fi} = c_i' + (\sigma_i - u_i)\tan\varphi_i'$$

$$T_i = \tau l_i = \frac{\tau_{fi}}{F_s} l_i = \frac{c_i' l_i}{F_s} + \frac{(\sigma_i l_i - u_i l_i)\tan\varphi_i'}{F_s} = \frac{c_i' l_i}{F_s} + \frac{(N_i - u_i l_i)\tan\varphi_i'}{F_s} \tag{16.9a}$$

取法线方向力的平衡，可得 $N_i = W_i \cos\theta_i$，各土条对圆弧中心 O 的力矩和为 0，即

$$\sum_{i=1}^{n} W_i d_i - \sum_{i=1}^{n} T_i R = 0 \tag{16.9b}$$

将式（16.9a）代入式（16.9b），可得

$$F_s = \frac{\sum_{i=1}^{n}[c_i' l_i + (W_i \cos\theta_i - u_i l_i)\tan\varphi_i']}{\sum_{i=1}^{n} W_i \sin\theta_i} \tag{16.9}$$

式（16.9）就是用有效应力表示的瑞典条分法计算 F_s 的公式。

经过多年实践，对瑞典条分法已经积累了大量的工程经验。用该法计算的安全系数一般比其他较严格的方法低 $10\% \sim 20\%$；在滑动面圆弧半径较大并且孔隙水压力较大时，安全系数计算值会比其他较严格的方法小一半。因此，这种方法是偏

于安全的。

16.5.3 毕肖甫条分法

毕肖甫（A. N. Bishop）于 1955 年提出了一个可以考虑土条侧面作用力的土坡稳定分析方法，称为毕肖甫法。这种方法仍然假定滑动面为圆弧面，并假定各土条底部滑动面上的抗滑安全系数均相同，都等于整个滑动面上的平均安全系数。

毕肖甫方法可以采用有效应力的形式表达，也可以用总应力的形式表达。下面分别予以推导。

1. 有效应力表达式

设图 16.6（a）所示为一个具有圆弧滑动面的滑动体，将滑动体分条编号。现任取一土条 i 并分析其受力，土条上作用有自重力 W_i，土条底面的切向抗剪力 T_i，有效法向反力 N_i，孔隙水压力合力 $u_i l_i$，土条侧向的法向力 P_i 和 P_{i+1} 及切向力 H_i 和 H_{i+1}。令 $\Delta H_i = H_{i+1} - H_i$。

根据莫尔-库仑强度理论，在极限状态下，任意土条 i（图 16.8（a））滑动面上的抗剪力为

$$T_{fi} = c'_i l_i + N_i \tan\varphi'_i \tag{16.10a}$$

根据安全系数的定义，有

$$T_i = \frac{T_{fi}}{F_s} = \frac{c'_i l_i + N_i \tan\varphi'_i}{F_s} \tag{16.10b}$$

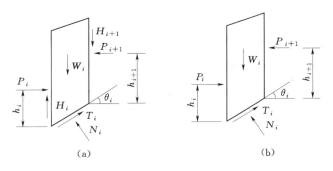

图 16.8 毕肖甫条分法计算图式

在极限条件下，土条应当满足静力平衡条件，所以有

$$W_i + \Delta H_i - T_i \sin\theta_i - N_i \cos\theta_i - u_i l_i \cos\theta_i = 0 \tag{16.10c}$$

将式（16.10c）代入式（16.10b），可得

$$N_i = \frac{w_i + \Delta H_i - u_i b_i - \dfrac{c'_i l_i \sin\theta_i}{F_s}}{\cos\theta_i + \dfrac{\tan\varphi'_i}{F_s}\sin\theta_i} \tag{16.10d}$$

令 $\cos\theta_i + \dfrac{\tan\varphi'_i}{F_s}\sin\theta_i = m_i$，则式（16.10d）变成

$$N_i = \frac{w_i + \Delta H_i - u_i b_i - \dfrac{c'_i l_i \sin\theta_i}{F_s}}{m_i} \tag{16.10e}$$

下面考虑极限状态下整个滑动体对圆心 O 的力矩平衡条件。此时，相邻土条之间

侧壁上的法向作用力由于其大小相等、方向相反，所以对 O 点的力矩将相互抵消，而各土条滑动面上的有效法向应力合力 N_i 的作用线通过圆心，也不产生力矩；故有

$$\sum_{i=1}^{n} W_i d_i - \sum_{i=1}^{n} T_i R = \sum_{i=1}^{n} W_i R \sin\theta_i - \sum_{i=1}^{n} T_i R = 0 \qquad (16.10f)$$

将式（16.10e）代入式（16.10b），而后再代入式（16.10f），可得

$$F_s = \frac{\sum_{i=1}^{n} \frac{1}{m_i}\left[c'_i b_i + (W_i - u_i b_i + \Delta H_i)\tan\varphi'_i \right]}{\sum_{i=1}^{n} W_i \sin\theta_i} \qquad (16.10)$$

式（16.10）是毕肖甫条分法计算边坡稳定安全系数的基本公式。尽管其考虑了侧面的法向力 H_i 和 H_{i+1}，但式（16.10）中并未出现该项。

需要注意，在式（16.10）中 ΔH_i 仍是未知数。为使问题得到简化，并给出确定的 F_s 大小，毕肖甫假设 $\Delta H_i = 0$（图 16.8（b）），并已经证明，这种简化对安全系数的影响仅在 1% 左右。而且在条分时，土条宽度越小，这种影响就越小。因此，假设 $\Delta H_i = 0$，计算结果能满足工程设计对精确度的要求。因此，把这种简化后的毕肖甫条分法称为简化毕肖甫法，其基本公式得到了广泛的应用，即

$$F_s = \frac{\sum_{i=1}^{n} \frac{1}{m_i}\left[c'_i b_i + (W_i - u_i b_i)\tan\varphi'_i \right]}{\sum_{i=1}^{n} W_i \sin\theta_i} \qquad (16.11)$$

讨论：

（1）毕肖甫解法并未考虑土条水平方向的力平衡条件，所以从严格意义上讲，毕肖甫法并不能完全满足静力平衡条件，它仅仅满足整个滑动体的力矩平衡条件和各土条的竖向静力平衡条件。

（2）简化毕肖甫条分法，实际上也就是认为土条间只有水平相互作用力 P_i 而无切向力 H_i。假定 $\Delta H_i = 0$，说明简化后的方法忽略了 ΔH_i 的影响，由此产生的误差为 2%～7%。所以，毕肖甫方法并非是一个严格的方法。

但由于其比较简洁、实用，所以仍然具有广泛的应用领域。式（16.11）称为简化毕肖甫公式，式中 m_i 包含了安全系数 F_s；故由式（16.11）尚不能直接计算出 F_s，而需采用试算的方法，迭代求解 F_s。

迭代的基本过程是：先假定 $F_s = 1.0$，由 θ_i 求得对应的 m_{θ_i} 值，代入式（16.11）中，求得边坡的安全系数 F'_s。若 F'_s 不等于 1.0，则用计算的 F'_s 求出新的 m_{θ_i} 值，代入式（16.11），再一次计算出 F''_s。看 F'_s 和 F''_s 是否接近。如此反复迭代计算，直至前后两次计算的安全系数十分接近，达到规定要求的精度标准为止。通常迭代总是收敛的，一般迭代 3～4 次就可满足精度要求。

2. 总应力表达式

依据有效应力原理和式（16.10），可以给出毕肖甫条分法的总应力计算公式，即

$$F_s = \frac{\sum_{i=1}^{n} \frac{1}{m_i}\left[c_i b_i + (W_i + \Delta H_i)\tan\varphi_i \right]}{\sum_{i=1}^{n} W_i \sin\theta_i} \qquad (16.12a)$$

式中　$m_i = \cos\theta_i + \dfrac{\tan\varphi_i}{F_s}\sin\theta_i$。

同理，令 $\Delta H_i = 0$，就得到用总应力形式表示的简化毕肖甫条分法计算公式为

$$F_s = \frac{\displaystyle\sum_{i=1}^{n} \frac{1}{m_i}(c_i b_i + W_i \tan\varphi_i)}{\displaystyle\sum_{i=1}^{n} W_i \sin\theta_i} \tag{16.12b}$$

与瑞典条分法相比，简化的毕肖甫条分法假定 $\Delta H_i = 0$。实际上未考虑土条的切向力，并在此条件下满足力多边形闭合条件。也就是说，这种方法虽然在最终计算 F_s 表达式中未出现水平力，但实际上考虑了土条之间的水平相互作用力，简化的毕肖甫条分法具有以下特点。

1）假设圆弧形滑动面。

2）满足整体力矩平衡条件。

3）假设土条间只有法向力而无切向力。

4）在 2）和 3）条件下，满足各个土条的力多边形闭合条件，而不满足各个土条的力矩平衡条件。

5）从计算结果上分析，由于考虑了土条间水平作用力，它的安全系数比瑞典条分法略高一些。

简化的毕肖甫条分法虽然不是严格的极限平衡法，但它的计算结果却与严格方法很接近，这一点已为大量工程实践所证实，并且其计算不是很复杂，精度较高，所以它是目前工程上常用的方法之一。

16.5.4　简单土坡最危险滑动面的确定方法（4.5H 法）

简单土坡是指坡面单一、无变坡、土质均匀、无分层的土坡，如图 16.9 所示。这种土坡最危险的滑动面可用以下方法快速求出。

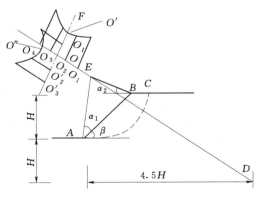

1）根据土坡坡度或坡角 β 由表 16.1 查出相应的 α_1、α_2 的值。

2）根据 α_1 角，由坡脚 A 点作线段 AE，使角 $\angle EAB = \alpha_1$；根据 α_2 角，由坡顶 B 点作线段 BE，使该线段与水平线夹角为 α_2。

3）线段 AE 与线段 BE 的交点为 E，这一点是 $\varphi = 0$ 的黏性土坡最危险的滑动面的圆心。

4）由坡脚 A 点竖直向下取坡高 H 值，然后向右沿水平方向线上取

图 16.9　简单土坡最危险滑动面的确定

4.5H，并定义该点为 D 点。连接线段 DE 并向外延伸，在延长线上距 E 点附近，为 $\varphi > 0$ 的黏性土坡最危险的滑动面的圆心位置。

5）在 DE 的延长线上选 3～5 个点作为圆心 O_1、O_2、O_3、…，计算各自的土坡稳定安全系数 F_1、F_2、F_3、…。而后按一定比例尺，将 F_i 的值画在过圆心 O_i

与 DE 正交的线上，并连成曲线（由于 F_1、F_2、F_3、…数值一般不等）。取曲线下凹处的最低点 O'，过 O' 作直线 $O'F$ 与 DE 正交。$O'F$ 与 DE 相交于 O 点。

6）同理，在 $O'F$ 直线上，在靠近 O' 点附近再选 3～5 个点，作为圆心 O'_1、O'_2、O'_3、…，计算各自的土坡稳定安全系数 F'_1、F'_2、F'_3、…。而后按相同比例尺，将 F'_i 的值画在过圆心 O'_i 与 $O'F$ 正交的直线上，并连成曲线（由于 F'_1、F'_2、F'_3、…数值一般不等）。取曲线下凹处的最低点 O''，该点即为所求最危险滑动面的圆心位置。

表 16.1 α_1、α_2 角的数值

土坡坡度	坡角 β	α_1 角/(°)	α_2 角/(°)
1 : 0.58	60°	29	40
1 : 1.0	45°	28	37
1 : 1.5	33°41′	26	35
1 : 2.0	26°34′	25	35
1 : 3.0	18°26′	25	35
1 : 4.0	14°03′	25	36

【例 16.2】 某基坑工程，地基土分为两层，第一层为粉质黏土，天然重度 $\gamma_1 = 18\text{kN/m}^3$，黏聚力 $c_1 = 6.0\text{kPa}$，内摩擦角 $\varphi_1 = 25°$，层厚 2.0m；第二层为黏土，天然重度 $\gamma_2 = 18.9\text{kN/m}^3$，黏聚力 $c_2 = 9.2\text{kPa}$，内摩擦角 $\varphi_2 = 17°$，层厚 8.0m；基坑开挖深度 5.0m。

（1）试用瑞典条分法计算该土坡放坡的角度 α。

（2）如果放坡角为 45°，试用简化毕肖甫法计算该土坡的安全系数 F_s。

解 （1）用瑞典条分法计算放坡的角度。

1）根据经验初步确定基坑开挖边坡为 1 : 1，即坡角 β 为 45°。

2）用坐标纸按照一定比例绘制基坑剖面图，如图 16.10 所示。

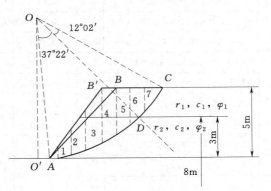

图 16.10 基坑开挖计算图示

3）取圆弧半径 $R = 10.0$m，滑动圆弧下端通过坡脚 A 点。取圆心 O，使过 O 点的垂线距离 A 点的水平距离为 0.5m，线段 OO' 的长度近似等于 10m。以 O 为圆心，半径为 10m 画圆弧，即是滑动面 AC。

4）取单个土条宽度 $b = R/10 = 1.0$m。

5）土条分条编号。以过圆心 O 的垂线处为第 0 条，向上依次编为 1，2，3，…，共 8 条。

6）分段计算两层土各自的弧长。依照一定比例绘制的剖面图，量出角 $\angle AOD$ 和 $\angle COD$ 的大小（弧度），则 $L_{AD} = \angle AOD \times 10 = 6.52$m，$L_{CD} = \angle COD \times 10 = 2.09$m。

7）各土条的自重力计算。土条自重等于土条的横断面面积乘单位长度 1m，再乘土条的重度。土条的横断面面积可取土条的平均高度 h_i（可在按比例所画的图上量取，再按比例折合成实际的高度）乘土条的宽度 $b=1m$，即 $W_i=h_i b\gamma$。具体结果详见表 16.2。

8）各土条的滑动力和摩擦力具体结果详见表 16.2。对于第 7 条土的滑动面上黏聚力的处理，其黏聚力近似取第一层土的黏聚力。

9）基坑开挖稳定安全系数计算。由式（16.8）得

$$F_s=\frac{\sum\limits_{i=1}^{8}(c_i l_i+N_i\tan\varphi_i)}{\sum\limits_{i=1}^{8}W_i\sin\theta_i}=\frac{\sum\limits_{j=1}^{2}c_j L_j b+\sum\limits_{i=1}^{8}N_i\tan\varphi_i}{\sum\limits_{i=1}^{8}W_i\sin\theta_i}=\frac{72.524+84.453}{140.803}$$

$$=1.115>1.1$$

所以当基坑开挖边坡 45°时，土坡是安全经济的，而且其安全系数接近允许值。

表 16.2　　　　　　　　　　　例 16.2 的计算结果

条号	土条自重力 W_i/kN	$\sin\theta_i$	切向力 $T_i=W_i\sin\theta_i$ /kN	$\cos\theta_i$	法向力 $N_i=W_i\cos\theta_i$ /kN	$\tan\varphi_i$	摩擦力 $N_i\tan\varphi_i$ /kN	滑面上总的黏聚力 $\sum\limits_{j=1}^{2}c_j L_j b$ /kN
0	$0.4615\times18.9=8.723$	0.1	0.872	0.995	8.679	0.3057	2.6532	
1	$1.3\times18.9=24.570$	0.2	4.914	0.980	24.079	0.3057	7.3610	
2	$2.3\times18.9=43.470$	0.3	13.041	0.954	41.470	0.3057	12.6775	$L_{AD}c_2 b=$
3	$1.08\times18+2.15\times18.9=60.075$	0.4	24.030	0.917	55.089	0.3057	16.8407	$6.52\times9.2\times1$
4	$1.84\times18+1.54\times18.9=62.226$	0.5	31.113	0.866	53.888	0.3057	16.4736	$=59.984$
5	$1.84\times18+0.769\times18.9=47.654$	0.6	28.592	0.800	38.123	0.3057	11.6542	
6	$1.84\times18+0.3\times18.9=38.790$	0.7	27.153	0.714	27.696	0.4663	12.9146	
7	$0.77\times18=13.860$	0.8	11.088	0.600	8.316	0.4663	3.8778	$L_{CD}c_1 b=$
								$2.09\times6.0\times1$
								12.54
合计			140.803				84.4526	72.524

（2）用简化毕肖甫法计算该土坡的安全系数 F_s。

瑞典条分法计算结果 $F_s=1.115$，又知毕肖甫法的安全系数一般高于瑞典条分法；固定 $F_{s1}=1.25$，按简化毕肖甫法列表计算，结果如表 16.3 所示。

$$安全系数\ F_{s2}=\frac{\sum\limits_{i=1}^{8}\dfrac{1}{m_i}(c_i b_i+W_i\tan\varphi_i)}{\sum\limits_{i=1}^{8}W_i\sin\theta_i}=\frac{170.4005}{140.803}=1.21,F_{s2}-F_{s1}=1.25$$

$$-1.21=0.04$$

$$安全系数\ F_{s3} = \frac{\sum\limits_{i=1}^{8} \dfrac{1}{m_i}(c_i b_i + W_i \tan\varphi_i)}{\sum\limits_{i=1}^{8} W_i \sin\theta_i} = \frac{169.673}{140.803} = 1.205\ ，两次迭代的误差$$

为 $1.21 - 1.205 = 0.005$。F_{s2} 与 F_{s3} 十分接近，可以认为，$F_s = 1.205$。

从本题计算结果分析，简化毕肖甫方法的安全系数较瑞典条分法高大约 10%。

表 16.3　　　　　　　　　　例 16.2 的计算结果（第一次迭代）

条号	$\cos\theta_i$	$\sin\theta_i$	$\sin\theta_i \tan\varphi_i$	$\dfrac{\sin\theta_i \tan\varphi_i}{F_{s1}}$	$m_i = \cos\theta_i + \dfrac{\sin\theta_i \tan\varphi_i}{F_{s1}}$	切向力 $T_i = W_i \sin\theta_i$ /kN	$c_i b_i$ /kN	$w_i \tan\varphi_i$ /kN	$\dfrac{c_i b_i + W_i \tan\varphi_i}{m_i}$ /kN
0	0.995	0.1	0.03057	0.02445	1.0195	0.872	9.2	2.6666	11.6401
1	0.980	0.2	0.06114	0.04891	1.0289	4.914	9.2	7.5111	16.2415
2	0.954	0.3	0.09171	0.07337	1.0274	13.041	9.2	13.2888	21.8897
3	0.917	0.4	0.12228	0.09782	1.0148	24.030	9.2	18.3649	27.1622
4	0.866	0.5	0.15285	0.12228	0.9883	31.113	9.2	19.0225	28.5572
5	0.800	0.6	0.18342	0.14674	0.9467	28.592	9.2	14.5679	25.1051
6	0.714	0.7	0.32641	0.26113	0.9751	27.153	7.2	18.0878	25.9328
7	0.600	0.8	0.37304	0.29843	0.8984	11.088	6.0	6.4629	13.8719
合计						140.803			170.4005

误差较大。按照 F_{s2} 进行第二次迭代计算，结果如表 16.4 所示。

表 16.4　　　　　　　　　　例 16.2 的计算结果（第二次迭代）

条号	$\cos\theta_i$	$\sin\theta_i$	$\sin\theta_i \tan\varphi_i$	$\dfrac{\sin\theta_i \tan\varphi_i}{F_{s2}}$	$m_i = \cos\theta_i + \dfrac{\sin\theta_i \tan\varphi_i}{F_{s2}}$	切向力 $T_i = W_i \sin\theta_i$ /kN	$c_i b_i$ /kN	$w_i \tan\varphi_i$ /kN	$\dfrac{c_i b_i + W_i \tan\varphi_i}{m_i}$ /kN
0	0.995	0.1	0.03057	0.02526	1.0203	0.872	9.2	2.6666	11.6305
1	0.980	0.2	0.06114	0.05053	1.0305	4.914	9.2	7.5111	16.2164
2	0.954	0.3	0.09171	0.07579	1.0298	13.041	9.2	13.2888	21.8382
3	0.917	0.4	0.12228	0.10106	1.0181	24.030	9.2	18.3649	27.0749
4	0.866	0.5	0.15285	0.12228	0.9883	31.113	9.2	19.0225	28.5572
5	0.800	0.6	0.18342	0.14674	0.9467	28.592	9.2	14.5679	25.1051
6	0.714	0.7	0.32641	0.26976	0.9838	27.153	7.2	18.0878	25.7053
7	0.600	0.8	0.37304	0.30830	0.9086	11.088	6.0	6.4629	13.7894
合计						140.803			169.673

16.6　黏性土坡稳定性分析——任意形状滑动面

一般而言，瑞典条分法和简化毕肖甫法仅适用于圆弧滑面，而实际工程中常遇到非圆弧滑面，本节介绍两种常用的非圆弧滑面的土坡稳定性分析方法——江布的普遍条分法和不平衡推力传递法。

16.6.1 江布的普遍条分法

1. 基本假设和受力分析

在平面应变条件下，江布（N. Janbu）作了以下假设。

1）整个滑裂面上的稳定安全系数是一样的。

2）土条上所有垂直荷载的合力，其作用线和滑裂面的交点与滑裂面上的法向力 N_i 的作用点为同一点。

3）假设土条间合力作用点位置已知，并假定这些作用点的连线为光滑曲线，称为推力线。根据土压力理论，可以简单地假定土条侧面推力呈直线分布，如果没有超载，对于非黏性土，推力线应在土条下三分点处；对于黏性土，则在这点之上（被动情况）或这点之下（主动情况）。如果坡面有超载，侧向推力呈梯形分布，推力线应通过梯形的形心。

图 16.11（a）所示为一已知其滑动面的任意滑坡，当划分土条后，江布条间力作用点的位置对土坡稳定安全系数大小的影响不大，一般可假定其作用于土条底面以上 1/3 高度处，这种方法适用于任何形状的滑动面，这样可以减少 $n-1$ 个未知量，而且每个条块都满足全部静力平衡条件和极限平衡条件，滑动土体也满足整体力矩平衡条件。这种方法不仅仅限于滑动面是一个圆弧面，所以称为普遍条分法，又称江布条分法。

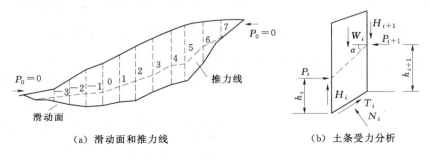

（a）滑动面和推力线　　（b）土条受力分析

图 16.11　江布的普遍条分法受力计算图式

2. 江布条分法计算公式的建立

任取一土条，其上作用力如图 16.11（b）所示，图中 h_i 为条间力作用点的位置，α_i 为推力线与水平线的夹角，这些均为已知量。

对每一土条取竖直方向力的平衡，有 $N_i\cos\alpha_i = W_i + \Delta H_i - T_i\sin\alpha_i$ 或

$$N_i = (W_i + \Delta H_i)\sec\alpha_i - T_i\tan\alpha_i \tag{16.13a}$$

式中，$\Delta H_i = H_{i+1} - H_i$。

再取水平方向力的平衡，得

$$-\Delta P_i = N_i\sin\alpha_i - T_i\cos\alpha_i \tag{16.13b}$$

式中：$\Delta P_i = P_{i+1} - P_i$。

将式（16.13a）代入式（16.13b），得

$$-\Delta P_i = (W_i + \Delta H_i)\tan\alpha_i - T_i\sec\alpha_i \tag{16.13c}$$

再对第 i 个土条底面中点取力矩平衡，并略去高阶微量，可得

$$H_i b_i = + P_i b_i \tan\alpha_i + h_i \Delta P_i \quad 或$$

$$H_i = + P_i \tan\alpha_i + h_i \frac{\Delta P_i}{b_i} \tag{16.13d}$$

由边界条件 $P_1 = \Delta P_1$，$P_2 = P_1 + \Delta P_2 = \Delta P_1 + \Delta P_2$，则

$$P_j = \sum \Delta P_i \quad i = 1, 2, \cdots, j$$

$$P_n = \sum \Delta P_i = 0 \quad i = 1, 2 \cdots, n$$

可得

$$\sum_{i=1}^{n} (W_i + \Delta H_i) \tan\alpha_i - \sum_{i=1}^{n} T_i \sec\alpha_i = 0 \tag{16.13e}$$

利用安全系数的定义和摩尔-库仑破坏准则，得

$$T_i = \frac{\tau_{fi}}{F_s} = \frac{c_i b_i \sec\alpha_i + N_i \tan\varphi_i}{F_s} \tag{16.13f}$$

联合求解式（16.13f）和式（16.13e），得

$$T_i = \frac{1}{F_s} [c_i b_i + (W_i + \Delta H_i) \tan\varphi_i] \frac{1}{m_i} \tag{16.13g}$$

式中：$m_i = \cos\alpha_i + \dfrac{\sin\alpha_i \tan\varphi_i}{F_s}$。

再将式（16.13g）代入式（16.13e），得江布法安全系数计算公式为

$$F_s = \frac{\displaystyle\sum_{i=1}^{n} \frac{1}{m_i \cos\alpha_i} [c_i b_i + (W_i + \Delta H_i) \tan\varphi_i]}{\displaystyle\sum_{i=1}^{n} (W_i + \Delta H_i) \tan\alpha_i} = \frac{\displaystyle\sum_{i=1}^{n} \frac{1}{m_i} [c_i b_i + (W_i + \Delta H_i) \tan\varphi_i]}{\displaystyle\sum_{i=1}^{n} (W_i + \Delta H_i) \sin\alpha_i}$$

$$\tag{16.13}$$

比较式（16.12b）和式（16.13）知，二者很相似，但有差别。在江布公式中含有 ΔH_i 项，并且 ΔH_i 是待定的未知量。毕肖甫法没有解出 ΔH_i，而是令 ΔH_i 为 0，使其变成简化的毕肖甫公式，但江布利用了条块的力矩平衡条件，因而整个滑动土体的力矩平衡也自然得到了满足。

3. 用江布法计算安全系数的迭代步骤

在用江布法计算过程中，如果要同时计算出安全系数、侧向条间力 H_i 和 P_i 需要用迭代法，其步骤如下。

1）假设 $\Delta H_i = 0$。相当于简化的毕肖甫方法，用式（16.13）计算安全系数。这时，由于 m_i 中包含了 F_s，所以需要先假定 $F_s = 1.0$，算出 m_i，再代入式（16.13）计算安全系数 F_s，与假定值进行比较，如果相差较大，则由计算出的 F_s 求出 m_i 再计算 F_s。由此逐步逼近，求出 F_s 的第一次近似值 F_{s1}，并用这个值计算每一个土条 T_i。

2）将所得的 T_i 代入式（16.13c），并求出每一个土条的 ΔP_i。由于 $P_i = \sum_{j=1}^{i} \Delta P_j$，利用此式，可以求出每一土条侧面的 P_i。再由式（16.13d）求出 H_i，并由 $\Delta H_i = H_{i+1} - H_i$ 公式计算出 ΔH_i。

3）将新求出的 ΔH_i 值代入式（16.13），计算新的安全系数，求出 F_s 的第二次近似值 F_{s2}，并依据此值计算每一个土条的 T_i。

4）如果 $F_{s2} - F_{s1}$ 的差值较大，超过了安全系数的计算精度，则重复上述的步骤2）～4），直到 $F_{sk} - F_{s(k-1)}$ 小于允许的精度值。此时，F_{sk} 即为所假定的某一滑动面下的安全系数。

对边坡的真正安全系数还要通过计算很多滑面，进行分析比较找出最危险的滑动面，此时对应的安全系数才是真正的安全系数。江布的条分法由于计算工作量大，一般需要编制程序通过计算机来完成。

16.6.2　不平衡推力传递法

不平衡推力传递法（或称为传递系数法）是我国工业与民用建筑部门和铁路部门在核算边坡稳定时使用非常广泛的一种方法。它同样适用于任意形状的滑裂面，其假设条间力的合力与上一土条底面相平行，根据力的平衡条件，逐条向下推求，直至最后一条土条的推力为零。

如图 16.12 所示，取任一土条，其两侧条间力合力的作用方向分别与上一土条底面平行，取垂直和平行于土条底面方向力的平衡，有

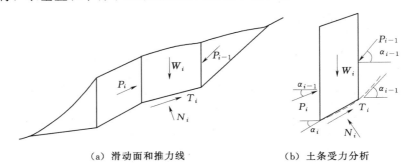

（a）滑动面和推力线　　　（b）土条受力分析

图 16.12　不平衡推力传递法计算图式

$$N_i - W_i\cos\alpha_i - P_{i-1}\sin(\alpha_{i-1} - \alpha_i) = 0 \tag{16.14a}$$
$$T_i + P_i - W_i\sin\alpha_i - P_{i-1}\cos(\alpha_{i-1} - \alpha_i) = 0 \tag{16.14b}$$

应用安全系数的定义及摩尔-库仑准则，有

$$T_i = \frac{c_i' l_i}{F_s} + (N_i - u_i l_i)\frac{\tan\varphi_i'}{F_s} \tag{16.14c}$$

式中　u_i——土条底面的孔隙水压力。

以上三式消去 T_i、N_i 得

$$P_i = W_i\sin\alpha_i - \left[\frac{c_i' l_i}{F_s} + (W_i\cos\alpha_i - u_i l_i)\frac{\tan\varphi_i'}{F_s}\right] + P_{i-1}\psi_i \tag{16.14}$$

式中　ψ_i——传递系数，即

$$\psi_i = \cos(\alpha_{i-1} - \alpha_i) - \frac{\tan\varphi_i'}{F_s}\sin(\alpha_{i-1} - \alpha_i) \tag{16.15}$$

在解题时要先假定 F_s，然后从第一条开始逐渐向下推求，直至求出最后一条的推力 P_n，P_n 必须为零；否则要重新假定 F_s 进行试算直至 P_n 为零。

为了简化计算，在工程单位常采用下列简化公式，即

$$P_i = F_s W_i\sin\alpha_i - [c_i' l_i + (W_i\cos\alpha_i - u_i l_i)\tan\varphi_i'] + P_{i-1}\psi_i \tag{16.16}$$

式中，传递系数 ψ_i 改用式（16.17）计算，即

$$\psi_i = \cos(\alpha_{i-1} - \alpha_i) - \tan\varphi_i'\sin(\alpha_{i-1} - \alpha_i) \qquad (16.17)$$

如果采用总应力法，在式中应略去 $u_i l_i$，c、φ 可根据土的性质及当地经验，采用试验和滑坡反算相结合的方法来确定。F_s 的值应根据滑坡现状及其对工程的影响等因素确定，一般可取 $1.05\sim1.25$。

因为土条不能承受拉应力，所以任何土条的推力 P_i 如果为负值，则 P_i 不再向下传递，而对下一土条取 $P_{i-1} = 0$。

讨论：

不平衡推力传递法中 P_i 的方向是硬性规定的，同时其只能满足土条静力平衡，没有考虑力矩平衡，但因为其计算简捷，所以仍为广大工程技术人员所采用，我国的相关规范也采用其作为一定条件下边坡的稳定性评价。其另一个优点是可以计算出土条界面处的剩余下滑力，用于挡土结构的设计计算。

16.7　黏性土坡稳定性分析——图解法

土坡稳定性分析大都需要经过试算，计算工作量很大，因此，曾有不少人寻求简化的图表法，如泰勒（Taylor）图表法、毕肖甫（Bishop）的有效应力稳定图法等。下面介绍泰勒图表法，又称泰勒稳定数法。

泰勒图是最早的稳定分析图，它根据泰勒的摩擦圆分析法。如图 16.13 所示，均质土坡沿滑弧 $\overset{\frown}{AB}$ 产生滑动。在滑面上任取一微小弧段 dL，其上的抗剪力 dS 由两部分组成，即黏聚阻力 dS_1 和摩擦阻力 dS_2，即

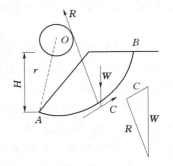

图 16.13　稳定数的推导

$$dS = dS_1 + dS_2 = cdL + dN\tan\varphi \qquad (16.18)$$

式中　dN——法向力。

将其中的 dS_2 与法向力 dN 作矢量相加，则合力 dR 与法线方向成 φ 角，因而其延长线必与以 O 为圆心以 $r\sin\varphi$ 为半径的圆相切，该圆叫摩擦圆。沿整个滑弧 $\overset{\frown}{AB}$ 求 dS_1 的合力为 C。C 是 dS_1 的矢量和，它与 dS_1 代数和（CL）之间有如下关系（此处 $L = \overset{\frown}{AB}$）

$$C = \frac{\overline{AB}}{\overset{\frown}{AB}}cL = c \cdot \overline{AB} \qquad (16.19)$$

而且它平行于弦 $\overline{AB}$，根据力矩平衡关系可知，它与圆心的距离为

$$d = \frac{r\sum dS_1}{C} = r\frac{\overset{\frown}{AB}}{\overline{AB}} \qquad (16.20)$$

因此 C 的方向和位置是完全确定的，又假定 dR 的合力 R 也与摩擦圆相切，而 R、C 又与重力 W 为交汇力系，三力是平衡的。满足三力平衡的黏聚合力为 $\overline{C}$。实际的黏聚合力为 C，则安全系数为

$$F_s = \frac{C}{\overline{C}} \qquad (16.21)$$

若安全系数考虑摩擦阻力和黏聚阻力具有相同的安全系数 F_s，则须令 $\overline{\varphi}=\arctan(\tan\varphi/F_s)$，作摩擦圆。其中 F_s 须先假定，若由式（16.21）算得的 F_s 与假定值不同，则取其平均值，重复上述步骤，直至收敛。

对于土质相同、坡角相同的黏性土坡，不管坡高如何，具有形状相似的滑动体，因而有相似的力矢多边形，则 $\overline{C}/W=$ 常数。而 W 与 γH^2 成正比，$\overline{C}$ 与 $\overline{C}H$ 成正比，故 $\overline{C}/\gamma H$ 为常数，令

$$N_s=\frac{\overline{C}}{\gamma H} \tag{16.22}$$

即稳定数，它无因次。显然，对不同的坡角，不同的内摩擦角，N_s 是不同的，因此可制成图表备查。

图 16.14 所示为泰勒稳定图，其中图 16.14（a）为 $\varphi=0$ 的情况。它除了考虑到坡角的影响外，还考虑了硬土层的埋藏深度。滑弧最深可切硬土层的顶面。用深度因数 D_f 来表示坡顶到硬土层顶面的距离与坡高之比。图中以 D_f 为横坐标，稳定数 N_s 为纵坐标。实线表示不同坡角的曲线，虚线表示不同的 n 值，n 为滑面趾点到坡角的距离与坡高之比。对于内摩擦角大于 0 的情况，可查图 16.14（b）中的曲线。

运用稳定图，可以根据土的性质指标 c、φ、γ 和坡高 H，确定极限坡角 β，或根据设计坡角确定极限坡高。对于 $\varphi=0$ 的土，极限坡高与设计坡高之比就是安全系数。

运用稳定图，也可以设计一给定安全系数 F_s 的边坡。只要令 $\overline{c}=c/F_s$，$\overline{\varphi}=\arctan(\tan\varphi/F_s)$，结合容重 γ 和设计坡高 H，从图中确定出坡角，相应的土坡便是具有安全系数 F_s 的边坡。

泰勒方法是基于总应力分析，相应的强度指标由不排水剪切试验确定。稳定图也主要用于施工刚完时土坡稳定性的分析，此法可用来计算高度小于 10m 的小型堤坝，作初步估算堤坝断面之用。

【例 16.3】 设计一土坡的坡度，使其具有安全系数 $F_s=1.25$，该土坡高 $H=10$m，土的性质指标为 $\gamma=18$kN/m³，$\varphi=12°$，$c=17.0$kPa。

解 令 $\overline{\varphi}=\arctan\dfrac{\tan 12°}{1.25}=9.65°$　$\overline{c}=c/1.25=13.6$kPa

$$N_s=\frac{\overline{C}}{\gamma H}=\frac{13.6}{18\times 10}=0.076$$

从图 16.14 可查得 $\beta=31°$

【例 16.4】 一均质土坡，$\gamma=18$kN/m³，$\varphi=15°$，$c=16.0$kPa，$H=15$m，$\beta=30°$，问其安全系数 F_s 多大？

解 假定 $F_s=2.0$，$\overline{\varphi}=\arctan\dfrac{\tan 15°}{2}=7.63°$

由 β 和 $\overline{\varphi}$ 从图 16.14（b）中查得 $N_s=0.09$

$$\overline{c}=N_s\gamma H=0.09\times 18\times 15=24.3\text{kPa}　F_s'=\frac{c}{\overline{c}}=\frac{16}{24.3}=0.66$$

取 $F_s=\dfrac{F_s+F_s'}{2}=\dfrac{2.0+0.66}{2}=1.33$，$\overline{\varphi}=\arctan\dfrac{\tan 15°}{1.33}=11.39°$

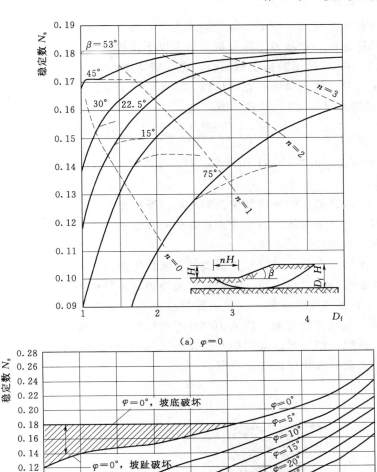

（a）$\varphi=0$

（b）$\varphi>0$

图 16.14　泰勒稳定图

查得 $N_s=0.063$　$F'_s=\dfrac{16}{0.063\times18\times15}=0.94$

取 $F_s=\dfrac{1.33+0.94}{2}=1.14$，$\overline{\varphi}=13.23$，$N_s=0.056$，$F''_s=1.06$。

最后可得 $F_s=1.10$。

16.8　地基稳定性分析

前已述及，广义的地基稳定性问题包括因地基承载力不足造成的失稳、建筑物
基础在水平荷载作用下的倾覆与滑动失稳等。地基承载力问题分析常用极限分析

法，而基础在水平荷载作用下，将连同地基一起沿滑动面滑动，因此，常用极限平衡法分析其稳定性。地基稳定性分析大致有以下几种情况。

1）如图 16.15 所示的挡土墙剖面，滑动破坏面近似为一圆弧面，并通过墙踵。分析其稳定性时取绕圆弧中心点的抗滑力矩与滑动力矩之比作为整体滑动的稳定性系数 F_s，可按式（16.23）计算，即

$$F_s = \frac{(\alpha+\beta+\varphi)\cdot c\pi R/180° + (N_1+N_2+G)\tan\varphi}{T_1+T_2} \tag{16.23}$$

其中，$N_1=F\cos\beta$，$N_2=H\sin\alpha$，$T_1=F\sin\beta$，$T_2=H\cos\alpha$，$G=r(\alpha\pi/180° - \sin\alpha\cos\varepsilon)R^2$。

式中　c，φ——地基土的平均黏聚力和平均内摩擦角；

　　　F，H——挡土墙基底所承受的垂直分力和水平分力；

　　　R——滑动圆弧半径。

若考虑土层的变化，也可以采用类似土坡稳定条分法计算稳定系数。同理，最危险滑动面必须通过试算求得，一般要求最小稳定系数不小于1.2。

2）软土地基稳定性分析。当填土路基或者挡土墙的地基是软弱土层或者下覆软土地基时，地基失稳可能出现图 16.16 所示的情况，即破坏面深入软土层深处形成滑动面。此时，同样可以采用瑞典圆弧法或者条分法来计算软土地基的稳定性，求得最危险滑动面和相应的安全系数。

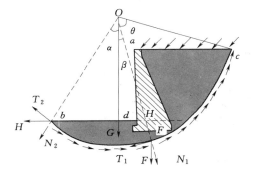

图 16.15　挡土墙与地基一起滑动

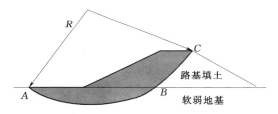

图 16.16　软弱地基的稳定性分析

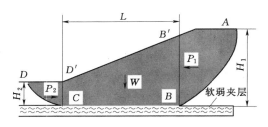

图 16.17　复合滑动面的稳定性分析

3）当路基或挡土墙深度不大处有软弱夹层时，此时地基破坏的滑动面，将不是连续的圆弧滑动面，而是由不同的圆弧和一段沿软弱夹层的直线所组成的复合滑动面，如图 16.17 所示的 ABCD。在这种情况下，地基的稳定性分析可采用下面的近似方法。

取 $BCD'B'$ 为分隔离体，假定作用在 BB' 和 CD' 上的力分别为被动土压力 P_1 和主动土压力 P_2，BC 为平面，沿此滑动面的总抗剪强度为

$$\tau_f L = cL + W\tan\varphi$$

式中　W——$BCD'B'$ 分隔离体自重；

c，φ——地基土的平均黏聚力和平均内摩擦角；

　　　　L——BC 段长度。

此时，滑动面为 BC 平面，稳定系数可以为抗滑力与滑动力之比，即

$$F_s = \frac{P_2 + \tau_f L}{P_1} \qquad (16.24)$$

需要指出的是，采用这种简化方法求得的稳定性系数 F_s 并不是整个复合滑动面 $ABCD$ 的安全系数，而是假定圆弧滑块 ABB' 和 CDD' 的安全系数 $F_s = 1.0$ 的情况下中部滑块 $BCD'B'$ 的安全系数。

16.9　影响土坡稳定性的因素

影响土坡稳定性的因素有很多，主要包括以下内容。

1. 土坡自身物理力学性质

土坡自身的物理力学性质是影响土坡稳定性的主要因素。如无黏性土坡与有黏性土坡表现出不同的破坏形式与特征，各自的稳定性分析也有不同的方法。土坡自身物理力学性质的变化也会对土坡稳定性产生影响，如地震作用下砂土极易发生液化，失去自身的一些物理力学性质，会导致土坡失稳破坏；黏性土也会在振动力反复作用下发生结构破坏，使得抗剪强度降低，对土坡稳定性产生不利影响。

2. 土坡的几何条件

同等条件下土坡的坡度越陡、高度越高，土坡越容易失稳。工程实践中要特别注意控制土坡的坡度与高度，以保证土坡具有足够的稳定性和安全系数。

3. 土坡所处位置的地形地质条件

当斜坡上堆有较厚土层，特别是在下伏土层（或岩层）不透水时，容易在交界处发生滑动破坏。上缓下陡的凸形坡比上陡下缓的凹形坡更容易下滑，有的黏性土坡可在旱季保持稳定，而在雨季雨水渗流的作用下发生失稳破坏。

4. 水的作用

水对土体有润滑和膨胀作用，雨水和河流对土体有冲刷侵蚀作用。工程中常有原本比较稳定的土坡在大量降水作用下发生滑坡，造成损失。当土坡中存在竖向裂缝时，水的渗入会对土体产生侧向静水压力，对土坡稳定性产生不利影响。地下水的渗流作用有可能造成潜蚀或管涌，使土坡失稳破坏。土坝、临水路堤等都需要特别注意水对土坡稳定性的影响。

5. 土坡作用力的变化

土坡坡顶堆载突然增大，或有打桩、车辆行驶、爆破等工程状况时，都有可能改变土坡原本的稳定平衡，造成土坡失稳破坏。

6. 土坡稳定条件突然变化

由于坡脚挖方导致土坡稳定高度或坡角变小，土坡自身高度或坡角相对于稳定高度或坡角变大，也可能造成土坡失稳。需要在坡脚挖方的工程应当注意。

影响土坡稳定性的因素有很多，工程中应当综合考虑各因素的影响，根据实际情况，综合安全性与经济性，合理设计土坡形态，选择适当防护类型，使土坡能合理地发挥自身效用。

16.10 稳定性分析中存在的问题

16.10.1 总应力法和有效应力法

由于许多情况下土体内存在孔隙水压力，因此，在讨论边坡稳定计算方法中，作用在滑动土体上的力是用总应力表示还是用有效应力表示，对分析结果的影响往往是很大的。

有效应力法原理清晰，结果较可靠。当土中孔隙水压力 u 能较易获取时，应采用有效应力法。在取滑动土体进行力的平衡分析时，工程上应用比较多的一种方法是将滑动土体作为整体选作脱离体，滑动面作为脱离体的边界面，边界面上受水压力作用，水压力的大小取为边界点上各点的孔隙水压力值，方向垂直于边界面。还有一种做法是将滑动土体中的土骨架作为研究对象，孔隙水作为存在于土骨架孔隙中的连续介质，分析滑动土体中土骨架的受力平衡时再考虑孔隙水与土骨架间的相互作用力，即浮力与渗透力。

大多数工程情况下，如施工期、水位骤降和地震作用时，孔隙水压力变化往往很难确定，这时就只能采用总应力法。总应力法通过控制试验条件获取合适的强度指标，以间接反映孔隙水压力的影响。但现实情况往往远比试验模拟出的条件更复杂，因此采用总应力法分析土坡稳定性可能存在较大误差。

16.10.2 土的抗剪强度取值

土的抗剪强度不仅取决于土的性质，还直接受加荷、排水条件等因素的影响。在土坡稳定性分析中，土的抗剪强度取值对稳定安全系数的计算结果具有很大影响。

边坡工程分析中为使分析结果更加准确，应根据实际情况来选择适当的抗剪强度指标值。例如，在分析堤坝填筑或基坑开挖过程中的稳定性时，若坡内土体的渗透系数小且施工速度快，则可采用快剪或三轴不排水试验测定的抗剪强度指标；在分析边坡的长期稳定性或渗流条件下土坡的稳定性时，则应采用慢剪或三轴排水试验测定的抗剪强度指标；而在分析上有土坝在水位骤降情况下的稳定性时，则应采用固结快剪或三轴固结不排水试验测定的抗剪强度指标。

16.10.3 容许安全系数的取值

极限平衡状态下土坡的稳定安全系数 $K_s=1$，但在实际工程中土坡或多或少都会受到随机或不确定性因素的作用，因此要保证实际边坡具有较为可靠的安全性，就要求土坡的稳定安全系数必须大于一个规定值，这个规定值即为容许安全系数。

目前对土坡稳定容许安全系数的数值，各部门尚无统一标准，选用时要注意计算方法、强度指标和容许安全系数必须相互配合，并要根据工程不同情况，结合当地已有经验加以确定。此外，由于采用不同的抗剪强度试验方法和不同的分析方法所得到的稳定安全系数差别较大，因此在应用各规范所给定的容许安全系数时，应注意所规定的相应试验方法和计算方法。

16.11　本章小结

　　无黏性土坡稳定性分析通常分为无渗流作用和有稳定渗流作用两种情况，两种情况都是对坡面上土颗粒元的力平衡进行分析得到稳定安全系数，区别只是有无渗流力作用。当坡面有顺坡渗流作用时，无黏性土坡的稳定安全系数几乎将降低一半。

　　黏性土坡稳定性分析通常在整个滑动土体层面上进行。当滑动面为圆弧面时，可采用整体圆弧法、费伦纽斯圆弧条分法（瑞典条分法）或毕肖甫条分法等方法。当滑动面不是圆弧时，可采用普遍条分法或不平衡推力法等方法。

　　影响土坡稳定性的因素有很多，工程中应当综合考虑各因素的影响，根据实际情况，综合安全性与经济性，合理设计土坡形态，选择适当防护类型，使土坡能合理地发挥自身效用。

思　考　题

　　16.1　土坡稳定性分析有何实际意义？

　　16.2　影响土坡稳定的因素有哪些？

　　16.3　土坡失稳破坏的原因是什么？

　　16.4　什么是无黏性土坡的自然休止角？

　　16.5　黏性土坡稳定性分析的条分法原理是什么？

　　16.6　如何确定黏性土坡的最危险滑动面？

　　16.7　无黏性土坡的稳定系数与坡角有关而与坡高无关，黏性土坡的稳定系数与坡高有关。试分析其原因。

习　　题

　　16.1　某无黏性土坡，坡角 $\beta=15°$，存在沿坡面向下的渗流。若土的抗剪强度指标为：黏聚力 $c=24\text{kPa}$，内摩擦角 $\varphi=30°$，饱和重度 $\gamma_{sat}=22\text{kN/m}^3$，有效重度 $\gamma'=12\text{kN/m}^3$。试求该土坡的稳定安全系数。

　　16.2　某均质黏性土坡，坡高 20m，坡度 1:1，土的重度 $\gamma=18\text{kN/m}^3$，抗剪强度指标：黏聚力 $c=60\text{kPa}$，内摩擦角 $\varphi=0°$。假定滑动面为圆弧面且通过坡脚滑弧的圆心位于坡面中点以上 20m 处，如图 16.18 所示。试求土坡的稳定安全系数。

　　16.3　某简单黏性土坡，坡高 25m，坡比 1:2，土的重度 $\gamma=20\text{kN/m}^3$，抗剪强

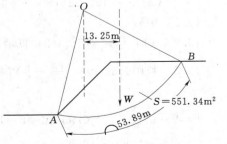

图 16.18　整体圆弧法剖面图

度指标：黏聚力 $C=10\text{kPa}$，内摩擦角 $\varphi=26.5°$。假设滑动面为圆弧，滑弧半径为 49m，并假定滑动面通过坡脚位置，试分别用瑞典条分法和简化毕肖甫条分法计算该边坡对应这一滑弧的稳定系数，并进行分析比较。

习 题 答 案

2.1　$C_u = 36.84 > 5$，$C_c = 3$。土的级配良好，工程性质良好

2.2　$e = 0.805$，$n = 44.6\%$，$S_r = 43\%$，$\rho_d = 1.48g/cm^3$，$\rho_{sat} = 1.93g/c^3$，$\rho' = 0.93g/cm^3$

2.3　$e = 0.594$，$w = 12.1\%$，$S_r = 53.7\%$，$\rho_d = 1.65g/cm^3$

2.4　该砂土的相对密实度为：$D_r = \dfrac{e_{max} - e}{e_{max} - e_{min}} = 0.70 > 0.67$，因此该砂土处于密实状态

2.5　$I_P = 18$，$I_L = 0.59$，可塑状态

4.1　$k = 6.28 \times 10^{-2}cm/s$

4.2　$k = 6.55 \times 10^{-3}cm/s$，$i = 2.8$，中砂

4.3　$k = 2.63 \times 10^{-5}cm/s$

4.4　$k = 2.97 \times 10^{-3}m/s$

7.1　(1) 试样不会发生破坏；(2) 不能

7.2　(1) $c = 22.5kPa$，$\varphi = 17.59°$。(2) 土样不会发生破坏。(3) 最大剪应力 $\tau_{max} = 145kPa$，其作用面与大主应力作用面夹角 $45°$。不会

7.3　试样处于稳定状态，不会发生破坏

7.4　3m 深度处 $\tau_{f1} = 87.31kPa$

　　5m 深度处 $\tau_{f2} = 120.05kPa$

　　7m 深度处 $\tau_{f3} = 141.88kPa$

7.5　$\sigma_{1f} = 507.39kPa$

7.6　$\sigma_1 = 1206.67kPa$

7.7　$u_f = 87.01kPa$

7.8　(1) 作图略。$c' = 18.53kPa$，$\varphi' = 30.6°$。$c_{cu} = 23kPa$，$\varphi_{cu} = 23.20°$

　　(2) $\sigma'_a = 302.92kPa$，$\tau'_a = 197.97kPa$

10.1　中砂。

10.2　(1) 粉质黏土；(2) 低液限粉土，土的代号是 ML

10.3　利用公式 $\rho_d = \dfrac{\rho}{1 + w}$ 求解各含水量所对应的干密度，绘图求得 $w_{op} = 10\%$

10.4　$\rho_d = \lambda \rho_{dmax} = 0.95 \times 1.85 = 1.76g/cm^3$

$$w = \frac{S_r \rho}{G_s} = \frac{S_r}{G_s}\left(\frac{G_s \rho_w}{\rho_d} - 1\right) = \frac{0.9}{2.65} \times \left(\frac{2.65 \times 1}{1.76} - 1\right) = 0.1717 = 17.17\%$$

11.1　竖向自重应力 σ_{cz} 沿 z 方向上的分布如图所示

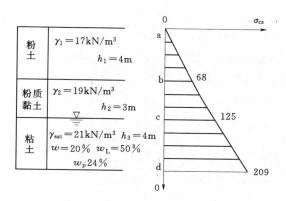

11.2 基底边缘最大和最小压力：

$$\left.\begin{matrix} p_{\max} \\ p_{\min} \end{matrix}\right\} = \frac{F+G}{lb}\left(1\pm\frac{6e}{l}\right) = \frac{730}{4\times4}\times\left(1\pm\frac{6\times0.6}{4}\right) = \left.\begin{matrix}86.69\\4.56\end{matrix}\right\}kPa$$

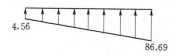

地基反力分布图（kPa）

11.3 $\sigma_z = 55.01kPa$

11.4 $\sigma_z = 24.24kPa$

11.5 $\sigma_z = 16.19kPa$

11.6 （1）$\sigma_{zA} = 69.01kPa$；（2）$\sigma_{zB} = 18.47kPa$

12.1 （1）等效土层的水平向等效渗透系数 $k_x = 20.174m/d$；

    （2）等效土层的垂直向等效渗透系数 $k_z = 0.16m/d$

12.2 $i_{cr} = 1.076$

12.3 土样 1 的水力坡降为 $i_1 = 1.67$，土样 2 的水头差为 $i_2 = 0.5$

    单位时间流过土样的流量 $q = q_1 = 10cm^3/s$

12.4 需要加粗砂厚度 $L_0 = 0.48m$

12.5 下层砂中承压水引起的测压管水头应高出地面 6m 使黏土层发生流土。

12.6 （1）每延米渗流量：$q = 1.74\times10^{-2}m^3/min$；（2）不会

13.1 最终沉降量：$s = 128.3mm$

13.2 最终沉降量：$s = 101.4mm$

13.3 $s = 0.1516m$

14.1 （1）$E_0 = 166.5kN/m$；（2）$E_a = 42.6kN/m$；（3）$E_p = 1005kN/m$

14.2 $P_a = 72.42kN/m$，作用点 $x = 1.48m$

14.3 $E_a = 276kN/m$，其作用点距墙底距离 $d = 3.5m$

    $P_w = 78.4kN/m$，其作用点在距墙底 1.33m 处

14.4 $E_a = 358.23kN/m$

14.5 （1）$E_a = 89.6kN/m$，作用点在离墙底 1.33m 处；

    （2）土压力强度沿墙高成三角形分布，墙底处 $P_a = 44.8kPa$

15.1 $p_{1/4}=316.06\text{kPa}$，$p_{1/3}=327.72\text{kPa}$

15.2 $z=6.285\sin\beta_0-1.628\beta_0-6.631$

15.3   （1）利用太沙基公式确定承载力：$p_u=743.12\text{kPa}$

          （2）利用汉森公式确定承载力：$p_u=922.49\text{kPa}$

15.4 $f_a=341.625\text{kPa}$

16.1 $K_s=1.175$

16.2 $K_s=1.014$

16.3   （1）瑞典条分法：$F_s=2.04$

          （2）简化毕肖普条分法：$F_s=2.38$

参 考 文 献

［1］ 曹卫平. 土力学. 北京：北京大学出版社，2011.

［2］ 曹云. 基础工程. 北京：北京大学出版社，2012.

［3］ 陈希哲，叶菁. 土力学地基基础. 北京：清华大学出版社，2013.

［4］ 陈晓平，杨光华，杨雪强. 土的本构关系. 北京：中国水利水电出版社，2011.

［5］ 陈仲仪，周景星，王洪谨. 土力学. 北京：清华大学出版社，1994.

［6］ 代国忠. 土力学与基础工程. 北京：机械工业出版社，2008.

［7］ 东南大学，浙江大学，湖南大学，苏州科技学院. 土力学. 北京：中国建筑工业出版社，2005.

［8］ 东南大学，浙江大学，南京工业大学，南昌航空大学. 土力学. 北京：中国电力出版社，2010.

［9］ 佴磊，徐燕，代树林. 边坡工程. 北京：科学出版社，2010.

［10］ 高大钊，袁聚云. 土质学与土力学. 北京：人民交通出版社，2001.

［11］ 高向阳. 土力学. 北京：北京大学出版社，2010.

［12］ 洪宝宁，刘鑫. 土体微细结构理论与试验. 北京：科学出版社，2010.

［13］ 黄文熙. 土的工程性质. 北京：水利电力出版社，1983.

［14］ 贾彩虹. 土力学. 北京：北京大学出版社，2013.

［15］ 李广信. 高等土力学. 北京：清华大学出版社，2004.

［16］ 李广信，张丙印，于玉贞. 土力学. 北京：清华大学出版社，2013.

［17］ 李建林. 边坡工程. 重庆：重庆大学出版社，2013.

［18］ 李镜培，梁发云，赵春风. 土力学. 北京：高等教育出版社，2008.

［19］ 卢廷浩. 土力学. 南京：河海大学出版社，2005.

［20］ 罗晓辉. 基础工程设计原理. 武汉：华中科技大学出版社，2007.

［21］ 马建林. 土力学. 北京：中国铁道出版社，2011.

［22］ 孟祥波，徐新生. 土力学教程. 北京：北京大学出版社，2011.

［23］ 钱晓丽. 土力学. 北京：中国计量出版社，2008.

［24］ 璩继立，张鹏飞，李国际. 土力学学习指导及典型习题解析. 武汉：华中科技大学出版社，2009.

［25］ ［日］松冈元. 土力学. 罗汀，姚仰平，译. 北京：中国水利水电出版社，2001.

［26］ 石振民，孔宪立. 工程地质学. 北京：中国建筑工业出版社，2011.

［27］ 孙世国，武崇福，刘洋. 土力学地基基础，北京：中国电力出版社，2011.

［28］ 王成华. 土力学原理. 天津：天津大学出版社，2002.

［29］ 汪仁和. 土力学. 北京：中国电力出版社，2010.

［30］ 肖仁成，俞晓. 土力学. 北京：北京大学出版社，2006.

［31］ 肖昭然. 土力学. 郑州：郑州大学出版社，2007.

［32］ 谢定义. 土动力学. 北京：高等教育出版社，2011.

［33］ 谢定义，陈存礼，胡再强. 试验土工学. 北京：高等教育出版社，2011.

［34］ 谢定义，刘奉银. 土力学教程. 北京：中国建筑工业出版社，2010.

［35］ 杨进良. 土力学. 北京：中国水利水电出版社，2006.

［36］ 杨平. 土力学. 北京：机械工业出版社，2005.

［37］ 殷宗泽. 土力学与地基. 北京：中国水利水电出版社，1999.

［38］ 于小娟，王照宇. 土力学. 北京：国防工业出版社，2012.

[39] 袁聚云，汤永净．土力学复习与习题．上海：同济大学出版社，2010.

[40] 苑莲菊．工程渗流力学及应用．北京：中国建材工业出版社，2001.

[41] 张怀静．土力学．北京：机械工业出版社，2011.

[42] 张孟喜．土力学原理．武汉：华中科技大学出版社，2007.

[43] 张振营．土力学题库及典型例题．北京：中国水利水电出版社，2001.

[44] 赵成刚，白冰．土力学原理．北京：清华大学出版社，2010.

[45] 赵明华．土力学与基础工程．武汉：武汉工业大学出版社，2000.

[46] 朱建明，谢谟文，赵俊兰．工程地质学．北京：中国建材工业出版社，2006.

[47] 周景星，李广信，虞石民，王洪瑾．基础工程．北京：清华大学出版社，2008.

[48] ATKINSON J H, BRANSBY P L. The mechanics of soil：An introduction to critical state soil mechanics. London：McGraw - Hill Book Company，1978.

[49] BISHOP A W, BLIGHT G E. Some aspects of effective stress in saturated and partly saturated soils. Geotechnique, 1963, 13：177 - 179.

[50] BOLTON M. Soil mechanics. Hong Kong：Chung Hwa Book Company（Hong Kong）Ltd，1991.

[51] BREWER R. Fabric and mineral analysis of soils，Wiley，New York，1964.

[52] DAS B M. Principles of geotechnical engineering. Fourth Edition. PWS Publishing Company，1998.

[53] FREDLUND D G, RAHARDJO H. Soil mechanics for unsaturated soils. 陈仲颐，张在明，陈愈炯，等译．非饱和土力学．北京：中国建筑工业出版社，1997.

[54] MITCHELL J K. Fundamentals of soil behavior. Second edition. John Wiley and Sons，Inc，1993.

[55] ODA M, IWASHITA K. Mechanics of granular materials：An introduction，Balkema，Rotterdam，1999.

[56] ODA M. Initial fabrics and their relations to mechanical properties of granular material. Soils and Foundations, 1972, 12（1）：17 - 37.

[57] ROSCOE K H, BARLAND T B. On the generalized stress - strain behavior of 'wet' clay. Eds by Heyman J and Lechie F A. Engineering Plasticity. Cambridge university Press，1968.

[58] ROWE P W. The stress - dilatancy relation for static equilibrium of an assembly of particles in contacts. Proceedings of the Royal Society，London A269，500 - 27.

[59] SCHOFIELD A N. Disturbed soil properties and geotechnical design. London：Thomas Telford Publishing，2005.

[60] SCHOFIELD A N, WROTH C P. Critical state soil mechanics. London：McGraw - Hill Book Company，1968.

[61] SKEMPTON A W. Significance of Terzaghi's concept of effective stress. From Theory to Practice in Soil Mechanics，Wiley，New York，1960.

[62] TAYLOR D W. Fundamentals of soil mechanics. New York：John and Wiley and Songs，1948.

[63] TERZAGHI K. Theoretical soil mechanics. New York：John and Wiley and Songs，1943.

[64] TERZAGHI K, PECK R B, MESRI G. Soil mechanics in engineering practice. A Wiley - Interscience Publication. Third Edition. John and Wiley and Songs，Inc，1996.

[65] WOOD D M. Soil behavior and critical state soil mechanics. London：Cambridge university Press，1990.